高等学校土木工程本科指导性专业规范配套系列教材
总主编 何若全

建筑结构抗震设计

JIANZHU JIEGOU
KANGZHEN SHEJI

主　编　桂国庆
副主编　熊进刚 袁志军
参　编　高剑平 王展光
　　　　高金贺 梁海安
主　审　李英民

重庆大学出版社

内容提要

本书按照《建筑抗震设计规范》(GB 50011—2010)进行编写,系统地阐述了建筑抗震设计的基本知识、基本理论和基本方法,并给出了各类建筑结构抗震设计的实例,注重应用性。全书内容包括:抗震设计的基本知识,场地、地基和基础,地震作用和结构抗震验算,建筑抗震概念设计,以及多层和高层钢筋混凝土房屋、多层砌体房屋、多层和高层钢结构房屋、单层工业厂房、土木石结构房屋、隔震和消能减震房屋、地下建筑等各类建筑的抗震设计方法。本书内容简明扼要,重点突出,并附有大量的例题、思考题和习题,便于自学。

本书可作为高等学校土木工程专业的教学用书、继续教育的自学用书,也可作为从事工程设计、施工、监理的技术人员和科研人员的参考书。

图书在版编目(CIP)数据

建筑结构抗震设计/桂国庆主编.—重庆:重庆大学出版社,2015.3

高等学校土木工程本科指导性专业规范配套系列教材

ISBN 978-7-5624-8729-6

Ⅰ.①建… Ⅱ.①桂… Ⅲ.①建筑结构—防震设计—高等学校—教材 Ⅳ.①TU352.104

中国版本图书馆 CIP 数据核字(2014)第 287207 号

高等学校土木工程本科指导性专业规范配套系列教材

建筑结构抗震设计

主　编　桂国庆

副主编　熊进刚　袁志军

主　审　李英民

责任编辑:王　婷　钟祖才　　版式设计:莫　西

责任校对:关德强　　责任印制:赵　晟

*

重庆大学出版社出版发行

出版人:邓晓益

社址:重庆市沙坪坝区大学城西路 21 号

邮编:401331

电话:(023)88617190　88617185(中小学)

传真:(023)88617186　88617166

网址:http://www.cqup.com.cn

邮箱:fxk@cqup.com.cn(营销中心)

全国新华书店经销

重庆现代彩色书报印务有限公司印刷

*

开本:787×1092　1/16　印张:19.5　字数:487 千

2015 年 3 月第 1 版　2015 年 3 月第 1 次印刷

印数:1—3 000

ISBN 978-7-5624-8729-6　定价:37.00 元

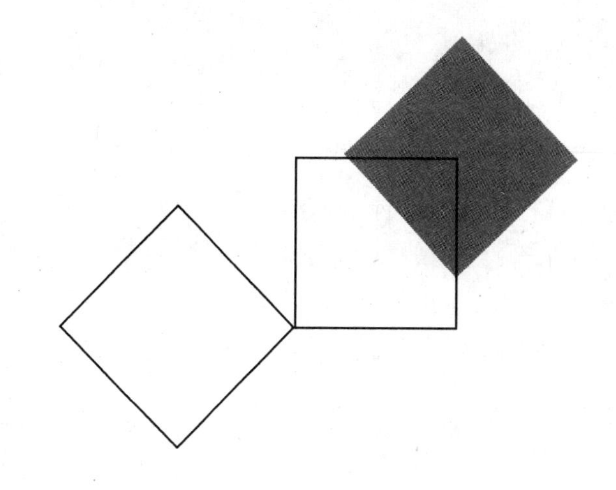

编委会名单

总　序

进入21世纪的第二个十年，土木工程专业教育的背景发生了很大的变化。“国家中长期教育改革和发展规划纲要”正式启动，中国工程院和国家教育部倡导的“卓越工程师教育培养计划”开始实施，这些都为高等工程教育的改革指明了方向。截至2010年底，我国已有300多所大学开设土木工程专业，在校生达30多万人，这无疑是世界上该专业在校大学生最多的国家。如何培养面向产业、面向世界、面向未来的合格工程师，是土木工程界一直在思考的问题。

由住房和城乡建设部土建学科教学指导委员会下达的重点课题“高等学校土木工程本科指导性专业规范”的研制，是落实国家工程教育改革战略的一次尝试。“专业规范”为土木工程本科教育提供了一个重要的指导性文件。

由“高等学校土木工程本科指导性专业规范”研制项目负责人何若全教授担任总主编，重庆大学出版社出版的《高等学校土木工程本科指导性专业规范配套系列教材》力求体现“专业规范”的原则和主要精神，按照土木工程专业本科期间有关知识、能力、素质的要求设计了各教材的内容，同时对大学生增强工程意识、提高实践能力和培养创新精神做了许多有意义的尝试。这套教材的主要特色体现在以下方面：

(1)系列教材的内容覆盖了“专业规范”要求的所有核心知识点，并且教材之间尽量避免了知识的重复；

(2)系列教材更加贴近工程实际，满足培养应用型人才对知识和动手能力的要求，符合工程教育改革的方向；

(3)教材主编们大多具有较为丰富的工程实践能力，他们力图通过教材这个重要手段实现“基于问题、基于项目、基于案例”的研究型学习方式。

据悉，本系列教材编委会的部分成员参加了“专业规范”的研究工作，而大部分成员曾为“专业规范”的研制提供了丰富的背景资料。我相信，这套教材的出版将为“专业规范”的推广实施，为土木工程教育事业的健康发展起到积极的作用！

中国工程院院士　哈尔滨工业大学教授

沈世钊

前　言

本书是高等学校土木工程本科指导性专业规范配套系列教材之一，较系统地介绍了建筑抗震设计的基本知识、基本理论、基本方法及在工程实际中的应用，主要内容包括：抗震设计的基本知识，场地、地基和基础，地震作用和结构抗震验算，建筑抗震概念设计，地下建筑抗震设计的基本方法，以及多层和高层钢筋混凝土房屋、多层砌体房屋、多层和高层钢结构房屋、单层工业厂房、土木石结构房屋、隔震和消能减震房屋等建筑结构抗震设计的方法和实例，等。

本书的目的是使学生通过本课程的学习，能够理解建筑抗震的概念设计，掌握抗震设计的基本理论和基本方法，掌握上述各类建筑结构的抗震设计方法，具备运用规范对一般房屋结构进行抗震设计的能力。

本书力求体现土木工程本科专业的培养目标：体现重视基础，培养能力，提高素质，加强应用的新教改精神；力求精炼理论，突出实用性，强调项目或案例教学；以具体应用现行技术规范和标准为主线，按照《建筑抗震设计规范》（GB 50011—2010）、《中国地震烈度表》（GB/T 17742—1999）、《中国地震动参数区划图》（GB/T 18306—2001）、《建筑工程抗震设防分类标准》（GB 50223—2008）和《镇（乡）村建筑抗震技术规程》（JGJ 161—2008）等编写，其内容在符合高等院校土木工程本科专业教学要求的前提下，保证其先进性，反映了本课程的新现状、新动向、新趋势、新标准。

本书由井冈山大学桂国庆教授担任主编，南昌大学熊进刚教授和袁志军博士担任副主编，重庆大学李英民教授主审。

参加本书编写人员如下：第1、2章由桂国庆（井冈山大学）编写；第3、8章由高剑平（华东交通大学）编写；第4、6章由熊进刚（南昌大学）编写；第5、7章由袁志军（南昌大学）编写；第9章由王展光（凯里学院）编写；第10章由高金贺（东华理工大学）编写；第11章由梁海安（东华理工大学）编写；最后由桂国庆教授负责全书的统稿和定稿工作。

本书免费提供了配套的电子课件，包含各章的授课PPt课件、课后思考题与习题参考答案、期中及期末考试试题（含答案），放在重庆大学出版社教学资源网上供教师下载（网址：http://www.cqup.net/edustrc）。

限于编者水平和能力，书中难免有不妥和疏忽之处，恳请读者批评指正。

编　者

2014年11月

目　录

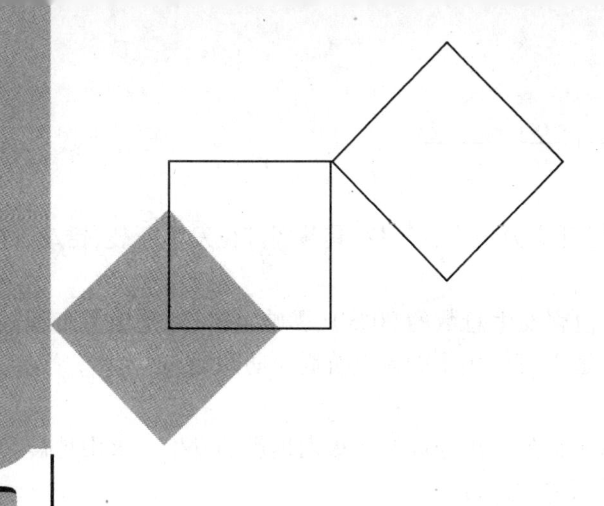

1 抗震设计的基本知识

本章导读：

- **基本要求** 了解地震的基本知识；掌握地震波、地震震级和地震烈度的概念；了解地震活动性和地震破坏作用；熟悉我国《建筑抗震设计规范》(GB 50011—2010)和《建筑工程抗震设防分类标准》(GB 50223—2008)中关于建筑抗震设防目标、抗震设防分类、抗震设防标准以及抗震设计方法等抗震设计的基本知识。
- **重点** 地震烈度、基本烈度和设防烈度的区别与联系；建筑抗震设防目标、抗震设防分类、抗震设防标准及抗震设计方法等抗震设计的基本知识。

1.1 地震与地震波

地震是一种突发式自然灾害，它是地球内某处薄弱岩层突然破裂，或因局部岩层塌陷、火山爆发等发生了振动，并以波的形式传达至地表引起地面的颠簸和摇晃，从而引起的地面运动。地震时强烈的地面运动会造成工程建筑物破坏、交通中断，并可能引发火灾、水灾、山崩、滑坡及海啸等一系列灾害，危及人民生命财产安全，并严重影响国民经济。

1.1.1 地震的分类

根据起因的不同，地震大致可分为自然地震和人为地震两大类。

1）自然地震

自然地震包括构造地震、火山地震和塌陷地震。

(1)构造地震

构造地震是由于地壳运动导致岩层局部应力集中,最终在其薄弱部位发生断裂、错动,释放出大量能量而引起的地面振动。

构造地震分布广、发生次数多(约占地震发生总数的90%)、影响范围广,是地震工程的主要研究对象。在抗震设计中,仅讨论在构造地震作用下的建筑抗震设防问题。

(2)火山地震

由于岩浆的挤压使岩层发生断裂,岩浆猛烈冲出地面导致火山地震的发生。火山地震释放的能量和影响都是有限的,一般不会造成较大的灾害。

(3)塌陷地震

塌陷地震很少见,它是由于地表或地下岩层的突然塌陷所引起的地面振动(如石灰岩地区的溶洞陷落或古旧矿井的塌陷等)。塌陷地震的影响也很小,很少造成破坏。

2)人为地震

人为地震包括自发(诱发)地震和非自发(感应)地震。

各种非自然因素引发的地震,如核爆炸或人工爆破、水库蓄水及其引发的水文条件变化、人类活动(土方工程、矿山开采、深井注水、溃堤垮坝等)所引起的地面塌陷都会导致强烈的人为地震。人为地震发生的原因都是一些特殊情况,其发生的几率很小,影响也较小。

1.1.2 震源、震中与震中距

地壳深处发生岩层断裂、错动而释放能量的地方称为震源,震源至地面的距离称为震源深度,震源正上方的地面位置称为震中,地面上某点至震中的距离称为震中距,临近震中的地区称为震中区,如图1.1所示。

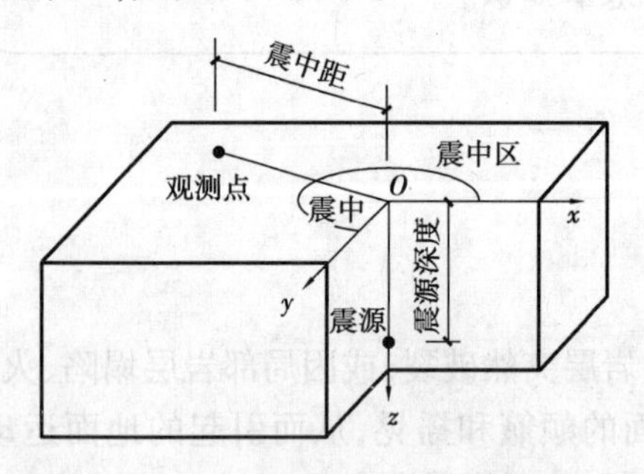

图1.1 震源、震中、震中距与震中区

根据震源深度的不同,地震又可以分为:

①浅源地震:震源深度在70 km以内。1年中全世界所有地震释放的能量约85%来自浅源地震。

②中源地震:震源深度为70~300 km。1年中全世界所有地震释放的能量约12%来自中源地震。

③深源地震:震源深度超过300 km。1年中全世界所有地震释放的能量约3%来自深源地震。

根据震中距的大小,地震还可分为地方震、近震和远震。震中距在100 km以内的地震称为地方震;震中距为100~1 000 km的地震称为近震;震中距大于1 000 km的地震称为远震。

1.1.3 地震波

地震时,震源处岩层断裂、错动所释放的能量,主要以波的形式向外传播,这种波就是地震波。地震波是一种弹性波,它包含在地球内部传播的体波和只限于在地球表面传播的面波。

1)体波

体波包含纵波和横波两种形式,如图1.2所示。纵波是由震源向四周传播的拉压波,其介质质点的振动方向与波的传播方向一致,使介质不断地压缩和疏松,故纵波又称为拉压波或疏密波。这种波的周期短、振幅小、波速快(在地壳内部的速度一般为200~1 400 m/s),引起地面竖直方向的振动。横波是由震源向四周传播的剪切波,其介质质点的振动方向与波的传播方向垂直。这种波的周期长、振幅大、波速慢,引起地面水平方向的振动。需要指出的是,纵波在固体和液体介质中都能传播,而横波只能在固体介质中传播。

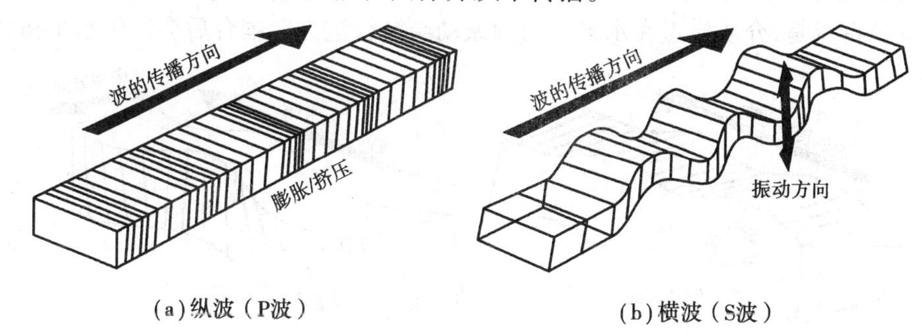

(a)纵波(P波)　　(b)横波(S波)

图1.2　体波质点振动形式

根据弹性理论,纵波的传播速度 v_p 与横波的传播速度 v_s 可分别按下式计算:

$$v_p = \sqrt{\frac{E(1-\mu)}{\rho(1+\mu)(1-2\mu)}} \tag{1.1}$$

$$v_s = \sqrt{\frac{E}{2\rho(1+\mu)}} = \sqrt{\frac{G}{\rho}} \tag{1.2}$$

式中　E——介质的弹性模量;

G——介质的剪切模量;

μ——介质的泊松比;

ρ——介质的密度。

在一般情况下,当 $\mu=0.22$ 时,由式(1.1)和式(1.2)可得:

$$v_p = 1.67v_s \tag{1.3}$$

由此可见,纵波的传播速度比横波的传播速度要快,在仪器观测到的地震记录图上,纵波一般都先于横波到达。因此,通常也把纵波称为P波(即初波),把横波称为S波(即次波)。地基土中纵波和横波的波速参考值见表1.1。

表1.1　地基土纵波和横波的传播速度

地基土名称	纵波波速 v_p(m/s)	横波波速 v_s(m/s)
湿黏土	1 500	150
天然湿度黄土	800	260
密实砾石	480	250
细砂	300	110
中砂	550	160
粗砂	750	180

2）面波

面波是在地表面传播的波，又称为L波。它是由体波经地层界面多次反射、折射形成的次生波。面波的振幅大、周期长、波速较慢（约为横波波速的0.9倍）。面波比体波衰减慢，因此能传到很远的地方。面波的大小随震源深度加深而逐渐减小。

面波主要有瑞雷波和乐浦波两种形式。瑞雷波传播时，介质质点在波的行进方向与地表法向组成的平面内作椭圆运动，像波浪效应，如图1.3(a)所示。乐浦波传播时，介质质点在与波的行进方向垂直的水平方向作剪切型运动，在地面上表现为蛇形运动，如图1.3(b)所示。乐浦波的一个重要特点是，介质质点在水平方向的振动与波行进方向耦合后会产生水平扭转分量。

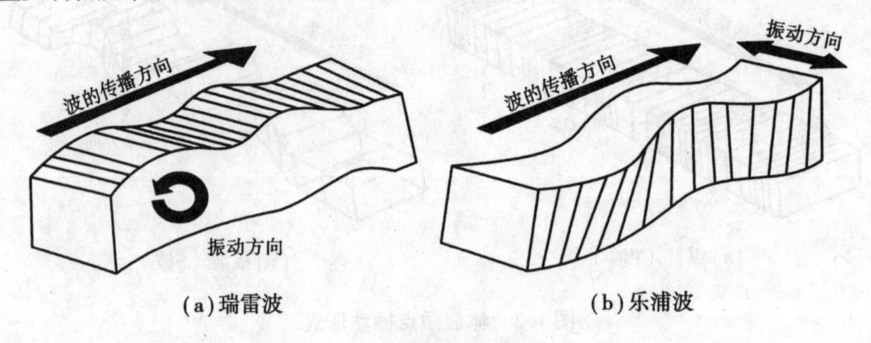

(a)瑞雷波　(b)乐浦波

图1.3　面波质点振动形式

由于上述3种波的传播速度不同，因此，在地震仪记录的地震曲线图上，首先到达的是纵波，其次是横波，最后到达的是面波（图1.4）。通过分析地震曲线图上P波和S波的到达时间差，可以确定震源的距离（位置）。

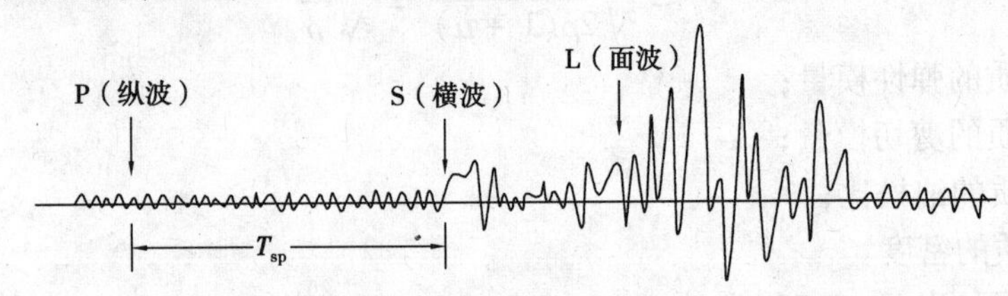

图1.4　地震曲线图

根据地震波的特性，地震时纵波使建筑物产生上下颠簸，横波使建筑物产生水平方向摇晃，而面波则兼而有之。当横波和面波都到达时，振动最为激烈，产生的破坏作用也最大。面波的能量要比体波的大，所以造成建筑物和地表的破坏是以面波为主。在离震中较远的地方，由于地震波在传播过程中逐渐衰减，地面振动减弱，破坏作用也逐渐减轻。

1.1.4　地震动

由地震波传播所引发的地面振动，通常称为地震动。其中，在震中区附近的地震动称为近场地震动。人们一般通过记录地面运动的加速度来了解地震动的特征。对加速度记录进行积分，可以得到地面运动的速度和位移。一般来说，一点处的地震动在空间具有6个方向的分量（3个平动分量和3个转动分量），目前一般只能获得平动分量的记录，对转动分量的记录很难获得。

从前面对于地震波的介绍可知，地面上任一点的振动过程实际上包括各种类型地震波的综合作用，并且地震动是一种随机过程。因此，地震动记录的信号是极不规则的。然而，通过详细分析，可以采用几个特定的要素来反映不规则的地震波。例如，通过最大振幅，可以定量反映地震动的强度特性；通过对地震记录的频谱分析，可以揭示地震动的周期分布特征；通过对强震持续时间的定义和测量，可以考察地震动循环作用的强弱。通常，地震动的峰值（最大振幅）、频谱和持续时间，称为地震动的三要素。地震对工程结构的破坏程度，与地震动的三要素密切相关。

1.2　地震强度的衡量

地震强度的大小有两类衡量体系：一是震级，震级反映地震释放的能量，与其带给建筑的破坏程度无关，如在深源地震的情况下，震级可能很大，但却几乎不会给建筑带来任何破坏；二是烈度，烈度反映地震带给某个特定地区的破坏程度（人类不用借助仪器就可以直接观察到的破坏，如建筑破坏、地面裂缝等）。

1.2.1　地震的能量——震级

地震震级是度量地震本身强度大小的指标，它是地震的基本参数之一，用符号 M 表示。目前，国际上比较通用的是里氏震级，其定义是 1935 年由美国地震学家里克特（C. F. Richter）提出的，即震级的大小是在距震中 100 km 处标准地震仪（指摆的自振周期为 0.8 s，阻尼系数为 0.8，放大系数为 2 800 倍的地震仪）记录下来的地震 S 波最大水平振幅 A（以 μm 计）的常用对数值：

$$M = \lg A \tag{1.4}$$

式中　M——地震震级，通常称为里氏震级；

　　A——由记录到的地震曲线图上得到的最大振幅。

实际上，地震时距震中恰好 100 km 处不一定设置了地震仪，且观测点也不一定采用上述的标准地震仪。因此，为了得到距震中 100 km 处的振幅当量，此时需对记录值进行适当的修正。

地震震级反映一次地震释放能量的多少，一次地震只有一个震级。震级直接与震源所释放能量的多少有关，对于浅源地震，常用如下经验公式来表示震级 M 与地震能量 E（单位为 erg，$1\ \text{erg}=10^{-7}\text{J}$）之间的关系：

$$\lg E = 1.5M + 11.8 \tag{1.5}$$

由式（1.5）可以看出，随着震级的增大，地震释放的能量迅速增加。震级每增加一级，地震释放的能量约增加 32 倍。按照这个关系，一次 6 级地震释放的能量，相当于一个 2 万吨级的原子弹；1960 年 5 月 22 日在智利发生 8.9 级地震，其能量相当于 10 万多颗广岛原子弹爆炸所产生的能量；2008 年 5 月 12 日发生在中国汶川的 8.0 级大地震释放的能量相当于 5 600 颗广岛原子弹爆炸所产生的能量。

按照震级的大小，地震可以分为以下几种：

- 微震，$M<2$，人们无感觉，只有仪器才能记录下来；
- 有感地震，$2\leqslant M\leqslant 4$，人有感觉，但无破坏发生；

- 破坏性地震，$M>5$；
- 强烈地震或大震，$M>7$；
- 特大地震，$M>8$。

1.2.2 地震的影响——烈度等级

对同样大小的地震，若震源深度、离震中的距离和土质条件等因素不同，则其带给地面和建筑物的破坏也不一样。若仅用震级来表示地震动的强弱，还不足以区别地面和建筑物破坏轻重程度。对于一次地震，表示地震大小的震级只有一个，而同一次地震中，不同地方的烈度是不同的。一般来说，地震烈度随着震中距的增大而减小，震中烈度通常是最大的。

通过对场地的调查研究和人群的问卷调查，可以确定一个地区的地震烈度。调查结果通常以等烈度线的形式反映在地震烈度图上（图 1.5）。对应于一次地震，在受到影响的区域内具有相同烈度的各个地点的外包线，称为等烈度线。等烈度线表明了地震破坏在地理上的分布情况，也指出了地形以及不同类型的土层在放大或减弱地震作用中所起的作用，通常松散土层比坚硬土层烈度要高。此外，等烈度线的形状有助于地下断层的定位，它们的间距则有助于确定地震能量以及震源深度。

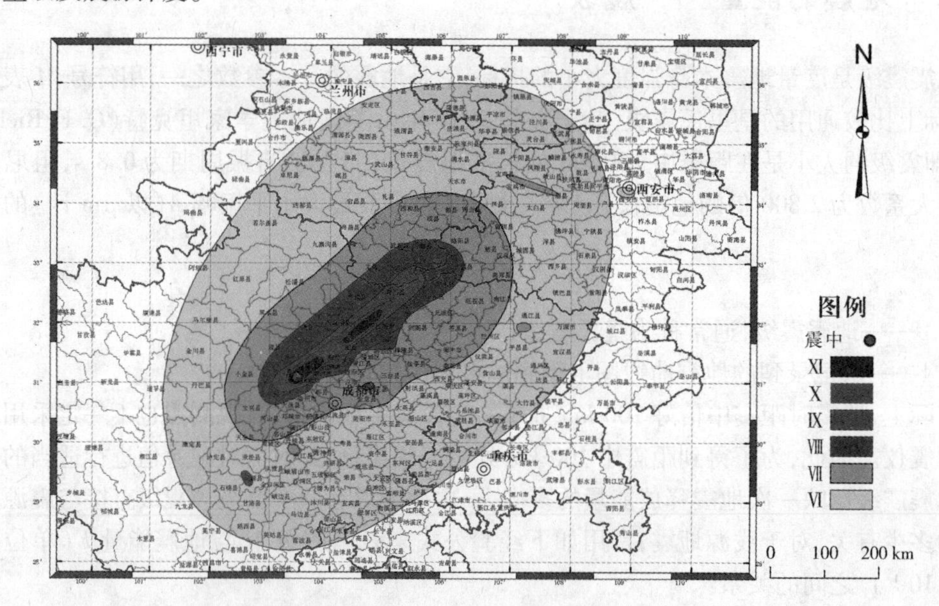

图 1.5 汶川地震等烈度线

震中区的烈度称为震中烈度。它一般可看作地震大小和震源深度两者的函数，但对人民生命财产影响最大且发生最多的地震，其震源深度大多都为 10～30 km。

表 1.2 给出了震源深度为 10～30 km 时，震级 M 与震中烈度 I_0 大致对应的关系。

表 1.2 震级 M 与震中烈度 I_0 的关系

震级 M	2	3	4	5	6	7	8	8 以上
震中烈度 I_0	1～2	3	4～5	6～7	7～8	9～10	11	12

1）地震烈度表

既然地震烈度是表示地震影响程度的一个尺度，就需要建立一个评定烈度的标准，即地震烈度表。其内容包括宏观现象描述和定量指标，但以描述震害宏观现象为主，即根据人的感觉、器物的反应、建筑物的破坏程度和地貌变化特征等方面的宏观现象进行判定和区分。然而，由于对烈度影响轻重的分段不同，以及在宏观现象和定量指标确定方面的差异，加之各国建筑情况和地表条件的不同，各国所指定的地震烈度表也就不同。现在，世界上存在着 40 多个烈度等级系统，通常有 7 ~ 12 度，除了日本采用 8 等级（0 ~ 7 度）的烈度表、少数国家采用 10 度划分的地震烈度表外，绝大多数国家包括我国都采用分成 12 度的地震烈度表。

我国现行《中国地震烈度表》（GB/T 17742）采用 12 等级的地震烈度划分，见表 1.3。

表 1.3　中国地震烈度表

地震烈度	人的感觉	房屋震害			其他震害现象	水平向地震动参数	
		类型	震害程度	平均震害指数		峰值加速度（m/s^2）	峰值速度（m/s）
Ⅰ	无感	—	—	—	—	—	—
Ⅱ	室内个别静止中的人有感觉	—	—	—	—	—	—
Ⅲ	室内少数静止中的人有感觉	—	门、窗轻微作响	—	悬挂物微动	—	—
Ⅳ	室内多数人、室外少数人有感觉，少数人梦中惊醒	—	门、窗作响	—	悬挂物明显摆动，器皿作响	—	—
Ⅴ	室内绝大多数、室外多数人有感觉，多数人梦中惊醒	—	门窗、屋顶、屋架颤动作响，灰土掉落，个别房屋墙体抹灰出现细微裂缝，个别屋顶烟囱掉砖	—	悬挂物大幅度晃动，不稳定器物摇动或翻倒	0.31（0.22 ~ 0.44）	0.03（0.02 ~ 0.04）
Ⅵ	多数人站立不稳，少数人惊逃户外	A	少数中等破坏，多数轻微破坏和/或基本完好	0.00 ~ 0.11	家具和物品移动；河岸和松软土出现裂缝，饱和砂层出现喷砂冒水；个别独立砖烟囱轻度裂缝	0.63（0.45 ~ 0.89）	0.06（0.05 ~ 0.09）
		B	个别中等破坏，少数轻微破坏，多数基本完好				
		C	个别轻微破坏，大多数基本完好	0.00 ~ 0.08			

续表

地震烈度	人的感觉	房屋震害			其他震害现象	水平向地震动参数	
		类型	震害程度	平均震害指数		峰值加速度（m/s^2）	峰值速度（m/s）
Ⅶ	大多数人惊逃户外，骑自行车的人有感觉，行驶中的汽车驾乘人员有感觉	A	少数毁坏和/或严重破坏，多数中等和/或轻微破坏	0.09～0.31	物体从架子上掉落；河岸出现塌方，饱和砂层常见喷水冒砂，松软土地上地裂缝较多；大多数独立砖烟囱中等破坏	1.25（0.90～1.77）	0.13（0.10～0.18）
		B	少数中等破坏，多数轻微破坏和/或基本完好				
		C	少数中等和/或轻微破坏，多数基本完好	0.07～0.22			
Ⅷ	多数人摇晃颠簸，行走困难	A	少数毁坏，多数严重和/或中等破坏	0.29～0.51	干硬土上出现裂缝，饱和砂层绝大多数喷砂冒水；大多数独立砖烟囱严重破坏	2.50（1.78～3.53）	0.25（0.19～0.35）
		B	个别毁坏，少数严重破坏，多数中等和/或轻微破坏				
		C	少数严重和/或中等破坏，多数轻微破坏	0.20～0.40			
Ⅸ	行动的人摔倒	A	多数严重破坏或/和毁坏	0.49～0.71	干硬土上多处出现裂缝，可见基岩裂缝、错动，滑坡、塌方常见；独立砖烟囱多数倒塌	5.00（3.54～7.07）	0.50（0.36～0.71）
		B	少数毁坏，多数严重和/或中等破坏				
		C	少数毁坏和/或严重破坏，多数中等和/或轻微破坏	0.38～0.60			
Ⅹ	骑自行车的人会摔倒，处不稳状态的人会摔离原地，有抛起感	A	绝大多数毁坏	0.69～0.91	山崩和地震断裂出现，基岩上拱桥破坏；大多数独立砖烟囱从根部破坏或倒毁	10.00（7.08～14.14）	1.00（0.72～1.41）
		B	大多数毁坏				
		C	多数毁坏和/或严重破坏	0.58～0.80			
Ⅺ	—	A	绝大多数毁坏	0.89～1.00	地震断裂延续很大；大量山崩滑坡	—	—
		B					
		C		0.78～1.00			

续表

地震烈度	人的感觉	房屋震害			其他震害现象	水平向地震动参数	
		类型	震害程度	平均震害指数		峰值加速度（m/s^2）	峰值速度（m/s）
Ⅻ	—	A	几乎全部毁坏	1.00	地面剧烈变化，山河改观	—	—
		B					
		C					

注：①房屋震害程度是指地震时房屋遭受破坏的轻重程度；震害指数是指房屋震害程度的定量指标，以0.00～1.00的数字表示由轻到重的震害程度；平均震害指数是同类房屋震害指数的加权平均值，即各级震害的房屋所占比率与其相应的震害指数的乘积之和。

②表中给出的“峰值加速度”和“峰值速度”是参考值，括弧内给出的是变动范围。

③表中用于评定烈度的房屋，包括以下3种类型：A类指木构架和土、石、砖墙建造的旧式房屋；B类指未经抗震设防的单层或多层砖砌体房屋；C类指按照Ⅶ度抗震设防的单层或多层砖砌体房屋。

④房屋破坏等级分为基本完好、轻微破坏、中等破坏、严重破坏和毁坏5类，其定义和对应的震害指数 d 如下：

a. 基本完好：承重和非承重构件完好，或个别非承重构件轻微损坏，不加修理可继续使用。对应的震害指数范围为 $0.00 \leq d < 0.10$；

b. 轻微破坏：个别承重构件出现可见裂缝，非承重构件有明显裂缝，不需要修理或稍加修理即可继续使用。对应的震害指数范围为 $0.10 \leq d < 0.30$；

c. 中等破坏：多数承重构件出现轻微裂缝，部分有明显裂缝，个别非承重构件破坏严重，需要一般修理后可使用。对应的震害指数范围为 $0.30 \leq d < 0.55$；

d. 严重破坏：多数承重构件破坏较严重，非承重构件局部倒塌，房屋修复困难。对应的震害指数范围为 $0.55 \leq d < 0.85$；

e. 毁坏：多数承重构件严重破坏，房屋结构濒于崩溃或已倒毁，已无修复可能。对应的震害指数范围为 $0.85 \leq d \leq 1.00$。

表1.3规定了地震烈度从Ⅰ度至Ⅻ度时，在地面上人的感觉、房屋震害程度、其他震害现象、水平向地面峰值加速度、峰值速度的评定指标和使用说明，适用于地震烈度评定。关于各种烈度划分的说明如下：

①用该标准评定地震烈度时，Ⅰ度至Ⅴ度应以地面上以及底层房屋中的人的感觉和其他震害现象为主；Ⅵ度至Ⅹ度应以房屋震害为主，参照其他震害现象，当用房屋震害程度与平均震害指数评定结果不同时，应以震害程度评定结果为主，并综合考虑不同类型房屋的平均震害指数；Ⅺ度和Ⅻ度应综合房屋震害和地表震害现象。

②当采用高楼上人的感觉和器物反应评定地震烈度时，适当降低评定值。

③当采用低于或高于Ⅶ度抗震设计房屋的震害程度和平均震害指数评定地震烈度时，适当降低或提高评定值。

④当采用建筑质量特别差或特别好房屋的震害程度和平均震害指数评定地震烈度时，适当降低或提高评定值。

⑤农村可按自然村为单位，城镇可按街区为单位进行地震烈度评定，面积以1 km^2 左右为宜。

⑥当有自由场地强震动记录时，水平向地震动峰值加速度和峰值速度可作为综合评定地震烈度的参考指标。

2)地震区划图

地震区划图是根据一个地区的地震活动特性,按给定目的区划出来的地区内可能发生的地震动强弱程度的分布图,它实际上是对未来地震影响程度的一种预测。我国现行《中国地震动参数区划图》(GB/T 18306—2001),根据地震危险性分析方法,提供了Ⅱ类场地土,50 年超越概率为 10% 的地震动参数,共给出两张图:①地震动峰值加速度分布图。②地震动反应谱特征周期分区图。附录中给出了《建筑抗震设计规范》(GB 50011—2010,以下简称《抗震规范》)提供的与《中国地震动参数区划图》相对应的我国主要城镇的地震动参数值,其中给出的设计基本地震加速度的取值与《中国地震动参数区划图》中所规定的“地震动峰值加速度”相当。

1.3 地震活动性及地震灾害

地震的发生与地质构造密切相关。一般来说,岩层中原来已有断裂存在,致使岩石的强度降低,容易发生错动或产生新的断裂而引发地震。特别是在活动性较大的断裂带的两端和拐角部位,两条活动断层的交汇处,以及现代断裂差异运动变化剧烈的大型隆起或凹陷的转换地带,这些部位的地应力比较集中,构造比较脆弱,容易发生地震。

1.3.1 世界地震活动性

据统计,地球每年平均发生 500 万次左右的地震,其中 5 级以上的破坏性地震约占 1 000 次,而绝大多数地震由于发生在地球深处或者释放的能量小,人们难以感觉到,需要用非常灵敏的仪器才能测量到。目前世界上记录到的最大地震是 1960 年 5 月 22 日发生在智利的 8.9 级大地震。

破坏性地震并不是均匀地分布于地球的各个部位。根据地震的历史资料,将地震发生的地点和强度在地图上标记出来,绘制成震中分布图,如图 1.6 所示。从图 1.6 可以看到,在地球上震中的分布是沿一定深度和规律地集中在某些特定的大地构造部位,总体呈带状分布。通常可以划分出 4 条全球规模的地震活动带,其中环太平洋地震带和欧亚地震带是世界上 2 条主要的地震活动带。

(1)环太平洋地震活动带

环太平洋地震活动带全长达到 35 000 多 km,地震活动极为强烈,是地球上最主要的地震带。该地震带释放的能量占全部地震能量的 75% 以上,全世界约 80% 的浅源地震,90% 的中源地震和几乎所有的深源地震都集中在此。它北起太平洋北部的阿留申群岛,分东西两支沿太平洋东西两岸向南延伸。环太平洋地震活动带的东支经阿拉斯加、加拿大、美国西海岸、墨西哥、中美洲后直下南美洲。环太平洋地震活动带构造系基本上是大洋岩石圈与大陆岩石圈相聚合的边缘构造系。

(2)欧亚地震活动带

欧亚地震活动带西起大西洋中的亚速尔群岛,经地中海、土耳其、伊朗,抵达帕米尔,沿喜马拉雅山东行,穿过中南半岛西缘,直到印度尼西亚的班达海与太平洋地震带西支相接,总长 20 000 多 km,穿过了欧亚两大洲。除太平洋地震带外几乎所有的中源地震和大的浅源地震都发生在这条带内。释放能量占全部地震能量的 15% 左右。

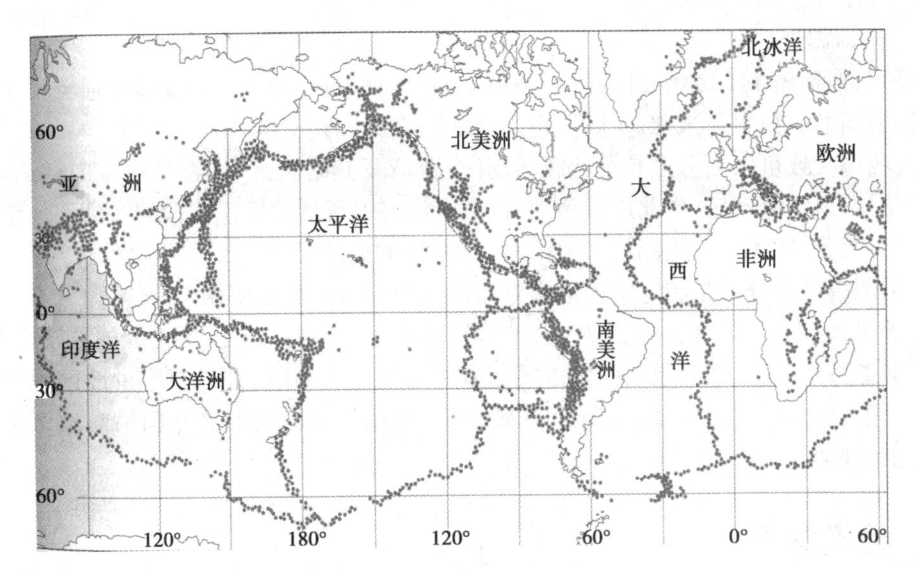

图 1.6　世界地震震中分布示意图

除了以上 2 条主要的地震带外，还有沿北冰洋、大西洋和印度洋中主要山脉的狭窄浅震活动带和地震相当活跃的断裂谷（如东非洲和夏威夷群岛等），它们也是 2 条比较突出的地震活动带。

1.3.2　我国地震活动性

我国东邻环太平洋地震带、南接欧亚地震带，地震的分布相当广泛，是一个多地震国家。其主要地震带有南北地震带和东西地震带，如图 1.7 所示。

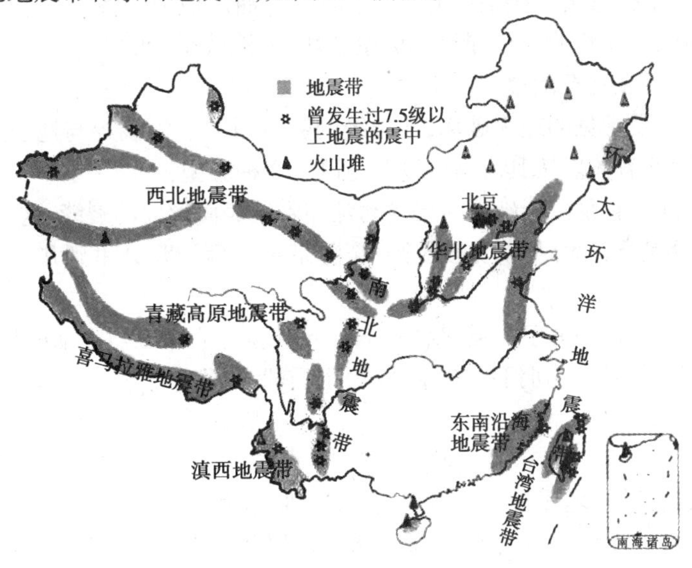

图 1.7　中国地震灾害分布示意图

（1）南北地震带

南北地震带北起贺兰山，向南经六盘山，穿越秦岭沿川西至云南省东北，纵贯南北。地震带宽度各处不一，大致在数十至百余千米，分界线由一系列规模很大的断裂带和断陷盆地组成，构造相当复杂。

(2)东西地震带

主要的东西地震带有2条,北面的一条沿陕西、山西、河北北部向东延伸,直至辽宁北部的千山一带;南面的一条自帕米尔起,经昆仑山、秦岭,直到大别山区。

据此,我国大致可以划分成6个地震活动区:台湾及其附近海域,喜马拉雅山脉活动区,南北地震带,天山地震活动区,华北地震活动区,东南沿海地震活动区。我国的台湾省位于环太平洋地震带上,西藏、新疆、云南、四川、青海等省区位于欧亚地震带上,其他省区处于相关的地震带上。中国地震带的分布是制定中国地震重点监视防御区的重要依据。

综上所述,由于我国所处的地理环境,使得地震情况比较复杂。从历史上的地震情况来看,全国除个别省份外,绝大部分地区都发生过较强烈的破坏性地震,并且有不少地区现代地震活动还相当严重,如台湾大地震最多,新疆、西藏次之,西南、西北、华北和东南沿海地区也是破坏性地震较多的地区。

1.3.3 地震灾害

历史地震的考察与分析表明,地震灾害主要表现为地表破坏、建筑物的破坏和各种次生灾害3种形式,如图1.8所示。

1)地表破坏

地表破坏表现为地裂缝、喷水冒砂、地面下沉、滑坡和山石崩裂等形式。

(1)地裂缝

强烈的地震发生时,地面断层将达到地表,从而改变地形和地貌。地表的竖向错动将形成悬崖峭壁,地表的水平位移将产生地面的错动、挤压、扭曲。地裂缝将造成地面工程结构的严重破坏,使得公路中断、铁轨扭曲、桥梁断裂、房屋破坏、河流改道、水坝受损等。当地裂缝穿过建筑物时,会造成结构开裂甚至倒塌。

地裂缝是地震时最常见的地表破坏,地裂缝的数量、长短、深浅等与地震的强烈程度、地表情况、受力特征等因素有关。按其成因可以分为以下2种类型:

①构造性地裂缝。它是由于地下断层错动延伸到地表而形成的裂缝,这类裂缝与地下断层带的走向一致,一般规模较大,形状比较规则,裂缝带长可延伸几公里到几十公里,带宽可达数十厘米到数米。

②重力性地裂缝。它是由于在强烈地震作用下引起的地面激烈震动的惯性力超过了土的抗剪强度所致。一般在河道、湖河岸边、陡坡等土质松软地方产生,规模较小,形状大小各不相同。

(2)喷水冒砂

在地下水位较高、砂层埋深较浅的平原地区,特别是河流两岸最低平的地方,地震时地震波产生的强烈振动使得地下水压急剧增加,地下水经过地裂缝或其他通道冒出地面。当地表土层为砂土层或粉土层时,会造成砂土液化甚至喷水冒砂现象,这会造成建筑物的下沉、倾斜或倒塌,以及埋地管网的大面积破坏。

(3)地表下沉

在地下存在溶洞的地区或者由于人们的生产活动产生的空洞处(如矿井或者地铁等),当强烈地震发生时,在强烈地震作用下,地面土体将会产生下沉,造成大面积陷落。此外,在松软而压缩性高的土层中,地震会使土颗粒间的摩擦力大大降低,土层变密实,造成地面下沉。

桥梁断裂　地面裂缝　铁轨变形　水坝开裂　山顶滑坡　房屋倒塌

图1.8　各种震害图

(4)滑坡

在河岸、陡坡等地方,强烈的地震使得土体失稳,造成塌方,淹没农田、村庄,堵塞河流,大面积塌方也使得房屋倒塌。

(5)山石崩裂

山石崩裂的塌方量可达近百万方,石块最大的可能超过房屋的体积,崩塌的石块可导致公路阻塞、交通中断、房屋被冲毁等。

2)建筑物的破坏

建筑物的破坏是造成生命财产损失的主要原因。建筑物的破坏可以因前述地表破坏引起,在性质上属于静力破坏；更常见的建筑物破坏是由于地震地面运动的动力作用引起，在性质上属于动力破坏。我国历史地震资料表明，90%左右的建筑物的破坏属于后者。因此，结构动力破坏机制的分析，是结构抗震研究的重点和结构抗震设计的基础。

建筑物的破坏情况与结构类型和抗震措施等有关，根据破坏形态和原因可分为3类：

(1)结构丧失整体性造成破坏

结构构件的共同工作主要是依靠各构件之间的连接及各构件之间的支撑来保证的。在强烈地震作用下，由于构件连接不牢、节点破坏、支撑系统失效等原因，导致结构丧失整体性而造成破坏。

(2)承重结构承载力或变形能力不足引起破坏

地震时，地面运动引起建筑物振动，产生惯性力，不仅使结构构件内力或变形增大很多，而且其受力形式也发生改变，导致结构承载力不足而破坏。如墙体出现裂缝，钢筋混凝土柱剪断或混凝土被压酥裂，砖水塔筒身严重裂缝等。

(3)地基失效引起的破坏

在强烈的地震作用下，地裂缝、地陷、滑坡和地基土液化等会导致地基承载力降低或丧失承载力，最终造成建筑物整体倾斜、拉裂甚至倒塌而破坏。

3)次生灾害

地震除直接造成建筑物的破坏、导致财产损失和人员伤亡外，还可能引发火灾、水灾、海啸、污染、滑坡、泥石流、瘟疫等次生灾害。例如，1906年美国旧金山大地震，在震后的3天火灾中，共烧毁521个街区的28 000幢建筑物，使已破坏但未倒塌的房屋被大火夷为一片废墟。1923年日本关东大地震，地震正值中午做饭时间，导致许多地方同时起火，由于自来水管普遍遭到破坏，道路又被堵塞，致使大火蔓延，烧毁房屋达45万栋之多。1960年发生在海底的智利大地震，引起海啸灾害，除吞噬了智利中、南部沿海房屋外，海浪还从智利沿大海以640 km/h的速度横扫太平洋，22 h之后高达4 m的海浪又袭击了日本，本州和北海道的海港和码头建筑遭到严重的破坏，甚至连巨轮也被抛上陆地。1970年秘鲁大地震，瓦斯卡兰山北峰泥石流从3 750 m高度泻下，流速达320 km/h，摧毁淹没了村镇和建筑，使地形改观，死亡达25 000人。2011年日本宫城县以东太平洋海域的大地震引发了高达10 m的巨大海啸，造成了十分严重的人员伤亡、财产损害和核电站泄漏事故。

1.4 建筑抗震设计的基本要求

1.4.1 相关术语

(1)地震基本烈度

地震基本烈度是指该地区在一定时期(我国是50年)内，在一般场地条件下可能遭遇超越概率为10%的地震烈度值。它是一个地区进行抗震设防的依据。

(2)抗震设防分类

抗震设防分类是根据建筑遭遇地震破坏后，可能造成人员伤亡、直接和间接经济损失、社会影响的程度及其在抗震救灾中的作用等因素，对各类建筑所做的设防类别划分。

(3)抗震设防烈度

抗震设防烈度是按国家规定的权限批准作为一个地区抗震设防依据的地震烈度。一般情况下，取50年内超越概率10%的地震烈度，即基本烈度。抗震设防烈度必须按国家规定的权限审批、颁发的文件(图件)确定。

(4)抗震设防标准

抗震设防标准是衡量抗震设防要求高低的尺度，由抗震设防烈度或设计地震动参数及建筑抗震设防类别确定。它是一种衡量对建筑抗震能力要求高低的综合尺度，既取决于地震强弱的不同，又取决于建筑使用功能重要性的不同。

1.4.2 建筑抗震设防分类和设防标准

抗震设防是指对建筑工程进行抗震设计计算和采取抗震构造措施，以达到抗震的效果。抗震设防的所有建筑应按现行国家标准《建筑工程抗震设防分类标准》(GB 50223)确定其抗震设防类别及其抗震设防标准。

1)建筑抗震设防分类

根据建筑的使用功能及其重要性，按其受地震破坏时产生的后果及其严重性，抗震设防的建筑工程分为以下4个抗震设防类别：

①特殊设防类：指使用上有特殊设施，涉及国家公共安全的重大建筑工程和地震时可能发生严重次生灾害等特别重大灾害后果，需要进行特殊设防的建筑，简称甲类。

②重点设防类：指地震时使用功能不能中断或需尽快恢复的生命线相关建筑，以及地震时可能导致大量人员伤亡等重大灾害后果，需要提高设防标准的建筑，简称乙类。

③标准设防类：指大量的除①、②、④款以外按标准要求进行设防的建筑，简称丙类。

④适度设防类：指使用上人员稀少且震损不致产生次生灾害，允许在一定条件下适度降低要求的建筑，简称丁类。

不同行业的相同建筑，当所处地位及地震破坏所产生的后果和影响不同时，其抗震设防类别可不相同。

2)建筑抗震设防标准

对于不同抗震设防类别的建筑，抗震设计时可采用不同的抗震设防标准。我国规范对各抗震设防类别建筑的抗震设防标准，在地震作用计算和抗震措施方面作了规定，见表1.4。

表1.4 各抗震设防类别建筑的抗震设防标准

建筑抗震设防类别	地震作用计算	抗震措施
甲类	应按批准的地震安全性评价的结果且高于本地区抗震设防烈度的要求确定	应按高于本地区抗震设防烈度提高一度的要求加强其抗震措施；但9度时应按比9度更高的要求采取抗震措施
乙类	应按本地区抗震设防烈度确定(6度时可不进行计算)	应按高于本地区抗震设防烈度一度的要求加强其抗震措施；但9度时应按比9度更高的要求采取抗震措施；地基基础的抗震措施，应符合有关规定

续表

建筑抗震设防类别	地震作用计算	抗震措施
丙类	应按本地区抗震设防烈度确定(6度时可不进行计算)	应按本地区抗震设防烈度确定
丁类	一般情况下,应按本地区抗震设防烈度确定(6度时可不进行计算)	允许比本地区抗震设防烈度的要求适当降低其抗震措施,但抗震设防烈度为6度时不应降低

对于划为乙类而规模很小的工业建筑,当改用抗震性能较好的材料且符合抗震设计规范对结构体系的要求时,允许按标准设防类设防。

1.4.3 建筑抗震设防的目标

抗震设防的基本目的是在一定的经济条件下,最大限度地限制和减轻建筑物的地震破坏,避免人员伤亡,减少经济损失。为了实现这一目的,许多国家和地区的抗震设计规范采用"小震不坏、中震可修、大震不倒"作为建筑结构抗震设计的基本目标,这一目标亦为我国抗震设计规范所采纳。

我国《抗震规范》提出的"三水准"抗震设防目标是:

- 第一水准:当遭受低于本地区抗震设防烈度的多遇地震影响时,主体结构不受损坏或不需修理可继续使用。
- 第二水准:当遭受相当于本地区抗震设防烈度的设防地震影响时,可能发生损坏,但经一般性修理仍可继续使用。
- 第三水准:当遭受高于本地区抗震设防烈度的罕遇地震影响时,不致倒塌或发生危及生命的严重破坏。

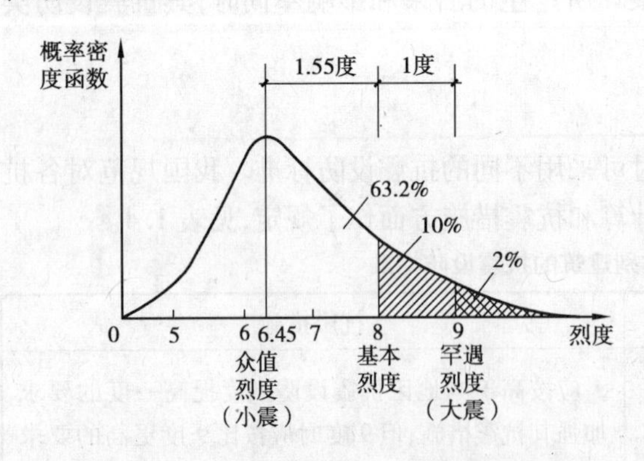

图1.9 三水准烈度的含义及其关系

基于上述抗震设防目标,建筑物在设计使用年限内,会遭遇到不同频度和强度的地震,从安全性和经济性的综合协调考虑,不同建筑物对这些地震应具有不同的抗震能力。这可以用3个地震烈度水准来考虑,即多遇烈度、基本烈度和罕遇烈度。

根据对我国华北、西北、西南3个主要地震区的地震危险性分析结果,确定了我国地震烈度的概率分布基本上符合极值Ⅲ型分布,其概率密度函数曲线的基本形状如图1.9所示,其具体形状参数取决于设定的分析年限和具体地点。

在图1.9中,有几个烈度值具有特别的意义:

①众值烈度:是曲线峰值对应的烈度。从概率意义上说,众值烈度发生机会较多,它在50

年内的超越概率为63.2%,可以将这一烈度定义为小震烈度,或称为多遇烈度。

②基本烈度:其50年内的超越概率一般为10%,是中震对应的烈度。

③罕遇烈度:其50年内超越概率为2%左右,可作为大震烈度,所发生的地震也可称为罕遇地震(大震)。

通过对我国45个城镇的地震危险性分析结果进行统计分析得到:基本烈度比多遇地震烈度约高1.55度,而比罕遇烈度约低1度。

1.4.4 建筑抗震设计方法

在进行建筑抗震设计时,为满足上述“三水准”抗震设防目标,我国建筑抗震设计规范采用了简化的两阶段设计方法来实现。

• 第一阶段设计:采用第一水准多遇烈度的地震动参数,计算出结构在弹性状态下的地震作用效应,与风、重力等荷载效应组合,并引入承载力抗震调整系数,进行构件截面设计,从而满足第一水准的强度要求;同时,采用同一地震动参数计算出结构的弹性层间位移角,使其不超过规定的限值。另外,采用相应的抗震结构措施,保证结构具有相应的延性、变形能力和塑性耗能能力,从而自动满足第二水准的变形要求。

• 第二阶段设计:采用第三水准罕遇烈度的地震动参数,计算出结构的弹塑性层间位移角,满足规定的要求,并采取必要的抗震构造措施,从而满足第三水准的防倒塌要求。

必须指出的是,在实际抗震设计中,并非所有结构都需要进行第二阶段设计。对于大多数结构,一般可只进行第一阶段设计,而通过概念设计和抗震构造措施来满足第三水准的设计目标。只有对有特殊要求的建筑、地震时易倒塌的结构以及有明显薄弱层的不规则结构,除进行第一阶段设计外,还要进行结构薄弱部位的弹塑性层间变形验算,并采取相应的抗震构造措施,实现第三水准的设防目标。

1.4.5 建筑抗震设计的总体要求

抗震设防的依据是抗震设防烈度。《抗震规范》规定,抗震设防烈度可采用中国地震动参数区划图的地震基本烈度,或与《抗震规范》中设计基本地震加速度对应的烈度值。对已编制抗震设防区划的城市,可按批准的抗震设防烈度或设计地震动参数进行抗震设防。

抗震设防烈度为6度及以上地区的建筑,必须进行抗震设计。一般来说,建筑抗震设计包括3个环节,即概念设计、抗震计算和构造措施。建筑抗震概念设计,是在总体上把握抗震设计的基本原则,是根据地震灾害和工程经验等所形成的基本设计原则和设计思想,由设计开始从建筑规划选址、建筑体型选取、结构体系布置到细部构件确定的过程;抗震计算为建筑抗震设计提供定量的参数设计;构造措施则是从保证结构整体性、加强局部薄弱环节、实现“三水准”抗震设防目标等意义上来保证抗震计算结果的有效性。上述抗震设计3个环节的内容是一个不可割裂的整体,忽略任何一部分,都可能造成抗震设计的失败。关于这3个方面的内容将在后续章节逐步深入地介绍。

本章小结

(1)地震是一种自然现象,其震害主要有地表破坏、建筑物的破坏和次生灾害。地震按其成因不同可分为2大类,即自然地震(构造地震、火山地震、陷落地震)和人为地震(诱发地震和感应地震)。由于构造地震分布范围广、危害最大,成为抗震设计研究的主要对象。此外,按震源深浅的不同,地震还可分为浅源地震、中源地震和深源地震3种类型。

(2)地震时由震源发出的振动以波的形式向各个方向传播。地震波可分为体波和面波。体波在地球内部传播,分为纵波和横波。纵波的传播方向与介质质点的振动方向一致,又称为压缩波或疏密波,其周期短、振幅小、波速快;而横波的介质质点振动方向与波的传播方向垂直,也称为剪切波,其周期较长、振幅较大,波速较纵波小。体波传至地面经折射、反射形成沿地面传播的面波,其衰减速度慢,能传到很远的地方。

(3)地震震级是衡量一次地震大小的等级,通常用里氏震级表示。地震烈度是指地震时在一定地点震动的强烈程度,它表示地面和建筑物受破坏的程度。一次地震只有一个震级,而在不同地点有不同的烈度。基本烈度是指在设计基准期50年内超越概率为10%的烈度值,而用于抗震设计的烈度是抗震设防烈度,一般情况下,它与基本烈度基本一致。

(4)对建筑物进行抗震设计并采取相应的抗震构造措施,这就是抗震设防。建筑物根据其重要性程度可分为甲、乙、丙、丁类共4个设防类别,各有不同的设防标准。建筑抗震设计包括3个方面的内容,即概念设计、抗震计算与构造措施。进行抗震设计的建筑,其设防目标是"小震不坏、中震可修、大震不倒"三个水准。为了实现上述"三水准"的抗震设防要求,抗震设计规范提出了两阶段抗震设计方法。

思考题与习题

1.1 地震按其成因分为哪几种类型?按其震源深浅又分为哪几类?

1.2 什么是地震波?地震波包含哪几种波,它们各有什么特点?

1.3 地震震级和地震烈度的定义是什么?两者有何区别与联系?

1.4 地震灾害主要表现在哪些方面?各自的表现形式是什么?

1.5 什么是多遇地震?什么是罕遇地震?

1.6 建筑抗震设防分类的原则及其设防标准的差异如何?

1.7 什么是抗震设防烈度?抗震设防的依据及其目标是什么?

1.8 建筑抗震设计的总体要求和设计方法的主要思路是什么?

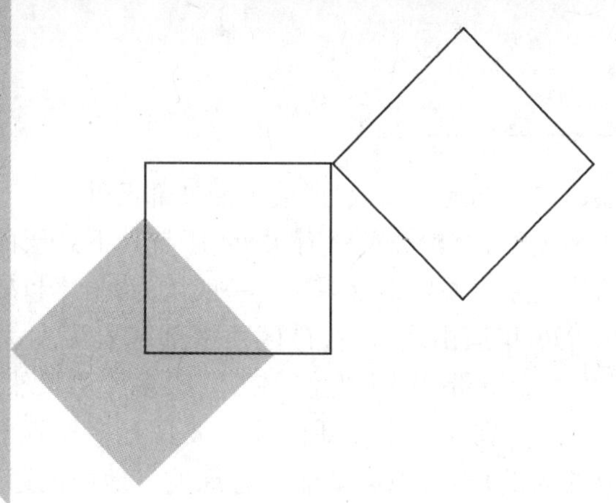

2 场地、地基和基础

本章导读：

- **基本要求** 了解场地、场地土及场地土覆盖层厚度的基本概念；掌握场地土类型、建筑场地类别的划分方法；掌握地基和基础抗震设计的一般要求及天然地基抗震承载力验算方法；了解地基土液化的概念和液化的判别方法、地基抗液化措施以及软土地基的抗震措施；了解桩基的抗震验算。
- **重点** 建筑场地类别的判定和天然地基的抗震承载力验算。
- **难点** 地基土液化的判别。

2.1 场 地

场地是指建筑物所在地，其范围大体相当厂区、居民点或自然村的区域，面积一般不小于 $1.0\ km^2$。每个建筑物都坐落在建设场地的岩土地基上，地震时，建筑场地和地基基础对建筑物起着双重作用，即把地震对建筑物的破坏作用传递给上部结构，同时又支承着上部结构。因此，研究建筑物在地震作用下的震害形态、破坏机理以及抗震设计等问题，都离不开对场地和地基的研究，而研究场地和地基在地震作用下的反应及其对上部结构的影响，正是场地抗震评价的重要内容。

2.1.1 场地的地震动效应

场地的地震动作用是指由于强烈地面运动引起地面设施振动而产生的破坏作用。强烈地震引起的结构破坏和倒塌是造成大量生命财产损失的最普遍和最主要的原因。根据国内外破坏性地震的调查资料估计，至少95%以上的人员伤亡和建筑物破坏是直接由于地面振动造成的。此外,强烈的地面振动也是其他地震破坏作用如地基失效、滑坡等的外部条件。

历史震害资料表明,建筑物震害除与地震类型、结构类型等有关外,还与其下卧层的构成、场地土覆盖层厚度密切相关,不同场地上的建筑震害差异十分明显。一般认为,土质越软,覆盖层越厚,建筑物震害越严重,反之越轻。如1976年唐山地震时,市区西南部基岩深度达500~800 m,房屋倒塌率近100%,而市区东北部大城山一带,则因覆盖层较薄,很多厂房虽然也位于极震区,但房屋倒塌率仅为50%。从原理上分析,在岩层中传播的地震波具有多种频率成分,其中,在振幅谱中振幅最大频率分量所对应的周期,称为地震动的卓越周期。地震波通过覆盖土层传向地表时,与土层固有周期相一致的一些频率波群将被放大,而另一些频率波群将被衰减甚至被完全过滤掉。地震波通过土层,当建筑物的固有周期与地震动的卓越周期接近时,建筑物的振动会加大,相应地,震害也会加重。

2.1.2 场地土类型及场地覆盖层厚度

1)场地土类型

场地土是指在场地范围内的地基土。场地条件对建筑震害的主要影响因素是场地土的刚度和场地覆盖层厚度。因此,研究场地条件对建筑震害的影响,选择适当的场地条件是建筑抗震设计中的一个重要环节。

对于场地土类型的划分,应根据常规勘探资料,按其等效剪切波速或参照一般土性状描述来分类。由于单一性质场地土地基的情况很少,所以场地土类型的划分大多采用简化方法,即一般可按土层剪切波速 v_s 或土层等效剪切波速 v_{se} 来划分,其中 v_{se} 应按下式计算:

$$v_{se} = \frac{d_0}{t} \tag{2.1}$$

$$t = \sum_{i=1}^{n} \frac{d_i}{v_{si}} \tag{2.2}$$

式中 v_{se}——土层等效剪切波速,m/s;

d_0——计算深度,m,取覆盖层厚度和20 m二者的较小值;

t——剪切波在地面至计算深度之间的传播时间;

d_i——计算深度范围内第 i 土层的厚度,m;

v_{si}——计算深度范围内第 i 土层的剪切波速,m/s;

n——计算深度范围内土层的分层数。

在场地初步勘察阶段,对大面积的同一地质单元,测试土层剪切波速的钻孔数量不宜少于3个。

在场地详细勘察阶段,对单幢建筑,测试土层剪切波速的钻孔数量不宜少于2个,测试数据变化较大时,可适量增加;对小区中处于同一地质单元内的密集建筑群,测试土层剪切波速的钻孔数量可适量减少,但每幢高层建筑和大跨空间结构的钻孔数量均不得少于1个。

对丁类建筑及丙类建筑中层数不超过10层且高度不超过24 m的多层建筑,当无实测剪切波速时,可根据岩土名称和性状按表2.1划分场地土的类型,再利用当地经验在表2.1的剪切波速范围内估计各土层的剪切波速。

表 2.1　土的类型划分和剪切波速范围

土的类型	岩土名称和性状	土层剪切波速范围(m/s)
岩石	坚硬、较硬且完整的岩石	$v_s>800$
坚硬土或软质岩石	破碎和较破碎的岩石或软和较软的岩石，密实的碎石土	$800\geqslant v_s>500$
中硬土	中密、稍密的碎石土，密实、中密的砾、粗、中砂，$f_{ak}>150$ 的黏性土和粉土，坚硬黄土	$500\geqslant v_s>250$
中软土	稍密的砾、粗、中砂，除松散外的细、粉砂，$f_{ak}\leqslant150$ 的黏性土和粉土，$f_{ak}>130$ 的填土，可塑黄土	$250\geqslant v_s>150$
软弱土	淤泥和淤泥质土，松散的砂，新近沉积的黏性土和粉土，$f_{ak}\leqslant130$ 的填土，流塑黄土	$v_s\leqslant150$

注：f_{ak} 为由载荷试验等方法得到的地基承载力特征值(kPa)；v_s 为岩土剪切波速。

2) *场地覆盖层厚度*

目前，国内外对场地覆盖层厚度的定义有两种方法：一种是绝对的，即从地表到地下基岩面的距离，也就是基岩的埋深，但各国采用的基岩判定标准有所不同；另一种是相对的，即定义两相邻土层剪切波速比$\frac{v_{s下}}{v_{s上}}$大于某一定值的埋深为覆盖层厚度。

我国《抗震规范》规定按下列要求确定建筑场地覆盖层厚度：

①一般情况下，应按地面至剪切波速大于 500 m/s 且其下卧各层岩土的剪切波速均不小于 500 m/s 的土层顶面的距离确定。

②当地面 5 m 以下存在剪切波速大于其上部各土层剪切波速 2.5 倍的土层，且该层及其下卧各层岩土的剪切波速均不小于 400 m/s 时，可按地面至该土层顶面的距离确定。

③剪切波速大于 500 m/s 的孤石、透镜体，应视同周围土层。

④土层中的火山岩硬夹层，应视为刚体，其厚度应从覆盖土层中扣除。

2.1.3　建筑场地类别

建筑场地类别是场地条件的基本表征，它是根据土层等效剪切波速和场地覆盖层厚度 2 个指标综合确定的。《抗震规范》根据上述两个指标将建筑场地划分为Ⅰ、Ⅱ、Ⅲ、Ⅳ4 种类别，其中Ⅰ类分为 I_0、I_1 两个亚类，见表 2.2。

表 2.2　各类建筑场地的覆盖层厚度　　单位：m

岩石的剪切波速或土的等效剪切波速(m/s)	场地类别				
	I_0	I_1	Ⅱ	Ⅲ	Ⅳ
$v_s>800$	0				
$800\geqslant v_s>500$		0			
$500\geqslant v_{se}>250$		<5	≥5		

续表

岩石的剪切波速或土的等效剪切波速(m/s)	场地类别				
	I_0	I_1	Ⅱ	Ⅲ	Ⅳ
$250 \geq v_{se} > 150$		<3	3~50	>50	
$v_{se} \leq 150$		<3	3~15	15~80	>80

注:表中 v_s 是岩石的剪切波速。

【例2.1】已知某建筑场地的钻孔地质资料如表2.3所示,试判定该建筑场地类别。

表2.3　建筑场地的钻孔地质资料

土层底部深度(m)	岩土名称	土层厚度(m)	土层剪切波速(m/s)
1.5	杂填土	1.5	180
3.5	粉土	2.0	240
7.5	细砂	4.0	310
15.5	砾砂	8.0	520

【解】(1)确定覆盖层厚度

因为地表下7.5 m以下土层的 $v_s = 520$ m/s > 500 m/s,故场地覆盖层厚度 $d_{0v} = 7.5$ m。

(2)计算等效剪切波速

因为场地覆盖层厚度小于20 m,所以取土层计算深度 $d_0 = 7.5$ m,按式(2.1)和式(2.2)有:

$$t = \sum_{i=1}^{n} \frac{d_i}{v_{si}} = \frac{1.5}{180} + \frac{2.0}{240} + \frac{4.0}{310} = 0.0296(\text{s})$$

$$v_{se} = \frac{d_0}{t} = \frac{7.5}{0.0296} = 253.4(\text{m/s})$$

查表2.2,v_{se} 为250~500 m/s,且 $d_{0v} > 5$ m,故该建筑场地类别属于Ⅱ类。

2.2　天然地基与基础的抗震验算

地基是指建筑物基础下面受力层范围内的土层。历史震害资料的统计表明,各类场地土上的建筑物在地震时只有很少一部分是因为地基失效而导致上部结构破坏的。一般土层地基具有较好的抗震能力,在地震时很少发生问题,造成上部建筑物破坏的主要是松软土地基和不均匀地基。尽管由于地基原因造成建筑物震害的仅占建筑震害总数中的一小部分,但这类震害却不能忽视。因为一旦地基发生破坏,震后的修复加固就相当困难,有时甚至是不可能的,所以应对地基的震害现象进行深入分析,并在设计时采取相应的抗震措施。确保地震时地基基础能够承受上部结构传下来的竖向和水平地震作用以及倾覆力矩而不发生过大变形和不均匀沉降是地基基础抗震设计的基本要求。

地基基础的抗震设计是通过选择合理的基础体系和抗震验算来保证其抗震能力。

2.2.1 地基基础抗震设计的一般要求

地基和基础的抗震设计应符合下列要求：

①同一结构单元的基础不宜设置在性质截然不同的地基上。

②同一结构单元不宜部分采用天然地基部分采用桩基；当采用不同基础类型或基础埋深显著不同时，应根据地震时两部分地基基础的沉降差异，在基础、上部结构的相关部位采取相应措施。

③地基为软弱黏性土、液化土、新近填土或严重不均匀土时，应根据地震时地基不均匀沉降和其他不利影响，采取相应的措施。

如前所述，由于大量的一般地基具有较好的抗震性能，根据地基静承载力设计能够满足抗震要求。因此，为了简化和减少抗震设计的工作量，《抗震规范》规定，下列建筑可不进行天然地基及基础的抗震承载力验算：

①《抗震规范》规定可不进行上部结构抗震验算的建筑。

②地基主要受力层范围内不存在软弱黏性土层的下列建筑：

a. 一般的单层厂房和单层空旷房屋。

b. 砌体房屋。

c. 不超过 8 层且高度在 24 m 以下的一般民用框架和框架-抗震墙房屋。

d. 基础荷载与 c 项相当的多层框架厂房和多层混凝土抗震墙房屋。

上述软弱黏性土层是指 7 度、8 度和 9 度时，地基承载力特征值分别小于 80 kPa、100 kPa 和 120 kPa 的土层。

2.2.2 天然地基的抗震能力

在进行天然地基抗震承载力验算之前，首先要确定天然地基的抗震承载力。目前，世界上很多国家的抗震规范都采用在地基土的静承载力的基础上乘以调整系数的方法来计算。其主要原因是：地震是偶然事件，考虑到地震作用的短暂性和工程结构的经济性，地基抗震承载力安全系数（或可靠性）可以比静载时适当降低；再者，地震是有限次数不等幅的随机荷载，其等效循环荷载不超过十几到几十次，而多数土在有限次数的动载下强度较静载的稍高。故在确定地基土的抗震承载力时，其取值应比地基土的静承载力有所提高。

《抗震规范》在进行天然地基及基础抗震验算时，就采用了此方法，即地基抗震承载力应按下式计算：

$$f_{aE} = \zeta_a f_a \tag{2.3}$$

式中 f_{aE}——调整后的地基抗震承载力；

ζ_a——地基抗震承载力调整系数，应按表 2.4 采用；

f_a——深宽修正后的地基承载力特征值，应按现行国家标准《建筑地基基础设计规范》（GB 50007）采用。

表 2.4 地基抗震承载力调整系数

岩土名称和性状	ζ_a
岩石,密实的碎石土,密实的砾、粗、中砂,$f_{ak}\geqslant$300 kPa 的黏性土和粉土	1.5
中密、稍密的碎石土,中密和稍密的砾、粗、中砂,密实和中密的细、粉砂,150 kPa$\leqslant f_{ak}<$300 kPa 的黏性土和粉土,坚硬黄土	1.3
稍密的细、粉砂,100 kPa$\leqslant f_{ak}<$150 kPa 的黏性土和粉土,可塑黄土	1.1
淤泥,淤泥质土,松散的砂,杂填土,新近堆积黄土及流塑黄土	1.0

需要说明的是,地震作用对软土的承载力影响较大,土越软,地震作用下的变形就越大,并且有资料表明,软土地基抗震承载力还略低于静承载力。因此,在进行天然地基基础的抗震承载力验算时,软弱土的抗震承载力不予提高。

2.2.3 天然地基的抗震验算

地震区的建筑物,首先必须根据静力设计的要求确定基础尺寸,并对基础进行承载力和沉降量的核算,然后根据需要再进行地基基础抗震承载力验算。

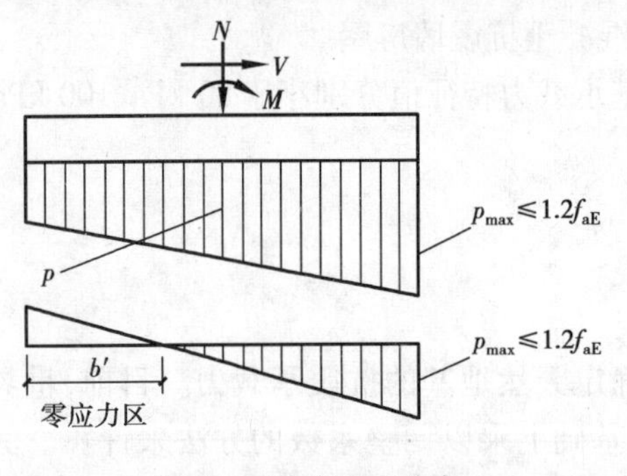

图 2.1 基底压力分布

地基基础的抗震验算,一般采用"拟静力法",验算方法与静力状态下相似,即基础底面压力不超过承载力的设计值。验算时应采用地震作用效应标准组合计算基底压力,并认为在基础底面所产生的压力是直线分布(图 2.1)。验算地震作用下天然地基的竖向承载力时,基础底面平均压力和边缘最大压力应符合下列各式要求:

$$p\leqslant f_{aE} \tag{2.4}$$

$$p_{max}\leqslant 1.2f_{aE} \tag{2.5}$$

式中 p——地震作用效应标准组合的基础底面平均压力;

p_{max}——地震作用效应标准组合的基础边缘的最大压力。

《抗震规范》规定,高宽比大于 4 的高层建筑,在地震作用下基础底面不宜出现脱离区(零应力区);其他建筑,基础底面与地基土之间脱离区(零应力区)面积不应超过基础底面面积的 15%。

2.3 液化土与软土地基

2.3.1 地基土的液化及其危害

所谓液化现象,是指地震时,处于地下水位以下的饱和砂土和粉土颗粒,在强烈振动下发生相对位移,土颗粒结构趋于压密,颗粒间孔隙水来不及排泄而受到挤压,因而使孔隙水压力急剧增加,当孔隙水压力增加到与颗粒所受的总的正压力接近或相等时,土颗粒之间因摩擦产生的抗剪能力就消失,即土体抗剪强度等于零,土颗粒形同“液体”一样处于悬浮状态。

液化使地基抗震承载力丧失或减弱,引起基础不均匀沉陷并引发建筑物的破坏甚至倒塌。根据国内外调查发现,在各种由于地基失效而造成的地震灾害中,80%是因土体液化造成的。由液化造成严重地震灾害的例子很多,如发生于1964年的美国阿拉斯加地震和1964年日本新泻地震,都出现了因大面积砂土液化而造成建筑物的严重破坏。在我国,1975年的辽宁海城地震和1976年的河北唐山地震也都发生了大面积的地基液化震害。

1)液化危害的表现形式

①液化时孔隙水压力急剧增高,地下水水头随之增高,当其高出地面时就形成先水后砂或水砂一起涌出地面的喷水带砂的现象,造成大面积地面沉降。

②液化使地基土抗剪强度丧失,往往造成建筑物大量下沉或不均匀沉降,并引发建筑物的破坏甚至倒塌。

③液化土层多属河流中、下游的冲积层,若液化层面向河心有少许倾斜时,在液化之后,会导致已液化土层和上覆非液化土层一齐流向河心,这种现象称为液化侧向扩展。天然或人工的含液化土的土坡,若其坡度较大,液化时也会产生大规模的滑坡,这种现象称为流滑。液化侧向扩展和流滑会造成地面开裂、桥梁破坏等。

2)影响地基土液化的因素

①土层的地质年代。土层地质年代表示土层沉积时间的长短。饱和砂土或粉土的地质年代越久远,其基本性能越稳定,土的密实程度越大,土的固结程度越好,越不易液化。震害调查表明:在我国和国外的历次大地震中,尚未发现地质年代属于第四纪晚更新世(Q3)或其以前的饱和土层发生液化。

②土的组成和密实程度。一般来说,颗粒均匀单一的土比颗粒级配良好的土容易液化;密实程度小的砂土容易液化,土的密实度越大,越不容易液化;另外,土中随黏性颗粒的增加,土的粘聚力增大,越不容易液化。

③上覆非液化土层的厚度。可液化土层埋深越大,也即上面覆盖的非液化土层越厚时,由于有效压力的增大,越不容易液化。

④地下水位的高低。地下水位越低,越不易发生液化。

⑤地震烈度和地震持续时间。地震烈度越高,地震持续时间越长,土层越易液化。6度及以下地区,很少有液化现象发生。

2.3.2 液化的判别

当建筑物的地基有饱和砂土或饱和粉土(不含黄土)时,应经过勘察预测其在未来地震时是否会出现液化,并确定是否需要采取相应的抗液化措施。由于6度区的震害较轻,《抗震规范》规定,当基本烈度为6度时,一般情况下可不进行判别和处理,但对液化沉陷敏感的乙类建筑,可按7度的要求进行液化判别和地基处理;7~9度时,乙类建筑可按本地区抗震设防烈度的要求进行判别和处理。此外,地面下存在饱和砂土和饱和粉土(不含黄土、粉质黏土)时,除6

度外，应进行液化判别；存在液化土层的地基，应根据建筑的抗震设防类别、地基的液化等级，结合具体情况采取相应的措施。

为了减少判别场地土液化的勘察工作量，液化的判别可分两步进行，即初步判别和标准贯入试验判别。凡经初步判别定为不液化或不考虑液化影响的场地土，原则上可不进行标准贯入试验的判别。

1）初步判别

饱和的砂土或粉土（不含黄土），当符合下列条件之一时，可初步判别为不液化或可不考虑液化影响：

①地质年代为第四纪晚更新世（Q_3）及其以前时，7度、8度时可判为不液化。

②粉土的黏粒（粒径小于0.005 mm的颗粒）含量百分率，7度、8度和9度分别不小于10%、13%和16%时，可判为不液化土。

③浅埋天然地基的建筑，当上覆非液化土层厚度和地下水位深度符合下列条件之一时，可不考虑液化影响：

$$d_u > d_0 + d_b - 2 \tag{2.6}$$

$$d_w > d_0 + d_b - 3 \tag{2.7}$$

$$d_u + d_w > 1.5d_0 + 2d_b - 4.5 \tag{2.8}$$

式中 d_w——地下水位深度，m，宜按设计基准期内年平均最高水位采用，也可按近期内年最高水位采用；

d_u——上覆盖非液化土层厚度，m，计算时宜将淤泥和淤泥质土层扣除；

d_b——基础埋置深度，m，不超过2 m时应采用2 m；

d_0——液化土特征深度，m，可按表2.5采用。

表2.5 液化土特征深度 单位：m

饱和土类别	7度	8度	9度
粉土	6	7	8
砂土	7	8	9

注：当区域的地下水位处于变动状态时，应按不利的情况考虑。

2）标准贯入试验判别

当上述所有条件均不能满足时，说明地基土存在液化可能。此时，应采用标准贯入试验进一步判别其是否液化。

标准贯入试验设备由标准贯入器、触探杆和穿心锤（标准质量63.5 kg）等组成，如图2.2所示。试验时，先用钻具钻至试验土层标高以上15 cm处，再将贯入器打至标高位置，然后在锤的落距为76 cm的条件下，连续打入土层30 cm，记录锤击数为$N_{63.5}$。

一般情况下，应判别地面下20 m深度范围内土的液化，但对本章2.2.1节规定可不进行天然地基及基础抗震承载力验算的各类建筑，可只判别地面下15 m范围内土的液化。当饱和砂土或粉土的实测标准贯入锤击数$N_{63.5}$（未经杆长修正）小于或等于液化判别标准贯入锤击数临界值N_{cr}，即$N_{63.5} \leqslant N_{cr}$时，则应判为液化土。

在地面下 20 m 深度范围内,液化判别标准贯入锤击数临界值可按下式计算:

$$N_{cr} = N_0\beta[\ln(0.6d_s + 1.5) - 0.1d_w]\sqrt{\frac{3}{\rho_c}} \quad (2.9)$$

式中 N_{cr}——液化判别标准贯入锤击数临界值;

N_0——液化判别标准贯入锤击数基准值,可按表 2.6 采用;

d_s——饱和土标准贯入点深度,m;

ρ_c——黏粒含量百分率,当小于 3 或为砂土时,应采用 3;

β——调整系数,设计地震第一组取 0.80,第二组取 0.95,第三组取 1.05。

由式(2.9)可以看出,地基土液化的临界指标 N_{cr} 的确定,主要考虑了土层所处位置、饱和土黏粒含量、地下水位深度以及地震烈度等影响上层液化的要素。

表 2.6 液化判别标准贯入锤击数基准值 N_0

设计基本地震加速度 g	0.10	0.15	0.20	0.30	0.40
液化判别标准贯入锤击数基准值	7	10	12	16	19

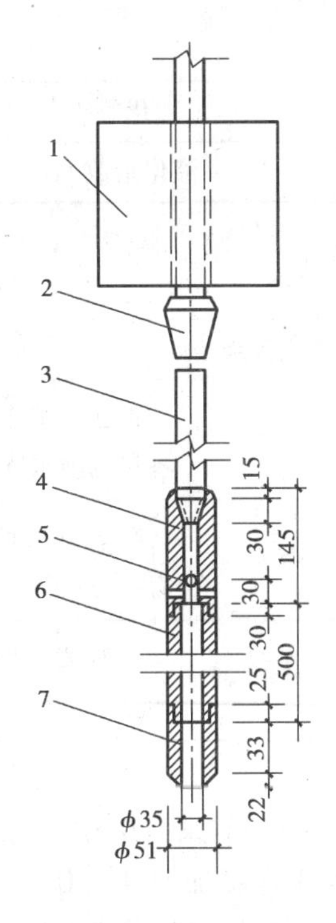

图 2.2 标准贯入试验设备示意图

1—穿心锤;2—锤垫;3—触探杆;4—贯入器头;5—出水孔;6—贯入器身;7—贯入器靴

3)液化指数和液化等级

当经过上述两步判别土层为液化土后,应进一步定量分析,评价液化土可能造成的危害程度,以便进一步采取相应的抗液化措施。为此,需要计算地基液化指数。

地基土的液化指数可按下式来确定:

$$I_{lE} = \sum_{i=1}^{n}\left(1 - \frac{N_i}{N_{cri}}\right)d_i W_i \quad (2.10)$$

式中 I_{lE}——液化指数;

n——在判别深度范围内每一个钻孔标准贯入试验点的总数;

N_i,N_{cri}——i 点标准贯入锤击数的实测值和临界值,当实测值大于临界值时应取临界值,当只需要判别 15 m 范围以内的液化时,15 m 以下的实测值可按临界值采用;

d_i——i 点所代表的土层厚度,m,可采用与该标准贯入试验点相邻的上、下两标准贯入试验点深度差的一半,但上界不高于地下水位深度,下界不深于液化深度;

W_i——i 土层单位土层厚度的层位影响权函数值,m^{-1},当该层中点深度不大于 5 m 时应采用 10,等于 20 m 时应采用零值,5 ~ 20 m 时应按线性内插法取值。

液化指数反映了液化造成地面破坏的程度。液化指数越大,则地面破坏越严重,房屋的震害就越明显。根据液化指数 I_{lE} 的大小,可将液化地基划分为 3 个等级,见表 2.7。地基液化等级不同,地面喷水冒砂情况和对建筑物的危害有着显著的不同,见表 2.8。

表 2.7 液化等级与液化指数的对应关系

液化等级	轻微	中等	严重
液化指数 I_{lE}	$0 < I_{lE} \leqslant 6$	$6 < I_{lE} \leqslant 18$	$I_{lE} > 18$

表 2.8 液化等级和对建筑物的相应危害程度

液化等级	地面喷水冒砂情况	对建筑的危害情况
轻微	地面无喷水冒砂,或仅在洼地、河边有零星的喷水冒砂点	危害性小,一般不至引起明显的震害
中等	喷水冒砂可能性大,从轻微到严重均有,多数属中等	危害性较大,可造成不均匀沉陷和开裂,有时不均匀沉陷可能达到 200 mm
严重	一般喷水冒砂都很严重,地面变形很明显	危害性大,不均匀沉陷可能大于 200 mm,高重心结构可能产生不容许的倾斜

【例 2.2】某高层建筑场地,设防烈度为 8 度,基础埋深小于 5 m,设计地震分组为第一组,设计基本地震加速度为 0.2g,工程场地近年最高水位埋深为 2.0,地层岩性及野外原位测试及室内试验数据见柱状图(表 2.9),试判断该工程场地是否液化,并对其液化等级作出评价。

表 2.9 地层柱状图和标准贯入测试值

岩土名称	地层深度(m)	地层柱状图	标贯点中点深度(m)	标贯值 $N_{63.5}$	黏粒含量(%)
粉质黏土	1.5				
砂质粉土	9.5		3.3	7	6
			4.5	8	5
			6.0	8	6
			7.5	9	7
细　砂	15.0		10.5	18	
			12.0	20	
			13.5	23	

续表

岩土名称	地层深度(m)	地层柱状图	标贯点中点深度(m)	标贯值 $N_{63.5}$	黏粒含量(%)
重粉质黏土	20.0				

【解】(1)液化判别

根据地层柱状图,需做判别的砂质粉土及细砂层均分布在20 m以内,因此可按式(2.9)逐点进行判别:

第1点(深度3.3 m):

$$N_{cr}=12\times0.8\times[\ln(0.6\times3.3+1.5)-0.1\times2]\sqrt{\frac{3}{6}}=7.1\quad N_{cr}>N_{63.5}\quad \text{液化}$$

第2点(深度4.5 m):

$$N_{cr}=12\times0.8\times[\ln(0.6\times4.5+1.5)-0.1\times2]\sqrt{\frac{3}{5}}=9.18\quad N_{cr}>N_{63.5}\quad \text{液化}$$

第3点(深度6.0 m):

$$N_{cr}=12\times0.8\times[\ln(0.6\times6.0+1.5)-0.1\times2]\sqrt{\frac{3}{6}}=9.7\quad N_{cr}>N_{63.5}\quad \text{液化}$$

第4点(深度7.5 m):

$$N_{cr}=12\times0.8\times[\ln(0.6\times7.5+1.5)-0.1\times2]\sqrt{\frac{3}{7}}=10.0\quad N_{cr}>N_{63.5}\quad \text{液化}$$

第5点(深度10.5 m):

$$N_{cr}=12\times0.8\times[\ln(0.6\times10.5+1.5)-0.1\times2]\sqrt{\frac{3}{3}}=17.8\quad N_{cr}<N_{63.5}\quad \text{不液化}$$

第6点(深度12.0 m):

$$N_{cr}=12\times0.8\times[\ln(0.6\times12.0+1.5)-0.1\times2]\sqrt{\frac{3}{3}}=18.85\quad N_{cr}<N_{63.5}\quad \text{不液化}$$

第7点(深度13.5 m):

$$N_{cr}=12\times0.8\times[\ln(0.6\times13.5+1.5)-0.1\times2]\sqrt{\frac{3}{3}}=19.79\quad N_{cr}<N_{63.5}\quad \text{不液化}$$

液化判别结论:9.5 m以上砂质粉土液化,9.5 m以下细砂层不液化。液化深度为9.5 m。

(2)液化层(砂质粉土)计算钻孔的液化指数

①求每个标准贯入点所代表的土层厚度 d_i。

第1个标准贯入点与第2个标准贯入点的中点深度:$(4.5-3.3)\div2+3.3=3.9$ (m)

第 2 个标准贯入点与第 3 个标准贯入点的中点深度：$(6.0-4.5)\div 2+4.5=5.25\ (\mathrm{m})$

第 3 个标准贯入点与第 4 个标准贯入点的中点深度：$(7.5-6.0)\div 2+6.0=6.75\ (\mathrm{m})$

因此：

$$d_{i1}=3.9-2.0=1.9\ (\mathrm{m})$$

$$d_{i2}=5.25-3.9=1.35\ (\mathrm{m})$$

$$d_{i3}=6.75-5.25=1.50\ (\mathrm{m})$$

$$d_{i4}=9.5-6.75=2.75\ (\mathrm{m})$$

②求每个标准贯入点所代表土层厚度中点深度所对应的权函数 W_i。本题液化判别深度条件为 20 m，故 W_i 按 20 m 深度权函数图形求解。

d_{i1}的中点深度：$(3.9-2.0)\div 2+2.0=2.95(\mathrm{m})$，位于简图 5.0 m 以上，故 $W_{i1}=10$。

d_{i2}的中点深度：$(5.25-3.9)\div 2+3.9=4.575(\mathrm{m})$，位于简图 5.0 m 以上，故 $W_{i2}=10$。

d_{i3}的中点深度：$(6.75-5.25)\div 2+5.25=6.0(\mathrm{m})$，故 $W_{i3}=9.33$。

d_{i4}的中点深度：$(9.5-6.75)\div 2+6.75=8.125(\mathrm{m})$，故 $W_{i4}=7.92$。

③由式(2.10)计算液化指数 I_{lE}：

$$I_{\mathrm{lE}}=\left(1-\frac{7}{7.1}\right)\times 1.9\times 10+\left(1-\frac{8}{9.18}\right)\times 1.35\times 10+\left(1-\frac{8}{9.7}\right)\times 1.5\times 9.33+\left(1-\frac{9}{10}\right)\times 2.75\times 7.92=0.27+1.74+2.45+2.18=6.64$$

结论：$I_{\mathrm{lE}}=6.64$，查表 2.7 可知，该地基液化等级为中等液化。

2.3.3 地基抗液化措施

当地基已判定为液化且液化等级已确定后，下一步的任务就是选择抗液化措施。一般情况下，不宜将未经处理的液化土层作为天然地基持力层。

抗液化措施的选择首先应考虑建筑物的重要性和地基液化等级的大小，对不同抗震设防类别的建筑和不同液化等级的地基，有不同要求的抗液化措施。当液化砂土层、粉土层较平坦且均匀时，宜按表 2.10 选用地基抗液化措施；同时也可以考虑上部结构重力荷载对液化危害的影响，根据液化震陷量的估计适当调整抗液化措施。

1）全部消除地基液化沉陷

全部消除地基液化沉陷的措施，应符合下列要求：

①采用桩基时，桩端伸入液化深度以下稳定土层中的长度（不包括桩尖部分），应按计算确定，且对碎石土，砾、粗、中砂，坚硬黏性土和密实粉土尚不应小于 0.8 m，对其他非岩石土尚不宜小于 1.5 m。

②采用深基础时，基础底面应埋入液化深度以下稳定土层中，其深度不应小于 0.5 m。

③采用加密法（如振冲、振动加密、挤密碎石桩、强夯等）加固时，应处理至液化深度下界；振冲或挤密碎石桩加固后，桩间土的标准贯入锤击数不宜小于按式(2.9)计算的液化判别标准贯入锤击数临界值。

④用非液化土替换全部液化土层，或增加上覆非液化土层的厚度。

⑤采用加密法或换土法处理时，在基础边缘以外的处理宽度，应超过基础底面下处理深度的 1/2 且不小于基础宽度的 1/5。

表 2.10 抗液化措施

建筑抗震设防类别	地基的液化等级		
	轻 微	中 等	严 重
乙类	部分消除液化沉陷，或对基础和上部结构处理	全部消除液化沉陷，或部分消除液化沉陷且对基础和上部结构处理	全部消除液化沉陷
丙类	基础和上部结构处理，亦可不采取措施	基础和上部结构处理，或更高要求的措施	全部消除液化沉陷，或部分消除液化沉陷且对基础和上部结构处理
丁类	可不采取措施	可不采取措施	基础和上部结构处理，或其他经济的措施

注：甲类建筑的地基抗液化措施应进行专门研究，但不宜低于乙类的相应要求。

2）部分消除地基液化沉陷

部分消除地基液化沉陷的措施，应符合下列要求：

①处理深度应使处理后的地基液化指数减少，其值不宜大于5；大面积筏基、箱基的中心区域，处理后的液化指数可比上述规定降低1；对独立基础和条形基础，尚不应小于基础底面下液化土特征深度和基础宽度的较大值。这里，中心区域是指位于基础外边界以内沿长宽方向距外边界大于相应方向1/4长度的区域。

②采用振冲或挤密碎石桩加固后，桩间土的标准贯入锤击数不宜小于由式（2.9）计算的液化判别标准贯入锤击数临界值。

③基础边缘以外的处理宽度，应符合上面全部消除地基液化沉陷的第⑤项要求。

④采取减小液化震陷的其他方法，如增厚上覆非液化土层的厚度和改善周边的排水条件等。

3）基础和上部结构处理

减轻液化影响的基础和上部结构处理，可综合采用下列各项措施：

①选择合适的基础埋置深度。

②调整基础底面积，减少基础偏心。

③加强基础的整体性和刚度，如采用箱基、筏基或钢筋混凝土交叉条形基础，加设基础圈梁等。

④减轻荷载，增强上部结构的整体刚度和均匀对称性，合理设置沉降缝，避免采用对不均匀沉降敏感的结构形式等。

⑤管道穿过建筑处应预留足够尺寸或采用柔性接头等。

2.3.4 软土地基的抗震措施

地基主要受力层范围内存在淤泥、淤泥质土、冲填土、杂填土以及地基承载力特征值低于80 kPa（7度）、100 kPa（8度）、120 kPa（9度）的黏性土、粉土等软土层时，称为软土地基。它具有高含水量、高压缩性、抗剪强度低、渗透性弱、流变性强等物理力学特性，地震时容易产生大幅度的突然沉陷。

地基中软弱黏性土层的震陷判别,可采用下列方法:饱和粉质黏土震陷的危害性和抗震陷措施应根据沉降和横向变形大小等因素综合研究确定,8 度(0.30g)和 9 度时,当塑性指数小于 15 且符合下式规定的饱和粉质黏土,可判为震陷性软土。

$$W_S \geqslant 0.9W_L \tag{2.11}$$

$$I_L \geqslant 0.75 \tag{2.12}$$

式中 W_S——天然含水量;

W——液限含水量,采用液、塑限联合测定法测定;

I_L—— 液性指数。

当建筑物地基的主要受力层范围内存在软弱黏性土层和高含水量的可塑性黄土时,其容许承载力低,压缩性大,房屋的不均匀沉降也越大。如设计不合理,就会造成建筑物的大量下沉,从而引起上部结构的开裂和破坏,地震时这种开裂和破坏还会加剧。因此,为了保证建筑物的安全,首先应做好静力条件下的地基基础设计,然后再结合场地土的具体情况,经过对软土地基的综合分析后,再考虑采取适当的抗震措施。

软土地基的抗震措施除了采用桩基、地基加固处理(如加密法、换土法、重锤夯实法、砂井预压法、化学加固法等)或上面介绍过的减轻液化影响的基础和上部结构处理措施外,也可根据软土震陷量的估计来采取相应的措施。

2.4 桩基的抗震验算

采用桩基是消除地基液化沉陷的有效措施之一。地震的宏观经验表明,桩基础的抗震性能普遍优于其他类型基础,尤其对承受竖向荷载为主的低承台桩基(桩基承台埋于地下),其抗震效果一般比较好。但对需要承受水平荷载和水平地震作用的高承台桩基,破坏率比较高,震害程度也比较严重。因此,为了减轻桩基的震害,要进行桩基础的抗震验算。验算时,应采用地震作用效应标准组合计算桩基础的地震反应。

1)可不进行桩基抗震承载力验算的建筑

《抗震规范》规定,对于承受竖向荷载为主的低承台桩基,当地面下无液化土层,且桩承台周围无淤泥、淤泥质土和地基承载力特征值不大于 100 kPa 的填土时,下列建筑可不进行桩基抗震承载力验算:

①7 度和 8 度时的下列建筑:

a. 一般的单层厂房和单层空旷房屋。

b. 不超过 8 层且高度在 24 m 以下的一般民用框架房屋。

c. 基础荷载与第 b 项相当的多层框架厂房和多层混凝土抗震墙房屋。

②按照《抗震规范》规定可不进行上部结构抗震验算的建筑。

③砌体房屋。

2)抗震验算

对于不满足上述条件的建筑的桩基础,除了应符合《建筑地基基础设计规范》(GB 50007)规定的设计要求外,一般应进行抗震验算。与天然地基的抗震验算一样,桩基抗震验算时也应考虑地震作用下承载能力提高的有利因素。但是，桩基抗震承载力提高的幅度大小，不仅与地基土的性质有关，而且与桩基的类型、施工工艺、桩顶与承台的连接情况以及承台四周的回填情况等许多因素有关，这就使得合理确定桩基抗震承载力的提高系数要比天然地基困难得多。为了便于实际工程应用，《抗震规范》提出了以下要求：

(1)非液化土中低承台桩基的抗震验算

①单桩的竖向和水平向抗震承载力特征值，可均比非抗震设计时提高25%。

②当承台周围回填土夯实至干密度不小于《建筑地基基础设计规范》(GB 50007)对填土的要求时，可由承台正面填土与桩共同承担水平地震作用；但不应计入承台底面与地基土间的摩擦力。

(2)存在液化土层的低承台桩基抗震验算

①承台埋深较浅时，不宜计入承台周围土的抗力或刚性地坪对水平地震作用的分担作用。

②当桩承台底面上、下分别有厚度不小于1.5 m、1.0 m的非液化土层或非软弱土层时，可按下列两种情况进行桩的抗震验算，并按不利情况进行设计：

a. 桩承受全部地震作用，桩承载力按上述非液化土中低承台桩基第①项中的规定取用，液化土的桩周摩阻力及桩水平抗力均应乘以表2.11的折减系数。

表2.11 土层液化影响折减系数

实际标贯锤击数/临界标贯锤击数	深度 d_s(m)	折减系数
≤0.6	$d_s \leqslant 10$	0
	$10 < d_s \leqslant 20$	1/3
>0.6~0.8	$d_s \leqslant 10$	1/3
	$10 < d_s \leqslant 20$	2/3
>0.8~1.0	$d_s \leqslant 10$	2/3
	$10 < d_s \leqslant 20$	1

b. 地震作用按水平地震影响系数最大值的10%采用，单桩的竖向承载力和水平向承载力特征值均可比非抗震设计时提高25%，但应扣除液化土层的全部摩阻力及桩承台下2 m深度范围内非液化土的桩周摩阻力。

此外，采用打入式预制桩及其他挤土桩，当平均桩距为2.5~4倍桩径且桩数不少于5×5时，可计入打桩对土的加密作用及桩身对液化土变形限制的有利影响。当打桩后桩间土的标准贯入锤击数值达到不液化的要求时，单桩承载力可不折减，但对桩尖持力层作强度校核时，桩群外侧的应力扩散角应取为零。打桩后桩间土的标准贯入锤击数宜由试验确定，也可按下式计算：

$$N_1 = N_p + 100\rho(1 - e^{-0.3N_p}) \tag{2.13}$$

式中 N_1——打桩后的标准贯入锤击数；

ρ——打入式预制桩的面积置换率；

N_p——打桩前的标准贯入锤击数。

对处于液化土中的桩基承台周围，宜采用密实干土填筑夯实，如果采用砂土或粉土，则应使其密度达到不液化的程度,即土层的标准贯入锤击数不小于按式(2.9)计算的液化判别标准贯入锤击数临界值。

为保证软土或液化土层附近桩身的抗弯和抗剪能力,液化土和震陷软土中桩的配筋范围,应自桩顶至液化深度以下符合全部消除液化沉陷所要求的深度,其纵向钢筋应与桩顶部相同,箍筋应加粗和加密。

在有液化侧向扩展的地段,桩基除应满足本节中的其他规定外,还应考虑土流动时的侧向作用力,且承受侧向推力的面积按边桩外缘间的宽度计算。

本章小结

(1)场地土的类型是根据其等效剪切波速或参照一般土性描述来划分。建筑场地类别根据土层的等效剪切波速和场地覆盖层厚度,可划分为Ⅰ($Ⅰ_0$、$Ⅰ_1$)、Ⅱ、Ⅲ、Ⅳ这4种类别。

(2)对地震区的建筑物进行天然地基的抗震承载力验算时,作用于建筑物上的各类荷载在与地震作用组合后,基础底面平均压力和边缘最大压力的设计值应分别不超过调整后地基土的抗震承载力设计值及其1.2倍,并且基础底面与地基土之间脱离区(零应力区)的面积不应超过基础底面积的15%。

(3)场地土的液化不仅能够引起地面喷水冒砂、地基不均匀沉陷和地裂滑坡等地面震害,而且也能够造成建筑物墙体开裂、倾覆甚至翻倒和不均匀下沉等一系列破坏。因此,对于地基存在饱和砂土或饱和粉土的建筑物,应经过勘察试验预测其在未来地震时是否会液化,并确定是否需要采取相应的抗液化措施。

(4)在进行场地土液化判别时可分为两步进行,即初步判别和标准贯入试验判别。凡经初步判别定为不液化或不考虑液化影响的场地土,原则上可不进行标准贯入试验的判别。

(5)确定场地土为液化土后,要了解场地土液化后可能造成的危害程度,需要计算液化场地的液化指数,然后再根据液化指数来划分场地的液化等级,即通过液化等级来反映场地液化的危害程度。

(6)对于场地液化土,应根据建筑的抗震设防烈度和地基的液化等级,并结合工程的具体情况综合考虑后,再选择恰当的抗液化措施。地基的抗液化措施主要有全部消除地基液化沉陷和部分消除地基液化沉陷两大类,应根据具体情况来选择。

(7)软土地基地震时易产生震陷,应采取必要的抗震措施,如采用桩基或加固处理。

思考题与习题

2.1 场地土分为哪几类?如何划分?

2.2 如何划分建筑的场地类别?考虑的因素主要有哪些?

2.3 简述天然地基抗震验算的一般原则。哪些建筑可不进行天然地基及基础的抗震承载力验算?

2.4 如何确定地基土的抗震承载力和进行抗震验算?

2.5 哪些建筑可不进行桩基的抗震承载力验算?

2.6 什么是地基土的液化？影响土的液化的因素有哪些？怎样判别液化？

2.7 如何确定地基的液化指数和液化危害程度？

2.8 简述液化地基的抗液化措施。

2.9 某高层建筑工程的建筑场地钻孔地质资料如表 2.12 所示，求等效剪切波速 v_{se}，并确定该建筑场地类别。

表 2.12　建筑场地的钻孔地质资料

土层底部深度(m)	岩土名称	土层厚度(m)	土层剪切波速(m/s)
2.5	填土	2.5	120
5.5	粉质黏土	3.0	180
7.0	黏质粉土	1.5	200
10.0	砂质粉土	3.0	220
19.0	粉砂土	3.0	230
		3.0	250
		3.0	270
49.0	卵石	3.0	400
		3.0	420
		3.0	500
		3.0	510
		3.0	510
		3.0	530
		3.0	530
		3.0	530
		3.0	550
		3.0	550
51.0	中砂	2.0	380
57.0	粗砂	3.0	400
		3.0	420
60.0	砂岩	3.0	800

2.10 某高层建筑，地上 24 层，地下 2 层，基础埋深 7.0 m，设防烈度为 8 度，设计地震分组为第一组，设计基本地震加速度 0.2g，工程场地近年高水位深度为 2.0 m，地层岩性及野外原位测试和室内试验见柱状图（表 2.13），判别其是否液化，并说明液化严重程度。

表 2.13 地层柱状图和标准贯入测试值

岩土名称	地层深度(m)	地层柱状图	标贯点中点深度(m)	标贯值 $N_{63.5}$	黏粒含量(%)
粉质黏土	3.0				
砂质黏土	9.5		3.5 5.0 6.5 8.5	7 8 8 16	6 5 6 3
细　砂	12.0		10.0 11.5	18 19	
粉　砂	19.0		12.5 14.0 15.5 17.5	19 20 21 21	
黏　土	20.0				

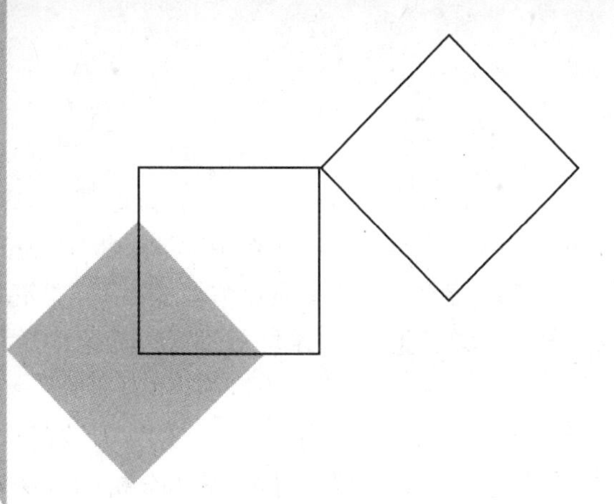

3 结构地震反应与结构抗震验算

本章导读：

- **基本要求**　熟练掌握计算多自由度弹性体系地震反应的振型分解反应谱法和底部剪力法；了解结构平动扭转耦联振动的抗震计算方法；掌握竖向地震作用计算的原理和方法；熟练掌握结构抗震承载力和抗震变形验算的基本内容和方法。
- **重点**　振型分解反应谱法和底部剪力法；结构抗震承载力和抗震变形验算。
- **难点**　振型分解反应谱法。

3.1　地震作用与地震反应

地震释放的能量以地震波的形式传导到地面，引起结构受迫振动。振动过程中作用在结构上的惯性力称为地震作用。地震作用会使结构产生内力、变形、位移、速度和加速度等，统称为结构的地震作用效应或地震反应。进行建筑结构抗震设计，首先要计算结构的地震作用，再由此求出结构和构件的地震作用效应，然后将地震作用效应与其他荷载效应进行组合，验算结构和构件的抗震承载力及变形，以满足“小震不坏，中震可修，大震不倒”的抗震设防目标。

结构的地震反应分析属于结构动力学范畴，与地震作用的大小及其随时间变化的特性、结构的刚度和质量及两者分布、阻尼等因素都有关系，且地震本身具有随机性，因而比结构静力分析复杂得多。再者，建筑结构是一个由不同构件构成的空间体系，地震引起的建筑结构振动实际上是一个复杂的空间振动。为此，在进行建筑结构地震反应分析时，为了便于实际计算，通常需要对空间结构进行计算模型的简化,主要包括:将空间结构简化为平面结构;因建筑结构大部分质量集中在楼层位置,一般可将参与振动的质量集中于该结构的楼、屋盖处;将结构中柱、墙作为无质量的弹性杆件,等等。若建筑为多层结构,就形成一个多质点弹性体系;若建筑为单层结构,则简化为单质点弹性体系。在实际工程中,单层工业厂房、水塔等都可以简化为单质点体系,单质点弹性体系是结构振动分析的基础。

目前,求解建筑结构地震反应一般采用两类方法:一类是拟静力法,也称为等效荷载法,它是根据地震反应谱理论将弹性结构的地震作用简化为等效荷载,再按照静力分析的方法对结构进行内力和位移计算;另一类是直接动力法,也称为时间历程分析法,它是对结构动力方程进行直接积分求解,得出结构地震反应与时间的变化关系,即时程曲线,进而分析地震作用效应。

地震作用和地震反应分析的相关基本概念、基本理论和计算方法,具体可参见本系列教材之《工程荷载与可靠度设计原理》一书。

3.1.1 地震作用的计算原则

对建筑结构而言,地震作用的方向是随机的;地震地面运动一般会引起结构的水平振动和竖向振动,某些情况下,竖向地震作用的影响不容忽略;当结构的质量中心和刚度中心不重合时,还会产生扭转振动。针对这些情况,《抗震规范》对地震作用的计算作出了如下规定:

①一般情况下,应至少在建筑结构的两个主轴方向分别计算水平地震作用,各方向的水平地震作用应由该方向抗侧力构件承担。

②有斜交抗侧力构件的结构,当相交角度大于15°时,应分别计算各抗侧力构件方向的水平地震作用。

③质量与刚度分布明显不对称的结构,应计入双向水平地震作用下的扭转影响。其他情况,可采用调整地震作用效应的方法考虑扭转影响。

④8度、9度时的大跨度和长悬臂结构及9度时的高层建筑,应计算竖向地震作用。

3.1.2 地震作用的计算方法及适用范围

计算地震作用可采用以下3种方法:适用于多自由度体系的振型分解反应谱法;将多自由度体系等效为单自由度体系的底部剪力法;直接输入地震动记录求解结构地震反应的时程分析法。《抗震规范》对上述3种方法的适用范围给出了如下规定:

①高度不超过40 m、以剪切变形为主且质量和刚度沿高度分布比较均匀的结构,以及近似于单质点体系的结构,可采用底部剪力法等简化方法。

②除上述以外的建筑结构,宜采用振型分解反应谱法。

③特别不规则的建筑、甲类建筑和表3.1所列高度范围的高层建筑,应采用时程分析法进行多遇地震下的补充计算;当取3组加速度时程曲线输入时,计算结果宜取时程法的包络值和振型分解反应谱法的较大值;当取7组及7组以上的时程曲线时,计算结果可取时程法的平均值和振型分解反应谱法的较大值。

表 3.1 采用时程分析的房屋高度范围

烈度、场地类别	房屋高度范围(m)
7 度和 8 度 Ⅰ、Ⅱ类场地	>100
8 度Ⅲ、Ⅳ类场地	>80
9 度	>60

采用时程分析法时，应按建筑场地类别和设计地震分组选用实际强震记录和人工模拟的加速度时程曲线，其中实际强震记录的数量不应少于总数的 2/3，多组时程曲线的平均地震影响系数曲线应与振型分解反应谱法所采用的地震影响系数曲线在统计意义上相符，其加速度时程的最大值可按表 3.2 采用。弹性时程分析时，每条时程曲线计算所得结构底部剪力不应小于振型分解反应谱法计算结果的 65%，多条时程曲线计算所得结构底部剪力的平均值不应小于振型分解反应谱法计算结果的 80%。

表 3.2 时程分析所用地震加速度时程的最大值 单位：cm/s^2

地震影响	6 度	7 度	8 度	9 度
多遇地震	18	35(55)	70(110)	140
罕遇地震	125	220(310)	400(510)	620

注：括号内数值分别用于设计基本地震加速度为 $0.15g$ 和 $0.30g$ 的地区。

3.1.3 重力荷载代表值

荷载代表值是设计时考虑荷载的变异性所赋予的一个规定的量值。建筑结构设计时，不同的荷载应采用不同的代表值，永久荷载可采用标准值作为代表值，可变荷载可根据设计要求，采用标准值、准永久值或组合值作为代表值。地震时，作用在结构上的可变荷载一般达不到其标准值，因此，《抗震规范》采用结构和构配件自重标准值与各可变荷载组合值之和作为抗震设计的重力荷载代表值，各可变荷载根据地震时的遇合概率，取用不同的组合值系数，见表 3.3。

表 3.3 组合值系数

可变荷载种类		组合值系数
雪荷载		0.5
屋面积灰荷载		0.5
屋面活荷载		不计入
按实际情况计算的楼面活荷载		1.0
按等效均布荷载计算的楼面活荷载	藏书库、档案库	0.8
	其他民用建筑	0.5
起重机悬吊物重力	硬钩吊车	0.3
	软钩吊车	不计入

注：硬钩吊车的吊重较大时，组合值系数应按实际情况采用。

3.1.4 地震影响系数

建筑结构的地震影响系数应根据设防烈度、场地类别、设计地震分组、结构自振周期以及阻尼比确定。水平地震影响系数最大值按表3.4采用,周期大于6.0 s的建筑结构所采用的地震影响系数应专门研究;特征周期应根据场地类别、设计地震分组按表3.5采用,计算罕遇地震作用时,特征周期应增加0.05 s。

表3.4 水平地震影响系数最大值 α_{max}

地震影响	设防烈度			
	6度	7度	8度	9度
多遇地震	0.04	0.08(0.12)	0.16(0.24)	0.32
罕遇地震	0.28	0.50(0.72)	0.90(1.20)	1.40

注:括号中数值分别用于设计基本地震加速度为0.15*g*和0.30*g*的地区。

表3.5 特征周期 T_g 单位:s

设计地震分组	场地类别				
	I_0	I_1	Ⅱ	Ⅲ	Ⅳ
第一组	0.20	0.25	0.35	0.45	0.65
第二组	0.25	0.30	0.40	0.55	0.75
第三组	0.30	0.35	0.45	0.65	0.90

《抗震规范》在总结地震标准反应谱的基础上,给出了便于工程应用的抗震设计反应谱,如图3.1所示。该反应谱给出了地震影响系数 α 与结构自振周期 T 的函数关系,由下列4部分构成:

①$T \leqslant 0.1$ s,设计反应谱为一条向上倾斜的直线。

②$0.1\ \text{s} \leqslant T \leqslant T_g$,设计反应谱为一条水平直线,即取 α 的最大值 $\eta_2\alpha_{max}$。

③$T_g < T \leqslant 5T_g$,设计反应谱为曲线下降段,采用下列函数的曲线:

$$\alpha = \left(\frac{T_g}{T}\right)^{\gamma} \eta_2 \alpha_{max} \tag{3.1}$$

$$\gamma = 0.9 + \frac{0.05 - \zeta}{0.3 + 6\zeta} \tag{3.2}$$

$$\eta_2 = 1 + \frac{0.05 - \zeta}{0.08 + 1.6\zeta} \tag{3.3}$$

式中 α_{max}——地震影响系数最大值;

γ——曲线下降段的衰减指数;

η_2——阻尼调整系数,当 $\eta_2 < 0.55$ 时,取 $\eta_2 = 0.55$;

T——结构自振周期,s;

T_g——特征周期,s。

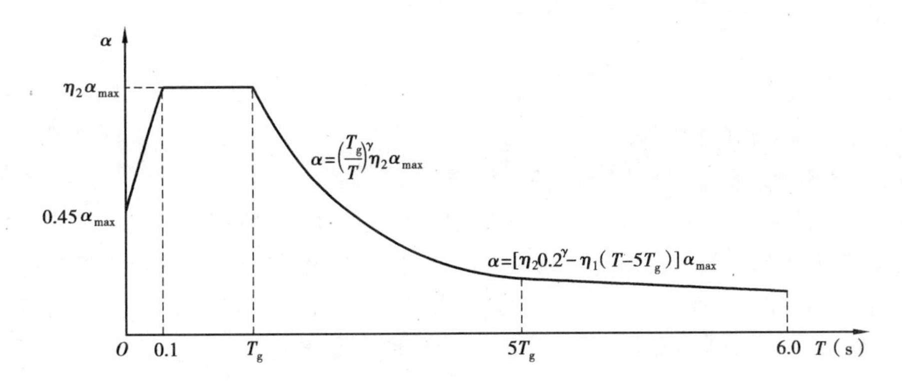

图 3.1 地震影响系数曲线

④$5T_g < T \leqslant 6.0$ s,设计反应谱为直线下降段,即:

$$\alpha = [\eta_2 0.2^{\gamma} - \eta_1(T - 5T_g)]\alpha_{max} \tag{3.4}$$

$$\eta_1 = 0.02 + \frac{0.05 - \zeta}{4 + 32\zeta} \tag{3.5}$$

式中 η_1——直线下降段的下降斜率调整系数,当 $\eta_1 < 0$ 时,取 $\eta_1 = 0$。

对于一般钢筋混凝土结构,阻尼比可取 $\zeta = 0.05$,相应的 γ、η_1、η_2 分别为 0.9、0.02、1.0。

3.2 水平地震作用的计算

3.2.1 振型分解反应谱法

采用振型分解反应谱法时,不进行扭转耦联计算的结构,应按下述规定计算其地震作用和作用效应。

(1)各振型的地震作用标准值

结构 j 振型 i 质点的水平地震作用标准值,应按下列公式确定:

$$F_{ji} = \alpha_j \gamma_j X_{ji} G_i \qquad (i = 1,2,\cdots,n;\quad j = 1,2,\cdots,m) \tag{3.6}$$

$$\gamma_j = \sum_{i=1}^{n} G_i X_{ji} / \sum_{i=1}^{n} G_i X_{ji}^2 \tag{3.7}$$

式中 F_{ji}——j 振型 i 质点的水平地震作用标准值;

α_j——相应于 j 振型自振周期的地震影响系数;

X_{ji}——j 振型 i 质点的水平相对位移;

G_i——集中于 i 质点的重力荷载代表值;

γ_j——j 振型的参与系数。

(2)振型组合

由于按振型分解法求得的地震作用 F_{ji} 是相应振型中的最大值,但各振型地震作用并不会同时达到最大值,这就产生了如何将各振型的作用效应组合,以确定结构合理的地震作用效应问题。《抗震规范》假定地震地面运动为平稳随机过程,各振型反应之间相互独立,当相邻振型的周期比小于 0.85 时,对于各平动振型产生的地震作用效应可近似采用"平方和开方"的方法确定，即：

$$S_{\mathrm{Ek}} = \sqrt{\sum S_j^2} \tag{3.8}$$

式中 S_{Ek}——水平地震作用标准值的效应；

S_j——j 振型水平地震作用标准值的效应。

一般来说，各振型在总地震反应中的贡献，频率最低的前几阶振型控制着结构的最大反应，高振型的贡献随着频率的增加而迅速减小。因此，进行地震反应分析时，只需考虑前几阶振型，便可得到很好的近似，从而减小计算工作量。《抗震规范》规定，利用式(3.8)进行组合时，可只取前2~3个振型，当基本自振周期大于1.5 s或房屋高宽比大于5时，振型个数应适当增加。

3.2.2 底部剪力法

多自由度体系按振型分解法求解地震反应可以得到比较精确的结果，但需要计算结构体系的自振频率和振型，运算过程十分冗繁。为了简化计算，《抗震规范》规定：高度不超过40 m、以剪切变形为主且质量和刚度沿高度分布比较均匀的结构，以及近似于单质点体系的结构，可采用底部剪力法计算水平地震作用。

理论分析表明，在满足上述条件的前提下，结构在地震作用下的振动以基本振型为主，振型近似呈倒三角形的一条斜直线(图3.2)。这样就可以仅考虑基本振型，先计算出作用于结构的总水平地震作用，即作用于结构底部的剪力，然后将此总水平地震作用按某一规律分配给各个质点。采用底部剪力法时，各楼层可仅取一个自由度，结构的水平地震作用标准值，按下列公式确定：

$$F_{\mathrm{Ek}} = \alpha_1 G_{\mathrm{eq}} \tag{3.9}$$

$$F_i = \frac{G_i H_i}{\sum_{j=1}^{n} G_j H_j} F_{\mathrm{Ek}}(1 - \delta_n) \quad (i = 1,2,\cdots,n) \tag{3.10}$$

$$\Delta F_n = \delta_n F_{\mathrm{Ek}} \tag{3.11}$$

式中 α_1——相应于结构基本自振周期的水平地震影响系数值，多层砌体房屋、底部框架砌体房屋，宜取水平地震影响系数最大值；

F_{Ek}——结构总水平地震作用标准值；

G_{eq}——结构等效总重力荷载，单质点应取总重力荷载代表值，多质点可取总重力荷载代表值的85%；

F_i——质点 i 的水平地震作用标准值；

G_i, G_j——集中于质点 i、j 的重力荷载代表值；

H_i, H_j——质点 i、j 的计算高度；

ΔF_n——顶部附加水平地震作用；

δ_n——顶部附加地震作用系数，多层钢筋混凝土和钢结构房屋可按表3.6确定，其他房屋则取0.0。

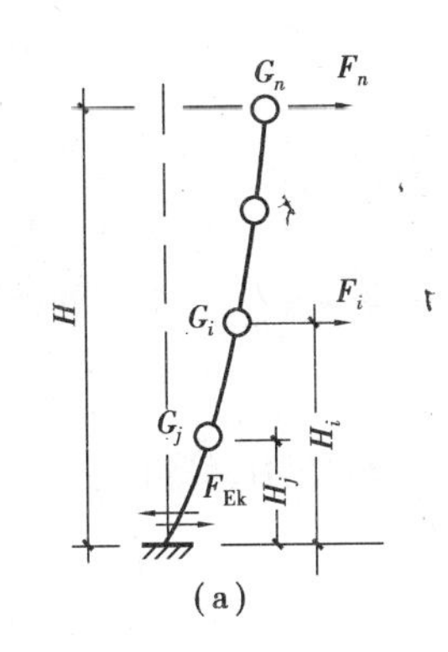

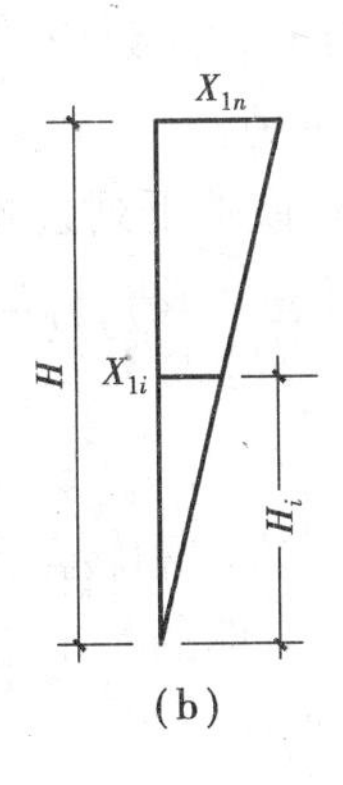

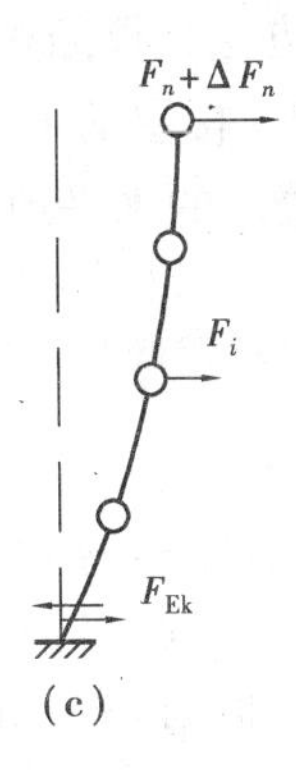

图3.2 底部剪力法计算简图

表3.6 顶部附加地震作用系数

T_g(s)	$T_1>1.4T_g$	$T_1\leqslant1.4T_g$
$T_g\leqslant0.35$	$0.08T_1+0.07$	0.0
$0.35<T_g\leqslant0.55$	$0.08T_1+0.01$	
$T_g>0.55$	$0.08T_1-0.02$	

注:T_1 为结构基本自振周期。

3.2.3 考虑扭转影响的计算方法

结构在地震作用下除发生平移振动外,还会或多或少地发生扭转振动。引起扭转振动原因主要有两个:一是地震动存在转动分量,或地震时地面各点的振动存在相位差;二是结构本身存在偏心,即结构的质量中心与刚度中心不重合。震害调查表明,扭转作用会加剧结构破坏,有时还会成为引起结构破坏的主要因素。因此,建筑抗震设计应充分考虑并尽量降低扭转的不利影响,尤其应避免结构发生带有脆性性质的扭转破坏。但由于目前尚未取得有关地面运动转动分量的强震记录,对第一个原因引起的结构扭转效应难以定量分析,目前只能计算由于结构偏心所产生的地震扭转作用效应。

1)一般规定

当结构需要考虑水平地震作用的扭转影响时,《抗震规范》规定如下:

①规则结构不进行扭转耦联计算时,平行于地震作用方向的两个边榀各构件,其地震作用效应应乘以增大系数。一般情况下,短边可按1.15采用,长边可按1.05采用;当扭转刚度较小时,周边各构件宜按不小于1.3采用。角部构件宜同时乘以两个方向各自的增大系数。

②按扭转耦联振型分解法计算时,各楼层应同时考虑两个正交的水平位移和一个转角共3个自由度,并应同时考虑各阶振型频率间的相关性。确有依据时,可采用简化计算方法确定其地震作用效应。

③对于质量与刚度分布明显不对称的结构,应计入双向水平地震作用下的扭转影响。

2)结构的平扭耦联地震反应计算

按扭转耦联振型分解法计算时,各楼层应取两个正交的水平位移和一个转角共3个自由度,并按下述方法计算结构的地震作用及其作用效应。

(1)j 振型 i 楼层的水平地震作用标准值

j 振型 i 楼层的水平地震作用标准值,应按下列公式计算:

$$F_{xji} = \alpha_j \gamma_{tj} X_{ji} G_i \tag{3.12}$$

$$F_{yji} = \alpha_j \gamma_{tj} Y_{ji} G_i \quad (i = 1,2,\cdots,n; j = 1,2,\cdots,m) \tag{3.13}$$

$$F_{tji} = \alpha_j \gamma_{tj} r_i^2 \varphi_{ji} G_i \tag{3.14}$$

式中 $F_{xji}, F_{yji}, F_{tji}$——$j$ 振型 i 楼层的 x、y 方向和转角方向的地震作用标准值;

X_{ji}, Y_{ji}——j 振型 i 楼层质心在 x、y 方向的水平相对位移;

φ_{ji}——j 振型 i 楼层的相对扭转角;

r_i——i 楼层转动半径,可取 i 楼层绕质心的转动惯量除以该层质量的商的正二次方根;

γ_{tj}——计入扭转的 j 振型参与系数,可按下列公式确定:

当仅取 x 方向地震作用时:

$$\gamma_{tj} = \gamma_{xj} = \sum_{i=1}^{n} X_{ji} G_i / \sum_{i=1}^{n} (X_{ji}^2 + Y_{ji}^2 + \varphi_{ji}^2 r_i^2) G_i \tag{3.15}$$

当仅取 y 方向地震作用时:

$$\gamma_{tj} = \gamma_{yj} = \sum_{i=1}^{n} Y_{ji} G_i / \sum_{i=1}^{n} (X_{ji}^2 + Y_{ji}^2 + \varphi_{ji}^2 r_i^2) G_i \tag{3.16}$$

当取与 x 方向斜交的地震作用时:

$$\gamma_{tj} = \gamma_{xj} \cos\theta + \gamma_{yj} \sin\theta \tag{3.17}$$

式中 θ——地震作用方向与 x 方向的夹角;

γ_{xj}, γ_{yj}——按照式(3.15)与式(3.16)求得的参与系数。

(2)单向水平地震作用下的扭转耦联效应

与结构单向平移水平地震反应计算相比,考虑平扭耦联效应进行振型组合时,结构体系有 x、y 方向和扭转 3 个主振方向,故平扭耦合体系的振型组合数较平动体系的要多,一般为 3 倍以上。此外,式(3.8)中采用的平方和开方的组合方法仅适用于各振型频率间隔较大的平移振动分析,对于平扭耦联振动,由于一些振型的频率比较接近,振型组合时应考虑相近频率振型之间的相关性,否则误差较大。因此,计算单向水平地震作用下的扭转耦联地震作用效应时,振型组合应采用完全二次型方根法(CQC 法),即:

$$S_{\mathrm{Ek}} = \sqrt{\sum_{j=1}^{m} \sum_{k=1}^{m} \rho_{jk} S_j S_k} \tag{3.18}$$

$$\rho_{jk} = \frac{8\sqrt{\zeta_j \zeta_k}(\zeta_j + \lambda_{\mathrm{T}} \zeta_k) \lambda_{\mathrm{T}}^{1.5}}{(1 - \lambda_{\mathrm{T}}^2)^2 + 4\zeta_j \zeta_k (1 + \lambda_{\mathrm{T}})^2 \lambda_{\mathrm{T}} + 4(\zeta_j^2 + \zeta_k^2) \lambda_{\mathrm{T}}^2} \tag{3.19}$$

式中 S_{Ek}——考虑扭转的单向水平地震作用效应标准值;

S_j, S_k——j、k 振型地震作用效应标准值,可取前 9 ~ 15 个振型;

ζ_j, ζ_k——j、k 振型的阻尼比;

ρ_{jk}——j 振型与 k 振型的耦联系数;

λ_{T}——k 振型与 j 振型的自振周期比。

计算分析表明,考虑扭转的地震作用效应在进行组合时,振型数一般需要取前 9 个,而当结构基本周期不小于 2 s 时,则应取前 15 个为宜。

(3)双向水平地震作用下的扭转耦联效应

当考虑双向水平地震作用下的扭转地震作用效应时,可按下列公式中较大值采用:

$$S_{Ek} = \sqrt{S_x^2 + (0.85S_y)^2} \tag{3.20}$$

$$S_{Ek} = \sqrt{S_y^2 + (0.85S_x)^2} \tag{3.21}$$

式中 S_x, S_y——仅考虑 x 方向、y 方向单向水平地震作用下按式(3.18)计算的地震作用效应;

0.85——考虑地震作用一般不会在两个方向同时达到最大值而采用的折减系数。

3.2.4 突出屋面小房间的地震作用

历次震害表明,地震作用下突出屋面的附属小建筑物,如出屋面的楼、电梯间、女儿墙、烟囱、电视发射塔等,遭到严重破坏。原因是这些小建筑物质量、刚度突然变小,地震时将产生鞭梢效应而使其地震反应特别强烈。因此,严格来讲,对带有突出屋面小建筑的房屋结构,底部剪力法已不再适用,应采用振型分解反应谱法计算其水平地震作用。考虑到工程实践中此类房屋建筑数量极大,为了简化计算,《抗震规范》规定,当采用底部剪力法计算上述小建筑物的地震作用效应时,宜乘以增大系数3,此增大部分不应往下传递,但与该突出部分相连的构件应予计入;当采用振型分解反应谱法计算时,突出屋面部分可作为一个质点,并应按考虑高阶振型的影响进行分析。

3.2.5 楼层最小地震剪力的规定

由于地震影响系数在长周期段下降较快,对于基本周期大于3.5 s的结构,由此计算所得的结构地震作用效应一般偏小。而对于长周期结构,地震动中的地面运动速度和位移可能对结构的破坏具有更大的影响,但是目前《抗震规范》所采用的振型分解反应谱法尚无法对此作出估计。为此,《抗震规范》出于结构安全的考虑,提出了对各楼层水平地震剪力最小值的要求,即在进行结构抗震验算时,结构任一楼层的水平地震剪力应符合下式要求:

$$V_{eki} > \lambda \sum_{j=i}^{n} G_j \tag{3.22}$$

式中 V_{eki}——第 i 层对应于水平地震作用标准值的楼层剪力;

λ——剪力系数,不应小于表3.7规定的楼层最小地震剪力系数值,对竖向不规则结构的薄弱层,尚应乘以1.15的增大系数;

G_j——第 j 层的重力荷载代表值。

表3.7 楼层最小地震剪力系数值

类 别	6度	7度	8度	9度
扭转效应明显或基本周期小于3.5 s的结构	0.008	0.016(0.024)	0.032(0.048)	0.064
基本周期大于5.0 s的结构	0.006	0.012(0.018)	0.024(0.036)	0.048

注:①基本周期介于3.5 s和5.0 s之间的结构,按插入法取值;

②括号内数值分别用于设计基本地震加速度为0.15g和0.30g的地区。

3.2.6 楼层地震剪力的分配

结构的楼层水平地震剪力,应按下列原则分配:

①现浇和装配整体式混凝土楼、屋盖等刚性楼、屋盖建筑,宜按抗侧力构件等效刚度的比例分配。

②木楼盖、木屋盖等柔性楼、屋盖建筑,宜按抗侧力构件从属面积上重力荷载代表值的比例分配。

③普通的预制装配式混凝土楼、屋盖等半刚性楼、屋盖建筑,可取上述两种分配结果的平均值。

④计入空间作用、楼盖变形、墙体弹塑性变形和扭转的影响时,可按《抗震规范》有关规定对上述分配结果作适当调整。

3.2.7 地基与结构相互作用的考虑

在进行结构地震反应分析时,一般假定地基是刚性的,而地基实际上并非刚性,所以当上部结构的地震作用通过基础反馈给地基时,地基将产生局部变形,从而引起结构的移动和摆动,这种现象称为地基与结构的相互作用。地基与结构的相互作用,使得地基运动和结构的动力特性发生改变,主要表现在:

①改变了地基运动的频谱组成,使接近结构自振频率的分量得到加强,同时改变了地基振动加速度峰值,使其小于邻近自由场地的加速度峰值。

②由于地基的柔性,使得结构的基本周期延长。

③由于地基的柔性,有相当一部分地震能量将通过地基土的滞回作用和波的辐射作用逸散至地基,从而使结构的振动衰减。一般地,地基越柔,结构的振动衰减则越大。

大量研究结果表明:考虑了地基结构相互作用后,一般结构的地震作用减小,但结构的位移和 $P\text{-}\Delta$ 效应产生的附加内力将增加。相互作用对结构影响的大小与地基软、硬和结构刚、柔有关,硬质地基对柔性结构影响很小,对刚性结构有一定影响;软土地基对刚性结构影响显著,而对柔性结构有一定影响。

《抗震规范》规定:结构抗震计算,一般情况下可不计入地基与结构相互作用的影响;8 度和 9 度时建造于Ⅲ、Ⅳ类场地,采用箱基、刚性较好的筏基和桩箱联合基础的钢筋混凝土高层建筑,当结构基本自振周期处于特征周期的 1.2 倍至 5 倍范围时,若计入地基与结构动力相互作用的影响,对刚性地基假定计算的水平地震剪力可按下列规定折减,其层间变形可按折减后的楼层剪力计算。

①高宽比小于 3 的结构,各楼层水平地震剪力的折减系数,可按下式计算:

$$\psi = \left(\frac{T_1}{T_1 + \Delta T}\right)^{0.9} \tag{3.23}$$

式中 ψ——计入地基与结构动力相互作用后的地震剪力折减系数;

T_1——按刚性地基假定确定的结构基本自振周期,s;

ΔT——计入地基与结构动力相互作用的附加周期,s,可按表 3.8 采用。

表 3.8　附加周期　　　　单位:s

烈　度	场地类别	
	Ⅲ类	Ⅳ类
8	0.08	0.20
9	0.10	0.25

②高宽比不小于3的结构,底部的地震剪力按第①条规定折减,顶部不折减,中间各层按线性插入值折减。

③折减后各楼层的水平地震剪力,应符合式(3.22)的规定。

3.3　竖向地震作用的计算

地震时,地面运动的竖向分量引起建筑物的竖向振动。震害调查表明,在高烈度区,竖向地震作用的影响十分明显,尤其是对高柔结构。因此,《抗震规范》规定,8度、9度时的大跨度结构和长悬臂结构,以及9度时的高层建筑,应考虑竖向地震作用的影响。竖向地震作用的计算应根据结构的不同类型选用不同的计算方法:对于高层建筑、烟囱和类似的高耸结构,可采用反应谱法;对于平板网架、大跨度结构及长悬臂结构,一般采用静力法。

3.3.1　高层建筑和高耸结构的竖向地震作用计算

分析表明,高层建筑和高耸结构的竖向自振周期很短,其反应以第一振型为主,且该振型接近倒三角形,如图3.3所示。因此,竖向地震作用的简化计算可采用类似于水平地震作用计算的底部剪力法,先求出总竖向地震作用,然后再在各质点上分配。故可得:

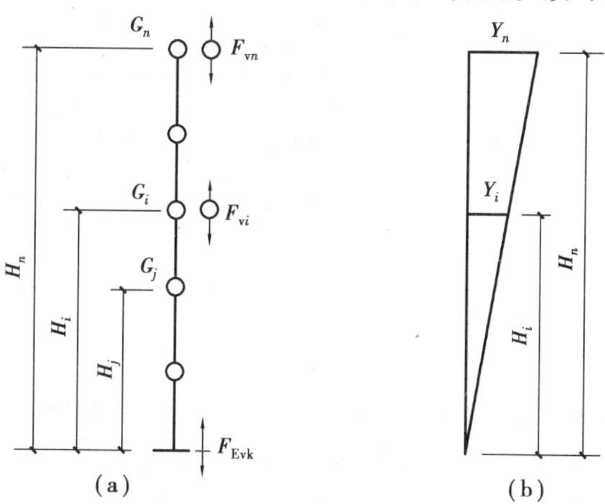

图 3.3　竖向地震作用与倒三角形振型简图

$$F_{Evk}=\alpha_{vmax}G_{eq} \tag{3.24}$$

$$F_{vi}=\frac{G_iH_i}{\sum\limits_{j=1}^{n}G_jH_j}F_{Evk} \tag{3.25}$$

式中　F_{Evk}——结构总竖向地震作用标准值；

F_{vi}——质点 i 的竖向地震作用标准值；

α_{vmax}——竖向地震影响系数的最大值，可取水平地震影响系数最大值的65%；

G_{eq}——结构等效总重力荷载，可取其重力荷载代表值的75%。

其余符号意义同前。

对于9度时的高层建筑，楼层的竖向地震作用效应可按各构件承受的重力荷载代表值的比例分配，并宜乘以增大系数1.5。这主要是根据中国台湾"9·21"大地震的经验而提出的要求，目的是为了使结构总竖向地震作用标准值，在8度和9度时分别略大于重力荷载标准值的10%和20%。

3.3.2　大跨度结构和长悬臂结构的竖向地震作用计算

研究表明，对于平板型网架、大跨度屋盖、长悬臂结构等大跨度结构的各主要构件，其竖向地震作用产生的内力与重力荷载作用下的内力比值比较稳定，因而可认为竖向地震作用的分布与重力荷载的分布相同。因此，对于跨度小于120 m的平板型网架屋盖和跨度大于24 m屋架、屋盖横梁及托架的竖向地震作用标准值，可用静力法计算，即：

$$F_v = \alpha_{vmax} G \tag{3.26}$$

式中　F_v——竖向地震作用标准值；

α_{vmax}——竖向地震作用系数，按表3.9采用；

G——重力荷载代表值。

表3.9　竖向地震作用系数 α_{vmax}

结构类型	烈度	场地类别		
		Ⅰ	Ⅱ	Ⅲ、Ⅳ
平板型网架、钢屋架	8	可不计算(0.10)	0.08(0.12)	0.10(0.15)
	9	0.15	0.15	0.20
钢筋混凝土屋架	8	0.10(0.15)	0.13(0.19)	0.13(0.19)
	9	0.20	0.25	0.25

注：括号中数值用于设计基本地震加速度为0.30g的地区。

除了上述高层建筑、高耸结构和屋盖结构外，对于长悬臂和其他大跨度结构在考虑竖向地震作用时，其竖向地震作用标准值仍可按式(3.26)计算，但烈度为8度和9度时，α_{vmax}分别为0.10和0.20；设计基本地震加速度为0.30g时，α_{vmax}可取0.15。

大跨度空间结构的竖向地震作用，还可按竖向振型分解反应谱法计算。其竖向地震影响系数可取水平地震影响系数的65%，但特征周期可均按设计第一组采用。

3.4 结构抗震验算

为了实现“小震不坏,中震可修,大震不倒”的三水准抗震设防目标,《抗震规范》对建筑结构抗震采用了两阶段设计方法,其中包括结构构件截面抗震承载力和结构抗震变形验算。同时,《抗震规范》要求,结构抗震验算时应符合下列规定:

①6 度时的建筑(不规则建筑及建造于Ⅳ类场地上较高的高层建筑除外),以及生土房屋和木结构房屋等,应允许不进行截面抗震验算,但应符合有关的抗震措施要求。

②6 度时不规则建筑及建造于Ⅳ类场地上较高的高层建筑,7 度和 7 度以上的建筑结构(生土房屋和木结构房屋等除外),应进行多遇地震作用下的截面抗震验算。

3.4.1 截面抗震验算

根据《建筑结构设计统一标准》的规定,截面抗震验算应根据可靠度理论的分析结果,采用多遇地震时的地震作用效应与其他荷载效应组合的多系数表达式来进行结构构件的抗震承载力验算,具体按下式计算:

$$S = \gamma_G S_{GE} + \gamma_{Eh} S_{Ehk} + \gamma_{Ev} S_{Evk} + \psi_w \gamma_w S_{wk} \tag{3.27}$$

式中 S——结构构件内力(弯矩、轴力和剪力)组合的设计值;

γ_G——为重力荷载分项系数,一般情况下采用 1.2,但当重力荷载效应对构件承载力有利时,不应大于 1.0;

γ_{Eh},γ_{Ev}——水平、竖向地震作用分项系数,按表 3.10 采用;

γ_w——风荷载分项系数,应采用 1.4;

S_{GE}——重力荷载代表值的效应,但有吊车时,尚应包括悬挂物重力标准值的效应;

S_{Ehk}——水平地震作用标准值的效应,尚应乘以相应的增大系数或调整系数;

S_{Evk}——竖向地震作用标准值的效应,尚应乘以相应的增大系数或调整系数;

S_{wk}——风荷载标准值的效应;

ψ_w——风荷载组合值系数,一般结构取 0.0,风荷载起控制作用的建筑应采用 0.2。

表 3.10 地震作用分项系数

地震作用	γ_{Eh}	γ_{Ev}
仅计算水平地震作用	1.3	0.0
仅计算竖向地震作用	0.0	1.3
同时计算水平与竖向地震作用(水平地震为主)	1.3	0.5
同时计算水平与竖向地震作用(竖向地震为主)	0.5	1.3

多遇地震作用下的构件截面抗震承载力验算,应按下式进行:

$$S \leqslant \frac{R}{\gamma_{RE}} \tag{3.28}$$

式中 R——结构构件承载力设计值;

γ_{RE}——承载力抗震调整系数,用以反映不同材料、不同受力状态的结构或构件所具有的不同抗震可靠度指标,除另有规定外,应按表 3.11 采用。当仅考虑竖向地震作用时,对各类构件均取 $\gamma_{RE}=1.0$。

表 3.11 承载力抗震调整系数

材 料	结构构件	受力状态	γ_{RE}
钢	柱、梁、支撑、节点板件、螺栓、焊缝	强度	0.75
	柱、支撑	稳定	0.80
砌体	两端均有构造柱、芯柱的抗震墙	受剪	0.9
	其他抗震墙	受剪	1.0
混凝土	梁	受弯	0.75
	轴压比小于 0.15 的柱	偏压	0.75
	轴压比不小于 0.15 的柱	偏压	0.80
	抗震墙	偏压	0.85
	各类构件	受剪、偏拉	0.85

3.4.2 抗震变形验算

结构抗震变形验算包括多遇地震作用下结构的弹性变形验算和罕遇地震作用下结构的弹塑性变形验算。前者属于第一阶段的抗震设计要求,后者属于第二阶段的抗震设计要求。

1) 多遇地震作用下结构的弹性变形验算

在多遇地震作用下,结构一般不发生承载力破坏而保持弹性状态,抗震变形验算是为了保证结构弹性侧移在允许范围内,以防止围护墙、隔墙和各种装修等不出现过重的损坏。根据各国规范的规定、震害经验、实验研究结果以及工程实例分析,采用层间位移角作为衡量结构变形能力是否满足建筑功能要求的指标是合理的。因此,《抗震规范》规定,各类结构在其楼层内最大的弹性层间位移应符合下式要求:

$$\Delta u_e \leqslant [\theta_e] h \tag{3.29}$$

式中 Δu_e——多遇地震作用标准值产生的楼层内最大的弹性层间位移;计算时,除了以弯曲变形为主的高层建筑外,可不扣除结构整体弯曲变形;应计入扭转变形,各作用分项系数均应采用 1.0;钢筋混凝土结构构件的截面刚度可采用弹性刚度;

$[\theta_e]$——弹性层间位移角限值,按表 3.12 采用;

h——计算楼层层高。

表 3.12 弹性层间位移角限值

结构类型	$[\theta_e]$
钢筋混凝土框架	1/550
钢筋混凝土框架-抗震墙、板柱-抗震墙、框架-核心筒	1/800
钢筋混凝土抗震墙、筒中筒	1/1 000
钢筋混凝土框支层	1/1 000
多、高层钢结构	1/250

2）罕遇地震作用下结构的弹塑性变形验算

结构抗震设计要求，在罕遇地震作用下，结构不发生倒塌。罕遇地震的地面运动加速度峰值一般是多遇地震的4～6倍，所以在多遇地震烈度下处于弹性阶段的结构，在罕遇地震烈度下将进入弹塑性阶段，结构接近或达到屈服。此时，结构的承载能力已不能满足抵抗大震的要求，而是依靠结构的延性，即塑性变形能力来吸收和耗散地震输入结构的能量。若结构的变形能力不足，势必会由于薄弱层（部位）弹塑性变形过大而发生倒塌。因此，为了满足“大震不倒”的要求，需进行罕遇地震作用下结构的弹塑性变形验算。

（1）验算范围

由于大震作用下，结构的弹塑性变形并不是均匀分布在每个楼层上，而是主要分布在结构的薄弱层或薄弱部位，这些地方在大震作用下一般首先屈服，产生较大的弹塑性变形，严重时会发生倒塌破坏，这应该避免。为此，《抗震规范》规定，下列结构应进行罕遇地震作用下薄弱层（部位）的弹塑性变形验算：

①8度Ⅲ、Ⅳ类场地和9度时，高大的单层钢筋混凝土柱厂房的横向排架。

②7度～9度时楼层屈服强度系数小于0.5的钢筋混凝土框架结构和框排架结构。

③高度大于150 m的结构。

④甲类建筑和9度时乙类建筑中的钢筋混凝土结构和钢结构。

⑤采用隔震和消能减震设计的结构。

另外，《抗震规范》还规定，对下列结构宜进行罕遇地震作用下薄弱层的弹塑性变形验算：

①表3.1所列高度范围且属于表3.13所列竖向不规则类型的高层建筑结构。

表3.13　竖向不规则的结构

不规则类型	定　义
侧向刚度不规则	该层的侧向刚度小于相邻上一层的70%，或小于其上相邻三个楼层侧向刚度平均值的80%；除顶层或出屋面小建筑外，局部收进的水平向尺寸大于相邻下一层的25%
竖向抗侧力构件不连续	竖向抗侧力构件（柱、抗震墙、抗震支撑）的内力由水平转换构件（梁、桁架等）向下传递
楼层承载力突变	抗侧力结构的层间受剪承载力小于相邻上一楼层的80%

②7度时Ⅲ、Ⅳ类场地和8度时乙类建筑中的钢筋混凝土结构和钢结构。

③板柱-抗震墙结构和底部框架砌体房屋。

④高度不大于150 m的其他高层钢结构。

⑤不规则的地下建筑结构及地下空间综合体。

（2）验算方法

结构在罕遇地震作用下的弹塑性变形计算是一个比较复杂的问题，且计算工作量较大。因此，《抗震规范》建议，验算结构在罕遇地震作用下薄弱层（部位）弹塑性变形时，可采用下列方法：

①不超过12层且层间刚度无突变的钢筋混凝土框架结构和框排架结构、单层钢筋混凝土柱厂房可采用下述的简化计算方法。

②除上述第①款以外的建筑结构,可采用静力弹塑性分析方法或弹塑性时程分析法等。

③规则结构可采用弯剪层模型或平面杆系模型,不规则结构应采用空间结构模型。

(3)简化计算方法

按简化方法计算时,首先需要确定结构薄弱层(部位)的位置。

①楼层屈服强度系数与结构薄弱层(部位)的确定。楼层屈服强度系数,是指按钢筋混凝土构件实际配筋和材料强度标准值计算的楼层受剪承载力和按罕遇地震作用计算的楼层弹性地震剪力的比值;对排架柱,指按实际配筋面积、材料强度标准值和轴向力计算的正截面受弯承载力与按罕遇地震作用计算的弹性地震弯矩的比值。

楼层屈服强度系数按下式计算:

$$\xi_y(i) = \frac{V_y(i)}{V_e(i)} \tag{3.30}$$

式中 $\xi_y(i)$——第 i 层的楼层屈服强度系数;

$V_y(i)$——按构件实际配筋和材料强度标准值计算的第 i 层受剪承载力;

$V_e(i)$——罕遇地震作用下弹性分析所得的第 i 层弹性地震剪力。

楼层屈服强度系数 ξ_y 反映了结构的楼层实际承载能力与该楼层所受弹性地震剪力的相对关系。计算分析表明,罕遇地震作用下对于 ξ_y 沿高度分布不均匀的结构,其 ξ_y 最小或相对较小的楼层(称为结构的薄弱层或薄弱部位),往往首先屈服并形成较大的弹塑性层间位移,而其他楼层的层间位移相对较小且接近弹性反应的计算结果,如图 3.4 所示。因此,在抗震设计中,只要控制好结构的薄弱层或薄弱部位在罕遇地震作用下的弹塑性变形,就能实现抗震设防的目标。

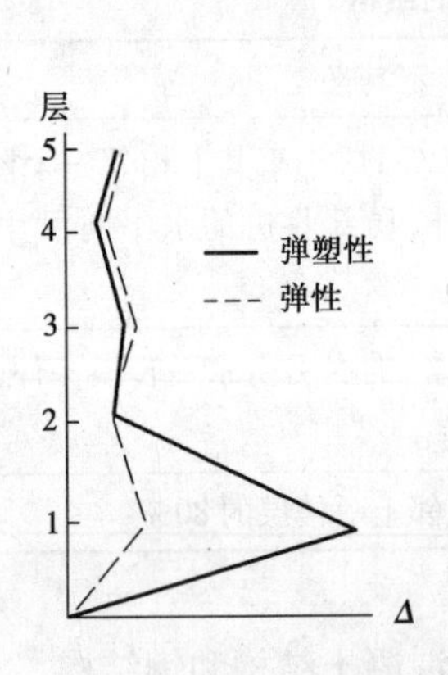

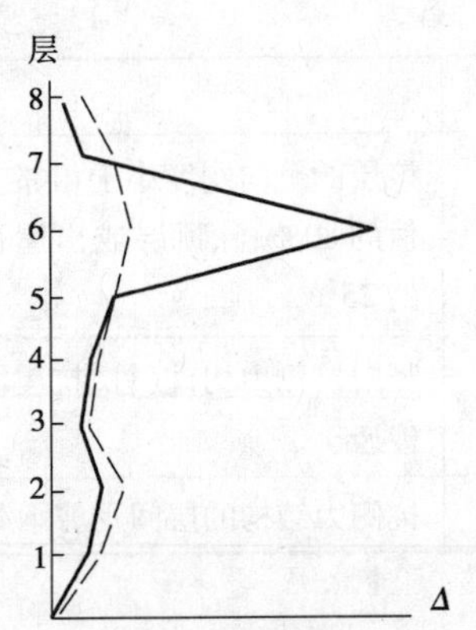

图 3.4　结构在罕遇地震作用下的层间变形分布

另外,《抗震规范》规定,对于 ξ_y 沿高度分布均匀的结构,薄弱层(部位)可取底层;对于 ξ_y 沿高度分布不均匀的结构,薄弱层(部位)可取在 ξ_y 为最小的楼层(部位)和相对较小的楼层(部位),一般不超过 2 ~3 处;对于单层厂房,薄弱层(部位)可取上柱。

②薄弱层(部位)弹塑性层间位移的简化计算。薄弱层(部位)弹塑性层间位移 Δu_p 可由罕遇地震作用下按弹性分析的层间位移 Δu_e 乘以弹塑性层间位移增大系数 η_p 计算:

$$\Delta u_p = \eta_p \Delta u_e \tag{3.31}$$

$$\Delta u_e = \frac{V_e}{k} \tag{3.32}$$

式中　V_e——罕遇地震作用下薄弱层(部位)的弹性地震剪力;

k——薄弱层(部位)的层间弹性剪切刚度;

η_p——弹塑性层间位移增大系数,当薄弱层(部位)的屈服强度系数 ξ_y 不小于相邻层(部位)该系数平均值的0.8时,按表3.14采用;当不大于该平均值的0.5时,可按表内相应数值的1.5倍采用;其他情况可采用内插法取值。

表3.14　弹塑性层间位移增大系数

结构类型	总层数 n 或部位	ξ_y		
		0.5	0.4	0.3
多层均匀框架结构	2~4	1.30	1.40	1.60
	5~7	1.50	1.65	1.80
	8~12	1.80	2.00	2.20
单层厂房	上柱	1.30	1.60	2.00

③薄弱层(部位)的抗震变形验算。《抗震规范》要求,结构薄弱层(部位)的弹塑性层间位移应符合下式要求:

$$\Delta u_p \leqslant [\theta_p]h \tag{3.33}$$

式中　$[\theta_p]$——弹塑性层间位移角限值;

h——薄弱层(部位)的楼层高度或单层厂房上柱高度。

弹塑性层间位移角限值$[\theta_p]$可按表3.15采用。对钢筋混凝土框架结构,当轴压比小于0.40时,可提高10%;当柱子全高的箍筋构造比《抗震规范》规定的体积配箍率大30%时,可提高20%,但累计不超过25%。

表3.15　弹塑性层间位移角限值

结构类型	$[\theta_p]$
单层钢筋混凝土柱排架	1/30
钢筋混凝土框架	1/50
底部框架砌体房屋中的框架-抗震墙	1/100
钢筋混凝土框架-抗震墙、板柱-抗震墙、框架-核心筒	1/100
钢筋混凝土抗震墙、筒中筒	1/120
多、高层钢结构	1/50

本章小结

(1)在计算多自由度体系的地震作用时,一般可按振型分解反应谱法进行,在一定条件下也可采用比较简单的底部剪力法。这两种方法都是抗震设计中地震作用计算的重要内容。

(2)结构的地震扭转效应中介绍了考虑扭转效应的不规则结构地震作用的计算方法,同时还讨论了平扭耦联的地震作用效应。

(3)对于建于高烈度区的高耸、高层、大跨和长悬臂等结构应考虑竖向地震作用的影响,这点应特别注意。

(4)结构抗震承载力计算是保证结构“小震不坏”的主要措施。结构抗震变形验算包括多遇地震作用下的弹性变形验算和罕遇地震作用下的弹塑性变形验算,前者涉及地震作用方向和重力荷载代表值的选取,以及结构构件截面抗震验算的基本原则等,其目的是为了对框架等较柔结构及高层建筑结构的变形加以限制,从而使结构层间弹性侧移不超过限值,以避免非结构构件在多遇地震作用下出现破坏;后者目的是保证结构在罕遇地震作用下不发生倒塌,即进行第二阶段的抗震设计,以校核结构的抗震安全性。这些都是结构抗震的重要思想,应重点掌握。

思考题与习题

3.1 什么是地震作用?什么是地震反应?怎样确定地震作用?

3.2 什么是重力荷载代表值?什么是等效重力荷载?

3.3 计算结构地震作用的底部剪力法和振型分解反应谱法的原理和适用条件是什么?

3.4 哪些结构须考虑竖向地震作用计算?怎样计算竖向地震作用?

3.5 试从计算模型、计算方法、地震作用效应组合等方面,比较考虑扭转影响和不考虑扭转影响时的异同。

3.6 什么是承载力抗震调整系数?什么是重力荷载分项系数?什么是地震作用分项系数?

3.7 什么是楼层屈服强度系数?怎样确定结构的薄弱层或部位?

3.8 为什么要调整水平地震作用下结构的地震内力?在设计中怎样调整?

3.9 一个钢筋混凝土单自由度体系,其自振周期 $T_1=0.5$ s,质点重量 $G=200$ kN,位于设防烈度为 8 度的Ⅱ类场地,该地区设计基本地震加速度为 0.30g,设计地震分组为第一组,试计算其多遇地震作用下的地震作用。

3.10 两层钢筋混凝土框架结构,各框架梁刚度为无穷大,混凝土强度等级均为 C30,各层柱截面均为 450 mm×450 mm,底部楼层重力荷载代表值为 600 kN,屋面层重力荷载代表值为 500 kN,底层高为 4 m(包括基础埋深),上部楼层高为 3.2 m,位于设防烈度为 8 度的Ⅱ类场地,该地区设计基本地震加速度为 0.20g,设计地震分组为第二组,试分别采用振型分解反应谱法与底部剪力法计算该结构各楼层的层间地震剪力。

3.11 某钢筋混凝土高层办公楼建筑共 10 层,每层层高均为 4 m,总高为 40 m,质量和侧向刚度沿高度分布比较均匀,属于规则建筑。该建筑位于 9 度设防区,场地类别为Ⅱ类,设计地震分组为第二组,设计基本地震加速度为 0.4g。已知屋面、楼面永久荷载标准值为 15 000 kN,屋面活荷载标准值为 2 450 kN,结构基本自振周期为 1.0 s。试计算该结构的竖向地震作用标准值,以及每层的竖向地震作用标准值。

4 建筑抗震概念设计

本章导读：

- **基本要求** 理解建筑抗震概念设计的主要内容，包括选择建筑场地、把握建筑形体和结构的规则性、选择合理的结构体系、充分利用结构延性和重视非结构因素等。
- **重点** 把握建筑形体和结构的规则性，选择合理的结构体系，充分利用结构延性。
- **难点** 结构延性的含义及其对抗震的意义，多道抗震防线的设置。

地震是一种随机振动，目前还难以对其发生的时间、空间和强度作出准确预测，因而地震及其影响有不确定性。再者，由于结构分析不可能充分考虑结构的空间作用和结构材料的性质，结构计算也有其不准确性。随着数字信息技术手段的日趋强大，人们往往强调抗震计算，而忽略抗震概念设计。但是，基于对震后建筑调查所获取的经验和教训表明，许多经过精心设计（抗震概念设计）和施工的建筑，虽没有经过精确的地震作用计算，却在大地震中表现出良好的抗震性能。历史上所有大地震都证实了一点：一个未考虑抗震概念设计的建筑仅通过计算就能抵抗大地震的想法是不切实际的。因此，建筑结构的抗震问题不可能完全依赖“计算设计”，而必须强调“概念设计”。

所谓建筑抗震概念设计，是指根据地震灾害和工程经验等形成的总体设计原则和设计思想，进行建筑选型和结构总体布置并确定抗震构造的过程。它可以概括为：选择建筑场地，把握建筑形体和结构的规则性，选择合理的抗震结构体系，充分利用结构延性，重视非结构因素，等等。其目的是为了在总体上消除建筑抗震的薄弱环节，正确和全面地把握结构的整体性能，使所设计出的建筑具有良好的抗震性能。

4.1 选择建筑场地

建筑场地的选择往往要考虑城乡规划、经济、气候、生态、地质、技术以及社会文化等各方面因素,地震影响也是一个很重要的决策因素。地震灾害表明,建筑的破坏不仅与建筑本身的抗震性能有关,还与建筑物所在场地条件有关。根据场地的地表、地形、地下条件,以及土的天然特性不同,由基岩传来的地震动有可能被减小或被放大,导致建筑物的破坏程度有所不同。因此,在进行城乡规划和设计新建筑物时,首先应注意建筑场地的选择。《抗震规范》明确要求,选择建筑场地时,应根据工程需要和地震活动情况、工程地质和地震地质的有关资料,对抗震有利、一般、不利和危险地段做出综合评价。对不利地段,应提出避开要求;当无法避开时应采取有效的措施。对危险地段,严禁建造甲、乙类建筑,不应建造丙类建筑。有利、一般、不利和危险地段的划分,见表4.1。

表4.1　有利、一般、不利和危险地段的划分

地段类别	地质、地形、地貌
有利地段	稳定基岩,坚硬土,开阔、平坦、密实、均匀的中硬土等
一般地段	不属于有利、不利和危险的地段
不利地段	软弱土,液化土,条状突出的山嘴,高耸孤立的山丘,陡坡,陡坎,河岸和边坡的边缘,平面分布上成因、岩性、状态明显不均匀的土层(含故河道、疏松的断层破碎带、暗埋的塘浜沟谷和半填半挖地基),高含水量的可塑黄土,地表存在结构性裂缝等
危险地段	地震时可能发生滑坡、崩塌、地陷、地裂、泥石流等及发震断裂带上可能发生地表位错的部位

4.1.1　有利地段

抗震有利地段,指的是稳定基岩,坚硬土,或开阔、密实、均匀的中硬土等地段。

地震波会由于地形凸起部分内部反射形成能量集中效应,因此,山顶地震波放大效应远大于平地,山顶建筑的震害程度重于平地建筑震害程度。海城地震时,从位于大石桥盘龙山高差约50 m的两个测点上所测得的强余震加速度峰值记录表明,位于孤突地形上的加速度峰值是坡脚平地上加速度峰值的1.84倍,图4.1表示了这种地表地形的放大作用。依据宏观震害调查结果和对不同地形条件、岩土构成的场地进行的二维地震反应分析结果,所反映的总趋势大致可以归纳为以下几点:

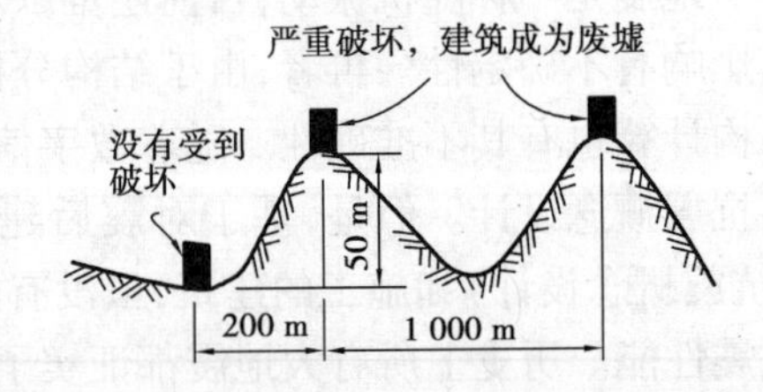

图4.1　不同地形的震害

①高突地形距离基准面的高度越大,地震反应越强烈。

②离陡坎和边坡顶部边缘的距离越大,地震反应相对越小。

③从岩土构成方面看,在同样地形条件下,土质结构的地震反应比岩质结构的大。

④高突地形顶面越开阔,远离边缘的中心部位的地震反应越小。

⑤边坡越陡,其顶部地震的放大效应越大。

震害调查结果表明,场地土坚硬程度不同,其上建筑的震害程度也有不同。一般来说,地基土坚硬,房屋破坏轻;反之,破坏重。坚硬程度不同的场地土的地震动强度,差异很大。表4.2

为1985年墨西哥地震不同场地土上记录到的地震动参数，可以看出，古湖床软土的地震动参数与硬土的相比较，加速度增加约4倍，速度增加约5倍，位移增加约1.3倍，结构最大加速度增加约9倍。

表4.2 墨西哥地震不同场地土上记录到的地震动参数

场地土类型	水平地震动参数			结构(阻尼比5%)最大加速度 g
	加速度 g	速度(cm/s)	位移(cm)	
岩石	0.03	9	6	0.12
硬土	0.04	10	9	0.10
软硬土过渡区	0.11	12	7	0.16
软土(古湖床)	0.20	61	21	1.02

4.1.2 不利和危险地段

抗震不利地段，包括软弱土，液化土，条状突出的山嘴，高耸孤立的山丘，非岩质的陡坡，河岸和边坡的边缘，平面分布上成因、岩性、状态明显不均匀的土层等地段。抗震危险地段，是指地震时可能发生滑坡、崩塌、地陷、地裂、泥石流等的地段及发震断裂带上可能发生地表位错的部位。

抗震危险地段与不利地段的主要差异体现在危险地段在地震时场地、地基的稳定性可能遭到破坏，建造在其上的建筑物地震破坏不易用工程措施加以解决，或所花代价极为昂贵。

断层是地质构造上的薄弱环节，从对建筑物危害的角度来看，断层可以分为发震断层和非发震断层。《抗震规范》规定，对符合下列规定之一的情况，可忽略发震断裂错动对地面建筑的影响：

①抗震设防烈度小于8度。

②非全新世活动断裂。

③抗震设防烈度为8度和9度时，隐伏断裂的土层覆盖厚度分别大于60 m和90 m。

不符合上述条件时，建筑物则应避开主断裂带，其避让距离不宜小于表4.3对发震断裂最小避让距离的规定。在避让距离的范围内确有需要建造分散的、低于3层的丙、丁类建筑时，应按提高一度采取抗震措施，并提高基础和上部结构的整体性，且不得跨越断层线。

表4.3 发震断裂的最小避让距离 单位:m

烈　度	建筑抗震设防类别			
	甲	乙	丙	丁
8度	专门研究	200	100	—
9度	专门研究	400	200	—

当需要在条状突出的山嘴、高耸孤立的山丘、非岩石和强风化岩石的陡坡、河岸和边坡边缘等不利地段建造丙类及丙类以上建筑时，除保证其在地震作用下的稳定性外，尚应估计不利地段对设计地震动参数可能产生的放大作用，其水平地震影响系数最大值应乘以增大系数。增大系数的取值应根据不利地段的具体情况确定，在1.1～1.6的范围内采用。

4.2 把握建筑形体和结构的规则性

建筑形体是指建筑平面形状和立面、竖向剖面的变化，一般情况下，它主要由场地形状、场地的建筑布置要求、相关规划以及建筑师或业主的理念决定。建筑结构的平面、立面规则与否，对建筑的抗震性能具有重要的影响。建筑结构不规则，可能造成较大扭转，产生严重应力集中，或形成抗震薄弱层。国内外多次震害表明，房屋体形不规则、平面上凸出凹进、立面上高低错落，破坏程度比较严重，而简单、对称的建筑的震害较轻。为此，《抗震规范》规定，建筑设计应重视其平面、立面和竖向剖面的规则性对抗震性能及经济合理性的影响，宜择优选用规则的形体，其抗侧力构件的平面布置宜规则对称、侧向刚度沿竖向宜均匀变化、竖向抗侧力构件的截面尺寸和材料强度宜自下而上逐渐减小、避免侧向刚度和承载力突变。

4.2.1 建筑平面

建筑平面布置宜简单、规则，尽量减少凸出、凹进等复杂平面，尽可能使刚度中心与质量中心靠近，减少扭转。建筑物较理想的平面形状为方形、矩形、圆形、正多边形、椭圆形等，但在实际工程中，建筑物也会出现L形、T形、Y形等各种平面形状，这一类平面也不一定就是不规则平面。《抗震规范》规定，混凝土房屋、钢结构房屋和钢-混凝土混合结构房屋存在表4.4所列举的某项不规则类型时属于平面不规则建筑。

表4.4 平面不规则的主要类型

不规则类型	定义和参考指标
扭转不规则	在规定的水平力作用下，楼层的最大弹性水平位移（或层间位移），大于该楼层两端弹性水平位移（或层间位移）平均值的1.2倍
凹凸不规则	平面凹进的尺寸，大于相应投影方向总尺寸的30%
楼板局部不连续	楼板的尺寸和平面刚度急剧变化，例如，有效楼板宽度小于该层楼板典型宽度的50%，或开洞面积大于该层楼面面积的30%，或较大的楼层错层

对于如图4.2所示的建筑结构平面的扭转不规则，假设楼板平面内为刚性，当最大层间位移与层间位移平均值的比值为1.2时，相当于层间位移最小一端为1.0，层间位移最大一端为1.45。

对于如图4.3所示的凹凸不规则，建筑平面的凹凸尺寸应尽可能小，这是为了保证楼板在平面内有很大的刚度，同时也是为了避免建筑各部分之间振动不同步、凹凸部位局部破坏。

楼板洞口过大将削弱其平面内刚度，结构分析时若仍采用楼板平面内为刚性的假定，则开洞部位的抗侧力构件的内力计算值就会偏小，导致不安全。错层部位的短柱、矮墙地震剪力复杂，地震时很容易发生较严重的破坏，这些都是不利于抗震的，如图4.4所示。

此外，平面的长宽比不宜过大，一般宜小于6。这是由于平面长宽比过大的建筑对土体的运动差异非常敏感，不同部位地基震动的差异带来建筑内水平振动和竖向振动各自的差异和不同步，并伴随扭转振动的发生，导致结构受损，如图4.5所示。

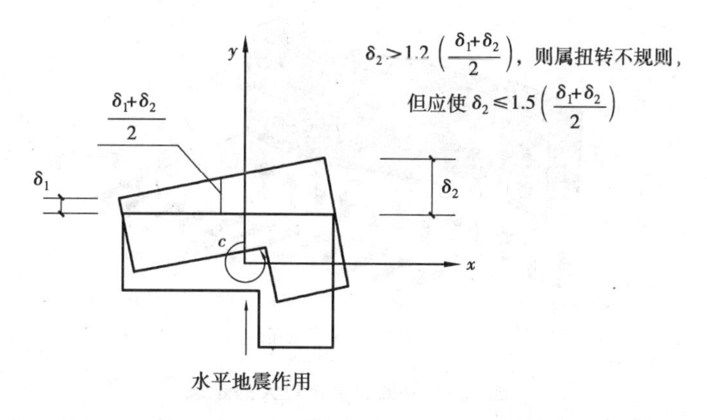

图 4.2　建筑结构平面的扭转不规则

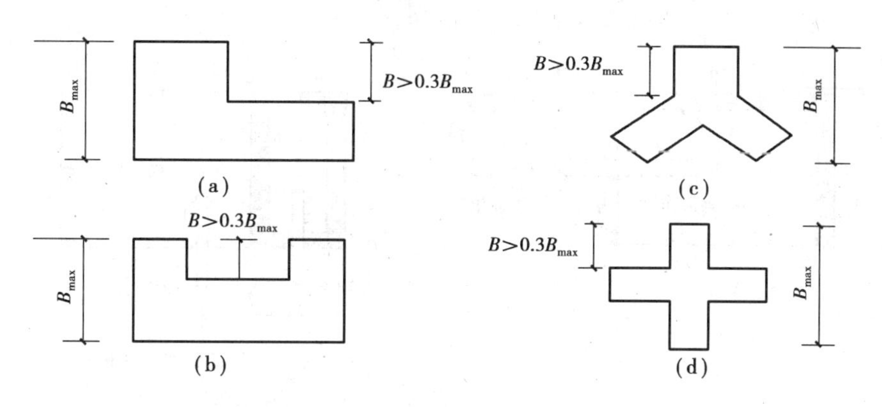

图 4.3　建筑结构平面的凹凸不规则

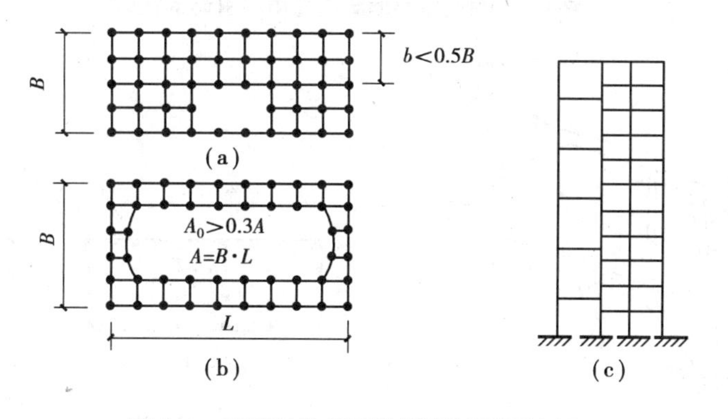

图 4.4　建筑结构平面的楼板局部不连续

在简单的平面中，如果结构刚度在平面的分布不均匀，与质量中心有偏差，仍然会产生扭转。地震作用是地面运动在建筑物中引起的惯性力，其作用点在建筑的质量中心。而建筑抗水平作用的能力是由其刚度保证的，结构抗力的合力通过其刚度中心。如果结构的刚度中心偏离建筑的质量中心，则结构即使在地面平动作用下，也会产生扭转振动（图 4.6），且刚度中心 CR 与质量中心 CG 的距离越大，扭矩就越大。距离刚度中心较远一侧的结构构件（如角部），由于扭转，侧移量加大很多，所分担的水平地震剪力显著增大，容易出现破坏，甚至导致整体结构因一侧构件失效而倒塌，如图 4.7 所示。因此，在结构布置中应特别注意具有很大侧向刚度的钢

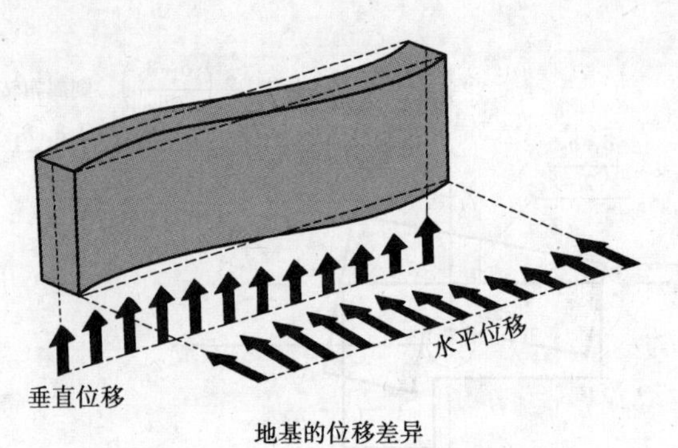

图 4.5　平面长宽比过大的建筑

筋混凝土墙体和钢筋混凝土芯筒的位置，力求在平面上对称，不宜偏置在建筑的一边，如图 4.8 所示。

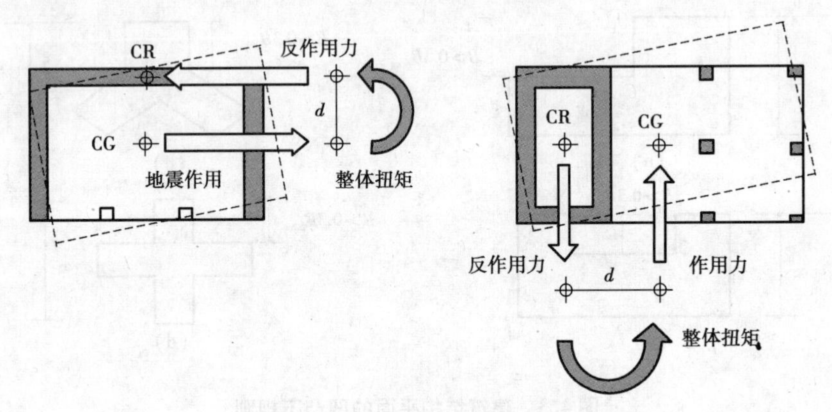

图 4.6　刚度中心偏离质量中心引起的扭转

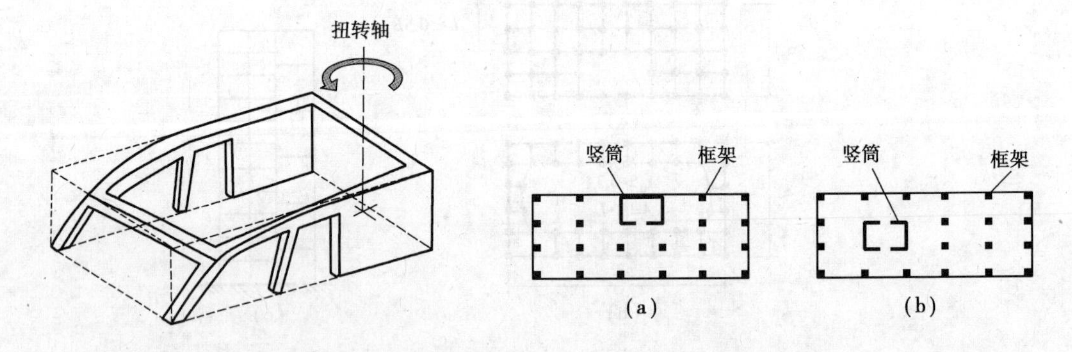

图 4.7　距离刚度中心较远一侧的结构构件扭转破坏　　图 4.8　结构刚度在平面上的分布不均匀

4.2.2　建筑立面

建筑立面形状的突变，必然带来质量和侧向刚度的突变，地震时会导致突变部位产生过大的地震反应或弹塑性变形，加重建筑物破坏。因此，地震区的建筑物，沿竖向结构质量和侧向刚度不宜有悬殊变化，尽量不采用突变性的大底盘建筑（图 4.9）；尽量避免出现过大的内收（图 4.10），因为楼层收进形成的凹角是应力集中的部位，收进越深，应力集中越大。如果上部收进层结构刚度很小[图4.10(a)],就有可能产生鞭梢效应,使上部结构发生倾倒。带有大悬挑的阳台或楼层也是不合理的(图4.11),大悬挑结构根部容易产生裂缝,导致大悬挑与主体结构脱离。当然,普通尺寸的悬挑阳台是允许的。

建筑立面采用矩形、梯形和三角形等均匀变化的几何形状为好,以求沿竖向质量、刚度变化均匀,如图4.12所示。

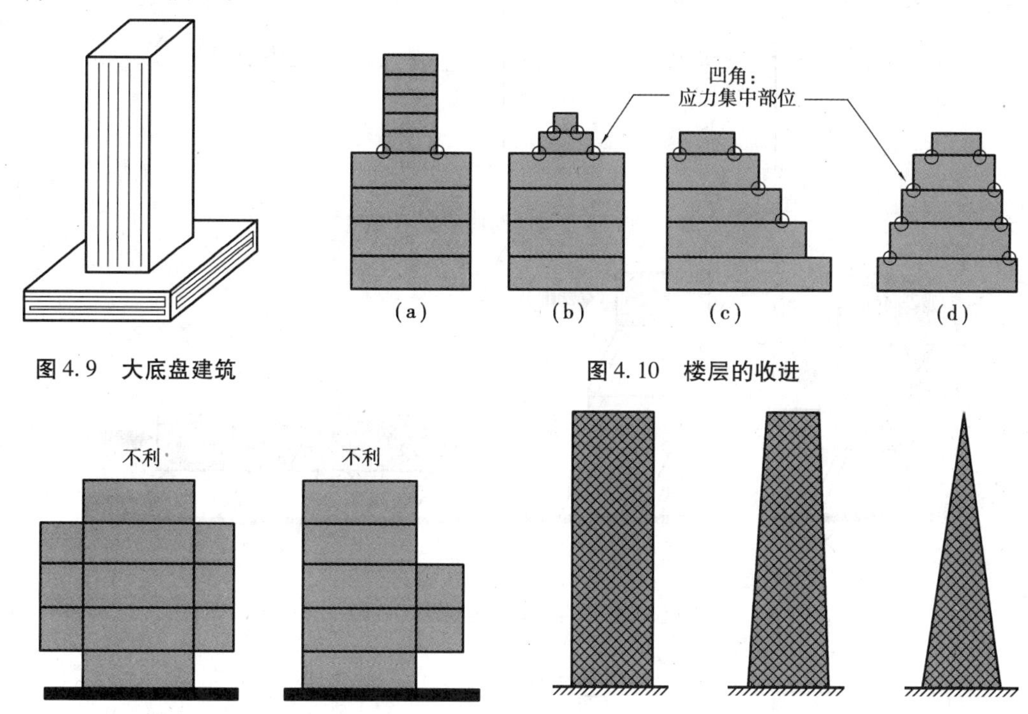

图4.9　大底盘建筑

图4.10　楼层的收进

图4.11　大悬挑结构

图4.12　良好的建筑立面

《抗震规范》规定,混凝土房屋、钢结构房屋和钢-混凝土混合结构房屋存在表4.5所列举的某项不规则类型时,属于竖向不规则建筑。

表4.5　竖向不规则的主要类型

不规则类型	定义和参考指标
侧向刚度不规则	该层的侧向刚度小于相邻上一层的70%,或小于其上相邻三个楼层侧向刚度平均值的80%;除顶层或出屋面小建筑外,局部收进的水平向尺寸大于相邻下一层的25%
竖向抗侧力构件不连续	竖向抗侧力构件(柱、抗震墙、抗震支撑)的内力由水平转换构件(梁、桁架等)向下传递
楼层承载力突变	抗侧力结构的层间受剪承载力小于相邻上一楼层的80%

侧向刚度不规则是指侧向刚度沿竖向产生突变,如图4.13所示。侧向刚度小的楼层易形成薄弱层,在地震作用下,塑性变形集中发生在薄弱层,加速结构破坏、倒塌,如图4.14所示。

竖向抗侧力构件不连续是指框架柱或抗震墙不落地,如图4.15所示,这些不落地的框架柱或抗震墙承担的地震作用不能直接向下传给基础,而是由转换构件向下传递。转换构件一旦破坏,则后果严重。

楼层的受剪承载力沿高度突变的情况如图4.16所示。层间受剪承载力小的楼层也易形成薄弱层,薄弱层在地震作用下率先屈服,刚度降低,产生明显的弹塑性变形,而其他楼层不屈服,耗能作用不能充分发挥,不利于结构抗震。

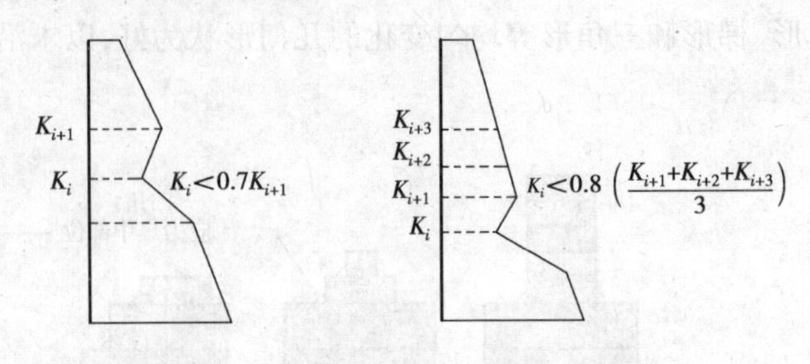

图4.13 沿竖向的侧向刚度不规则

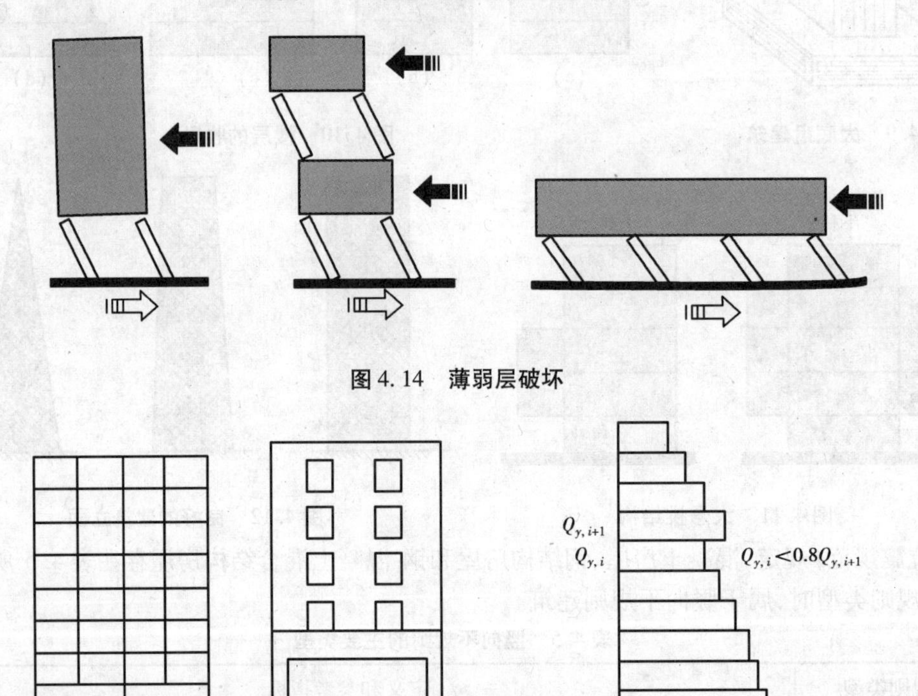

图4.14 薄弱层破坏

图4.15 竖向抗侧力构件不连续

图4.16 楼层承载力突变

工程实际情况千变万化,出现不规则的建筑设计方案是不可避免的。建筑结构按不规则的程度,分为不规则、特别不规则和严重不规则3种程度。

- 不规则,指超过表4.4和表4.5中一项及以上的不规则指标。
- 特别不规则,指具有较明显的抗震薄弱部位,可能引起不良后果者,其参考界限可参见《超限高层建筑工程抗震设防专项审查技术要点》,通常有3类:其一,同时具有表4.4和表4.5所列6项主要不规则类型中的3项或3项以上;其二,具有表4.6所列的1项不规则;其三,具有表4.4和表4.5所列2个方面的基本不规则且其中有1项接近表4.6的不规则指标。
- 严重不规则,指的是形体复杂,多项不规则指标超过规范规定的上限值或某一项大大超过规定值,具有现有技术和经济条件不能克服的严重的抗震薄弱环节,可能导致地震破坏的严重后果者。

表 4.6 特别不规则的项目举例

序号	不规则类型	简要含义
1	扭转偏大	裙房以上有较多楼层考虑偶然偏心的扭转位移比大于 1.4
2	抗扭刚度弱	扭转周期比大于 0.9，混合结构扭转周期比大于 0.85
3	层刚度偏小	本层侧向刚度小于相邻上层的 50%
4	高位转换	框支墙体的转换构件位置:7 度超过 5 层,8 度超过 3 层
5	厚板转换	7 度 ~9 度设防的厚板转换结构
6	塔楼偏置	单塔或多塔合质心与大底盘的质心偏心距大于底盘相应边长 20%
7	复杂连接	各部分层数、刚度、布置不同的错层或连体两端塔楼显著不规则的结构
8	多重复杂	同时具有转换层、加强层、错层、连体和多塔等类型中的 2 种以上

在地震区,建筑设计应根据抗震概念设计的要求明确建筑形体的规则性,不规则的建筑应按规定采取加强措施;特别不规则的建筑应进行专门研究和论证,采取特别的加强措施;严重不规则的建筑不应采用。

4.2.3 防震缝

对于体型复杂的建筑,可以通过合理设置防震缝,将其分成若干个"规则"的结构单元,使得各结构单元独立振动,降低结构抗震设计的难度。如图 4.17 所示,通过设置防震缝可将平面凸凹不规则的 L 形建筑划分为两个规则的矩形结构单元。但是,在建筑中设置防震缝也会带来一些问题:一是改变了结构的自振周期,有可能使结构自振周期与场地卓越周期接近而加重震害;二是要保证防震缝上下都有一定的宽度,否则地震时可能造成相邻结构单元之间的碰撞而加重震害;三是影响建筑立面、多用材料、构造复杂、防水处理困难。例如:1976 年唐山地震中,在京津唐地区设缝的高层建筑(缝宽 50 ~150 mm),除北京饭店东楼(18 层,框架-剪力墙结构,缝宽 600 mm)外,均发生程度不同的碰撞。

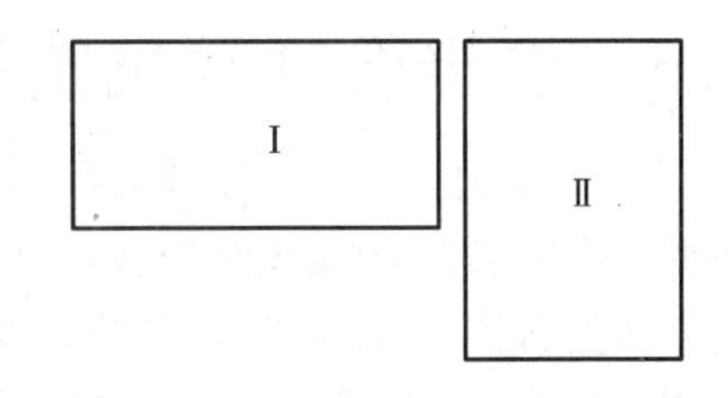

图 4.17 设置防震缝

建筑结构设计和施工经验表明,体型复杂的建筑并不一概提倡设防震缝,而应当调整平面尺寸和结构布置,采取构造措施和施工措施,可设缝可不设缝时就不设缝,能少设缝时就少设缝;必须设缝时,应保证必要的缝宽。

《抗震规范》规定,体型复杂、平立面不规则的建筑,应根据不规则程度、地基基础条件和技术经济等因素的比较分析,确定是否设置防震缝,并分别符合下列要求:

①当不设置防震缝时,应采用符合实际的计算模型,分析判明其应力集中、变形集中或地震扭转效应等导致的易损部位,采取相应的加强措施。

②当在适当部位设置防震缝时,宜形成多个较规则的结构单元。防震缝应根据抗震设防烈度、结构材料种类、结构类型、结构单元的高度和高差以及可能的地震扭转效应的情况,留有足够的宽度,其两侧的上部结构应完全分开。

③当设置伸缩缝和沉降缝时，其宽度应符合防震缝的要求。

此外，防震缝在建筑平面和立面均应直线设置，平面和立面不出现卡扣，没有局部的凸出部位和缺口。牛腿和槽形的防震缝是不合理的，如图 4.18 所示。各类房屋防震缝的具体设置要求，见后续有关章节。

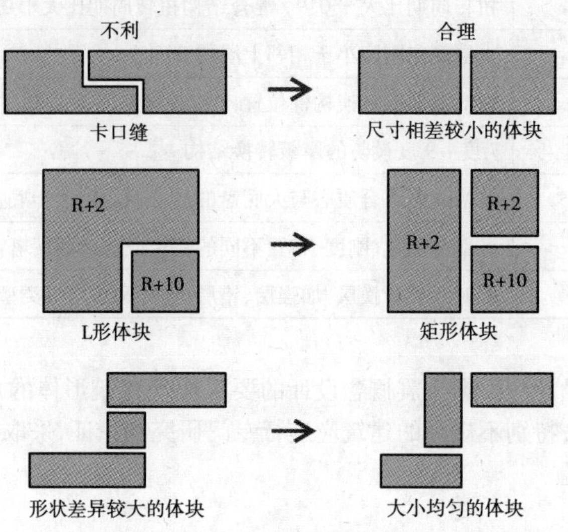

图 4.18　防震缝的设置

4.3　选择合理的抗震结构体系

抗震结构体系是建筑抗震设计应考虑的关键问题。按结构材料分类，目前常用的建筑结构主要有砌体结构、混凝土结构、钢结构、钢-混凝土混合结构等。抗震结构体系应根据建筑的抗震设防类别、抗震设防烈度、建筑高度、场地条件、地基、结构材料和施工等因素，经技术、经济和使用条件综合比较确定。通常情况下，每个建筑的结构体系应该保持一致性，即一个建筑只能采用一种结构体系。因为不同的结构体系有不同的动力特性，当两个动力特性不同的结构体系相连时，会在连接构件中产生应力集中。如果建筑由防震缝分隔为若干个独立振动的结构单元，则各结构单元的结构体系可以不同。

4.3.1　抗震结构体系的要求

《抗震规范》规定，抗震结构体系应符合下列要求：

①应具有明确的计算简图和合理的地震作用传递途径。

②应避免因部分结构或构件破坏而导致整个结构丧失抗震能力或对重力荷载的承载能力。

③应具备必要的抗震承载力、良好的变形能力和消耗地震能量的能力。

④对可能出现的薄弱部位，应采取措施提高其抗震能力。

结构体系受力明确、传力途径合理且传力路线不间断，则容易准确计算结构的地震反应，易使结构在未来发生地震时的实际表现与结构的抗震分析结果较为一致，对提高结构的抗震性能十分有利，是结构选型与布置结构抗侧力体系时首先考虑的因素之一。如图 4.19(a)所示为荷载传力途径不直接的结构体系，如图4.19(b)所示为墙体复杂错位洞口导致受力不明确的结构体系，这些都应避免。

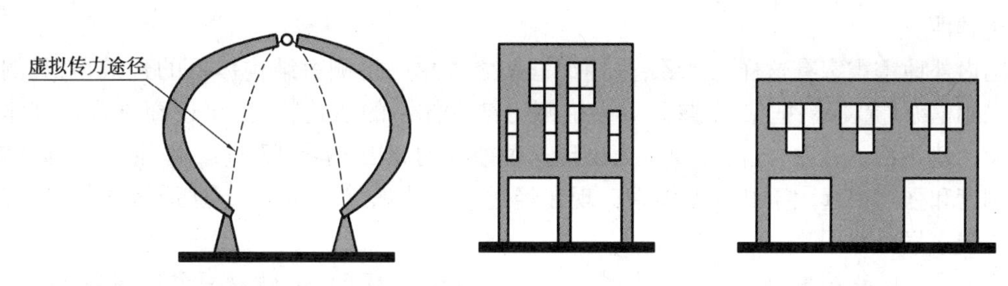

(a)传力路径不直接的结构体系　　(b)受力不明确的结构体系

图4.19　不合理的结构体系

此外，结构体系尚宜符合下列各项要求：

①宜有多道抗震防线。

②宜具有合理的刚度和承载力分布，避免因局部削弱或突变形成薄弱部位，产生过大的应力集中或塑性变形集中。

③结构在两个主轴方向的动力特性宜相近。

不论采用何种结构体系，结构的平面和竖向布置都宜使结构的刚度和承载力分布均匀、无突变，避免形成抗震薄弱部位。要满足该要求，应按第4.2节的要求，合理进行建筑布局和结构布置。在水平面上，地震作用可能沿任一方向，因此结构的两个主轴方向均应布置抗侧力结构构件，避免单向布置，且两个方向的刚度宜接近，使结构在两个主轴方向的动力特性相近，避免一个方向过强另一方向过弱，才能充分发挥各构件的抗震能力，使结构具有良好的空间工作性能。

4.3.2　设置多道抗震防线

1)多道抗震防线的必要性

多道抗震防线对保障结构抗震的安全性至关重要。多道抗震防线的含义如下：

①整个抗震结构体系是由若干个延性较好的分体系组成，例如，框架-抗震墙体系是由延性框架和抗震墙两个分系统组成，抗震墙是第一道防线，延性框架是第二道防线；双肢或多肢抗震墙体系由墙肢和连梁两个分系统组成，连梁是第一道防线，墙肢是第二道防线。

②抗震结构体系应有最大可能数量的内部、外部赘余度，能建立起一系列分布的塑性屈服区，使结构能吸收和耗散大量的地震能量，一旦破坏也易于修复。应使第一道设防结构中的某一部分屈服或破坏只会减少结构超静定次数，另一部分抗侧力结构仍能发挥较大作用。设计计算时，需要考虑部分构件出现塑性变形后的内力重分布。例如，对于框架结构，要求“强柱弱梁”，也就是通过梁先于柱屈服来实现内力重分布，提高耗能和变形能力。

在抗震结构体系中，设置多道抗震防线是十分必要的。对于某次地震，能造成建筑物破坏的强震持续时间少则几秒，多则十几秒，期间一个接一个的地震动对建筑物产生多次往复式冲击，造成积累式破坏。如果建筑物仅有一道抗震防线，该防线一旦破坏后，随后而来的地震动就会促使建筑物倒塌。如果建筑物采用多道设防，第一道防线的抗侧力构件在强烈地震下遭到破坏后,后备的第二道乃至第三道防线的抗侧力构件立即接替,抵挡住后续的地震动冲击,可避免建筑物倒塌。在遇到建筑物基本周期与地震动卓越周期相同或接近的情况时,多道设防更显示出其优越性。

国内外地震震害有这样的现象:采用纯框架之类单一抗侧力结构体系的建筑物,其倒塌率高于采用框架-抗震墙、框架-支撑等双重抗侧力结构体系的建筑物,甚至还高于采用砌体填充墙框架的建筑物。过去,人们一直认为出现这种差异的原因,是框架-抗震墙、框架-支撑结构体系的刚度和强度都远大于纯框架体系。现在经过重新认识,认为除了上述原因之外,还有多道抗震防线在发挥作用。

尼加拉瓜的马拉瓜市美洲银行大厦,地面以上 18 层,高 61 m,就是一个运用多道抗震防线概念的成功实例,其结构布置如图 4.20 所示。该大楼的设计指导思想是:在风荷载和规范规定的等效静力地震荷载的作用下,结构具有较大的抗侧刚度,以满足变形方面的要求;但在大震作用下,通过某些构件的屈服,过渡到另一个具有较高变形能力的结构体系,继续有效地工作。据此,设计采用 11.6 m×11.6 m 的钢筋混凝土芯筒作为主要的抗震和抗风构件;该芯筒又由 4 个 L 形小芯筒组成,每个 L 形小筒的外边尺寸为 4.6 m×4.6 m。在每层楼板处,采用较大截面的钢筋混凝土连梁,将 4 个小筒连成一个具有较强整体性的大筒。该大厦在进行抗震设计时,既考虑 4 个小筒作为大筒的组成部分发挥整体作用时的受力情况,又考虑连梁损坏后 4 个小筒各自作为独立构件的受力状态,且小筒间的连梁完全破坏时整体结构仍具有良好的抗震性能。在 1972 年 12 月的马拉瓜地震中,该大厦经受住了考验。

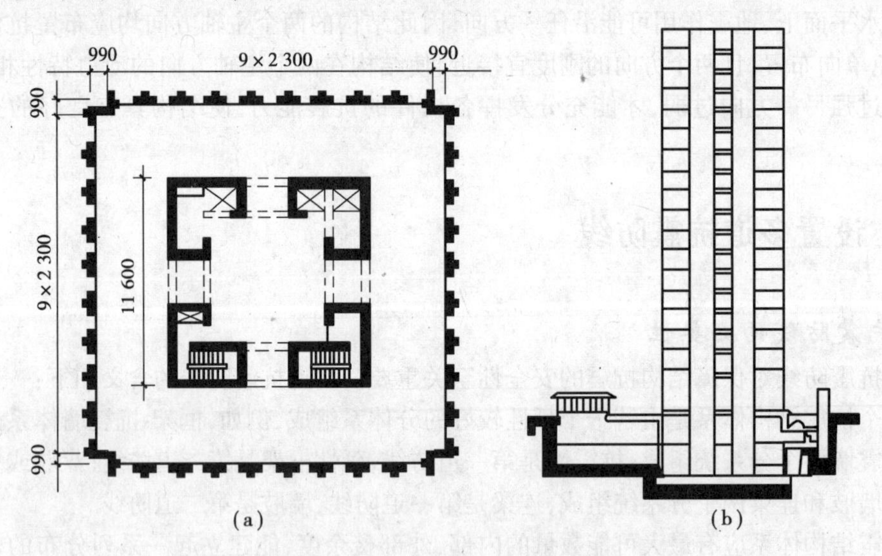

图 4.20　尼加拉瓜美洲银行大厦

2)第一道抗震防线构件的选择

从总的原则上说,应优先选择不负担或少负担重力荷载的竖向支撑或填充墙,或轴压比较小的抗震墙、实墙筒体之类构件,作为第一道抗震防线的抗侧力构件;一般不宜采用轴压比很大的框架柱作第一道抗震防线的抗侧力构件。地震的往复作用,使结构遭到严重破坏,而最后倒塌则是结构因破坏而丧失了承受重力荷载的能力。因此,要求充当第一道抗震防线的构件即使有损坏,也不会对整个结构的竖向承载能力有太大影响。例如,对于纯框架体系,框架是整个体系中唯一的抗侧力结构；就重力荷载而言，梁仅承担一层的竖向荷载，而柱承担着上面各楼层的总荷载，它的破坏将危及整个上部楼层的安全，这就要求将框架梁作为第一道抗震防线，框架柱作为第二道抗震防线。对于框架-抗震墙、框架-支撑、框架-筒体等结构体系，由于抗震墙、支撑、筒体的侧向刚度比框架大得多，在水平地震作用下，通过楼板的协同工作，大部分水平力首先由这些侧向刚度大的抗侧力构件承担，而形成第一道抗震防线，框架则成为第二道抗震防线。

3）利用赘余构件增加抗震防线

对于框架-抗震墙、框架-支撑、框架-筒体、内墙筒-外框筒等双重抗侧力体系，还可以利用设置赘余杆件来增加抗震防线。例如，可以将位于同一轴线上的两片单肢抗震墙、抗震墙与框架、两列竖向支撑、芯筒与外框架之间，于每层楼盖处设置一根两端刚接的连梁，如图 4.21 所示。显然，在未用梁连接之前，主体结构已是静定或超静定结构，这些连梁在整个结构中是附加的赘余杆件，其先期破坏并不影响整个结构的稳定。通过合理设计，使结构遭遇地震时，连梁先于主体结构进入屈服状态，用连梁的弹塑性变形来消耗部分地震能量，以达到保护主体结构的目的。从效果上来看，它相当于增多了一道防线，将原来处于第一道抗震防线的主体结构中的构件，推至第二道抗震防线。

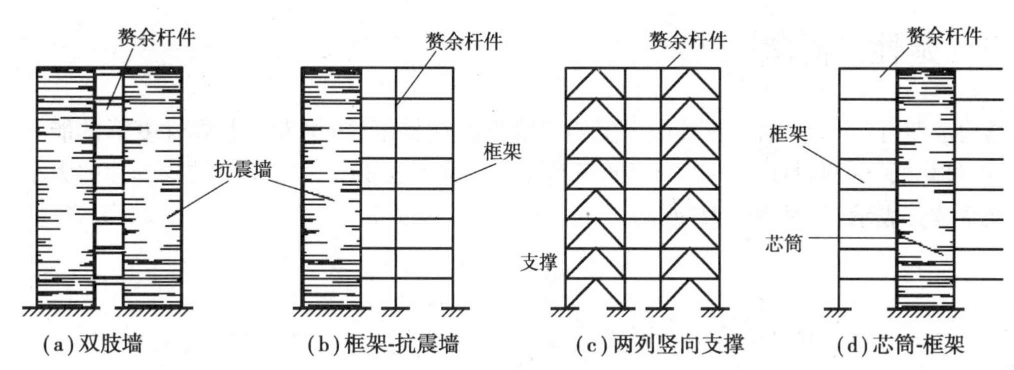

图 4.21 设置赘余杆件来增加抗震防线

4.3.3 结构构件及其连接

一个结构体系是由基本构件组成的，如果地震时构件之间的连接遭到破坏，各个构件在未能充分发挥其抗震能力之前，就因平面外失稳而倒塌，或从支承构件上滑脱坠地，结构就丧失了整体性。因此，《抗震规范》规定，结构构件应符合下列要求：

①砌体结构应按规定设置钢筋混凝土圈梁和构造柱、芯柱，或采用约束砌体、配筋砌体等。

②混凝土结构构件应控制截面尺寸和纵向受力钢筋、箍筋的设置，防止剪切破坏先于弯曲破坏、混凝土的压溃先于钢筋的屈服、钢筋的锚固粘结破坏先于钢筋破坏。

③预应力混凝土构件，应配有足够的非预应力钢筋。

④钢结构构件的尺寸应合理控制，避免局部失稳或整个构件失稳。

⑤多、高层的混凝土楼、屋盖宜优先采用现浇混凝土板。当采用预制装配式混凝土楼、屋盖时，应从楼盖体系和构造上采取措施确保各预制板之间连接的整体性。

此外，要提高房屋的抗震性能，保证各个构件充分发挥承载力和延性，首要的是加强构件间的连接。只有构件间的连接不破坏，整个结构才能保持其整体性，充分发挥其空间结构体系的

抗震作用。因此,结构各构件之间的连接,应符合下列要求:

①构件节点的破坏,不应先于其连接的构件。

②预埋件的锚固破坏,不应先于连接件。

③装配式结构构件的连接,应能保证结构的整体性。

④预应力混凝土构件的预应力钢筋,宜在节点核心区以外锚固。

4.4 利用结构延性

结构体系的抗震能力是由强度(承载力)、刚度和延性共同决定的,即抗震结构体系应具备必要的强度、刚度和良好塑性变形能力,其吸收的地震能量可以通过力-变形图表示,如图4.22所示。显然,仅有较高强度和刚度而无塑性变形能力的脆性结构,吸收地震能量的能力差,一旦遭遇超过设计水平的地震作用,很容易发生破坏甚至突然倒塌;延性结构虽然抗震承载力较低,但吸收地震能量的能力强,能经受住较大的变形,避免结构倒塌,可实现"大震不倒"的设防目标。

4.4.1 延性的概念

结构延性可定义为:结构承载能力无明显降低的前提下,结构发生非弹性变形的能力。这里"无明显降低"的衡量标准一般指不低于其极限承载力的80%~85%。结构延性的大小一般用延性系数μ表示,其表达式为

$$\mu = \frac{\delta'_p}{\delta_y}$$

式中 δ'_p,δ_y——最大允许变形和屈服变形,如图4.23所示。

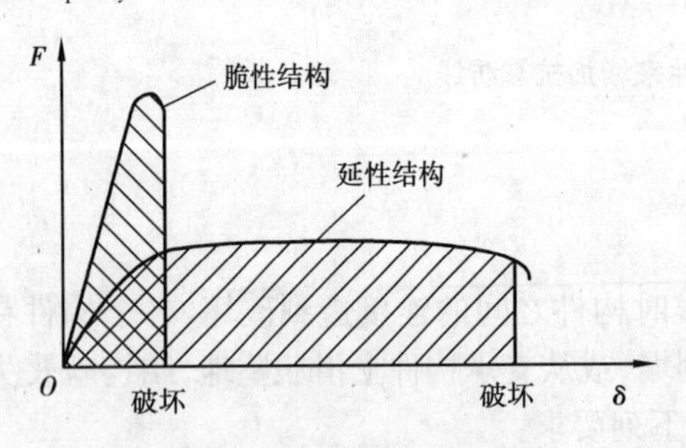

图4.22 脆性结构与延性结构

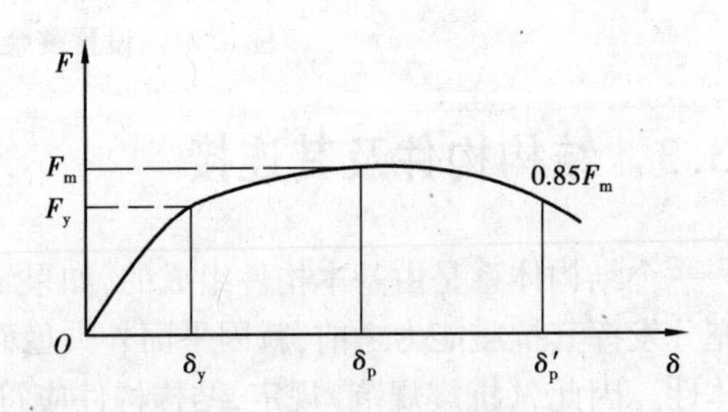

图4.23 结构延性

就结构抗震设计而言,"结构延性"这个术语实际上有以下4层含义:

①结构总体延性,一般用结构的"顶点侧移比"或结构的"平均层间侧移比"表示。

②结构楼层延性,以某一个楼层的层间侧移比表示。

③构件延性,是指整个结构中某一构件(一榀框架或一片墙体)的延性。

④杆件延性,是指一个构件中某一杆件(框架中的梁或柱,墙片中的连梁或墙肢)的延性。

4.4.2 延性对结构抗震的作用

结构延性在建筑抗震性能中起着十分重要的作用。弹性结构的地震作用随结构变形的增长而加大,直至结构破坏,其着眼点是强度(承载力),而用加大抗力来提高结构的抗震能力,这既不经济又不能有效防止结构倒塌。延性结构的地震作用一旦达到结构屈服抗力就不再增长,仅结构变形继续发展,其着眼点是变形能力。塑性变形可吸收大量地震能量,并使结构周期延长,降低地震作用,同时结构还保持着相当的承载能力以承受竖向重力荷载,保证结构不倒塌。因此,提高结构延性,对于增强结构的抗倒塌能力具有重要意义,并可使抗震设计做到经济合理。

一般地,抗震结构体系中,对重要构件延性的要求高于对结构总体延性的要求,对关键杆件延性的要求高于对整个构件延性的要求。其原则是:

①在结构平面上,应该着重提高房屋周边转角处、平面突变处以及复杂平面各翼相接处构件的延性。对于扭转偏心结构,应加大房屋周边特别是刚度较弱一端构件的延性,如图 4.24 所示。

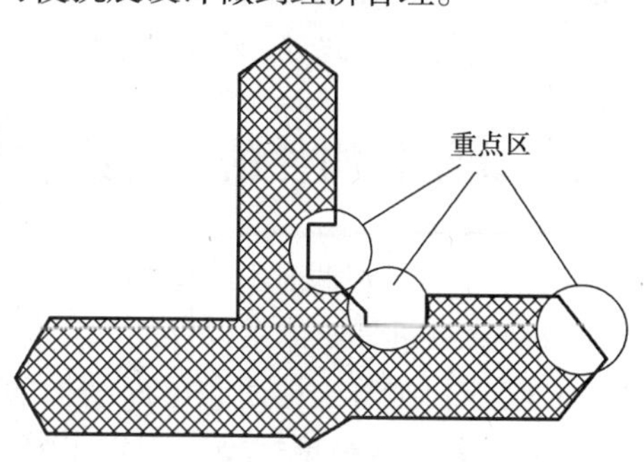

图 4.24 平面重点提高延性的部位

②沿结构竖向,应重点提高建筑中可能出现塑性变形集中的薄弱层构件的延性。例如,对于刚度沿高度均匀分布的简单形体高层建筑,应着重提高底层构件的延性;对于带大底盘的高层建筑,应着重提高主楼与裙房顶面相衔接楼层中构件的延性,如图 4.25(a)所示;对于其他不规则立面高层建筑,应着重加强形体突变处楼层构件的延性;对于框支墙体系,应着重提高底层或底部几层框架的延性,如图 4.25(b)所示。

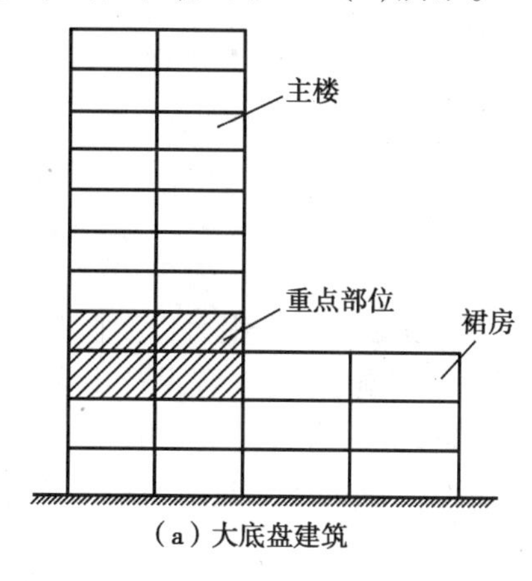

(a)大底盘建筑

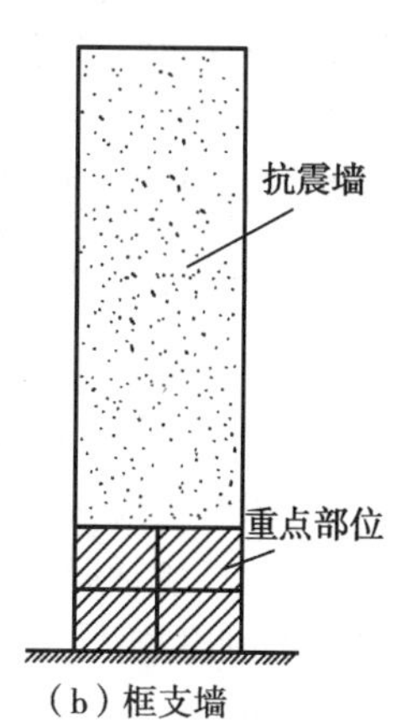

(b)框支墙

图 4.25 竖向重点提高延性的部位

③对于具有多道抗震防线的结构体系,应着重提高第一道防线中构件的延性。例如在框架-抗震墙体系中,重点是提高抗震墙的延性;在筒中筒体系中,重点是提高实墙内筒的延性。

④在同一构件中,应着重提高关键杆件的延性。例如,对于框架应优先提高柱的延性;对于多肢墙,应特别注意提高连梁的延性。

⑤在同一杆件中,重点提高延性的部位是该构件地震时预期首先屈服的部位,如梁的两端、柱的上下端、抗震墙墙肢的根部等。

4.5 重视非结构构件的抗震

结构抗震的第一目标是保证生命安全,因此,主体结构的安全性必须得到保证。非结构构件作为非承重结构构件,一般不属于主体结构的一部分,在抗震设计时往往容易被忽视。震害调查表明,很多情况下建筑的主体结构完好地保存了下来,而非结构构件却遭到严重破坏。非结构构件的破坏也会造成倒塌伤人、砸坏设备财产、破坏主体结构等附加灾害,其修复往往花费大量资金并影响建筑功能的使用。同时,在地震作用下,非结构构件受主体结构变形影响,或多或少地参与工作,从而改变了整个结构或某些构件的刚度、阻尼、承载力和传力路线,影响建筑结构的抗震性能。因此,应该重视非结构构件的抗震问题。

4.5.1 非结构构件的分类及抗震设防目标

非结构构件包括建筑非结构构件和支承于建筑结构的附属机电设备。建筑非结构构件一般指建筑中除承重骨架体系以外的固定构件和部件,主要包括非承重墙体(如围护墙、内隔墙、框架填充墙等),附着于楼面和屋面结构的构件(如女儿墙、高低跨封墙、雨篷)、装饰构件和部件(如贴面、顶棚、悬吊重物等)、固定于楼面的大型储物架等。建筑附属机电设备指为现代建筑使用功能服务的附属机械、电气构件、部件和系统,主要包括电梯、照明和应急电源、通信设备,管道系统,采暖和空调系统,烟火监测和消防系统,公用天线等。

非结构构件在地震中的破坏允许大于结构构件,其抗震设防目标要低于《抗震规范》规定的建筑主体结构"三个水准"抗震设防标准。但非结构构件的地震破坏会影响安全和使用功能,需引起重视,应进行抗震设计。非结构构件的抗震设计涉及的专业领域较多,应由相关专业人员分别负责进行,这里仅介绍涉及主体结构的有关内容。

4.5.2 非结构构件的抗震措施

1)*砌体填充墙*

在钢筋混凝土框架结构中,隔墙和围护墙采用砌体填充墙时将在很大程度上改变结构的动力特性,对整个结构的抗震性能带来一些有利的或不利的影响,应在工程设计中考虑其有利一面,防止其不利一面。概括起来,砌体填充墙对结构抗震性能的影响有以下几点:

①使结构抗侧刚度增大,自振周期减小,从而增加整个建筑结构的水平地震作用(增加的幅度可达30%~50%)。

②砌体填充墙具有较大的抗侧刚度,可限制框架的变形,从而减小整个结构的侧移。

③改变结构的地震剪力分布状况。由于砌体填充墙参与抗震,分担很大一部分水平地震剪力,反使框架所承担的楼层地震剪力减小。此时,砌体填充墙为第一道抗震防线,框架为第二道抗震防线。

例如,一幢20层钢筋混凝土框架结构体系的住宅建筑,采用砌块作隔墙和围护墙,由于建筑功能上的需要,第6层未设置砌块填充墙。对此建筑按不考虑和考虑填充墙的抗震作用两种情况进行结构地震内力分析,其框架楼层剪力 V 如图4.26所示。可见,框架所承担的水平地震剪力在第6层处突然增大很多,对整个结构的抗震带来不良影响。

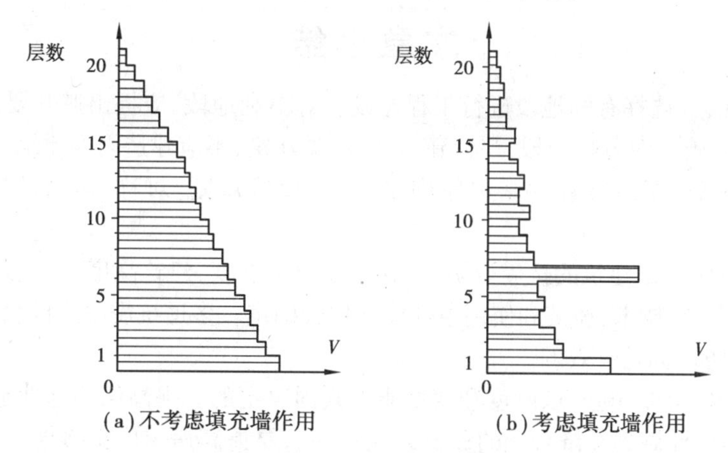

图4.26 砌体填充墙对框架楼层剪力的影响

④当填充墙处理不当使框架柱形成短柱时,将会造成短柱的剪切破坏,如图4.27所示。

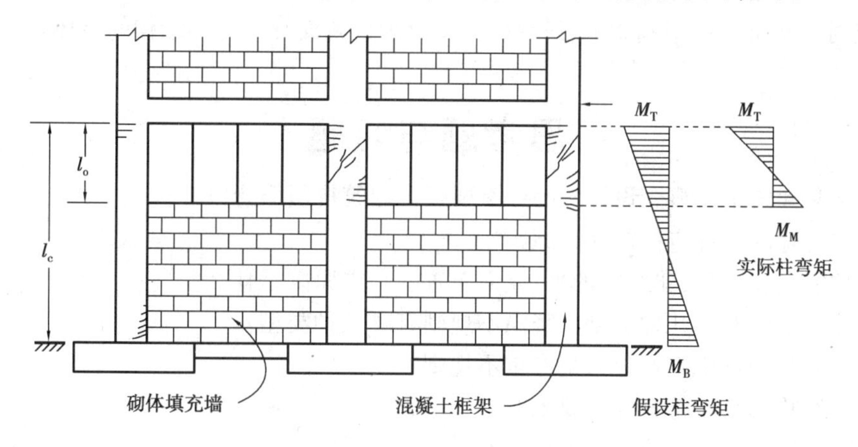

图4.27 填充墙处理不当使框架柱形成短柱

以上事实说明,框架体系若采用砌体填充墙,设计中必须考虑围护墙和隔墙对结构抗震的不利影响,避免不合理设置导致主体结构的破坏。

2)非结构构件与主体结构的连接

对于附着于楼、屋面结构上的非结构构件(如女儿墙、檐口、雨篷等),以及楼梯间的非承重墙体,因其往往在人流出入口、通道及重要设备附近,其破坏倒塌往往伤人或砸坏设备,故要求与主体结构有可靠的连接或锚固。

对于幕墙和装饰贴面,与主体结构应有可靠连接,避免地震时脱落伤人。现代多、高层建筑中常设置大面积玻璃幕墙,设计此类建筑时,要根据结构在地震作用下可能产生的最大侧移,来确定玻璃与钢框格之间的有效间隙。一般情况下,尽管幕墙的设计已经考虑了风荷载引起的结构侧移以及温度变形等因素,在玻璃与钢框格之间留有一定的间隙,但这样的间隙对于预防地震来说还是偏小的。高层建筑在地震作用下所产生的侧移往往很大,层间位移角有时达到甚至超过1/200,正是由于这个原因,在美国和拉丁美洲发生的较强地震中,一些高层建筑的玻璃幕墙出现大片玻璃挤碎和掉落的震害。

本章小结

(1)在地震区,宜选择有利地段进行工程建设。对不利地段,应提出避开要求;当无法避开时应采取有效的措施。对危险地段,严禁建造甲、乙类建筑,不应建造丙类建筑。

(2)建筑物的平、立面布置的基本原则是:平面形状规则、对称,竖向的质量、刚度变化均匀。

(3)结构体系应根据建筑的抗震设防类别、抗震设防烈度、建筑高度、场地条件、地基、结构材料和施工等因素,经技术、经济和使用条件综合比较确定。多道抗震防线概念的应用,对于实现“大震不倒”设防目标是有效的。

(4)结构抗震能力是由强度、刚度和变形能力共同决定的。提高结构延性是增强结构抗倒塌能力,并使抗震设计做到经济合理的重要途径之一。要提高房屋的抗震性能,保证各个构件充分发挥承载力和延性,首要的是加强构件间的连接,保证结构的整体性。

(5)建筑非结构构件或多或少地参与工作,从而改变了结构的周期、阻尼等动力特性,设计中应考虑其对结构抗震的不利影响,避免因其不合理设置而导致主体结构的破坏。

思考题与习题

4.1 什么是建筑抗震概念设计?为什么要强调建筑抗震概念设计?

4.2 建筑场地的选择应把握什么原则?

4.3 从抗震角度来看,建筑物的平、立面布置的基本原则是什么?

4.4 平面不规则有哪几种类型?竖向不规则有哪几种类型?

4.5 什么是特别不规则?什么是严重不规则?

4.6 抗震结构体系应符合什么要求?

4.7 如何理解多道抗震防线的必要性?

4.8 确定第一道抗震防线的抗侧力构件应遵循什么要求?

4.9 如何理解结构的延性?结构延性对建筑抗震性能有什么意义和作用?

4.10 建筑非结构构件主要包含哪些构件?

4.11 如何理解砌体填充墙对结构抗震性能的影响?

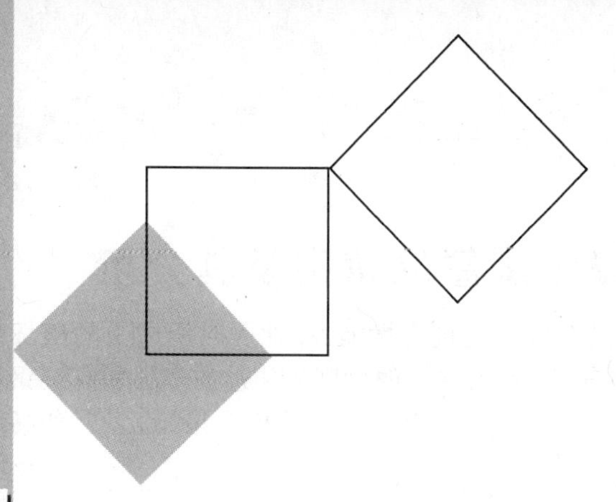

5 多层和高层钢筋混凝土房屋抗震设计

本章导读:

• **基本要求** 了解多层和高层钢筋混凝土房屋的震害特点及其原因分析;理解多层和高层钢筋混凝土房屋抗震概念设计的基本要求和一般规定;掌握钢筋混凝土框架结构房屋的抗震设计方法;熟悉抗震墙结构和框架-抗震墙结构房屋的抗震设计方法;理解和掌握多层和高层钢筋混凝土房屋的主要抗震构造措施。

• **重点** 多层与高层钢筋混凝土房屋抗震结构设计的要点、抗震计算方法及构造措施。

• **难点** 多层与高层钢筋混凝土房屋抗震结构设计的要点和抗震计算方法。

目前,我国地震区的多层和高层房屋建筑大量采用钢筋混凝土结构形式,根据房屋的高度和抗震设防烈度的不同采用了多种不同的结构体系,常用的有框架结构、抗震墙结构、框架-抗震墙结构、筒体结构等。

框架结构房屋具有平面布置灵活、可任意分隔室内空间的特点,易于满足使用要求,但其侧向刚度小,当房屋超过一定高度后,在地震作用或风荷载作用下侧向位移较大。抗震墙结构房屋整体性好、侧向刚度较大,但平面布置不灵活。框架-抗震墙结构房屋则充分发挥了框架和抗震墙各自的优点,在增强侧向刚度的同时保持了平面布置灵活的特点,因此在高层建筑中采用框架-抗震墙结构比框架结构要经济合理。对于更高层的建筑或超高层建筑,可采用筒体结构、框架-筒体结构等,这些结构的设计可参阅相关的专著。下面将重点介绍框架结构、抗震墙结构和框架-抗震墙结构的抗震设计。

5.1 多层和高层钢筋混凝土房屋的震害及其分析

震害调查表明，钢筋混凝土结构房屋具有较好的抗震性能，在地震时所遭受的破坏比砌体结构房屋的震害轻得多。只要经过合理的抗震设计，在一般烈度区建造的多层和高层钢筋混凝土结构房屋是可以保证安全的。但如果设计不合理、无有效的抗震构造措施，多层和高层钢筋混凝土结构房屋也会产生严重的震害。

5.1.1 框架结构的震害

框架结构因其梁柱等构件截面较小，结构的承载力和刚度都较低，在地震中容易产生震害。框架结构的震害主要是由于强度和延性不足引起，一般规律是：柱的震害重于梁，角柱的震害重于一般柱，柱上端的震害重于下端。

1)框架柱

框架柱是竖向承重构件，一旦破坏就会危及整幢房屋的安全。由于框架柱既要承受较大的竖向荷载，又要承受往复的水平地震作用，受力复杂且本身延性较差。因此，如果没有合理的抗震设计，框架柱容易发生比较严重的震害。柱子常见的震害有：

①剪切破坏。柱子在往复水平地震剪力作用下，会出现斜裂缝或交叉裂缝，如果抗剪强度不足会造成柱身的剪切破坏(图5.1)。当框架中有错层或不到顶的填充墙时，会使柱子变形受到约束，计算长度变小，从而剪跨比变小，也会导致剪切破坏。

②压弯破坏。柱子在轴力和变号弯矩作用下，混凝土压碎剥落，主筋压曲呈灯笼状。柱子轴压比过大、主筋不足、箍筋过稀等都会导致这种破坏。破坏大多出现在梁底与柱顶交接处(图5.2)。值得注意的是，在箍筋施工时如果端部接口处弯曲角度不足，箍筋端部接口仅锚固在柱混凝土保护层中，在地震的反复作用下，可能发生混凝土保护层剥落、箍筋崩开失效，使柱混凝土和纵向钢筋得不到约束，从而导致柱子破坏。

③弯曲破坏。由于变号弯矩作用，柱子纵筋不足，会使柱产生周围水平裂缝，但裂缝宽度一般比较小，较易修复。

图5.1 柱剪切破坏

图5.2 柱压弯破坏

2)框架梁

框架梁的震害一般出现在与柱连接的端部。纵向梁的震害重于横向梁。梁的破坏后果不如柱的严重，一般只会引起结构的局部破坏而不会引起房屋倒塌。框架梁常见的破坏有：

①斜截面破坏。由于抗剪强度不足,在梁端附近产生斜裂缝或混凝土的剪压破坏,这种破坏属于脆性破坏。

②正截面破坏。在水平地震反复作用下,梁端产生较大的变号弯矩,导致竖向周圈裂缝,严重时将出现塑性铰。

③锚固破坏。当梁的主筋在节点内锚固长度不足,或锚固构造不当,或节点区混凝土碎裂时,钢筋与混凝土之间的粘结力会遭到破坏,造成钢筋滑移,甚至从节点拔出。这种破坏也属于脆性破坏,应注意防止。

3)框架节点

在地震的反复作用下,框架节点主要承受剪力和压力。当节点核芯区抗剪强度不足时,将导致核芯区产生交叉斜裂缝,节点区的箍筋屈服、外鼓甚至崩断,边节点的混凝土保护层剥落,如图5.3所示。

4)楼板

楼板的破坏不太多,有时会出现板四角的45°斜裂缝、平行于梁的通长裂缝等震害。

5)填充墙

砌体填充墙刚度大而承载力低,变形能力小,在墙体与框架缺乏有效的拉结情况下,往复变形时墙体易发生剪切破坏和散落。一般7度即出现裂缝,8度和8度以上裂缝明显增加,甚至部分倒塌(图5.4)。一般是上轻下重,空心砌体墙重于实心砌体墙,砌块墙重于砖墙。

图5.3　节点破坏

图5.4　填充墙破坏

5.1.2　抗震墙结构及框架-抗震墙结构的震害

抗震墙是一种抗侧力构件,它可以组成完全由抗震墙抵抗水平力的抗震墙结构,也可以和框架共同抵抗水平力而形成框架-抗震墙结构。抗震墙具有较大的抗侧刚度,在结构体系中往往承受大部分的水平力,其抗震能力远比柔性的框架结构好。

1)单肢抗震墙的破坏形态

随着抗震墙高宽比值的不同,单肢墙主要有以下几种破坏形态:

①弯曲破坏。当抗震墙高宽比大于2时,墙的受弯破坏发生在下部的一个范围内。为防止在该区段内过早地发生剪切破坏,其受剪配筋及构造应该加强。

②剪压型剪切破坏。当抗震墙高宽比为1~2时,斜截面上的腹筋及受弯纵筋屈服,剪压区混凝土破坏而达到极限状态。

③斜压型剪切破坏。当抗震墙高宽比小于1时，斜裂缝将抗震墙划分成若干个平行的斜压杆，为延性差的剪切破坏。在墙板周边应设置梁(或暗梁)和端柱组成的边框予以加强。

④滑移破坏。此种破坏多发生在新旧混凝土施工缝的地方，故在施工缝处应增设插筋并进行验算。

2)双肢墙的破坏形态

抗震墙经过门窗洞口分割之后，形成了联肢墙。洞口上下之间的部位称为连梁，洞口两侧之间的部位称为墙肢，两个墙肢的联肢墙称为双肢墙。双肢墙的破坏分为“弱梁型”和“弱肢型”。弱肢型破坏是墙肢先于连梁破坏，墙肢以受剪破坏为主，延性差，连梁也不能充分发挥作用，不是理想的破坏形态。弱梁型破坏是连梁先于墙肢屈服，连梁形成塑性铰转动而吸收地震变形能，从而也减轻了端肢的负担。双肢墙的设计准则为“强肢弱梁”和“强剪弱弯”，即连梁为第一道抗震防线，连梁本身的受剪承载力高于弯曲承载力。

5.2 多层和高层钢筋混凝土房屋抗震设计的一般规定

5.2.1 结构选型与结构布置

1)结构体系的选择

多层和高层钢筋混凝土房屋不同类型的结构体系，其抗震性能、使用效果和经济指标也不同。在考虑地震烈度、场地土、抗震性能，使用要求及经济效果等因素和总结地震经验的基础上，《抗震规范》对地震区多高层钢筋混凝土房屋适用的最大高度做出了规定，见表5.1。当然，表5.1中的数值并非房屋高度限值，而是考虑结构抗震安全性与经济指标的统一。

表5.1 现浇钢筋混凝土房屋适用的最大高度 单位：m

结构体系		烈度				
		6度	7度	8度(0.2g)	8度(0.3g)	9度
框架结构		60	50	40	35	24
框架-抗震墙结构		130	120	100	80	50
抗震墙		140	120	100	80	60
部分框支抗震墙		120	100	80	50	不应采用
筒体	框架-核芯筒	150	130	100	90	70
	筒中筒	180	150	120	100	80
板柱-抗震墙		80	70	55	40	不应采用

注：①房屋高度指室外地面到主要屋面板板顶的高度(不包括局部突出屋顶部分)；

②框架-核心筒结构指周边稀柱框架与核芯筒组成的结构；

③部分框支抗震墙结构指首层或底部两层为框支层的结构，不包括仅个别框支墙的情况；

④表中框架不包括异型柱框架；

⑤板柱-抗震墙结构指板柱、框架和抗震墙组成抗侧力体系的结构；

⑥乙类建筑可按本地区抗震设防烈度确定其适用的最大高度；

⑦超过表内高度的房屋结构，应进行专门研究和论证，采取有效的加强措施。

选择结构体系时,要注意以下两点:一是结构自振周期应避开场地特征周期,以免发生共振而加重震害;二是选择合理的基础形式及埋置深度,有条件时尽可能设置地下室。在软弱基础上宜设桩基,片筏基础或箱基础。我国《高层规程》(JGJ 3)规定:基础埋置深度,采用天然地基时,可不小于建筑高度的1/15;采用桩基时,可不小于建筑高度的1/18,桩的长度不计入基础埋置深度内。当基础落在基岩上时,埋置深度可根据工程具体情况确定,可不设地下室,但应采用地锚等措施。

2)结构布置

多高层钢筋混凝土房屋结构布置的基本原则:结构的平面布置宜简单规则,结构的主要抗侧力构件布置应对称均匀,尽量使刚度中心与质量中心一致,避免地震时引起结构扭转及局部应力集中;结构的竖向布置沿高度方向宜均匀变化,避免结构刚度突变,并应尽可能降低建筑物的重心,以利结构的整体稳定性;加强楼屋盖的整体性及其与抗震墙的连接;合理地设置变形缝和防震缝。不同类型结构体系的结构布置规则如下:

(1)框架结构和框架-抗震墙结构的结构布置要求

框架和抗震墙均应双向设置。柱中线与抗震墙中线、梁中线与柱中线之间偏心距大于柱宽的1/4时,应计入偏心的影响。甲、乙类建筑以及高度大于24 m的丙类建筑,不应采用单跨框架结构;高度不大于24 m的丙类建筑,不宜采用单跨框架结构。

(2)抗震墙结构和部分框支抗震墙结构中抗震墙的设置要求

①抗震墙的两端(不包括洞口两侧)宜设置端柱或与另一方向的抗震墙相连;框支部分落地墙的两端(不包括洞口两侧)应设置端柱或与另一方向的抗震墙相连。

②较长的抗震墙宜设置由跨高比大于6的连梁所形成的洞口,将一道抗震墙分成长度较均匀的若干墙段,各墙段的高宽比不宜小于3。

③墙肢的长度沿结构全高不宜有突变;抗震墙有较大洞口时,以及一、二级抗震墙的底部加强部位,洞口宜上下对齐。

④矩形平面的部分框支抗震墙结构,其框支层的楼层侧向刚度不应小于相邻非框支层楼层侧向刚度的50%;框支层落地抗震墙间距不宜大于24 m,框支层的平面布置宜对称,且宜设抗震筒体;底层框架部分承担的地震倾覆力矩,不应大于结构总地震倾覆力矩的50%。

(3)框架-抗震墙结构和板柱-抗震墙结构中抗震墙的设置要求

①抗震墙宜贯通房屋全高。

②楼梯间宜设置抗震墙,但不宜造成较大的扭转效应。

③抗震墙的两端(不包括洞口两侧)宜设置端柱或与另一方向的抗震墙相连。

④房屋较长时,刚度较大的纵向抗震墙不宜设置在房屋的端开间。

(4)抗震墙底部加强部位的范围要求

①底部加强部位的高度,应从地下室顶板算起。

②部分框支抗震墙结构的抗震墙,其底部加强部位的高度,可取框支层加框支层以上两层的高度及落地抗震墙总高度的1/10二者的较大值。其他结构的抗震墙,房屋高度大于24 m时,底部加强部位的高度可取底部两层和墙体总高度的1/10二者的较大值;房屋高度不大于24 m时,底部加强部位可取底部一层。

③当结构计算嵌固端位于地下一层的底板或以下时,底部加强部位尚宜向下延伸到计算嵌固端。

3)防震缝的设置

防震缝的设置原则详见本书第 4.2.3 节的相关要求。对高层建筑结构,宜尽可能不设缝,同时采用合适的计算方法和有效的措施,消除不设防震缝带来的不利影响。伸缩缝和沉降缝的宽度应符合防震缝的要求。

(1)防震缝的宽度要求

①框架结构(包括设置少量抗震墙的框架结构)房屋的防震缝宽度,当高度不超过 15 m 时不应小于 100 mm;高度超过 15 m 时,6 度、7 度、8 度和 9 度分别每增加高度 5 m、4 m、3 m 和 2 m,宜加宽 20 mm。

②框架-抗震墙结构房屋的防震缝宽度不应小于上述第①项规定数值的 70%,抗震墙结构房屋的防震缝宽度不应小于上述第①项规定数值的 50%;且均不宜小于 100 mm。

③防震缝两侧结构类型不同时,宜按需要较宽防震缝的结构类型和较低房屋高度确定缝宽。

(2)防震缝的防撞要求

防震缝应沿房屋上部结构的全高设置,并尽可能与伸缩缝和沉降缝合并考虑;可以结合沉降缝要求贯通到地基,当无沉降问题时也可以从基础或地下室以上裙房顶部上下贯通。当有多层地下室,上部结构为带裙房的单塔或多塔结构时,可将裙房用防震缝自地下室以上分隔,地下室顶板应有良好的整体性和刚度,能将上部结构地震作用分布到地下室结构。

8 度、9 度框架结构房屋防震缝两侧结构层高相差较大时,防震缝两侧框架柱的箍筋应沿房屋全高加密(图 5.5),并可根据需要在缝两侧沿房屋全高各设置不少于两道垂直于防震缝的抗撞墙。抗撞墙的布置宜避免加大扭转效应,其长度可不大于 1/2 层高,抗震等级可同框架结构;框架构件的内力应按设置抗撞墙和不设置抗撞墙两种计算模型的不利情况取值。

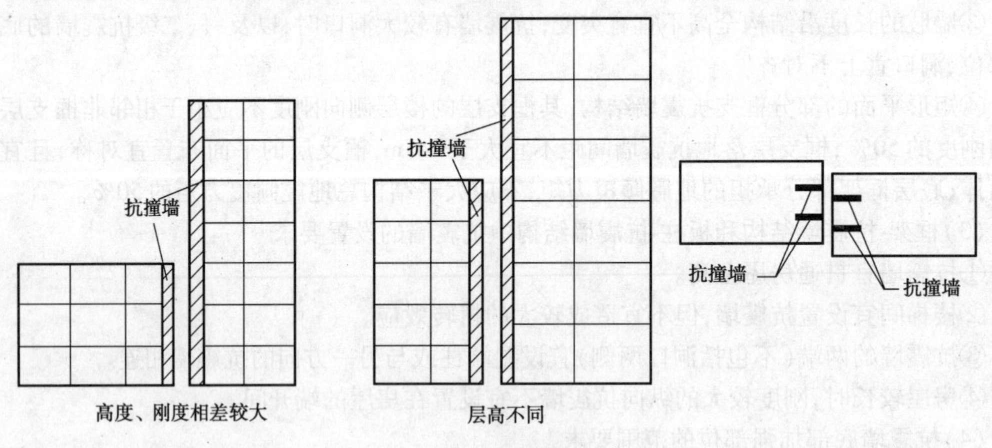

图 5.5　防撞墙示意图

5.2.2　材料要求

《抗震规范》规定,混凝土结构材料性能指标应符合下列最低要求:

①混凝土的强度等级,框支梁、框支柱及抗震等级为一级的框架梁、柱、节点核芯区,不应低于 C30;构造柱、芯柱、圈梁及其他各类构件不应低于 C20。

②抗震等级为一、二、三级的框架结构和斜撑构件(含梯段),其纵向受力钢筋采用普通钢筋时,钢筋的抗拉强度实测值与屈服强度实测值的比值不应小于1.25;钢筋的屈服强度实测值与屈服强度标准值的比值不应大于1.3,且钢筋在最大拉力下的总伸长率实测值不应小于9%。

同时,其性能指标尚宜符合下列要求:

①普通钢筋宜优先采用延性、韧性和焊接性较好的钢筋;普通钢筋的强度等级,纵向受力钢筋宜选用符合抗震性能指标的不低于HRB400级的热轧钢筋,也可采用符合抗震性能指标的HRB335级热轧钢筋;箍筋宜选用符合抗震性能指标的不低于HRB335级的热轧钢筋,也可选用HPB300级热轧钢筋。

②混凝土结构的混凝土强度等级,抗震墙不宜超过C60;其他构件,9度时不宜超过C60,8度时不宜超过C70。

5.2.3　抗震等级

抗震等级是确定结构构件抗震计算和抗震措施的依据。钢筋混凝土结构的抗震措施,包括内力调整和抗震构造措施,不仅要按建筑抗震设防类别区别对待,而且要按抗震等级划分,因为同样烈度下不同结构体系、不同高度有不同的抗震要求。丙类建筑的抗震等级按表5.2确定。

表5.2　现浇钢筋混凝土结构抗震等级

结构类型		设防烈度									
		6		7			8			9	
框架结构	高度(m)	≤24	>24	≤24	>24		≤24	>24		≤24	
	框架	四	三	三	二		二	一		一	
	大跨度框架	三		二			一			一	
框架-抗震墙结构	高度(m)	≤60	>60	≤24	25~60	>60	≤24	25~60	>60	≤24	25~50
	框架	四	三	四	三	二	三	二	一	二	一
	抗震墙	三		三	二		二	一		一	
抗震墙结构	高度(m)	≤80	>80	≤24	25~80	>80	≤24	25~80	>80	≤24	25~60
	抗震墙	四	三	四	三	二	三	二	一	二	一
部分框支抗震墙结构	高度	≤80	>80	≤24	25~80	>80	≤24	25~80			
	抗震墙 一般部位	四	三	四	三	二	三	二			
	抗震墙 加强部位	三	二	三	二	一	二	一			
	框支层框架	二		二		一	一				
框架-核心筒结构	框架	三		二			一			一	
	核心筒	二		二			一			一	
筒中筒结构	外筒	三		二			一			一	
	内筒	三		二			一			一	

续表

结构类型		设防烈度						
		6		7		8		9
板柱-抗震墙结构	高度(m)	≤35	>35	≤35	>35	≤35	>35	
	框架、板柱的柱	三	二	二	二	一		
	抗震墙	二	二	二	一	二	一	

注:①建筑场地为Ⅰ类时,除6度外可按表内降低1度所对应的抗震等级采取抗震构造措施,但相应的计算要求不应降低;

②接近或等于高度分界时,应允许结合房屋不规则程度及场地、地基条件确定抗震等级;

③大跨度框架指跨度不小于18 m的框架;

④高度不超过60 m的框架-核心筒结构按框架-抗震墙的要求设计时,应按表中框架-抗震墙结构的规定确定其抗震等级。

在确定钢筋混凝土房屋抗震等级时,尚应符合下列要求:

①设置少量抗震墙的框架结构,在规定的水平力作用下,底层框架部分所承担的地震倾覆力矩大于结构总地震倾覆力矩的50%时,其框架的抗震等级应按框架结构确定,抗震墙的抗震等级可与其框架的抗震等级相同。框架承受的地震倾覆力矩可按下式计算:

$$M_c = \sum_{i=1}^{n} \sum_{j=1}^{m} V_{ij} h_i \tag{5.1}$$

式中 M_c——框架-抗震墙结构在基本振型地震作用下框架部分承受的地震倾覆力矩;

n——结构层数;

m——框架层的柱子根数;

V_{ij}——在基本振型地震作用下框架部分第 i 层第 j 根框架柱的计算地震剪力;

h_i——第 i 层层高。

②裙房与主楼相连,除应按裙房本身确定抗震等级外,相关范围不应低于主楼的抗震等级;主楼结构在裙房顶板对应的相邻上下各一层应适当加强抗震构造措施,如图5.6(a)所示。裙房与主楼分离时,应按裙房本身确定抗震等级,如图5.6(b)所示。在大震作用下裙房与主楼可能发生碰撞,也需要采取加强措施。

③当地下室顶板作为上部结构的嵌固部位时,地下一层的抗震等级应与上部结构相同,地下一层以下抗震构造措施的抗震等级可逐层降低一级,但不应低于四级。地下室中无上部结构的部分,抗震构造措施的抗震等级可根据具体情况采用三级或四级,如图5.6(c)所示。

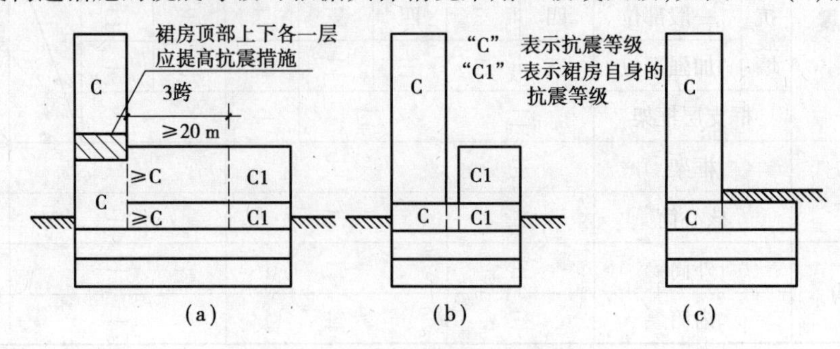

图5.6 裙房与地下室的抗震等级

④当甲乙类建筑按规定提高一度确定其抗震等级,而房屋的高度超过表5.2相应规定的上界时,应采取比一级更有效的抗震构造措施。

5.3　框架结构的抗震设计

5.3.1　一般设计原则

抗震结构设计的要点在于达到抗震设防“三水准”的设防目标,特别是“第三水准”,即在罕遇地震作用下防止结构发生倒塌。防倒塌是建筑抗震设计的最低设防标准,也是最重要而且必须得到确实保证的要求。众所周知,只有当结构因某些构件发生破坏而变成机动构架后,才会发生倒塌。结构实现最佳破坏机制的特征是,结构在其构件出现塑性铰之后,在承载能力基本保持稳定的条件下,可以持续变形而不倒塌,最大限度地吸收和耗散地震能量。

多层结构(含高层)的屈服机制,可以划归为两个基本类型:楼层屈服机制和总体屈服机制。若按结构的总体变形性质来定名,又称为剪切型屈服机制和弯曲型屈服机制。若就结构中构件出现塑性铰的位置和次序而论,又可称为柱铰机制和梁铰机制。楼层屈服机制是指结构在侧力作用下,竖向构件先于水平构件屈服,导致某一楼层或某几个楼层,发生侧向整体屈服,如图5.7(a)所示。总体屈服机制则是指结构在侧力作用下,全部水平构件先于竖向构件屈服,然后才是竖向构件底部的屈服,如图5.7(b)所示。

从图5.7中可以清楚地看出:结构发生总体屈服机制时,其塑性铰的数量远比楼层屈服机制要多;发生总体屈服机制的结构,层间侧移沿竖向分布比较均匀,而发生楼层屈服机制的结构,不仅层间侧移沿竖向呈非均匀分布,而且薄弱楼层处存在着塑性变形集中。因此,不论是从结构实际表现出来的超静定次数,还是从结构实际耗能能力和层间侧移限值等哪个角度来衡量,属于总体屈服机制的结构,其抗震性能均优于楼层屈服机制的结构。

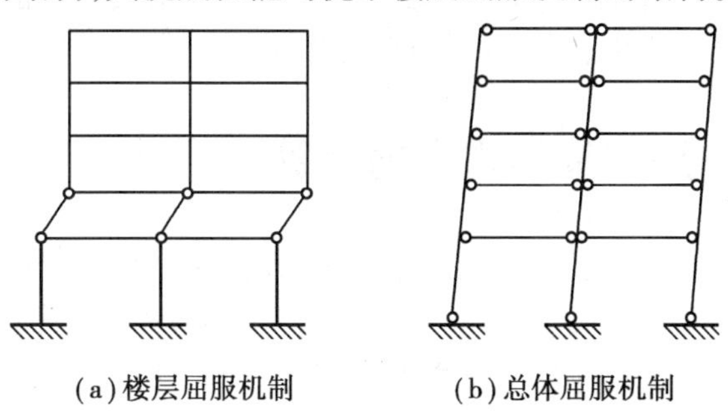

(a)楼层屈服机制　　(b)总体屈服机制

图5.7　框架的屈服机制

从国内外多次地震中建筑物破坏和倒塌的过程中认识到,建筑物在地震时要免于倒塌和严重破坏,结构构件发生强度屈服的顺序应该符合:杆先于节点,梁先于柱,弯先于剪。

为使钢筋混凝土框架结构的破坏状态和过程能够符合上述准则,进行框架抗震设计时,需要遵循以下设计原则:强柱弱梁(或强竖弱平),强剪弱弯,强节点弱杆件、强锚固。

5.3.2 水平地震作用和地震剪力计算

计算框架结构的水平地震作用时,一般应以防震缝所划分的结构单元作为计算单元,在计算单元中各楼层重力荷载代表值的集中质点 G_i 设在楼(屋)盖标高处。其计算方法有3种:底部剪力法、振型分解反应谱法和时程分析法。对于高度不超过40 m、质量和刚度沿高度分布比较均匀的框架结构,可采用底部剪力法。

当采用底部剪力法计算时,确定结构的总水平地震作用标准值 F_{Ek} 必须先确定结构的基本自振周期,通常采用顶点位移法来计算。框架结构的基本自振周期可按下式计算:

$$T_1 = 1.7\psi_T \sqrt{u_T} \tag{5.2}$$

式中 ψ_T——考虑非结构墙体刚度影响的周期折减系数,当采用实砌填充砖墙时取0.6~0.7;当采用轻质墙、外挂墙板时取0.8~0.9;

u_T——假想集中在各层楼面处的重力荷载代表值 G_i 为水平荷载,按弹性方法所求得的结构顶点假想位移,m。

需注意的是:对于有突出于屋面的屋顶间(如电梯间、水箱)等的框架结构房屋,结构假想位移指主体结构顶点的位移。

求得各层水平地震作用标准值 F_j 和顶部附加水平地震作用标准值 ΔF_n 后,第 i 层的地震剪力 V_i 按下式计算:

$$V_i = \sum_{j=i}^{n} F_j + \Delta F_n \tag{5.3a}$$

当采用振型分解反应谱法计算时,第 i 层的地震剪力 V_i 按下式计算:

$$V_i = \sqrt{\sum_{j=1}^{n} \left(\sum_{k=i}^{n} F_{jk}\right)^2} \tag{5.3b}$$

求得第 i 层的地震剪力 V_i 后,再按该层各柱的侧移刚度求其分担的水平地震剪力标准值。一般将填充墙仅作为非结构构件,不考虑其抗侧力作用。

5.3.3 水平地震作用下框架内力的计算

在工程计算中,常采用反弯点法和 D 值法(即改进反弯点法)进行水平地震作用下框架内力的分析。反弯点法适用于层数较少、梁柱线刚度比大于3的情况,计算比较简单;D 值法则近似地考虑了框架节点转动对侧移刚度和反弯点高度的影响,计算精度较高,在实际工程中得到广泛应用。

1)*反弯点法*

框架在水平荷载作用下,框架结构弯矩图的形状如图5.8所示,其中弯矩为零的点为反弯点。如果能够确定该点的位置和剪力,则可求出柱端弯矩,进而通过节点平衡求出梁端弯矩和其他内力。假定梁柱线刚度之比为无穷大,即在水平力作用下,各柱上下端没有角位移。底层柱的反弯点位于距柱底嵌固端2/3柱高处;除底层柱外,各层柱的反弯点位置处于柱高的中点。

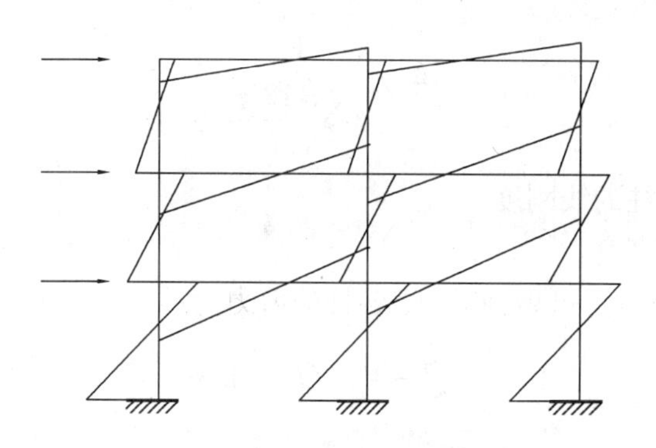

图 5.8 框架在水平荷载作用下的弯矩图

(1)框架柱剪力分配

当梁的线刚度与柱的线刚度之比超过 3 时,由上述假定所引起的误差能够满足工程设计的精度要求。设框架结构共有 n 层,每层内有 m 个柱子,如图 5.9 所示。

将框架沿第 j 层各柱的反弯点处切开,则按水平力的平衡条件有:

$$V_j = \sum_{k=1}^{m} V_{jk} \tag{5.4}$$

式中 V_j——外荷载 F 在第 j 层所产生的层间总剪力;

V_{jk}——第 j 层第 k 柱所承受的剪力。

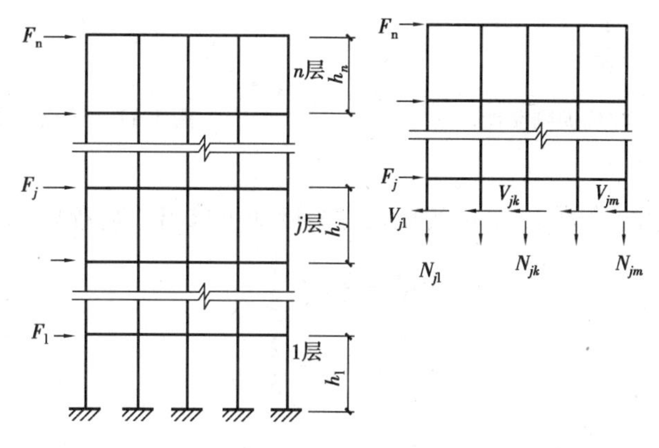

图 5.9 柱剪力分配

由于柱上下端没有角位移,则框架柱在受到侧向荷载作用时的变形如图 5.10 所示。由结构力学可知,在柱端产生单位位移时,柱内的剪力为$\frac{12i_c}{h^2}$。也就是说,要使柱端产生单位位移所需要的水平力为$\frac{12i_c}{h^2}$,此项即为柱的侧移刚度。如果柱端水平位移是 Δ_j,则柱的剪力 V_{jk} 为(设同楼层各柱的高度是相同的):

$$V_{jk} = \frac{12i_{jk}}{h_j^2}\Delta_j \tag{5.5}$$

在刚性楼板的假定下,梁的轴向变形是忽略不计的,则同楼层各柱的水平位移是相同的。设层间位移为 Δ_j,有:

$$\Delta_j = \frac{V_j}{\sum_{k=1}^{m} \frac{12 i_{jk}}{h_j^2}} \tag{5.6}$$

式中 i_{jk}——第 j 层第 k 柱的线刚度；

h_j——第 j 层柱的高度。

把式(5.6)代入式(5.5)，可得到第 j 层各柱的剪力为：

$$V_{jk} = \frac{i_{jk}}{\sum_{k'=1}^{m} i_{jk'}} V_j \quad (k = 1, \cdots, m) \tag{5.7}$$

即层间剪力是按各柱侧移刚度的比值分配给各柱的。

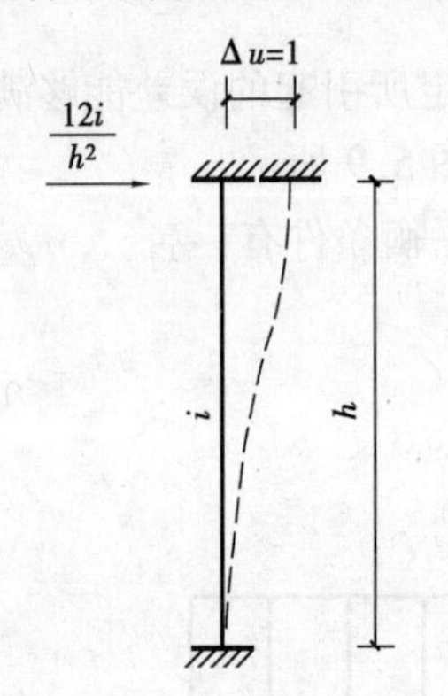

图 5.10 柱抗侧刚度图

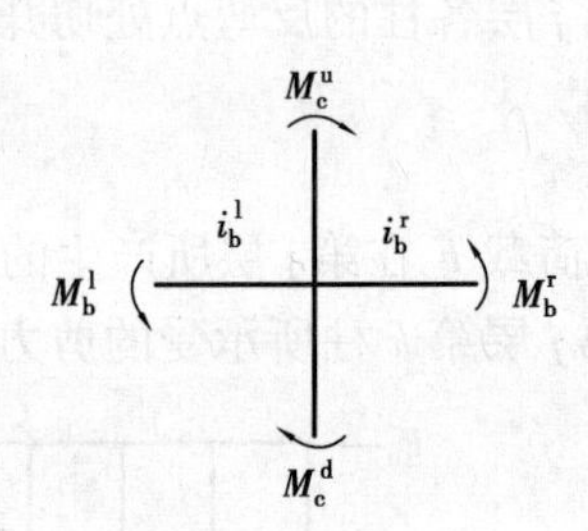

图 5.11 节点平衡

(2)柱端弯矩计算

在求得各柱所承担的剪力后，由柱的反弯点高度即可求出柱端弯矩。对于底层柱有：

上端弯矩
$$M_{1k}^u = V_{1k} \cdot \frac{1}{3} h_j \tag{5.8a}$$

下端弯矩
$$M_{1k}^d = V_{1k} \cdot \frac{2}{3} h_j \tag{5.8b}$$

对于其他各柱有：

上、下端弯矩
$$M_{jk}^u = M_{jk}^d = V_{jk} \cdot \frac{1}{2} h_j \tag{5.9}$$

(3)梁端弯矩及梁剪力、柱轴力计算

求得柱端弯矩后，梁端弯矩是由节点平衡条件(图 5.11)来求得，即

$$M_b^l = \frac{i_b^l}{i_b^l + i_b^r}(M_c^u + M_c^d) \tag{5.10}$$

$$M_b^r = \frac{i_b^r}{i_b^l + i_b^r}(M_c^u + M_c^d) \tag{5.11}$$

式中 M_b^l, M_b^r——节点左右的梁端弯矩；

M_c^u, M_c^d——节点上下的柱端弯矩；

i_b^l, i_b^r——节点左右的梁的线刚度。

以各个梁为隔离体，将梁的左右端弯矩之和除以该梁的跨长，便可得到梁内剪力；再以柱子

为隔离体自上而下逐层叠加节点左右的梁端剪力，即可得到柱内轴向力。这样就可以求得框架的全部内力。

【例 5.1】用反弯点法计算图 5.12 框架的内力，图中括号内数字为梁和柱的相对线刚度。

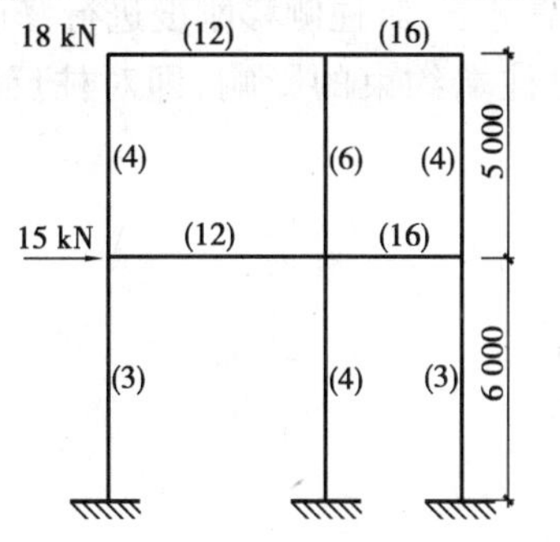

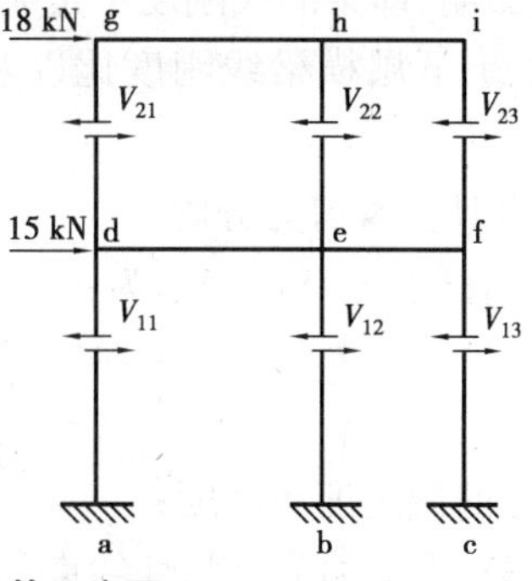

图 5.12　例 5.1 的计算示意图

【解】首先从上至下按式(5.7)计算出各柱的层间剪力，根据柱的层间剪力由式(5.8)、式(5.9)计算出各柱端弯矩；再根据柱端弯矩和节点平衡关系，由式(5.10)、式(5.11)计算出梁端弯矩。计算过程和结果见表 5.3，框架的弯矩图如图 5.13 所示。

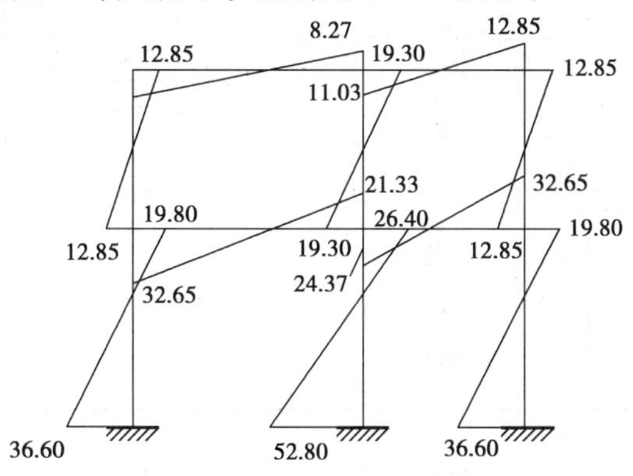

图 5.13　例 5.1 框架的弯矩图

表 5.3　框架的内力计算表

层次	层间剪力 V_i(kN)	柱的剪力(kN)	柱端弯矩(kN·m)	梁端弯矩(kN·m)
		按式(5.7)计算	按式(5.8)、式(5.9)计算	按式(5.10)、式(5.11)计算
2	18	$V_{21}=5.14$ $V_{22}=7.72$ $V_{23}=5.14$	$M_{dg}=M_{gd}=5.14\times\frac{1}{2}\times5=12.85$ $M_{if}=M_{fi}=5.14\times\frac{1}{2}\times5=12.85$ $M_{eh}=M_{he}=7.72\times\frac{1}{2}\times5=19.30$	$M_{gh}=M_{gd}=12.85$ $M_{ih}=M_{if}=12.85$ $M_{hg}=\frac{12}{12+16}M_{eh}=8.27$ $M_{hi}=\frac{16}{12+16}M_{eh}=11.03$
底层	33	$V_{11}=9.9$ $V_{12}=13.2$ $V_{13}=9.9$	$M_{da}=M_{fc}=9.9\times\frac{1}{3}\times6=19.80$ $M_{ad}=M_{cf}=9.9\times\frac{2}{3}\times6=39.60$ $M_{eb}=13.2\times\frac{1}{3}\times6=26.40$ $M_{be}=13.2\times\frac{2}{3}\times6=52.80$	$M_{de}=M_{dg}+M_{da}=32.65$ $M_{fe}=32.65$ $M_{ed}=\frac{14}{14+16}(M_{eh}+M_{eb})=21.33$ $M_{ef}=\frac{16}{14+16}(M_{eh}+M_{eb})=24.37$

2) *D* 值法

D 值法是改进的反弯点法，它在反弯点法计算假定的基础上做了两个方面的改进：一是考虑了柱端转角的影响，即梁的线刚度不是无穷大的情况下，对柱侧移刚度进行修正；二是考虑了梁柱的线刚度比、上下层横梁线刚度比以及层高对柱端约束的影响，即对柱反弯点高度进行修正。

(1)框架柱 *D* 计算及剪力分配

修正后的柱侧移刚度 *D* 可表示为：

$$D = \alpha \frac{12 i_c}{h^2} \tag{5.12}$$

式中 i_c, h——柱的线刚度和高度；

α——考虑柱上下端节点弹性约束的修正系数(见表 5.4)。

表 5.4 柱刚度修正系数的计算

楼层	计算简图	梁柱线刚度比 K	α
一般层	i_2, i_c, i_4；i_1, i_2, i_c, i_3, i_4	$K = \frac{i_1 + i_2 + i_3 + i_4}{2 i_c}$	$\alpha = \frac{K}{2 + K}$
底层	i_2, i_c；i_1, i_2, i_c	$K = \frac{i_1 + i_2}{i_c}$	$\alpha = \frac{0.5 + K}{2 + K}$

注：边柱情况下，式中 i_1 和 i_3 取 0。

(2)修正后的反弯点高度

各柱的反弯点位置取决于该柱上下端转角的比值，即柱上下端约束刚度的大小。影响柱两端转角大小的影响因素有：侧向外荷载的形式、梁柱的线刚度比、结构总层数及该柱所在的层次、柱上下横梁线刚度比、上下层层高的变化等。为分析上述因素对反弯点高度的影响，首先分析在水平力作用下，标准框架(各层层高、各跨相等，各层梁和柱的线刚度都不改变的框架)的反弯点高度，然后分析当上述影响因素逐一发生变化时，求出柱底端至柱反弯点的距离(反弯点高度)，并制成相应的表格(见附表 B)，以供查用。

根据理论分析，*D* 值法的反弯点高度比采用下式确定：

$$y = y_0 + y_1 + y_2 + y_3 \tag{5.13}$$

式中 y_0——标准反弯点高度比，根据水平荷载作用形式，总层数 m、该层位置 n 以及梁柱线刚度比 K 值，查附表 B.1 和附表 B.2 求得；

y_1——上下层梁刚度不同时，柱的反弯点高度比的修正值；

y_2——上层层高 $h_上$ 与本层高度 h 不同时反弯点高度比的修正值。其值根据 $h_上/h$ 和 K 的数值查附表 B.4 求得；

y_3——下层层高 $h_下$ 与本层高度 h 不同时反弯点高度比的修正值。其值根据 $h_下/h$ 和 K 的数值查附表 B.4 求得。

关于 y_1 的取值。当 $i_1+i_2<i_3+i_4$ 时,令

$$I=\frac{i_1+i_2}{i_3+i_4} \tag{5.14}$$

根据 I 和梁柱的线刚度比 K,查附表 $B.3$ 得 y_1,此时柱上部约束变小,反弯点上移,y_1 取正值。

当 $i_1+i_2>i_3+i_4$ 时,令

$$I=\frac{i_3+i_4}{i_1+i_2} \tag{5.15}$$

查附表 B.3 得 y_1,此时柱上部约束变大,反弯点下移,y_1 取负值;底层柱不考虑 y_1。

综上所述,利用 D 值法计算在水平荷载作用下框架内力的步骤如下:

①根据表 5.4,计算出各柱的梁柱刚度比 K 及其相应的侧移刚度影响系数 α,再按式(5.12)计算各框架柱的侧移刚度 D 值。

②每层各柱剪力按其侧移刚度 D 进行分配。若 j 层的层间剪力 V_j,则柱的剪力 V_{jk} 为:

$$V_{jk}=\frac{D_{jk}}{\sum_{k'=1}^{m}D_{jk'}}V_j \tag{5.16}$$

③按式(5.13)计算柱的剪力 V_{jk} 的反弯点高度比 y。

④计算柱端弯矩:

$$M_下=V_{jk}yh \qquad M_上=V_{jk}(1-y)h \tag{5.17}$$

⑤采用与反弯点法相同的方法求出各梁端弯矩,任一节点处左右横梁的端弯矩分配按式(5.10)和式(5.11)进行计算。

5.3.4 水平地震作用下框架侧移的计算

框架侧移主要是由水平荷载引起的。由于设计时需要分别对层间位移及顶点侧移加以限制,因此需要计算层间位移及顶点侧移。

一根悬臂柱在均布荷载作用下,可以分别计算剪力作用和弯矩作用引起的变形曲线,二者形状不同,如图 5.14 中的虚线所示。由剪切引起的变形越到底部,相邻两点间的相对变形越大。由弯矩引起的变形越到顶层,相对变形越大。

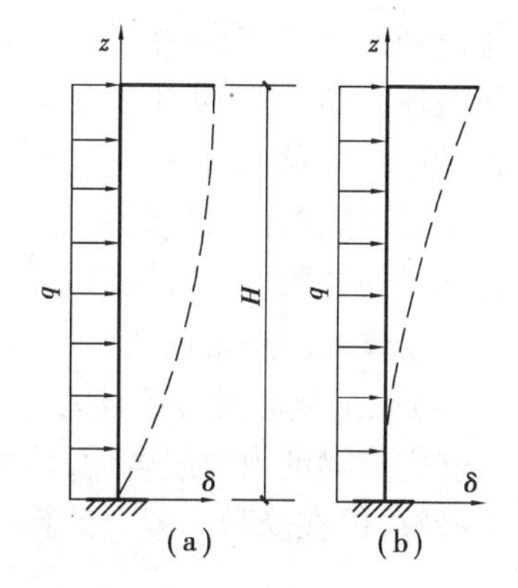

图 5.14 剪切变形与弯曲变形

现在再看框架的变形情况。如图 5.15 所示为一单跨 9 层框架,承受楼层处集中水平荷载。如果只考虑梁柱弯曲变形产生的侧移,则侧移曲线如图 5.15(b)中虚线所示,它与悬臂柱剪切变形的曲线形状相似,可称为剪切型变形曲线。如果只考虑柱轴向变形形成的侧移曲线,如图 5.15(c)中虚线所示,它与悬臂柱弯曲变形形状相似,可称为弯曲型变形曲线。为了便于理解,可以把如图 5.15 所示的框架看作一根空腹的

悬臂柱，它的截面高度为框架跨度。如果通过反弯点将某层切开，空腹悬臂柱的弯矩 M 和剪力 V 如图5.15(d)所示。M 由柱轴向力 N_A、N_B 这一力偶组成，V 由柱截面剪力 V_A、V_B 组成。梁柱弯曲变形是由剪力 V_A、V_B 引起的，相当于悬臂柱的剪切变形，所以变形曲线呈剪切型。柱轴向变形由轴力产生，相当于弯矩 M 产生的变形，所以变形曲线呈弯曲型。

框架的总变形应由这两部分变形组成。但由图5.15可见，在层数不多的框架中，柱轴向变形引起的侧移很小，常常可以忽略。在近似计算中，只需计算由杆件弯曲引起的变形，即所谓剪切型变形。

按照《抗震规范》"二阶段三水准"的设计思想，框架结构应进行两方面的侧移验算：

①多遇地震作用下层间弹性位移的计算，对所有框架都应进行此项计算。

②罕遇地震下层间弹塑性位移的计算。《抗震规范》规定，对于7度~9度时楼层屈服强度系数小于0.5的钢筋混凝土框架结构应进行此项计算，详见本书第3.4.2节。

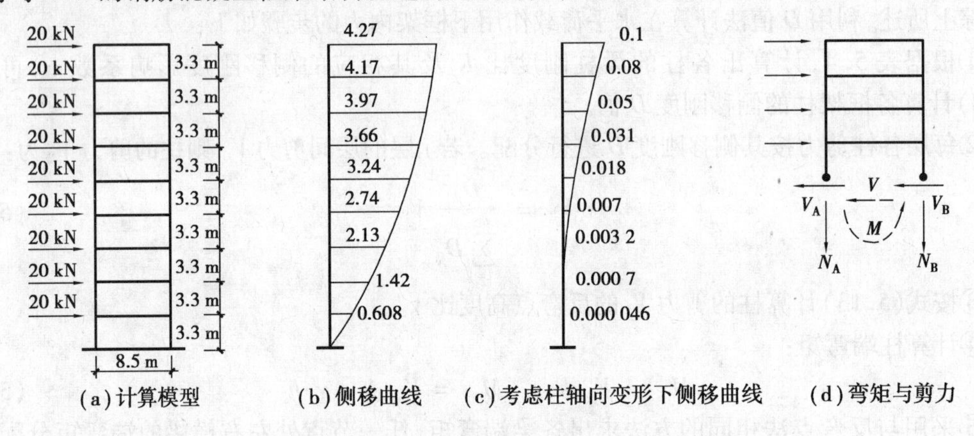

图5.15　水平荷载作用下单跨框架的计算模型和相应的变形曲线

5.3.5　框架梁的截面设计与抗震构造措施

1)框架梁的截面设计

框架结构最佳破坏机制是在梁上出现塑性铰。但在梁端出现塑性铰后，随着反复荷载的循环作用，剪力的影响逐渐增加，剪切变形相应加大。因此，既允许塑性铰在梁上出现又不发生梁剪切破坏，同时还要防止由于梁筋屈服渗入节点而影响节点核芯区的性能，这就是对梁端抗震设计的基本要求。具体来说，即：

①梁形成塑性铰后仍有足够的抗剪能力。

②梁筋屈服后，塑性铰区段应有较好的延性和耗能能力。

③妥善地解决梁筋锚固问题。

(1)梁正截面受弯承载力计算

在完成梁的内力组合后，即可按《混凝土结构设计规范》(GB 50010)的规定进行正截面承载力计算，但在受弯承载力计算公式右边应除以相应的承载力抗震调整系数 γ_{RE}，即：

$$M \leqslant \frac{1}{\gamma_{RE}}\left[\alpha_1 f_c bx\left(h_0 - \frac{x}{2}\right) + f'_y A'_s (h_0 - a'_s)\right] \tag{5.18}$$

$$\alpha_1 f_c bx = f_y A_s - f'_y A'_s \tag{5.19}$$

且应符合：　　$x \leqslant \xi_b h_0$；　　$x \geqslant 2a'_s$

式中　α_1——混凝土强度系数，当混凝土强度等级不超过C50时，α_1 取为1.0，当混凝土强度等级为C80时，α_1 取为0.94，其间按线性内插法确定；

f_c——混凝土轴心抗压强度设计值；

A_s，A'_s——受拉区、受压区纵向普通钢筋的截面面积；

b——矩形截面的宽度或倒T形截面的腹板宽度；

h_0——截面有效高度；

a'_s——受压区纵向普通钢筋合力点至截面受压边缘的距离。

（2）梁斜截面受剪承载力计算

①剪压比限值。剪压比是截面上平均剪应力与混凝土轴心抗压强度设计值的比值，以 $V/(f_c bh_0)$ 表示，用以说明截面上承受名义剪应力的大小。梁的截面出现斜裂缝之前，构件剪力基本上由混凝土抗剪强度来承受。如果构件截面的剪压比过大，混凝土就会过早被压坏，待箍筋充分发挥作用时，混凝土抗剪承载力已极大地降低。因此，必须对剪压比加以限制，实际上就是对梁最小截面的限制。

为了保证梁截面不至于过小，使其不产生过高的主压应力，对跨高比大于2.5的框架梁，其截面尺寸与剪力设计值应符合下式的要求：

$$V \leqslant \frac{1}{\gamma_{RE}}(0.20 f_c b h_0) \tag{5.20}$$

对跨高比不大于2.5的框架梁，其截面尺寸与剪力设计值应符合下式的要求：

$$V \leqslant \frac{1}{\gamma_{RE}}(0.15 f_c b h_0) \tag{5.21}$$

②根据“强剪弱弯”的原则调整梁的截面剪力。为了避免梁在弯曲破坏前发生剪切破坏，应按“强剪弱弯”的原则调整框架梁端截面组合的剪力设计值。一、二、三级的框架梁端截面组合的剪力设计值 V，应按下式调整：

$$V = \eta_{Vb}(M_b^l + M_b^r)/l_n + V_{Gb} \tag{5.22}$$

一级框架结构及9度的一级框架梁可不按上式调整，但应符合：

$$V = 1.1(M_{bua}^l + M_{bua}^r)/l_n + V_{Gb} \tag{5.23}$$

式中　V——梁端截面组合的剪力设计值；

l_n——梁的净跨；

V_{Gb}——梁在重力荷载代表值(9度时高层建筑还应包括竖向地震作用标准值)作用下，按简支梁分析的梁端截面剪力设计值；

M_b^l，M_b^r——分别为梁左右端截面反时针或顺时针方向组合的弯矩设计值，一级框架两端弯矩均为负弯矩时，绝对值较小的弯矩应取零；

M_{bua}^l，M_{bua}^r——分别为梁左右端截面反时针或顺时针方向实配的正截面抗震受弯承载力所对应的弯矩值，根据实配钢筋面积（计入受压筋和相关楼板钢筋）和材料强度标准值确定；

η_{Vb}——梁端剪力增大系数，一级取1.3，二级取1.2，三级取1.1。

（3）梁斜截面受剪承载力验算

与非抗震设计类似，梁的受剪承载力可归结为由混凝土和抗剪钢筋两部分组成。但是在反复荷载作用下，混凝土的抗剪作用会明显削弱，其原因是梁的受压区混凝土不再完整，斜裂缝的反复张开与闭合,使骨料咬合作用下降,严重时混凝土将剥落。根据试验资料,在反复荷载作用下梁的受剪承载力比静载作用下低20%~40%。为此,《混凝土结构设计规范》(GB 50010)规定,对于矩形、T形和I字形截面的一般框架梁,斜截面受剪承载力应按下式验算:

一般框架梁:

$$V \leqslant \frac{1}{\gamma_{RE}}\left[0.42 f_t b h_0 + f_{yv}\frac{A_{sv}}{s}h_0\right] \tag{5.24}$$

集中荷载作用下(包括有多种荷载,其中集中荷载对支座截面或节点边缘所产生的剪力值占总剪力值的75%以上的情况)的框架梁:

$$V \leqslant \frac{1}{\gamma_{RE}}\left[\frac{1.05}{\lambda+1} f_t b h_0 + f_{yv}\frac{A_{sv}}{s}h_0\right] \tag{5.25}$$

式中 λ——框架梁计算截面的剪跨比,可取 $\lambda = a/h_0$,当 $\lambda < 1.5$ 时,取 $\lambda = 1.5$;当 $\lambda > 3$ 时,取 $\lambda = 3$,a 为集中荷载作用点至支座截面或节点边缘的距离;

f_t——混凝土轴心抗拉强度设计值;

f_{yv}——箍筋的抗拉强度设计值;

A_{sv}——配置在同一截面内箍筋各肢的全部截面面积;

s——沿构件长度方向的箍筋间距。

2)框架梁的抗震构造措施

前面的地震反应及截面承载力计算,仅仅解决了众值烈度下第一水准的设防问题,对于基本烈度下的非弹性变形及罕遇烈度下的防倒塌问题,尚有赖于合理的概念设计及正确的构造措施。对钢筋混凝土框架结构来说,构造设计的目的主要在于保证结构在非弹性变形阶段有足够的延性,使之能吸收较多的地震能量。因此,在设计中应注意防止结构发生剪切破坏或混凝土受压区脆性破坏。

(1)梁的截面尺寸

梁的截面高度,一般按照挠度要求取梁跨度的1/12~1/8。为使塑性铰出现后,梁的截面尺寸不致有过大的削弱,以保证梁有足够的抗剪能力,宜符合下列各项要求:截面宽度不宜小于200 mm,截面高宽比不宜大于4,净跨与截面高度之比不宜小于4。

(2)梁的钢筋配置

当纵向受拉钢筋配筋率很高时,梁受压区的高度相应加大,梁的延性较差。因此,梁的变形能力随截面混凝土受压区的相对高度的减小而增大。为保证框架梁的延性,梁端计入受压钢筋的混凝土受压区高度和有效高度之比,一级不应大于0.25,二、三级不应大于0.35。梁端截面的底面和顶面纵向钢筋配筋量的比值,除按计算确定外,一级不应小于0.5,二、三级不应小于0.3。

梁端箍筋加密区的长度、箍筋最大间距和最小直径应按表5.5采用,当梁端纵向受拉钢筋配筋率大于2%时,表中箍筋最小直径数值应增大2 mm。

表5.5 梁端箍筋加密区的长度、箍筋的最大间距和最小直径

抗震等级	加密区长度(取较大值,mm)	箍筋最大间距(取最小值,mm)	箍筋最小直径(mm)
一	$2h_b$,500	$h_b/4$,$6d$,100	10
二	$1.5h_b$,500	$h_b/4$,$8d$,100	8

续表

抗震等级	加密区长度(取较大值,mm)	箍筋最大间距(取最小值,mm)	箍筋最小直径(mm)
三	$1.5h_b$,500	$h_b/4$,$8d$,150	8
四	$1.5h_b$,500	$h_b/4$,$8d$,150	6

注:①d 为纵向钢筋直径,h_b 为梁截面高度;

②箍筋直径大于 12 mm、数量不少于 4 肢且肢距不大于 150 mm 时,一、二级的最大间距应允许适当放宽,但不得大于 150 mm。

此外,梁的钢筋配置,尚应符合下列规定:

①梁端纵向受拉钢筋的配筋率不宜大于 2.5%。沿梁全长顶面、底面的配筋,一、二级不应少于 2 Φ14,且分别不应少于梁顶面、底面两端纵向配筋中较大截面面积的 1/4;三、四级不应少于 2 Φ12。

②一、二、三级框架梁内贯通中柱的每根纵向钢筋直径,对框架结构不应大于矩形截面柱在该方向截面尺寸的 1/20,或纵向钢筋所在位置圆形截面柱弦长的 1/20;对其他结构类型的框架不宜大于矩形截面柱在该方向截面尺寸的 1/20,或纵向钢筋所在位置圆形截面柱弦长的 1/20。

③梁端加密区的箍筋肢距,一级不宜大于 200 mm 和 20 倍箍筋直径的较大值,二、三级不宜大于 250 mm 和 20 倍箍筋直径的较大值,四级不宜大于 300 mm。

5.3.6 框架柱的截面设计与抗震构造措施

1)框架柱的截面设计

柱是框架结构中最主要的承重构件,即使是个别柱的失效,也可能导致结构倒塌。再者,柱为偏压构件,其截面变形能力远不如以弯曲作用为主的梁。要使框架结构具有较好的抗震性能,应该确保柱有足够的承载力和必要的延性。为此,柱的设计应遵循以下原则:

①强柱弱梁,使柱尽量不出现塑性铰。

②在弯曲破坏之前不发生剪切破坏,使柱有足够的抗剪能力。

③控制柱的轴压比不要太大。

④加强约束,配置必要的约束箍筋。

(1)柱正截面受弯承载力计算

为了提高柱的延性,在柱的正截面承载力计算中,应注意以下问题:

①柱轴压比。轴压比是指柱组合的轴压力设计值与柱的全截面面积和混凝土轴心抗压强度设计值乘积之比值。轴压比是影响柱子破坏形态和延性的主要因素之一。试验表明,柱的位移延性随轴压比增大而急剧下降,尤其在高轴压比情况下,箍筋对柱的变形能力的影响越来越不明显。柱轴压比不宜超过表 5.6 的规定;建造于Ⅳ类场地且较高的高层建筑,柱轴压比限值应适当减小。

表 5.6　柱轴压比限值

类　别	抗震等级			
	一	二	三	四
框架结构	0.65	0.75	0.85	0.90
框架-抗震墙，板柱-抗震墙、框架-核心筒及筒中筒	0.75	0.85	0.90	0.95
部分框支抗震墙	0.6	0.7	—	

注：①对《抗震规范》规定不进行地震作用计算的结构，轴压比可取无地震作用组合的轴力设计值计算；

②表内限值适用于剪跨比大于 2、混凝土强度等级不高于 C60 的柱；对于剪跨比不大于 2 的柱，轴压比限值应降低 0.05；对于剪跨比小于 1.5 的柱，轴压比限值应专门研究并采取特殊构造措施；

③沿柱全高采用井字复合箍，且箍筋肢距不大于 200 mm、间距不大于 100 mm、直径不小于 12 mm；或沿柱全高采用复合螺旋箍，螺旋间距不大于 100 mm、箍筋肢距不大于 200 mm、直径不小于 12 mm；或沿柱全高采用连续复合矩形螺旋箍、螺旋净距不大于 80 mm、箍筋肢距不大于 200 mm、直径不小于 10 mm，轴压比限值均可增加 0.10。上述 3 种箍筋的最小配箍特征值均应按增大的轴压比由表 5.9 确定；

④在柱的截面中部附加芯柱，其中另加的纵向钢筋的总面积不少于柱截面面积的 0.8%，轴压比限值可增加 0.05；此项措施与注③的措施共同采用时，轴压比限值可增加 0.15，但箍筋的体积配箍率仍可按轴压比增加 0.10的要求确定；

⑤柱轴压比不应大于 1.05。

②根据"强柱弱梁"的原则调整柱端弯矩。为了使塑性铰首先出现在梁上，尽可能避免在危害更大的柱上形成塑性铰，即满足"强柱弱梁"的要求。一、二、三、四级框架的梁柱节点处，除框架顶层和柱轴压比小于 0.15 者及框支梁与框支柱的节点外，柱端组合的弯矩设计值应符合下式要求：

$$\sum M_c = \eta_c \sum M_b \tag{5.26}$$

一级的框架结构和 9 度的一级框架可不符合上式要求，但应符合下式要求：

$$\sum M_c = 1.2 \sum M_{bua} \tag{5.27}$$

式中　$\sum M_c$——节点上下柱端截面顺时针或反时针方向组合的弯矩设计值之和，上下柱端的弯矩设计值可按弹性分析分配；

$\sum M_b$——节点左右梁端截面反时针或顺时针方向组合的弯矩设计值之和，一级框架节点左右梁端均为负弯矩时，绝对值较小的弯矩应取零；

$\sum M_{bua}$——节点左右梁端截面反时针或顺时针方向实配的正截面抗震受弯承载力所对应的弯矩值之和，根据实配钢筋面积（计入梁受压筋和相关楼板钢筋）和材料强度标准值确定；

η_c——框架柱端弯矩增大系数，对框架结构，一、二、三、四级可分别取 1.7、1.5、1.3、1.2；其他结构类型中的框架，一级可取 1.4，二级可取 1.2，三、四级可取 1.1。

当反弯点不在柱的层高范围内时，说明框架梁对柱的约束作用较弱，为避免在竖向荷载和地震共同作用下柱压屈失稳，柱端的弯矩设计值可乘以上述增大系数。对于轴压比小于 0.15 的柱，包括顶层柱，因其具有与梁相近的变形能力，故可不必满足上述要求。

框架底层柱根部对整体框架延性起控制作用，柱脚过早出现塑性铰将影响整个结构的变形及耗能能力。随着底层框架梁铰的出现，底层柱根部弯矩亦有增大趋势。为了延缓底层根部柱铰的发生使整个结构的塑化过程得以充分发展，而且底层柱计算长度和反弯点有更大的不确定性，故应当适当加强底层柱的抗弯能力。为此，《抗震规范》规定：一、二、三和四级框架结构的底层，柱下端截面组合的弯矩设计值，应分别乘以增大系数1.7、1.5、1.3和1.2。底层柱纵向钢筋应按上下端的不利情况配置。

(2)柱斜截面受剪承载力计算

①剪压比限值。柱的剪压比如果过大，混凝土就会过早地产生脆性破坏，使箍筋不能充分发挥作用，因此必须限制剪压比，实质上也就是构件最小截面尺寸的限制条件。

对剪跨比大于2的矩形截面框架柱，其截面尺寸与剪力设计值应符合下式要求：

$$V \leqslant \frac{1}{\gamma_{RE}}(0.20 f_c b h_0) \tag{5.28}$$

对剪跨比不大于2的框架柱，其截面尺寸与剪力设计值应符合下式要求：

$$V \leqslant \frac{1}{\gamma_{RE}}(0.15 f_c b h_0) \tag{5.29}$$

剪跨比应按下式计算：

$$\lambda = M^c/(V^c h_0) \tag{5.30}$$

式中 λ——框架柱的计算剪跨比，应按柱端截面组合的弯矩计算值 M^c、对应的截面组合剪力计算值 V^c 及截面有效高度 h_0 确定，并取上下端计算结果的较大值；反弯点位于柱高中部的框架柱可按柱净高与2倍柱截面高度之比计算；

V——按“强剪弱弯”的原则调整后的柱端截面组合的剪力设计值；

b——柱截面宽度，圆形截面柱可按面积相等的方形截面计算；

h_0——截面有效高度。

②根据“强剪弱弯”的原则调整柱的截面剪力。为防止框架柱在弯曲屈服前发生剪切破坏，应按“强剪弱弯”的原则，对于抗震等级为一、二、三、四级的框架柱和框支柱组合的剪力设计值，按下式进行调整：

$$V = \eta_{vc}(M_c^t + M_c^b)/H_n \tag{5.31}$$

一级的框架结构及9度的一级框架结构可不按上式调整，但应符合下式要求：

$$V = 1.2(M_{cua}^t + M_{cua}^b)/H_n \tag{5.32}$$

式中 V——柱端截面组合的剪力设计值；

H_n——柱的净高；

M_c^t, M_c^b——分别为柱的上下端顺时针或反时针方向截面组合的弯矩设计值，应考虑“强柱弱梁”调整、底层柱下端及角柱弯矩放大系数的影响；

M_{cua}^t, M_{cua}^b——分别为偏心受压柱的上下端顺时针或反时针方向实配的正截面抗震受弯承载力所对应的弯矩值，根据实配钢筋面积、材料强度标准值和轴压力等确定；

η_{vc}——柱剪力增大系数，对框架结构，一、二、三、四级可分别取1.5、1.3、1.2、1.1；对其他结构类型的框架，一级可取1.4，二级可取1.2，三、四级可取1.1。

另外，由于角柱受力复杂，对于一、二、三、四级框架的角柱，在经“强柱弱梁”“强剪弱弯”调整后的组合弯矩设计值、剪力设计值还应乘以不小于1.1的增大系数。

(3)柱斜截面受剪承载力验算

《混凝土结构设计规范》(GB 50010)规定,框架柱斜截面受剪承载力应符合下列规定:

$$V_c \leqslant \frac{1}{\gamma_{RE}}\left[\frac{1.05}{\lambda+1}f_t b h_0 + f_{yv}\frac{A_{sv}}{s}h_0 + 0.056N\right] \tag{5.33}$$

式中 λ——框架柱的计算剪跨比,取 $\lambda = M/(Vh_0)$。此处的 M 宜取柱上、下端考虑地震作用组合的弯矩设计值的较大值,V 取与 M 对应的剪力设计值,h_0 为柱截面有效高度;当框架结构中的框架柱的反弯点在柱层高范围内时,可取 $\lambda = H_n/(2h_0)$。当 $\lambda < 1.0$ 时,取 $\lambda = 1.0$;当 $\lambda > 3.0$ 时,取 $\lambda = 3.0$;

N——考虑地震作用组合的框架柱轴向压力设计值,当 $N > 0.3f_cA$ 时,取 $N = 0.3f_cA$。

当考虑地震作用组合的框架柱出现拉力时,其斜截面抗震受剪承载力应符合下列规定:

$$V_c \leqslant \frac{1}{\gamma_{RE}}\left[\frac{1.05}{\lambda+1}f_t b h_0 + f_{yv}\frac{A_{sv}}{s}h_0 - 0.2N\right] \tag{5.34}$$

式中 N——考虑地震作用组合的框架柱轴向拉力设计值。

当上式右边括号内的计算值小于 $f_{yv}A_{sv}h_0/s$ 时,取等于 $f_{yv}A_{sv}h_0/s$,且 $f_{yv}A_{sv}h_0/s$ 的值不应小于 $0.36f_t b h_0$。

2)框架柱的抗震构造措施

(1)柱的截面尺寸

柱的截面尺寸宜符合下列各项要求:

①截面的宽度和高度,四级或不超过2层时不宜小于300 mm,一、二、三级且超过2层时不宜小于400 mm。

②圆柱直径,四级或不超过2层时不宜小于350 mm,一、二、三级且超过2层时不宜小于450 mm。

③为避免形成短柱,剪跨比宜大于2。

④因为地震作用方向是不确定的,则框架柱是双向受弯构件,相应地其截面长边与短边的边长比不宜大于3。

(2)柱的纵向钢筋配置

为了避免地震作用下柱过早进入屈服,并获得较大的屈服变形,柱纵向受力钢筋的最小总配筋率应按表5.7采用,同时每一侧配筋率不应小于0.2%;对建造于Ⅳ类场地且较高的高层建筑,最小总配筋率应增加0.1%。总配筋率按柱截面中全部纵向钢筋的面积与截面面积之比计算。柱纵向钢筋宜对称配置;截面边长大于400 mm的柱,纵向钢筋间距不宜大于200 mm。

表5.7 柱截面纵向钢筋的最小总配筋率 %

类别	抗震等级			
	一	二	三	四
中柱和边柱	0.9(1.0)	0.7(0.8)	0.6(0.7)	0.5(0.6)
角柱、框支柱	1.1	0.9	0.8	0.7

注:①表中括号内数值用于框架结构的柱;

②钢筋强度标准值小于400 MPa时,表中数值应增加0.1,钢筋强度标准值为400 MPa时,表中数值应增加0.05;

③混凝土强度等级高于C60时,上述数值应增加0.1。

框架柱纵向钢筋的最大总配筋率也应受到控制。过大的配筋率,易产生黏结破坏并降低柱的延性。因此,柱总配筋率不应大于5%;剪跨比不大于2的一级框架的柱,每侧纵向钢筋配筋率不宜大于1.2%。边柱、角柱在地震作用组合产生小偏心受拉时,柱内纵筋总截面面积应比计算值增加25%。柱纵向钢筋的绑扎接头应避开柱端的箍筋加密区。

(3)柱的箍筋配置

根据震害调查,框架柱的破坏主要集中在柱端1.0~1.5倍柱截面高度范围内。加密柱端箍筋可以起到承担柱子剪力、约束混凝土、提高混凝土的抗压强度及变形能力,以及为纵向钢筋提供侧向支承,防止纵筋压曲的作用。

①柱的箍筋加密范围,应按下列规定采用:柱端,取截面高度(圆柱直径)、柱净高的1/6和500 mm三者的最大值;底层柱的下端不小于柱净高的1/3;刚性地面上下各500 mm;剪跨比不大于2的柱、因设置填充墙等形成的柱净高与柱截面高度之比不大于4的柱、框支柱、一级和二级框架的角柱,取全高。

一般情况下,加密区的箍筋的最大间距和最小直径,应按表5.8采用。

表5.8 柱箍筋加密区的箍筋的最大间距和最小直径

抗震等级	箍筋最大间距(采用较小值,mm)	箍筋最小直径(mm)
一	$6d$,100	10
二	$8d$,100	8
三	$8d$,150(柱根100)	8
四	$8d$,150(柱根100)	6(柱根8)

注:①d为柱纵筋最小直径;

②柱根指底层柱下端箍筋加密区。

②一级框架柱的箍筋直径大于12 mm且箍筋肢距不大于150 mm及二级框架柱的箍筋直径不小于10 mm且箍筋肢距不大于200 mm时,除底层柱下端外,最大间距应允许采用150 mm;三级框架柱的截面尺寸不大于400 mm时,箍筋最小直径应允许采用6 mm;四级框架柱剪跨比不大于2时,箍筋直径不应小于8 mm。

③柱箍筋加密区箍筋肢距,一级不宜大于200 mm,二、三级不宜大于250 mm,四级不宜大于300 mm。至少每隔一根纵向钢筋宜在两个方向有箍筋或拉筋约束;采用拉筋复合箍时,拉筋宜紧靠纵向钢筋并钩住箍筋。柱箍筋加密区的体积配箍率,应符合下列要求:

$$\rho_v \geqslant \frac{\lambda_v f_c}{f_{yv}} \tag{5.35}$$

式中 ρ_v——柱箍筋加密区的体积配箍率,一级不应小于0.8%,二级不应小于0.6%,三、四级不应小于0.4%。计算复合螺旋箍的体积配箍率时,其非螺旋箍的箍筋体积应乘以折减系数0.80。体积配箍率的具体计算可参见《混凝土结构设计规范》(GB 50010)第6.3.3条的规定;

f_c——混凝土轴心抗压强度设计值,强度等级低于C35时,应按C35计算;

f_{yv}——箍筋或拉筋抗拉强度设计值;

λ_v——最小配箍特征值,宜按表5.9采用。

框支柱和剪跨比不大于2的柱,箍筋间距不应大于100 mm,宜采用复合螺旋箍或井字复合箍;前者的最小配箍特征值应比表 5.9 中的数值增加 0.02,且体积配箍率不应小于 1.5%,后者的体积配箍率不应小于 1.2%,9 度一级时不应小于 1.5%。

表 5.9 柱箍筋加密区的箍筋最小配箍特征值

抗震等级	箍筋形式	柱轴压比								
		≤0.3	0.4	0.5	0.6	0.7	0.8	0.9	1.0	1.05
一	普通箍、复合箍	0.1	0.11	0.13	0.15	0.17	0.2	0.23	—	—
	螺旋箍、复合或连续复合矩形螺旋箍	0.08	0.09	0.11	0.13	0.15	0.18	0.21	—	—
二	普通箍、复合箍	0.08	0.09	0.11	0.13	0.15	0.17	0.19	0.22	0.24
	螺旋箍、复合或连续复合矩形螺旋箍	0.06	0.07	0.09	0.11	0.13	0.15	0.17	0.20	0.22
三、四	普通箍、复合箍	0.06	0.07	0.09	0.11	0.13	0.15	0.17	0.20	0.22
	螺旋箍、复合或连续复合矩形螺旋箍	0.05	0.06	0.07	0.09	0.11	0.13	0.15	0.18	0.20

注:普通箍指单个矩形箍和单个圆形箍;复合箍指由矩形、多边形、圆形箍或拉筋组成的箍筋;复合螺旋箍指由螺旋箍与矩形、多边形、圆形箍或拉筋组成的箍筋;连续复合矩形螺旋箍指用一根通长钢筋加工而成的箍筋,如图5.16 所示。

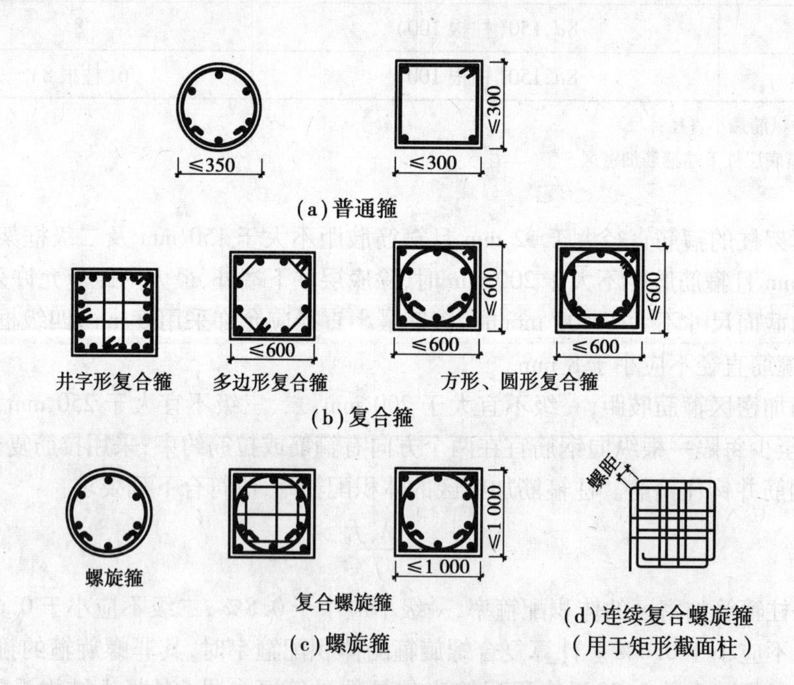

图 5.16 各类柱箍筋示意图

④柱箍筋非加密区的体积配箍率不宜小于加密区的 50%。对于箍筋间距,一、二级框架柱不应大于 10 倍纵向钢筋直径,三、四级框架柱不应大于 15 倍纵向钢筋直径。

5.3.7　框架节点抗震设计与抗震构造措施

1)框架节点抗震设计

(1)框架节点抗震设计的准则

在竖向荷载和地震作用下,框架节点主要承受柱传来的轴向力、弯矩、剪力和梁传来的弯矩、剪力,如图5.17所示。节点区的破坏形式为由主拉应力引起的剪切破坏。如果节点未设箍筋或箍筋不足,则会由于抗剪能力不足,节点区出现多条交叉斜裂缝,斜裂缝间混凝土被压碎,柱内纵向钢筋压屈。

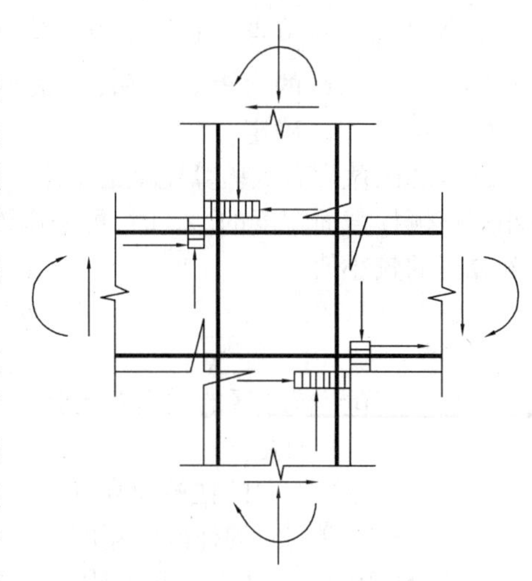

图5.17　节点受力图

国内外大地震的震害表明,钢筋混凝土框架节点在地震中多有不同程度的破坏,破坏的主要形式是节点核芯区剪切破坏和钢筋锚固破坏,严重的会引起整个框架倒塌。节点破坏后的修复也比较困难。框架节点是框架梁柱构件的公共部分,节点的失效意味着与之相连的梁与柱同时失效。此外,混凝土构件中钢筋屈服的前提是钢筋必须有可靠的锚固,相应地塑性铰形成的基本前提也是保证梁柱纵筋在节点区有可靠的锚固。根据“强节点弱构件”的设计原则,框架节点抗震设计的准则是:

①节点的承载力不应低于其连接构件(梁、柱)的承载力。

②多遇地震时,节点应在弹性范围内工作。

③罕遇地震时,节点承载力的降低不得危及竖向荷载的传递。

④梁柱纵筋在节点区应有可靠的锚固。

⑤节点配筋不应使施工过分困难。

(2)一般框架梁柱节点核芯区的抗震验算

框架节点核芯区的抗震验算应符合下列要求:一、二、三级框架节点核芯区应进行抗震验算;四级框架节点核芯区,可不进行抗震验算,但应符合抗震构造措施的要求。

①节点剪力设计值的计算。一、二、三级框架梁柱节点核芯区组合的剪力设计值,应按下式确定:

$$V_j = \frac{\eta_{jb}\sum M_b}{h_{b0} - a'_s}\left(1 - \frac{h_{b0} - a'_s}{H_c - h_b}\right) \tag{5.36}$$

一级的框架结构和9度的一级框架可不按上式确定,但应符合下式:

$$V_j = \frac{1.15\sum M_{bua}}{h_{b0} - a'_s}\left(1 - \frac{h_{b0} - a'_s}{H_c - h_b}\right) \tag{5.37}$$

式中　V_j——梁柱节点核芯区组合的剪力设计值;

h_{b0}——梁截面的有效高度,节点两侧梁截面高度不等时可采用平均值;

a'_s——梁受压钢筋合力点至受压边缘的距离;

H_c——柱的计算高度,可采用节点上、下柱反弯点之间的距离;

h_b——梁的截面高度,节点两侧梁截面高度不等时可采用平均值;

η_{jb}——强节点系数，对于框架结构，一级宜取 1.5，二级宜取 1.35，三级宜取 1.2；对于其他结构中的框架，一级宜取 1.35，二级宜取 1.2，三级宜取 1.1；

$\sum M_b$——节点左右梁端反时针或顺时针方向组合弯矩设计值之和，一级框架节点左右梁端均为负弯矩时，绝对值较小的弯矩应取零；

$\sum M_{bua}$——节点左右梁端反时针或顺时针方向实配的正截面抗震受弯承载力所对应的弯矩值之和，可根据实配钢筋面积（计入受压筋）和材料强度标准值确定。

②核芯区截面有效验算宽度的采用。核芯区截面有效验算宽度，当验算方向的梁截面宽度不小于该侧柱截面宽度的 1/2 时，可采用该侧柱截面宽度，当小于柱截面宽度的 1/2 时，可采用下列二者的较小值：

$$b_j = b_b + 0.5h_c \tag{5.38}$$

$$b_j = b_c \tag{5.39}$$

式中 b_j——节点核芯区的截面有效验算宽度；

b_b——梁截面宽度；

h_c——验算方向的柱截面高度；

b_c——验算方向的柱截面宽度。

当梁、柱的中线不重合且偏心距不大于柱宽的 1/4 时，核芯区的截面有效验算宽度可采用上面和下式计算结果的较小值：

$$b_j = 0.5(b_b + b_c) + 0.25h_c - e \tag{5.40}$$

式中 e——梁与柱中线偏心距。

③节点受剪截面限制条件。为了防止节点核芯区混凝土承受过大的斜压应力而先于钢筋破坏，节点核芯区截面尺寸不能过小，考虑到节点核芯区周围一般都有梁的约束，抗剪面积实际比较大，故剪压比限值可适当放宽。因此，节点核芯区组合的剪力设计值，应符合下列条件：

$$V_j \leqslant \frac{1}{\gamma_{RE}}(0.3\eta_j f_c b_j h_j) \tag{5.41}$$

式中 η_j——正交梁的约束影响系数；楼板为现浇、梁柱中线重合、四侧各梁截面宽度不小于该侧柱截面宽度的 1/2，且正交方向梁高度不小于框架梁高度的 3/4 时，如图 5.18 所示，可采用 1.5，9 度的一级宜采用 1.25，其他情况均采用 1.0；

h_j——节点核芯区的截面高度，可采用验算方向的柱截面高度；

γ_{RE}——承载力抗震调整系数，可采用 0.85。

④节点抗剪承载力验算。节点核芯区截面抗震受剪承载力，应采用下列公式验算：

$$V_j \leqslant \frac{1}{\gamma_{RE}}\left(1.1\eta_j f_t b_j h_j + 0.05\eta_j N\frac{b_j}{b_c} + f_{yv}A_{svj}\frac{h_{b0} - a'_s}{s}\right) \tag{5.42}$$

9 度的一级：

$$V_j \leqslant \frac{1}{\gamma_{RE}}\left(0.9\eta_j f_t b_j h_j + f_{yv}A_{svj}\frac{h_{b0} - a'_s}{s}\right) \tag{5.43}$$

式中 N——对应于组合剪力设计值的上柱组合轴向压力较小值，其取值不应大于柱的截面面积和混凝土轴心抗压强度设计值的乘积的 50%，当 N 为拉力时，取 $N=0$；

f_{yv}——箍筋的抗拉强度设计值；

f_t——混凝土轴心抗拉强度设计值；

A_{svj}——核芯区有效验算宽度范围内同一截面验算方向箍筋的总截面面积；

s——箍筋间距。

2）框架节点的抗震构造措施

为保证框架节点核芯区的抗剪承载力，使框架梁、柱纵向钢筋有可靠的锚固条件，对节点核芯区混凝土进行有效的约束是必要的，其箍筋的最大间距和最小直径宜按表5.8采用。但节点核芯区箍筋的作用与柱端有所不同，为便于施工，可适当放宽构造要求，一、二、三级框架节点核芯区配箍特征值分别不宜小于0.12、0.10和0.08，且体积配箍率分别不宜小于0.6%、0.5%和0.4%。柱剪跨比不大于2的框架节点核芯区，体积配箍率不宜小于核芯区上、下柱端的较大体积配箍率。

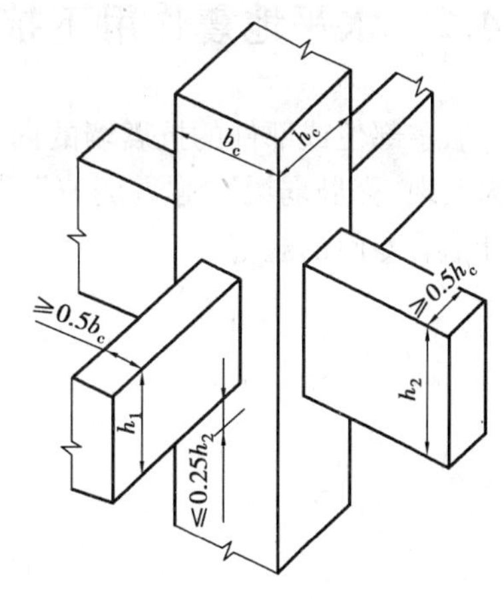

图5.18　正交梁的约束影响

梁柱纵筋在节点区的锚固要求见图5.19。

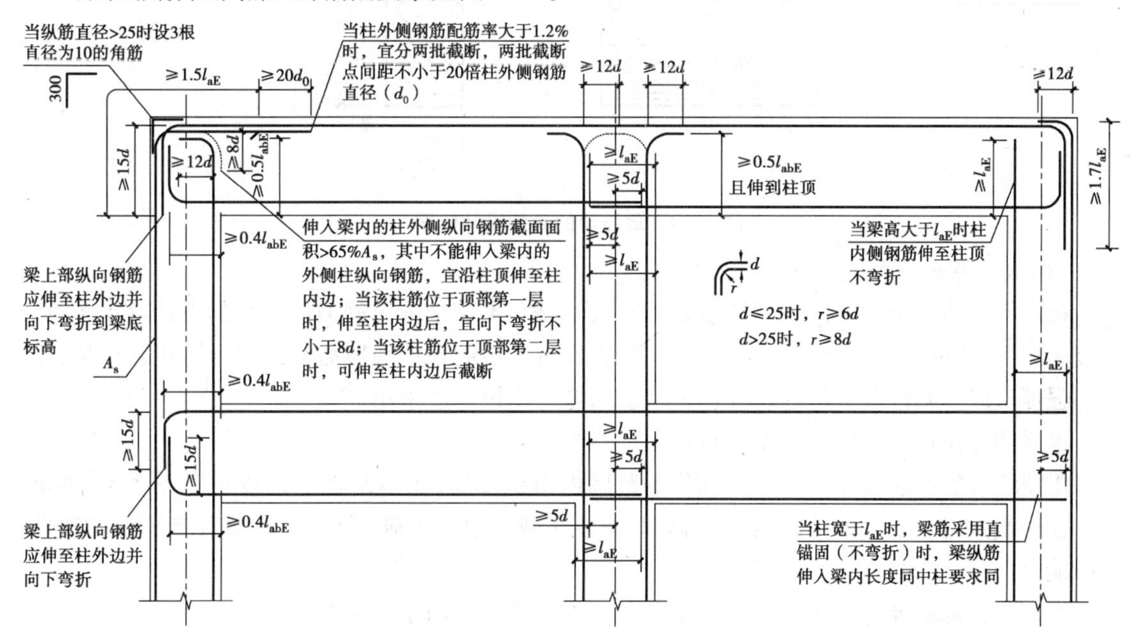

图5.19　框架梁柱的纵向钢筋在节点区的锚固和搭接

5.4　抗震墙结构的抗震设计

5.4.1　水平地震作用计算

抗震墙是竖向悬臂构件，在水平荷载作用下，其变形曲线是弯曲型的，凸向水平荷载面，层间变形下部楼层小、上部楼层大。在抗震墙结构中，所有抗侧力构件都是抗震墙，变形特性相同，侧移曲线类似，所以水平力在各片抗震墙之间按其等效刚度分配。

5.4.2 水平地震作用下抗震墙内力的计算

有些部位或部件的抗震墙的内力设计值是按内力组合结果取值的，但是也有一些部位或部件为实现“强肢弱梁”“强剪弱弯”，或是为了把塑性铰限制发生在某个指定的部位，它们的内力设计值有专门的规定。

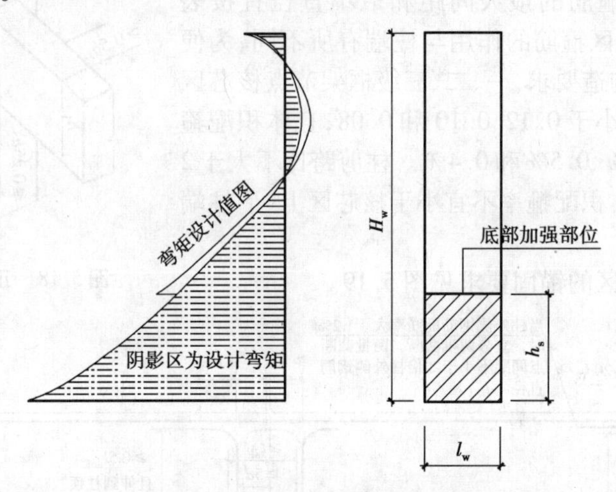

图 5.20 单肢墙的弯矩设计值图

(1)墙肢弯矩设计值计算

抗震等级为一级的单肢墙，其正截面弯矩设计值，不完全依照静力法求得的设计弯矩图，而是按照图 5.20 的简图。具体做法是，底部加强部位各截面采用墙肢截面的组合弯矩设计值，底部加强部位以上则按 1.2 倍的相应部位墙肢组合弯矩设计值采用。

这样的弯矩设计值图有 3 个特点：

①使墙肢的塑性铰在底部加强部位的范围内得到发展，而不是将塑性铰集中在底层，甚至集中在底截面以上不大的范围内，从而减轻墙肢底截面附近的破坏程度，使墙肢有较大的塑性变形能力。

②避免底部加强部位紧邻的上层墙肢屈服而底部加强部位不屈服。

③在底部加强部位以上的一般部位，弯矩设计值与设计弯矩值相比，有较多的余量，因而大震时塑性铰将必然发生在 h_s 范围内，这样可以吸收大量的地震能量，缓和地震作用。如果按设计弯矩值配筋，弯曲屈服就可能沿墙任何高度发生，此时为保证墙的延性，就要在整个墙高范围采取严格的构造措施，这是很不经济的。

(2)墙肢剪力设计值计算

抗震墙如果按上述的弯矩设计值进行配筋，大地震时塑性铰将必然发生在 h_s 范围内，但尚应该补充一个“强剪弱弯”条件，要求墙的弯曲破坏先于剪切破坏。为此，抗震墙考虑抗震等级的剪力设计值 V_w 应按下列计算：

①一、二、三级的抗震墙底部加强部位，其截面组合的剪力设计值应按下式调整：

$$V = \eta_{vw} V_w \tag{5.44}$$

9 度的一级可不按上式调整，但应符合下式要求：

$$V = 1.1 \frac{M_{wua}}{M_w} V_w \tag{5.45}$$

式中 M_{wua}——抗震墙底部截面按实配纵向钢筋面积、材料强度标准值和轴力等计算的抗震受弯承载力所对应的弯矩值，有翼墙时应计入墙两侧各一倍翼墙厚度范围内的纵向钢筋；

M_w——抗震墙底部截面组合的弯矩设计值；

V_w——抗震墙底部加强部位截面组合的剪力计算值；

V——抗震墙底部加强部位截面组合的剪力设计值；

η_{vw}——抗震墙剪力增大系数，一级可取1.6，二级可取1.4，三级可取1.2。

②其他部位，均取：

$$V = V_w \tag{5.46}$$

(3)双肢墙墙肢的弯矩、剪力设计值

若双肢抗震墙承受的水平荷载较大，竖向荷载较小，则内力组合后可能出现一个墙肢的轴向力为拉力，另一墙肢轴向力为压力的情况。为了考虑当墙的一肢出现受拉开裂而刚度降低和内力将转移集中到另一墙肢的内力重分布影响，双肢抗震墙中墙肢不宜出现小偏心受拉；当任一墙肢为偏心受拉时，另一墙肢的剪力设计值、弯矩设计值应乘以增大系数1.25。

(4)抗震墙中连梁的剪力设计值

为了使连梁有足够延性，在弯曲破坏之前不发生剪坏，抗震墙中跨高比大于2.5的连梁，其梁端截面组合的剪力设计值应按下列式计算：

$$V = \eta_{Vb}(M_b^l + M_b^r)/l_n + V_{Gb} \tag{5.47}$$

9度时的连梁可不按上式调整，但应符合下式要求：

$$V = 1.1(M_{bua}^l + M_{bua}^r)/l_n + V_{Gb} \tag{5.48}$$

式中 V——梁端截面组合的剪力设计值；

l_n——梁的净跨；

V_{Gb}——梁在重力荷载代表值(9度时高层建筑还应包括竖向地震作用标准值)作用下，按简支梁分析的梁端截面剪力设计值；

M_b^l, M_b^r——分别为梁左右端截面反时针或顺时针方向组合的弯矩设计值，一级框架两端弯矩均为负弯矩时，绝对值较小的弯矩应取零；

M_{bua}^l, M_{bua}^r——分别为梁左右端截面反时针或顺时针方向实配的正截面抗震受弯承载力所对应的弯矩值，根据实配钢筋面积(计入受压筋)和材料强度标准值确定；

η_{Vb}——梁端剪力增大系数，一级取1.3，二级取1.2，三级取1.1。

5.4.3 抗震墙截面设计和抗震构造措施

1)抗震墙截面设计

(1) 截面尺寸及混凝土强度等级的限制

跨高比大于2.5的连梁及剪跨比大于2的抗震墙截面应符合下列条件：

$$V \leqslant \frac{1}{\gamma_{RE}}(0.2f_c bh_0) \tag{5.49}$$

跨高比不大于2.5的连梁、剪跨比不大于2抗震墙，以及落地抗震墙的底部加强部位：

$$V \leqslant \frac{1}{\gamma_{RE}}(0.15f_c bh_0) \tag{5.50}$$

式中　h_0——截面有效高度。连梁验算时取连梁有效截面高度 h_{b0}，墙肢验算时取墙肢有效截面高度 h_{w0}。

（2）考虑承载力抗震调整系数后的截面承载力设计值

①当 $x \leqslant \xi_b h_{w0}$，$x \geqslant 2a_s'$时，矩形截面对称配筋抗震墙属于大偏心受压，如图5.21所示。

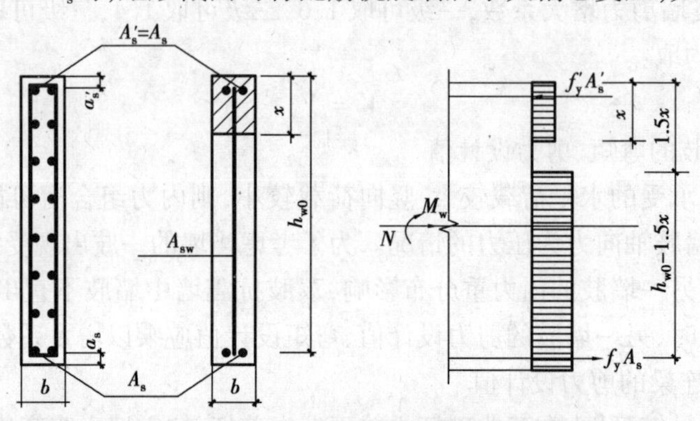

图5.21　对称配筋抗震墙大偏心受压计算简图

使用图5.21计算时应注意：竖向腹筋截面面积 A_{sw} 沿截面高度方向连续变化处理为 A_{sw}/h_{w0}。为了简化计算，假定在1.5x范围以外的竖向钢筋参加受拉并达到屈服强度；在1.5x范围内的竖向腹筋未达到屈服或受压，均不参与受力计算。

基本公式为：

$$x = \frac{\gamma_{RE}N + f_{yw}A_{sw}}{\alpha_1 f_c \mathrm{b} + 1.5f_{yw}A_{sw}/h_{w0}} \tag{5.51}$$

$$M_{wE} = \frac{1}{\gamma_{RE}}\left[\frac{f_{yw}A_{sw}}{2}h_{w0}\left(1 - \frac{x}{h_{w0}}\right)\left(1 + \frac{N}{f_{yw}A_{sw}}\right) + f_y A_s(h_{w0} - a_s')\right] \tag{5.52}$$

式中　A_{sw}——竖向腹筋总的截面面积；

f_{yw}——竖向腹筋的抗拉强度设计值；

γ_{RE}——承载力抗震调整系数，取 $\gamma_{RE}=0.85$。

②当 $x \geqslant \xi_b h_{w0}$时，矩形截面对称配筋抗震墙属于小偏心受压，如图5.22所示。

$$N = \frac{1}{\gamma_{RE}}(\alpha_1 f_c bx + f_y'A_s' - \sigma_s A_s) \tag{5.53}$$

$$M = \frac{1}{\gamma_{RE}}\left[\alpha_1 f_c bx\left(h_{w0} - \frac{x}{2}\right) + f_y'A_s'(h_{w0} - a_s')\right] \tag{5.54}$$

$$\sigma_s = \frac{\xi - \beta_1}{\xi_b - \beta_1}f_y, \xi = x/h_{w0} \tag{5.55}$$

式中　M，N——考虑地震作用的弯矩组合设计值及轴心压力设计值；

β_1——随混凝土强度提高而逐渐降低的系数，当混凝土强度等级不超过C50时，取为0.8，当混凝土强度等级为C80时，取为0.74，其间按线性内插法确定。

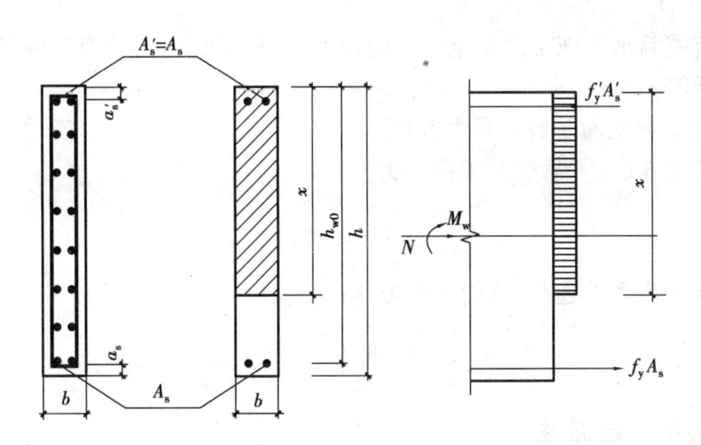

图 5.22　对称配筋抗震墙小偏心受压计算简图

③矩形截面对称配筋抗震墙偏心受拉

参考式(5.51)、式(5.52),将 N 变号,则有

$$x = \frac{f_{yw}A_{sw} - \gamma_{RE}N}{\alpha_1 f_c b + 1.5 f_{yw}A_{sw}/h_{w0}} \tag{5.56}$$

$$M_{wE} = \frac{1}{\gamma_{RE}}\left[\frac{f_{yw}A_{sw}}{2}h_{w0}\left(1 - \frac{x}{h_{w0}}\right)\left(1 - \frac{N}{f_{yw}A_{sw}}\right) + f_y A_s (h_{w0} - a'_s)\right] \tag{5.57}$$

对于小偏心受拉,因为是全截面受拉,混凝土将开裂贯通整个截面,一般不允许在抗震墙中出现这种情况。

④抗震墙偏心受压时受剪,抗震墙抗剪承载力设计值按下式计算:

$$V_{wE} = \frac{1}{\gamma_{RE}}\left[\frac{1}{\lambda - 0.5}\left(0.4 f_t b h_{w0} + 0.1N\frac{A_w}{A}\right) + 0.8 f_{yh}\frac{A_{sh}}{s}h_{w0}\right] \tag{5.58}$$

式中　N——考虑地震作用组合的抗震墙轴向压力设计值,当 $N>0.2f_c bh$ 时,取 $N=0.2f_c bh$;

λ——计算截面处的剪跨比,$\lambda=\frac{M}{Vh_{w0}}$;$\lambda<1.5$ 时,取 $\lambda=1.5$,当 $\lambda>2.2$ 时,取 $\lambda=2.2$,此处,M 为与剪力设计值 V 相应的弯矩设计值;当计算截面与墙底之间的距离小于 $0.5h_{w0}$ 时,λ 应按 $0.5h_{w0}$ 处的弯矩设计值与剪力设计值计算。

为求截面面积 A,抗震墙的翼缘计算宽度可取抗震墙的间距、门窗洞间墙的宽度、抗震墙厚度加两侧各 6 倍翼缘墙的厚度和抗震墙墙肢总高度的 1/10 等四者中的最小值。

⑤抗震墙偏心受拉时受剪,抗震墙抗剪承载力设计值按下式计算:

$$V_{wE} = \frac{1}{\gamma_{RE}}\left[\frac{1}{\lambda - 0.5}\left(0.4 f_t b h_{w0} - 0.1N\frac{A_w}{A}\right) + 0.8 f_{yh}\frac{A_{sh}}{s}h_{w0}\right] \tag{5.59}$$

当式(5.59)中右边方括号内的计算值小于 $0.8f_{yh}\frac{A_{sh}}{s}h_{w0}$ 时,取等于 $0.8f_{yh}\frac{A_{sh}}{s}h_{w0}$。

⑥抗震墙水平施工缝受剪验算(仅一级抗震墙需要验算)。此时,抗震墙施工缝的受剪承载力设计值按下式计算:

$$V_{wE} = \frac{1}{\gamma_{RE}}(0.6 f_y A_s + 0.8N) \tag{5.60}$$

式中　N——考虑地震作用组合的水平施工缝处的轴向力设计值,受压时为“+”,受拉时为“-”;

A_s——抗震墙水平施工缝处全部竖向钢筋的截面面积(包括原有的竖向钢筋及附加竖向插筋)。

⑦抗震墙连梁斜截面受剪承载力计算

跨高比大于2.5的连梁,受剪承载力为:

$$V_b = \frac{1}{\gamma_{RE}}(0.42f_t bh_{b0} + f_{yv}\frac{A_{sv}}{s}h_{b0}) \tag{5.61}$$

跨高比不大于2.5的连梁,受剪承载力为:

$$V_b = \frac{1}{\gamma_{RE}}(0.38f_t bh_{b0} + 0.9f_{yv}\frac{A_{sv}}{s}h_{b0}) \tag{5.62}$$

2)抗震墙的抗震构造措施

(1)抗震墙的截面尺寸

抗震墙墙高 H_w 与墙长 l_w 之比不宜小于2,这样的抗震墙以受弯工作状态为主。为了保证在地震作用下抗震墙出平面的稳定性,也考虑到施工的现实,在抗震墙结构中,抗震墙的最小厚度见表5.10。

表5.10 抗震墙的最小厚度

结构类型	部位		最小厚度(取较大值,mm)	
			一、二级	三、四级
抗震墙结构	底部加强部位	有端柱或翼墙	应≥200,且宜≥$H'/16$	应≥160,且宜≥$H'/20$
		无端柱或翼墙	应≥220(200),且宜≥$H'/12$	应≥180(160),且宜≥$H'/16$
	一般部位	有端柱或翼墙	应≥160,且宜≥$H'/20$	应≥160(140),且宜≥$H'/25$
		无端柱或翼墙	应≥180(160),且宜≥$H'/16$	应≥160,且宜≥$H'/20$
框架-抗震墙结构	底部加强部位		应≥200,且宜≥$H'/16$	
	一般部位		应≥160,且宜≥$H'/20$	

注:①H'取层高或抗震墙无支长度的较小者(无支长度是指抗震墙平面外支撑墙之间的长度);

②括号内数值用于建筑高度小于或等于24 m的多层结构。

(2)抗震墙的轴压比

一、二、三级抗震墙在重力荷载代表值作用下墙肢的轴压比,一级时,9度不宜大于0.4,7度、8度不宜大于0.5;二、三级时不宜大于0.6。值得注意的是,抗震墙的轴压比控制范围应是墙的全高。

墙肢轴压比是指墙的轴压力设计值与墙的全截面面积和混凝土轴心抗压强度设计值乘积之比值。计算墙肢轴压力设计值时,不计入地震作用组合,但应取分项系数1.2。

(3)抗震墙的配筋

在抗震墙的腹部,要设置横向分布筋及竖向分布筋,分布筋可以是单排的或是双排的。腹筋是承受剪力的受力筋,它还要承受温度收缩应力。在承受温度应力方面,双排筋要优于单排筋,尤其是在墙板两侧有温差时更为有利。

一、二、三级抗震墙的竖向和横向分布钢筋最小配筋率均不应小于0.25%,四级抗震墙分布钢筋最小配筋率不应小于0.20%。高度小于24 m且剪压比很小的四级抗震墙,其竖向分布筋的最小配筋率应允许按0.15%采用。部分框支抗震墙结构的落地抗震墙底部加强部位，竖向和横向分布钢筋配筋率均不应小于0.3%。

抗震墙的竖向和横向分布钢筋的间距不宜大于300 mm，部分框支抗震墙结构的落地抗震墙底部加强部位，竖向和横向分布钢筋的间距不宜大于200 mm。抗震墙厚度大于140 mm时，其竖向和横向分布钢筋应双排布置，双排分布钢筋间拉筋的间距不宜大于600 mm，直径不应小于6 mm。抗震墙竖向和横向分布钢筋的直径，均不宜大于墙厚的1/10且不应小于8 mm；竖向钢筋直径不宜小于10 mm。

抗震墙的墙肢长度不大于墙厚的3倍时，应按柱的有关要求进行设计；矩形墙肢的厚度不大于300 mm时，尚宜全高加密箍筋。

(4)边缘构件的设置

抗震墙两端和洞口两侧应设置边缘构件，边缘构件包括暗柱、端柱和翼墙，并应符合下列要求：

①对于抗震墙结构，底层墙肢底截面的轴压比不大于表5.11规定的一、二、三级抗震墙及四级抗震墙，墙肢两端可设置构造边缘构件，构造边缘构件的范围可按图5.23采用。构造边缘构件的配筋除应满足受弯承载力要求外，并宜符合表5.12的要求。

表5.11 抗震墙设置构造边缘构件的最大轴压比

等级或烈度	一级(9度)	一级(7度、8度)	二、三级
轴压比	0.1	0.2	0.3

表5.12 抗震墙构造边缘构件的配筋要求

抗震等级	底部加强部位			其他部位		
	纵向钢筋最小量(取较大值)	箍筋		纵向钢筋最小量(取较大值)	箍筋	
		最小直径(mm)	沿竖向最大间距(mm)		最小直径(mm)	沿竖向最大间距(mm)
一	$0.010A_c$,6Φ16	8	100	$0.008A_c$,6Φ14	8	150
二	$0.008A_c$,6Φ14	8	150	$0.006A_c$,6Φ12	8	200
三	$0.006A_c$,6Φ12	6	150	$0.005A_c$,6Φ12	6	200
四	$0.005A_c$,6Φ12	6	200	$0.004A_c$,6Φ12	6	250

注：①A_c为边缘构件的截面面积；

②其他部位的拉筋，水平间距不应大于纵筋间距的2倍，转角处宜采用箍筋；

③当端柱承受集中荷载时，其纵向钢筋、箍筋直径和间距应满足柱的相应要求。

②底层墙肢底截面的轴压比大于表5.11规定的一、二、三级抗震墙，以及部分框支抗震墙结构的抗震墙，应在底部加强部位及相邻的上一层设置约束边缘构件，在以上的其他部位可设置构造边缘构件。约束边缘构件沿墙肢的长度、配箍特征值、箍筋和纵向钢筋宜符合表5.13的要求，如图5.24所示。

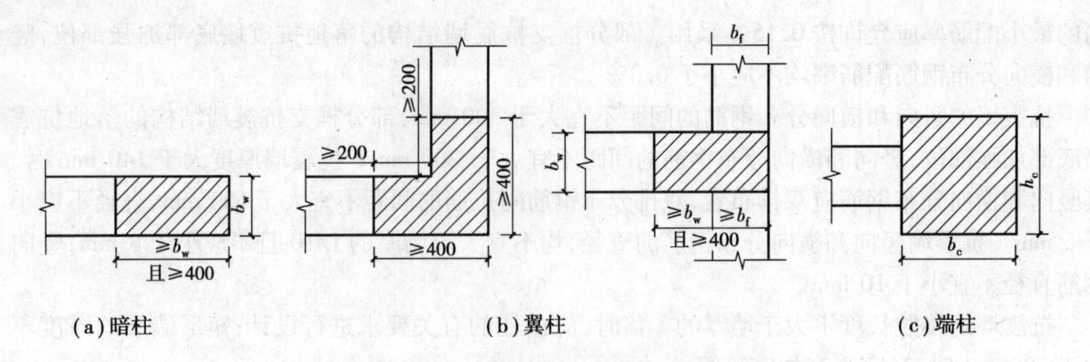

图 5.23　抗震墙的构造边缘构件范围

表 5.13　抗震墙约束边缘构件的范围及配筋要求

项　目	一级(9 度)		一级(8 度)		二、三级	
	$\lambda \leqslant 0.2$	$\lambda > 0.2$	$\lambda \leqslant 0.3$	$\lambda > 0.3$	$\lambda \leqslant 0.4$	$\lambda > 0.4$
l_c(暗柱)	$0.20h_w$	$0.25h_w$	$0.15h_w$	$0.20h_w$	$0.15h_w$	$0.20h_w$
l_c(翼墙或端柱)	$0.15h_w$	$0.20h_w$	$0.10h_w$	$0.15h_w$	$0.10h_w$	$0.15h_w$
λ_v	0.12	0.20	0.12	0.20	0.12	0.20
纵向钢筋(取较大值)	$0.012A_c$,8 Φ16		$0.012A_c$,8 Φ16		$0.010A_c$,6 Φ16(三级 6 Φ14)	
箍筋或拉筋沿竖向间距	100 mm		100 mm		150 mm	

注:①抗震墙的翼缘长度小于其 3 倍厚度或端柱截面边长小于 2 倍墙厚时,视为无翼墙、无端柱查表;

②l_c 为约束边缘构件沿墙肢长度,且不小于墙厚和 400 mm;有翼墙或端柱时不应小于翼墙厚度或端柱沿墙肢方向截面高度加 300 mm;

③λ_v 为约束边缘构件的配箍特征值,体积配箍率可按式(5.35)计算,并可适当计入满足构造要求且在墙端有可靠锚固的水平分布钢筋的截面面积;

④h_w 为抗震墙墙肢长度;λ 为墙肢轴压比;A_c 为图 5.24 中约束边缘构件阴影部分的截面面积。

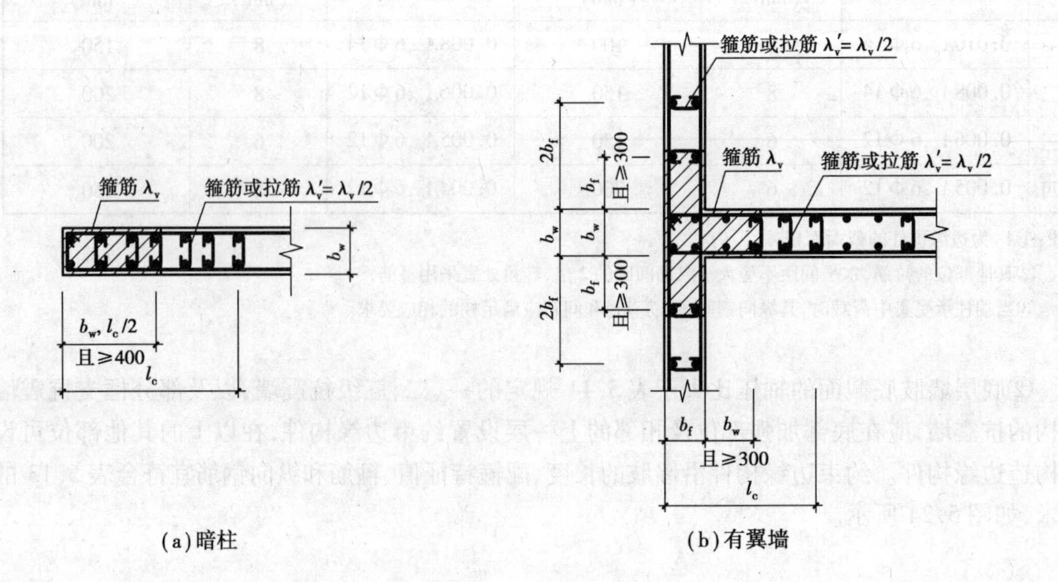

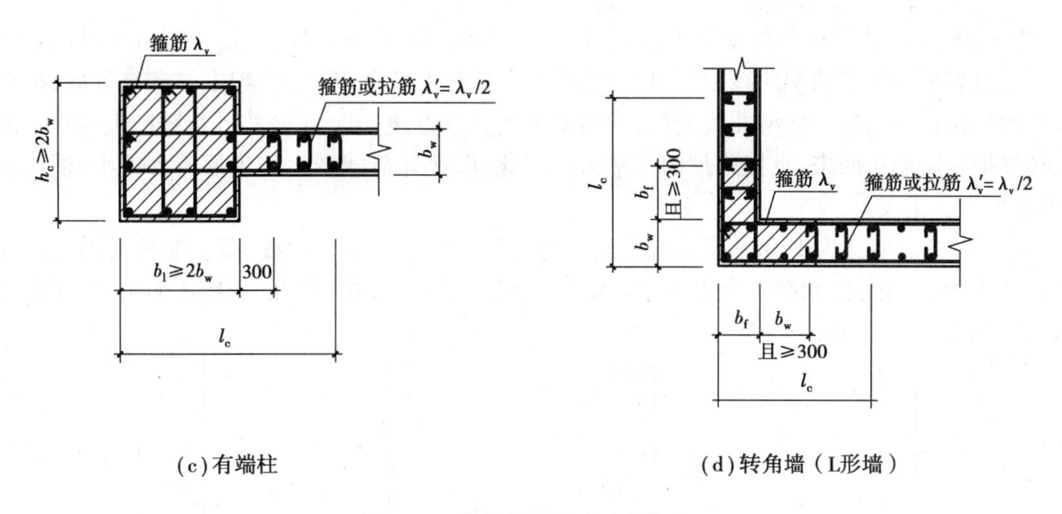

(c)有端柱　　　　(d)转角墙（L形墙）

图 5.24　抗震墙的约束边缘构件

(5)连梁的设计

连梁是联肢墙中连接各墙肢协同工作的关键部件,它是联肢抗震墙的第一道防线,塑性铰就发生在它的两端。连梁的设计与配筋要求同框架梁。

跨高比较小的高连梁,可设水平缝形成双连梁、多连梁或采取其他加强受剪承载力的构造。顶层连梁的纵向钢筋伸入墙体的锚固长度范围内,应设置箍筋。

5.5　框架-抗震墙结构的抗震设计

5.5.1　水平地震作用计算

由 5.4 节可知,抗震墙所受的水平地震作用力与其自身等效刚度有关,等效刚度越大,所分配的水平力就越大。框架的工作特点类似于竖向悬臂剪切梁,在水平荷载作用下,其变形曲线为剪切型,凹向水平荷载面,层间变形下部楼层大、上部楼层小(图 5.25(b))。在框架结构中,各榀框架的变形曲线类似,所以水平力在各榀框架之间按其抗侧刚度 D 值分配。

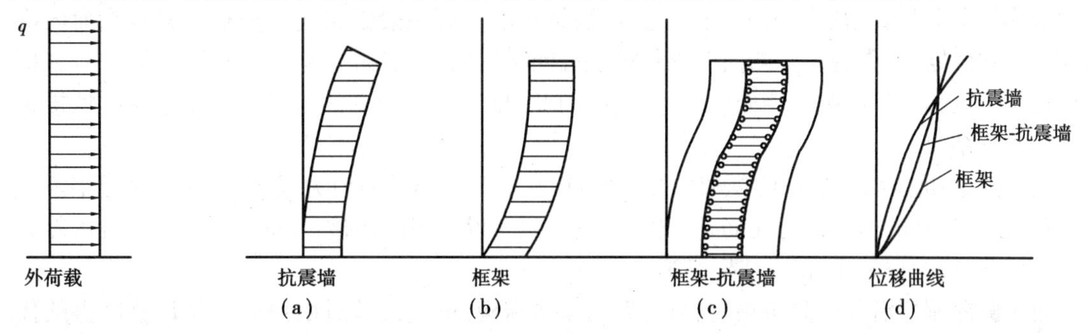

图 5.25　框架-抗震墙结构受力特点

在框架-抗震墙结构中,同一个结构单元内既有框架也有抗震墙,两种变形特性不同的结构通过平面内刚度很大的楼板连在一起共同工作,在每层楼板标高处位移相等。因此,在水平荷载作用下,框架-抗震墙结构的变形曲线是一条反 S 曲线(图 5.25(c))。在下部楼层,抗震墙侧移小,它拉着框架按弯曲型曲线变形,抗震墙承担大部分水平力;在上部楼层,抗震墙外倾,框架内收,框架拉抗震墙按剪切型曲线变形,抗震墙出现负剪力,框架除了负担外荷载产生的水平力外,还要把抗震墙拉回来,承担附加的水平力。因此,即使外荷载产生的顶层剪力很小,框架承受的水平力也很大。

在框架-抗震墙结构中沿抗震墙与框架的剪力之比 V_f/V_w 并非常数,而是随楼层标高而变化的(图 5.26)。因此,水平力在框架与抗震墙之间的分配不能按固定的刚度比例进行,而必须通过协同工作计算来解决。

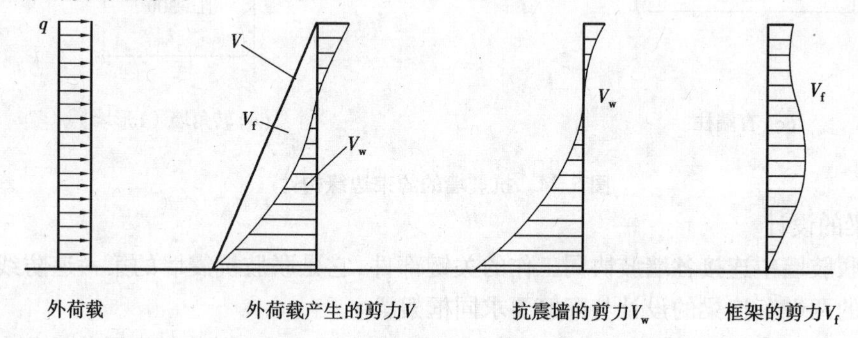

图 5.26 水平力在框架与抗震墙之间的分配

从受力特点来看,框架-抗震墙结构中的框架与纯框架有很大的不同。在纯框架结构中,框架的剪力是底部最大、顶部为零;而框架-抗震墙结构中的框架剪力却是底部为零,下面小、上面大,并且与框架-抗震墙结构的刚度特征值 λ 有关。纯框架结构的控制截面在下部楼层;而框架-抗震墙结构中的框架,其控制截面在中部楼层甚至是顶部楼层。

5.5.2 水平地震作用下框架-抗震墙结构内力的计算

1)框架剪力的调整

在框架-抗震墙结构中,由于抗震墙的抗侧刚度远大于框架的抗侧刚度,抗震墙承担了大部分水平荷载,在强震作用下,抗震墙开裂而刚度退化时,一部分地震力就向框架转移,框架受到的地震作用就会显著增加。另外,框架-抗震墙结构的计算一般都采用了楼板在自身平面内刚度无限大的假定,但作为主要侧向支承的抗震墙间距比较大,实际上楼板是有变形的,并且在框架处的水平位移大于在抗震墙处的水平位移,因此,框架实际承受的水平力大于采用刚性楼板假定的计算结果。

由于框架-抗震墙结构中的框架的受力特点,它的下部楼层的剪力很小,其底部接近零。显然,直接按照计算的剪力进行配筋是不安全的,必须予以适当的调整,使框架有足够的抗震能力和安全储备,成为框架-抗震墙结构的第二道防线。

对于侧向刚度沿竖向分布均匀的框架-抗震墙结构,抗震设计时由协同工作计算所得的任一层框架部分承担的剪力值 V_f 应不小于下列两者的较小者:

$$V_f > \min\{1.5V_{f\max}, 0.2V_0\} \tag{5.63}$$

式中 V_0——地震作用产生的结构底部总剪力;

$V_{f\max}$——框架-抗震墙结构的框架部分各楼层承受地震剪力中的最大值。

要注意的是，此项规定不适用于部分框架柱不到顶从而使上部框架柱数量减少的楼层。

2)抗震墙内力的调整

要使框架-抗震墙结构具有较好的抗震性能，必须把其中的抗震墙和框架都按延性要求进行设计。墙肢剪力与墙肢弯矩及抗震墙连梁的剪力调整和刚度折减可参见第5.4.2节内容。

3)其他框架内力的调整

框架部分的抗震等级确定后，框架-抗震墙结构中框架部分的内力调整与纯框架结构相同，即应作“强柱弱梁”“强剪弱弯”“强节点弱构件”调整，并增大底层柱和角柱的设计内力，具体调整方法参见本章第5.3节。

5.5.3　截面设计和抗震构造措施

1)截面设计

框架-抗震墙结构的主要承重构件——抗震墙的墙肢和连梁、框架柱和框架，其调整后的截面组合的剪力设计值都应符合剪压比的限值要求，验算公式为式(5.28)和式(5.29)。若不能满足剪压比要求，则应加大构件截面尺寸或提高混凝土强度等级。

2)框架-抗震墙结构的抗震构造措施

框架-抗震墙结构中框架部分的抗震构造措施与纯框架结构的相同，抗震墙部分的抗震构造措施也基本上与抗震墙的结构相同。由于框架-抗震墙结构中的抗震墙为第一道防线的主要抗侧力构件，为了提高其变形和耗能能力，对它的墙体厚度、墙体最小配筋率和端柱设计等提出了较严格的要求。

①框架-抗震墙结构的抗震墙厚度与边框设置，应符合下列要求：

a.框架-抗震墙结构中，抗震墙的厚度要求详见表5.10。

b.抗震墙端部设有端柱时，墙体在楼盖处宜设置暗梁，暗梁截面高度不宜小于墙厚和400 mm二者的较大值；端柱截面宜与同层框架柱相同，并应满足框架柱的相关要求；抗震墙底部加强部位的端柱和紧靠抗震墙洞口的端柱宜按柱箍筋加密区的要求沿全高加密箍筋。

②抗震墙的竖向和横向分布钢筋，配筋率均不应小于0.25%，钢筋直径不宜小于10 mm，间距不宜大于300 mm，并应双排布置，双排分布钢筋应设置拉筋。

③楼面梁与抗震墙平面外连接时，不宜支承在洞口连梁上；沿梁轴线方向设置与梁连接的抗震墙，梁的纵筋应锚固在墙内；也可在支承梁的位置设置扶壁柱或暗柱，并应按计算确定其截面尺寸和配筋。

5.6　框架结构抗震设计实例

某办公楼为4层整体现浇钢筋混凝土框架结构。楼层重力代表值分别为：$G_4=6\ 000$ kN，$G_3=G_2=8\ 000$ kN，$G_1=8\ 800$ kN，梁的截面为250 mm×600 mm，混凝土强度为C20，柱截面尺寸为450 mm×450 mm，混凝土强度为C30。拟建于I_1类场地上，该地区地震基本烈度为7度，设计地震分组为第二组，结构阻尼为0.05。结构平面图、剖面图与计算简图如图5.27所示。

试验算在横向水平地震作用下层间弹性位移,并绘出框架地震作用弯矩图。

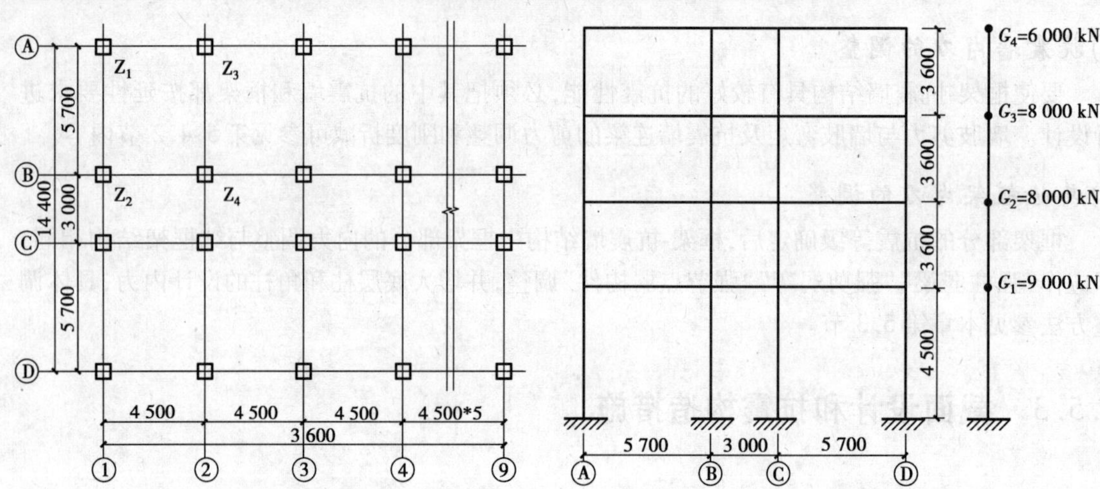

图 5.27　结构平面图、剖面图及计算简图

【解】

(1) 楼层重力荷载代表值

$$G_1 = 8\ 800\ \text{kN}, G_2 = G_3 = 8\ 000\ \text{kN}, G_4 = 6\ 000\ \text{kN}, \sum G_i = 30\ 800\ \text{kN}$$

(2)梁的线刚度计算

梁的刚度计算为:

$$I_0 = \frac{bh^3}{12} = \frac{1}{12} \times 0.25 \times 0.6^3 = 4.5 \times 10^{-3}(\text{m}^4)$$

梁的线刚度计算过程见表 5.14。

表 5.14　梁的线刚度计算表

框架类别	弹性模量 E_b(N/mm²)	梁的刚度	边跨线刚度(kN·m)		中跨线刚度(kN·m)	
			l(m)	$i_b = \frac{E_b I_b}{l}$	l(m)	$i_b = \frac{E_b I_b}{l}$
边框架梁	25.5×10^6	$I_b = 1.5I_0$	5.7	30.2×10^3	3.0	57.38×10^3
中框架梁		$I_b = 2.0I_0$		40.26×10^3		76.5×10^3

(3)柱的侧移刚度 D 计算

首层柱为:

$$i_c = \frac{E_c I_c}{h} = \frac{30 \times 10^6 \times \frac{1}{12} \times 0.45^4}{4.5} = \frac{102.52 \times 10^3}{4.5} = 22.78 \times 10^3(\text{kN} \cdot \text{m})$$

其他层柱为:

$$i_c = \frac{102.52 \times 10^3}{3.60} = 28.48 \times 10^3(\text{kN} \cdot \text{m})$$

柱的侧移刚度 D 按式(5.12)计算,计算过程见表 5.15。

对一般层：　　$\bar{K}=\frac{\sum i_b}{2i_c},\alpha=\frac{\bar{K}}{2+\bar{K}}$

对底层：　　$\bar{K}=\frac{\sum i_b}{i_c},\alpha=\frac{0.5+\bar{K}}{2+\bar{K}}$

表 5.15　中柱及边柱侧移刚度 D 的计算表

层数	层高(m)	柱号	柱根数	$\bar{K}$	α	D (10^4 kN/m)	$\sum D$ (10^4 kN/m)	楼层 D_i (10^4 kN/m)
2~4	3.6	Z_1	4	1.06	0.346	0.912	3.648	50.136
		Z_2	4	3.075	0.606	1.598	6.392	
		Z_3	14	1.414	0.414	1.092	15.288	
		Z_4	14	4.100	0.672	1.772	24.808	
1	4.5	Z_1	4	1.325	0.549	0.741	2.964	33.268
		Z_2	4	3.845	0.743	1.003	4.012	
		Z_3	14	1.767	0.602	0.813	11.382	
		Z_4	14	5.125	0.789	1.065	14.910	

(4)框架基本自振周期的计算

框架基本自振周期计算方法有多种，下面用常见的几种计算方法进行计算比较。

①根据能量法，计算基本自振周期。各楼层侧移计算如表 5.16 所示，则

$$T_1=2\varphi_t\sqrt{\frac{\sum_{i=1}^{n}G_i\Delta_i^2}{\sum_{i=1}^{n}G_i\Delta_i}}$$

$$=2\times0.7\times\sqrt{\frac{6\,000\times0.176\,4^2+14\,000\times0.164\,4^2+22\,000\times0.136\,5^2+30\,800\times0.092\,6^2}{6\,000\times0.176\,4+14\,000\times0.164\,4+22\,000\times0.136\,5+30\,800\times0.092\,6}}$$

$$=0.513(\mathrm{s})$$

表 5.16　各楼层侧移的计算

层次	楼层重力荷载 G_i(kN)	楼层剪力 $V_i=\sum_{i}^{n}G_i$ (kN)	楼层侧移刚度 D_i(kN/m)	层间侧移 $\delta_i=V_i/D_i$(m)	楼层侧移 $\Delta_i=\sum_{1}^{i}\delta_i$(m)
4	6 000	6 000	501 360	0.012 0	0.176 4
3	8 000	14 000	501 360	0.027 9	0.164 4
2	8 000	22 000	501 360	0.043 9	0.136 5
1	8 800	30 800	332 680	0.092 6	0.092 6

②根据顶点位移法，计算基本自振周期。由式(5.2)得：

$$T_1=1.7\varphi_T\sqrt{\Delta}=1.7\times0.7\times\sqrt{0.176\,4}=0.50(\mathrm{s})$$

③按《全国民用建筑工程设计技术措施》(建质[2009]129号)计算得：

$$T_1 = (0.1N \sim 0.15N)\varphi_T = (0.1\times4 \sim 0.15\times4)\times0.7 = 0.28 \sim 0.42(s)$$

由此可见，前面两种方法均需计算出层间位移或顶点位移，计算较为复杂，在工程中常采用第3种方法进行简化计算。综合前面两种方法所得计算结果，本例中取 $T_1 = 0.40$ s。

(5)多遇水平地震作用标准值和位移计算

本例房屋高度为15.35 m，且质量和刚度沿高度分布比较均匀，故可采用底部剪力法计算多遇地震作用标准值。

设防烈度7度时，$\alpha_{max} = 0.08$。由表3.5查得，I_1 类场地，设计地震分组为第二组时，$T_g = 0.30$ s，则：

$$\alpha_1 = \left(\frac{T_g}{T_1}\right)^{0.9}\alpha_{max} = \left(\frac{0.30}{0.40}\right)^{0.9}\times0.08 = 0.062$$

因为 $T_1 = 0.40\ s < 1.4T_g = 1.4\times0.30 = 0.42(s)$，故不考虑顶部附加水平地震作用，即 $\delta_n = 0$。

结构总水平地震作用标准值为：

$$F_{Ek} = \alpha_1 G_{eq} = 0.062\times0.85\times30\ 800 = 1\ 623.20(kN)$$

质点 i 的水平地震作用标准值、楼层地震剪力及楼层层间位移的计算过程，见表5.17。

表5.17　F_i, V_i 和 Δu_c 的计算

层次	G_i (kN)	H_i (m)	G_iH_i (kN·m)	$\sum G_iH_i$ (kN·m)	F_i (kN)	V_i (kN)	$\sum D$ (kN/m)	Δu_c (m)
4	6 000	15.3	91 800	286 200	520.65	520.65	501 360	0.001 0
3	8 000	11.7	93 600		530.86	1 051.51	501 360	0.002 0
2	8 000	8.1	64 800		367.52	1 419.02	501 360	0.002 7
1	8 000	4.5	36 000		204.18	1 623.20	332 680	0.003 4

首层：$\frac{\Delta u_c}{h} = \frac{0.003\ 4}{4.5} = \frac{1}{1\ 323.5} < \frac{1}{550}$（满足要求）

二层：$\frac{\Delta u_c}{h} = \frac{0.002\ 7}{3.6} = \frac{1}{1\ 333.3} < \frac{1}{550}$（满足要求）

(6)⑤号轴线框架内力计算

框架柱剪力和柱端弯矩的计算过程见表5.18，梁端剪力及柱轴力见表5.19。地震作用下框架层间剪力如图5.28所示，框架弯矩图如图5.29所示。

表5.18　水平地震作用下框架柱剪力和柱端弯矩标准值

层次	柱号	h (m)	V_i (kN)	$\sum D$ (kN/m)	D (kN/m)	$\frac{D}{\sum D}$	V_{ik} /kN	$\bar{K}$	y (m)	$M_下$ (kN·m)	$M_上$ (kN·m)
4	Z_3	3.6	520.65	501 360	10 920	0.022	11.45	1.414	0.37	15.26	25.98
	Z_4				17 720	0.035	18.22	4.1	0.45	29.52	36.08
3	Z_3	3.6	1 051.51	50 1360	10 920	0.022	23.13	1.414	0.45	37.48	45.80
	Z_4				17 720	0.035	36.80	4.1	0.50	66.24	66.24

续表

层次	柱号	h (m)	V_i (kN)	$\sum D$ (kN/m)	D (kN/m)	$\frac{D}{\sum D}$	V_{ik} /kN	$\overline{K}$	y (m)	$M_{下}$ (kN·m)	$M_{上}$ (kN·m)
2	Z_3	3.6	1 419.02	501 360	10 920	0.022	31.22	1.414	0.47	52.82	59.56
	Z_4				17 720	0.035	49.67	4.1	0.50	89.40	89.40
1	Z_3	4.5	1 623.2	332 680	8 130	0.024	38.96	1.767	0.58	101.68	73.63
	Z_4				10 650	0.032	51.94	5.125	0.55	128.56	105.18

注：$V_{ik}=\frac{D}{\sum D}V_i$；$M_{下}=V_{ik}yh$ 为柱下端弯矩；$M_{上}=V_{ik}(1-y)h$ 为柱上端弯矩。

表 5.19 水平地震作用下梁端剪力及柱轴力标准值

层次	AB 跨梁端剪力				BC 跨梁端剪力				柱轴力	
	l/m	$M_{E左}$ (kN·m)	$M_{E右}$ (kN·m)	$V_E=\frac{M_{E左}+M_{E右}}{l}$ (kN)	l/m	$M_{E左}$ (kN·m)	$M_{E右}$ (kN·m)	$V_E=\frac{M_{E左}+M_{E右}}{l}$ (kN·m)	边柱 N_E (kN)	中柱 N_E (kN)
4	5.7	25.98	12.44	6.74	3.00	23.64	23.64	15.76	6.74	9.02
3	5.7	60.34	33.02	16.38	3.00	62.74	62.74	41.83	23.12	34.47
2	5.7	97.04	53.67	26.44	3.00	101.97	101.97	67.98	49.59	75.98
1	5.7	126.45	67.09	33.95	3.00	127.49	127.49	84.99	83.49	127.07

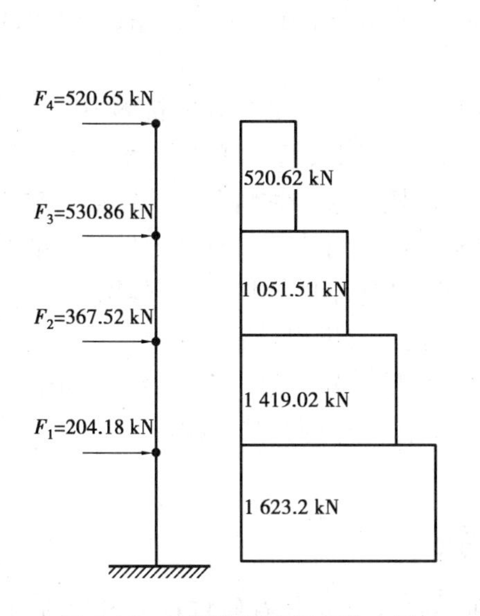

图 5.28 地震作用下框架剪力图

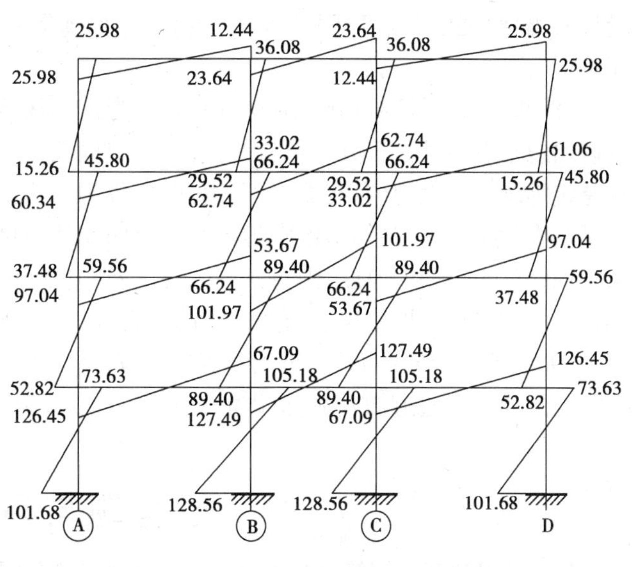

图 5.29 地震作用下框架弯矩图

本章小结

本章简要介绍了多层和高层钢筋混凝土结构房屋抗震的结构体系及布置要求,给出了多层和高层钢筋混凝土结构房屋(主要是框架结构房屋)的抗震设计内容、步骤及基本要求。

(1)多层和高层钢筋混凝土结构房屋抗震计算的内容一般包括:①结构动力特性分析,主要是结构自振周期的确定;②结构地震反应计算,包括多遇烈度下的地震反应与结构侧移计算;③结构内力分析;④截面抗震设计等。

(2)多层和高层钢筋混凝土结构房屋的水平地震作用一般可通过底部剪力法或振型分解反应谱法确定。

(3)地震区的框架结构,应设计成延性框架,遵守"强柱弱梁"、"强剪弱弯"、强节点、强锚固等设计原则。

(4)框架梁设计的基本要求是:①梁端形成塑性铰后仍有足够的受剪承载力;②梁筋屈服后,塑性铰区段应有较好的延性和耗能能力;③应可靠解决梁筋锚固问题。

(5)框架柱的设计应遵循以下设计原则:①强柱弱梁,使柱尽量不出现塑性铰;②在弯曲破坏之前不发生剪切破坏,使柱有足够的抗剪能力;③控制柱的轴压比不要太大;④加强约束,配置必要的约束箍筋。

(6)框架节点是框架梁柱构件的公共部分,框架结构抗震设计中对节点应予以足够的重视。框架节点的设计准则是:①节点的承载力不应低于其连接构件(梁、柱)的承载力;②多遇地震时,节点应在弹性范围内工作;③罕遇地震时,节点承载力的降低不得危及竖向荷载的传递;④梁柱纵筋在节点区应有可靠的锚固;⑤节点配筋不应使施工过分困难。

(7)抗震墙广泛应用于多层和高层钢筋混凝土房屋。抗震墙由墙肢和连梁组成。抗震墙设计应遵循"强墙弱梁""强剪弱弯"的原则,即连梁屈服先于墙肢屈服,连梁和墙肢应为受弯屈服。

(8)框架-抗震墙结构中的抗震墙,是作为该结构体系第一道防线的主要的抗侧力构件,其抗震墙通常有两种布置方式:一种是抗震墙与框架分开,抗震墙围成筒,墙的两端设有柱;另一种是抗震墙嵌入框架内,有端柱,有边框梁,成为带边框抗震墙。第一种情况的抗震墙,与抗震墙结构中的抗震墙、筒体结构中的核心筒或内筒墙体区别不大。对于第二种情况的抗震墙,如果梁的宽度大于墙的厚度,则每一层的抗震墙有可能成为高宽比小的矮墙,强震作用下发生剪切破坏,同时,抗震墙给柱端施加很大的剪力,使柱端剪坏,这对抗倒塌是非常不利的。

(9)抗震墙应双向布置,竖向布置应连续,防止刚度和承载力突变;宜增加结合楼梯间布置抗震墙形成安全通道的要求;抗震墙的两端宜设置端柱,或与另一方向的抗震墙相连。

思考题与习题

5.1 多层和高层钢筋混凝土结构房屋主要有哪几种结构体系？各有何特点及各自适用范围如何?

5.2 多层和高层钢筋混凝土结构房屋的震害主要有哪些表现?

5.3 为什么要限制各种结构体系的最大高度及高宽比?

5.4 框架结构、框架-抗震墙结构、抗震墙结构的布置分别应着重解决哪些问题?

5.5 多层和高层钢筋混凝土结构房屋的抗震等级是如何确定的?

5.6 如何计算框架结构的自振周期?如何确定框架结构的水平地震作用?

5.7 为什么要进行结构的侧移计算?框架结构的侧移计算包括哪几个方面?各如何计算?

5.8 框架结构在水平地震作用下的内力如何计算?在竖向荷载作用下的内力如何计算?

5.9 如何进行框架结构内力组合?

5.10 框架结构抗震设计的基本原则是什么?如何进行框架梁、柱、节点设计?

5.11 某教学楼为5层钢筋混凝土框架结构,如图5.30所示。各层重力荷载代表值见表5.20。框架横梁截面尺寸为250 mm×600 mm,混凝土强度等级为C20;柱截面尺寸:底层为500 mm×500 mm,其余层为450 mm×450 mm,楼板采用预制预应力空心板加整浇叠合层。设防烈度为8度,设计地震加速度为0.2g,Ⅱ类场地,设计地震分组为第1组,试进行中间横向框架的抗震设计。

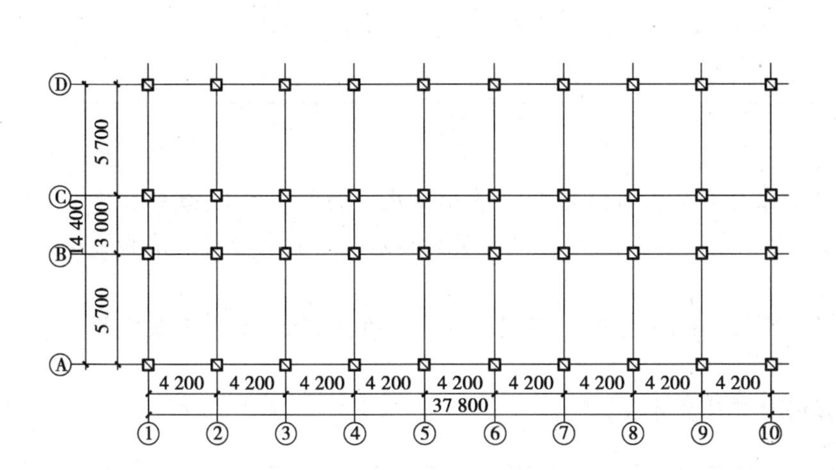

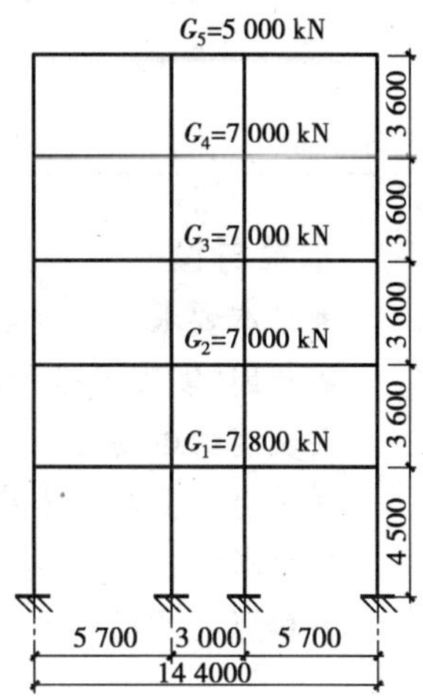

图5.30　柱网布置和结构横剖面简图

表5.20　框架楼面和屋面荷载

荷载性质	荷载类别	屋面荷载(kN/m²)	楼面荷载(kN/m²)	
			教室	走廊
活载	楼面活荷载	0.5	2.0	2.5
	雪载	0.5	—	—
恒载	楼面材料	3.0	1.1	1.1
	预制板(含叠合层)	3.1	3.1	3.1
	板底粉刷	0.5	0.5	0.5

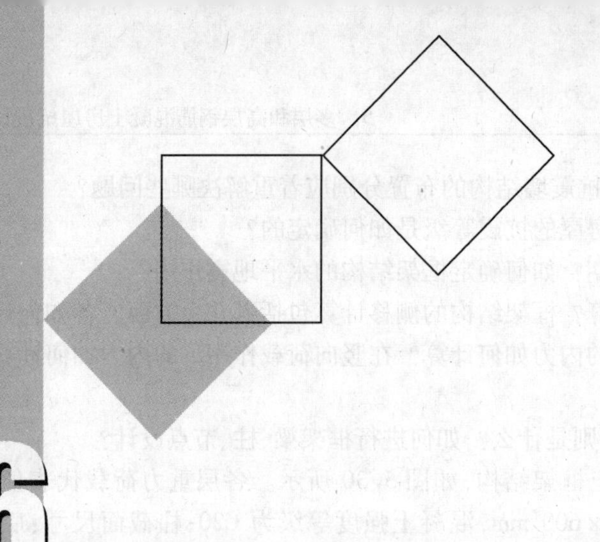

6 砌体房屋抗震设计

本章导读：

• **基本要求** 了解多层砌体房屋和底部框架-抗震墙砌体房屋的震害现象，理解其震害原因、震害规律和抗震设计的一般要求，掌握这两类砌体房屋的抗震计算方法和主要抗震构造要求。

• **重点** 多层砌体房屋抗震设计的一般要求，多层砌体房屋的抗震计算方法和抗震构造要求。

• **难点** 多层砌体房屋的抗震计算方法。

砌体房屋是以块体和砂浆砌筑而成的墙、柱作为主要竖向承重构件的房屋，是砖砌体、砌块砌体和石砌体房屋的统称。它是我国民用建筑中广泛使用的建筑形式之一，包括多层砌体房屋和底部框架-抗震墙砌体房屋，主要用于住宅建筑，也可用于办公楼、教学楼、医院、商店等建筑。但是，由于砌体是一种脆性材料，其抗拉、抗剪、抗弯强度均较低，因而这类房屋的抗震性能和抗震能力都较差，特别是未经合理抗震设计的多层砌体房屋在强震中更是普遍遭受严重破坏，国内外地震震害都证实了这一点。

然而，震害调查也发现，在 7 度区、8 度区，甚至 9 度区，也有一些砌体房屋受地震的损害较轻，有的甚至还基本完好。这就说明，只要经过合理的抗震设计，采取适当的构造措施，砌体房屋的抗震能力也可以满足抗震设防的要求。本章将从砌体房屋的震害及其分析入手，着重介绍砌体房屋抗震设计的 3 个主要内容：抗震概念设计、抗震强度验算和抗震构造措施。

6.1　砌体房屋的震害及其分析

6.1.1　多层砌体房屋的震害及原因

在砌体结构房屋中，由块体和砂浆砌成的墙、柱是主要的竖向承重构件，它不仅承受竖向荷载，也承受水平地震作用，受力复杂，地震时容易产生裂缝。在往复地震作用下，裂缝不断发展、增多、加宽，导致墙体崩塌、楼盖塌落、房屋破坏。其震害主要表现如下：

(1)房屋倒塌

当房屋墙体特别是底层墙体整体抗震强度不足时，易造成房屋整体倒塌；当房屋局部或上层墙体抗震强度不足或个别部位构件间连接强度不足时，易造成局部倒塌(图6.1)。

图6.1　砌体房屋倒塌

图6.2　砌体房屋墙体开裂

(2)墙体开裂

墙体出现斜裂缝主要是由于抗剪强度不足。在水平地震作用下，高宽比较小的墙片易出现斜裂缝，由于地震的往复作用，多形成交叉斜裂缝(图6.2)；高宽比较大的墙片易出现水平偏斜裂缝；当墙片平面外受弯时，易出现水平裂缝；当纵横墙交接处连接不好时，易出现竖向裂缝。

(3)墙角破坏

墙角位于房屋端部，是纵横墙的交汇点，地震作用下应力状态复杂，其破坏形态多种多样，主要有受剪的斜裂缝、受压的竖向裂缝、墙角脱落或局部倒塌(图6.3)。

(4)纵横墙连接破坏

纵横墙连接处受力比较复杂，如果施工时纵横墙没有很好地咬槎和连接，地震时易出现竖向裂缝、拉脱，甚至造成外纵墙整片倒塌(图6.4)。

(5)楼梯间破坏

砌体结构的楼梯间一般开间较小，其墙体分配的水平地震作用较多，且沿高度方向缺乏有效支撑，空间整体刚度较小，高厚比较大，稳定性差，地震时易遭破坏。图6.5为汶川地震中某住宅楼梯间楼梯斜板及两侧墙体的破坏。

图 6.3　砌体房屋墙角破坏

图 6.4　砌体房屋外纵墙整片倒塌

(6)楼、屋盖的破坏

楼、屋盖是地震时传递水平地震作用的主要构件,其水平刚度和整体性对房屋抗震性能影响很大。楼、屋盖的破坏,主要是由于楼板或梁在墙上的支承长度不够,端部缺乏足够拉结,引起局部倒塌;或因下部支撑墙体破坏倒塌,引起楼、屋盖塌落(图 6.6)。

图 6.5　楼梯间震害

图 6.6　砌体房屋楼屋盖破坏

(7)其他破坏

其他破坏主要包括:建筑非结构构件的破坏,如突出屋面的女儿墙、烟囱、垃圾道、屋顶间由于地震时的鞭梢效应而引起的破坏(图 6.7),围护墙、隔墙、室内装饰的开裂、倒塌;防震缝宽度不够,导致强震时缝两侧墙体碰撞造成损坏(图 6.8),等等。

图 6.7　突出屋面的女儿墙根部断裂

图 6.8　防震缝两侧墙体碰撞破坏

6.1.2　多层砌体房屋的震害规律

根据震害调查分析，发现多层砌体房屋的震害存在以下规律：

①刚性楼盖房屋，上层破坏轻，下层破坏重；柔性楼盖房屋，上层破坏重，下层破坏轻。

②横墙承重房屋震害轻于纵墙承重房屋震害。

③坚实地基上的房屋震害轻于软弱地基和非均匀地基上的房屋震害。

④外廊式房屋地震破坏严重。

⑤预制楼板结构比现浇楼板结构破坏严重。

⑥房屋两端、转角、楼梯间及附属结构的震害较重。

此外，多层混合结构房屋中设置钢筋混凝土构造柱的抗震措施，是在总结唐山大地震的抗震经验中提出来的。1976 年 7 月 28 日的唐山 7.8 级地震，造成大量建筑倒塌或破坏，其中砖砌体承重的房屋几乎 100% 受到了不同程度的破坏，85% 以上倒塌。在大片倒塌的房屋中，尚存一些裂而未倒的砖砌体房屋，这些房屋砖墙的特定部位，设置了不同截面的钢筋混凝土构造柱。正是由于这些构造柱的存在，约束着破碎的墙体，使其没有一塌到底。多次强震震害调查表明，此项构造措施对防止房屋倒塌有效，凡设有钢筋混凝土构造柱的多层砌体结构房屋与未设构造柱的同类房屋相比，震害显著减轻，如图 6.9 所示。

(a) 无构造柱的转角破坏

(b) 有构造柱的转角破坏

图 6.9　有无钢筋混凝土构造柱的砌体房屋震害

6.1.3　底部框架-抗震墙砌体房屋的震害及原因

底部框架-抗震墙砌体房屋主要是指结构底层或底部两层采用钢筋混凝土框架的多层砌体房屋，主要用于底部需要大空间，但上面各层采用较多纵横墙的砌体房屋，如底层设置商店、餐厅的多层住宅、旅馆、办公楼等建筑。

当底部框架砌体房屋的底部未设抗震墙时，因其底部刚度小、上部刚度大，竖向刚度急剧变化，底部形成薄弱层，抗震性能较差，其震害集中在底部框架，主要表现为底部框架丧失承载力或因变形集中、侧移过大而破坏，甚至坍塌。图 6.10 为汶川地震中北川县的两栋底部框架上部砌体房屋，一栋底部一层框架发生严重倾斜，另一栋底部一层框架完全倒塌。而当底部框架中设有适量的抗震墙时，则可避免底部形成薄弱层，此时，其震害现象与多层砌体房屋的震害有很多共同点。

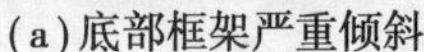

(a)底部框架严重倾斜　　(b)底部框架完全倒塌

图 6.10　底部框架上部砌体房屋的震害

6.2　砌体房屋抗震设计的一般规定

砌体房屋抗震设计的关键在于房屋的建筑布置和结构选型及布置。为了实现抗震设计目标,在砌体房屋建筑平、立面布置以及结构体系方面,除应满足一般抗震概念设计要求外,还应遵循一些规定。

6.2.1　建筑布置与结构体系

砌体房屋的建筑平面、立面和剖面布置对房屋的抗震性能影响极大,如果布置不合理,再试图以提高构件抗震承载力或加强构造措施来提高其抗震能力将难以达到目标且不经济,为此,《抗震规范》作出了相关规定。

(1)多层砌体房屋建筑布置和结构体系的要求

①应优先采用横墙承重或纵横墙共同承重的结构体系,不应采用砌体墙和混凝土墙混合承重的结构体系。

②纵横向砌体抗震墙的布置应符合下列要求:

a. 宜均匀对称,沿平面内宜对齐,沿竖向应上下连续;且纵横向墙体的数量不宜相差过大。

b. 平面轮廓凹凸尺寸,不应超过典型尺寸的 50%;当超过典型尺寸的 25% 时,房屋转角处应采取加强措施。

c. 楼板局部大洞口的尺寸不宜超过楼板宽度的 30%,且不应在墙体两侧同时开洞。

d. 房屋错层的楼板高差超过 500 mm 时,应按两层计算;错层部位的墙体应采取加强措施。

e. 同一轴线上的窗间墙宽度宜均匀;墙面洞口的面积,在 6 度、7 度时不宜大于墙面总面积的 55%,8 度、9 度时不宜大于 50%。

f. 在房屋宽度方向的中部应设置内纵墙,其累计长度不宜小于房屋总长度的 60%(高宽比大于 4 的墙段不计入)。

③房屋有下列情况之一时宜设置防震缝,缝两侧均应设置墙体,缝宽应根据设防烈度和房屋高度确定,可采用 70 ~ 100 mm:

a. 房屋立面高差在 6 m 以上。

b. 房屋有错层,且楼板高差大于层高的1/4。

c. 各部分结构刚度、质量截然不同。

④楼梯间不宜设置在房屋的尽端和转角处。

⑤不应在房屋转角处设置转角窗。

⑥横墙较少、跨度较大的房屋,宜采用现浇钢筋混凝土楼、屋盖。

此外,烟道、风道、垃圾道等不应削弱墙体;当墙体被削弱时,应对墙体采取加强措施。不宜采用无竖向配筋的附墙烟囱及出屋面的烟囱。不应采用无锚固的钢筋混凝土预制挑檐。

(2)底部框架-抗震墙砌体房屋结构布置的要求

①上部的砌体墙体与底部的框架梁或抗震墙,除楼梯间附近的个别墙段外均应对齐。

②房屋的底部,应沿纵横两个方向设置一定数量的抗震墙,并应均匀对称布置。6度且总层数不超过4层的底部框架-抗震墙砌体房屋,应允许采用嵌砌于框架之间的约束普通砖砌体或小砌块砌体的抗震墙,但应计入砌体墙对框架的附加轴力和附加剪力并进行底层的抗震验算,且同一方向不应同时采用钢筋混凝土抗震墙和约束砌体抗震墙;其他情况下,8度时应采用钢筋混凝土抗震墙,6度、7度时应采用钢筋混凝土抗震墙或配筋小砌块砌体抗震墙。

③底层框架-抗震墙砌体房屋的纵横两个方向,第2层计入构造柱影响的侧向刚度与底层侧向刚度的比值,6度、7度时不应大于2.5,8度时不应大于2.0,且均不应小于1.0。

④底部两层框架-抗震墙砌体房屋的纵横两个方向,底层与底部第2层侧向刚度应接近,第3层计入构造柱影响的侧向刚度与底部第2层侧向刚度的比值,在6度、7度时不应大于2.0,8度时不应大于1.5,且均不应小于1.0。

⑤底部框架-抗震墙砌体房屋的抗震墙应设置条形基础、筏形基础等整体性好的基础。

6.2.2 层数和总高度

由于砌体墙地震时易产生裂缝,开裂墙体在地震作用下易产生出平面错动,从而大幅降低墙体竖向承载力,墙体可能被压垮。震害资料表明,随砌体房屋层数和高度增加,房屋的破坏程度加重,倒塌率增加。因此,对砌体房屋的层数和总高度要给以一定限制。《抗震规范》明确要求:

①一般情况下,多层砌体房屋的层数和总高度不应超过表6.1的规定。

表6.1 砌体房屋的层数和总高度限值 单位:m

房屋类别		最小抗震墙厚度(mm)	烈度											
			6度		7度				8度				9度	
			0.05*g*		0.10*g*		0.15*g*		0.20*g*		0.30*g*		0.40*g*	
			高度	层数	高度	层数	高度	层数	高度	层数	高度	层数	高度	层数
多层砌体房屋	普通砖	240	21	7	21	7	21	7	18	6	15	5	12	4
	多孔砖	240	21	7	21	7	18	6	18	6	15	5	9	3
	多孔砖	190	21	7	18	6	15	5	15	5	12	4	—	—
	小砌块	190	21	7	21	7	18	6	18	6	15	5	9	3

续表

房屋类别		最小抗震墙厚度(mm)	烈度											
			6度		7度				8度				9度	
			0.05g		0.10g		0.15g		0.20g		0.30g		0.40g	
			高度	层数	高度	层数	高度	层数	高度	层数	高度	层数	高度	层数
底部框架-抗震墙砌体房屋	普通砖 多孔砖	240	22	7	22	7	10	6	16	5	—	—	—	—
	多孔砖	190	22	7	19	6	16	5	13	4	—	—	—	—
	小砌块	190	22	7	22	7	19	6	16	5	—	—	—	—

注:①房屋的总高度是指室外地面到主要屋面板板顶或檐口的高度。半地下室从地下室室内地面算起,全地下室和嵌固条件好的半地下室应允许从室外地面算起;对带阁楼的坡屋面应算到山尖墙的1/2高度处;

②室内外高差大于0.6 m时,房屋总高度应允许比表中的数据适当增加,但增加量应少于1.0 m;

③乙类的多层砌体房屋仍按本地区设防烈度查表6.1,但层数应减少一层且总高度应降低3 m;不应采用底部框架-抗震墙砌体房屋;

④本表小砌块砌体房屋不包括配筋混凝土小型空心砌块砌体房屋。

②横墙较少的多层砌体房屋,总高度应比表6.1的规定降低3 m,层数相应减少一层;各层横墙很少的多层砌体房屋,还应再减少一层。

③6度、7度时,横墙较少的丙类多层砌体房屋,当按规定采取加强措施并满足抗震承载力要求时,其高度和层数应允许仍按表6.1的规定采用。

④采用蒸压灰砂砖和蒸压粉煤灰砖的砌体房屋,当砌体的抗剪强度仅达到普通黏土砖砌体的70%时,房屋的层数应比普通砖房屋减少一层,总高度应减少3 m;当砌体的抗剪强度达到普通黏土砖砌体的取值时,房屋层数和总高度的要求同普通砖房屋。

普通砖、多孔砖和小砌块等砌体承重的多层房屋的层高,不应超过3.6 m;当使用功能确有需要时,采用约束砌体等加强措施的普通砖墙体的层高不应超过3.9 m。底部框架-抗震墙砌体房屋的底部,层高不应超过4.5 m;当底层采用约束砌体抗震墙时,底层的层高不应超过4.2 m。

6.2.3 多层砌体房屋的最大高宽比

多层砌体房屋的高宽比大时,在地震作用下会发生整体弯曲破坏,具体表现是底层外纵墙产生水平裂缝,并向内延伸至横墙。多层砌体房屋一般可不作整体弯曲验算,但为保证其稳定性,应对其高宽比作限制。《抗震规范》对多层砌体房屋最大高宽比的限值见表6.2。

表6.2 房屋最大高宽比

烈度	6度	7度	8度	9度
最大高宽比	2.5	2.5	2.0	1.5

注:①单面走廊房屋的总宽度不包括走廊宽度;

②建筑平面接近正方形时,其高宽比宜适当减小。

6.2.4　抗震横墙的间距

房屋的抗震横墙间距大、数量少,房屋结构的空间刚度就小,同时纵墙的侧向支撑就少,房屋的整体性降低,因而其抗震性能就差。此外,横墙间距过大,楼盖刚度可能不足以传递水平地震作用到相邻墙体,可能使纵墙发生较大的出平面弯曲而导致破坏,如图6.11所示。因此,应对砌体房屋抗震横墙间距作限制,表6.3为《抗震规范》对砌体房屋抗震横墙间距的限值。

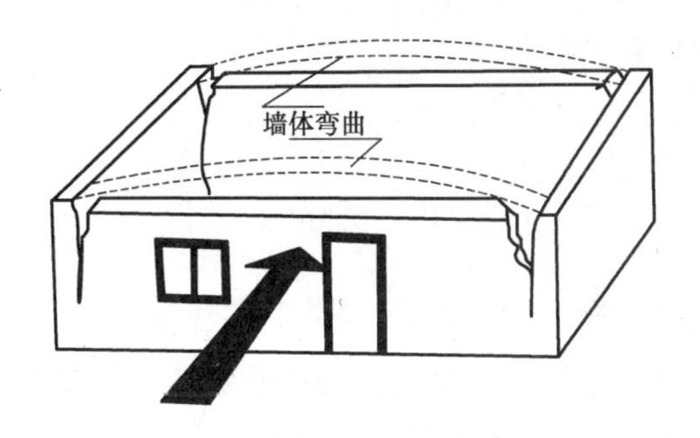

图6.11　横墙间距过大引起的破坏

表6.3　砌体房屋抗震横墙间距的限值　　单位:m

房屋类别		烈度			
		6度	7度	8度	9度
多层砌体房屋	现浇或装配整体式钢筋混凝土楼、屋盖	15	15	11	7
	装配式钢筋混凝土楼、屋盖	11	11	9	4
	木屋盖	9	9	4	—
底部框架-抗震墙砌体房屋	上部各层	同多层砌体房屋			—
	底层或底部两层	18	15	11	—

注:①多层砌体房屋的顶层,除木屋盖外的最大横墙间距应允许适当放宽,但应采取相应加强措施;
②多孔砖抗震横墙厚度为190 mm时,最大横墙间距应比此表中的数值减少3 m。

6.2.5　房屋的局部尺寸

为避免砌体房屋出现薄弱部位,防止因局部破坏而造成整栋房屋结构的破坏甚至倒塌,应对多层砌体房屋的局部尺寸作限制,其限值见表6.4。

表6.4　房屋的局部尺寸限值　　单位:m

部　位	烈度			
	6度	7度	8度	9度
承重窗间墙最小宽度	1.0	1.0	1.2	1.5
承重外墙尽端至门窗洞边的最小距离	1.0	1.0	1.2	1.5

续表

部　位	烈　度			
	6 度	7 度	8 度	9 度
非承重外墙尽端至门窗洞边的最小距离	1.0	1.0	1.0	1.0
内墙阳角至门窗洞边的最小距离	1.0	1.0	1.5	2.0
无锚固女儿墙(非出入口处)的最大高度	0.5	0.5	0.5	0.0

注:①局部尺寸不足时,应采取局部加强措施弥补,且最小宽度不宜小于 1/4 层高和表列数据的 80%;

②出入口处的女儿墙应有锚固。

6.2.6　材料要求

砌体结构材料应符合下列要求:普通砖和多孔砖的强度等级不应低于 MU10,其砌筑砂浆强度等级不应低于 M5;混凝土小型空心砌块的强度等级不应低于 MU7.5,其砌筑砂浆强度等级不应低于 Mb7.5。

6.3　多层砌体房屋的抗震验算

多层砌体房屋所受地震作用主要包括水平、竖向和扭转地震作用。一般来讲,竖向地震作用对多层砌体结构所造成的破坏比例相对较小,而扭转地震作用可以通过在平面布置中注意结构对称性得到缓解。再者,《抗震规范》对砌体房屋的高度和层数有严格的规定,且其侧向刚度大,侧向位移小。因此,对多层砌体结构,一般只要求进行水平地震作用下的抗震强度验算。

6.3.1　计算简图

满足上述 6.2 节要求的多层砌体房屋,在水平地震作用下的变形以剪切变形为主。对图 6.12(a)所示的多层砌体房屋,地震作用计算简图如图 6.12(b)所示。

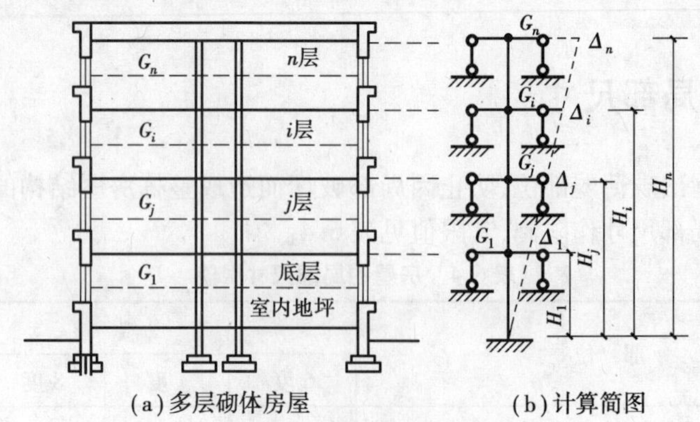

(a)多层砌体房屋　　(b)计算简图

图 6.12　多层砌体房屋地震作用计算简图

多层砌体房屋地震作用计算时,各楼层重力荷载集中在楼、屋盖标高处,简化为串联的多质点体系,如图6.12所示。计算简图中结构底部固定端标高的取法:当基础埋置较浅时,取基础顶面;当基础埋置较深时,可取室外地坪下0.5 m处;当设有整体刚度很大的全地下室时,则取地下室顶板处;当地下室整体刚度较小或为半地下室时,则应取地下室室内地坪处。

6.3.2　水平地震作用计算

多层砌体房屋的水平地震作用计算采用底部剪力法,计算步骤如下:

①按本书第3.1.3节计算各楼层质点的重力荷载代表值 G_i。

②按本书第3.2.2节计算等效总重力荷载代表值 G_{eq}。

③按本书第3.2.2节计算结构底部总水平地震作用的标准值 F_{Ek}。

多层砌体房屋中纵向或横向承重墙体的数量较多,房屋的侧移刚度很大,其纵向和横向基本周期较短,一般均不超过0.25 s。故其水平地震作用计算时水平地震影响系数宜取最大值,即 $\alpha_1=\alpha_{max}$,则有

$$F_{Ek}=\alpha_{max}G_{eq} \tag{6.1}$$

④按式(3.10)计算各楼层质点的水平地震作用标准值 F_i。

对于多层砌体结构,可不考虑顶层质点的附加地震作用,取 $\delta_n=0$,则有

$$F_i=\frac{G_iH_i}{\sum_{j=1}^{i}G_jH_j}F_{Ek} \tag{6.2}$$

在线弹性变形阶段,按式(6.2)计算的地震作用接近倒三角形分布,如图6.13(b)所示。

⑤计算各楼层地震剪力 V_i。作用在第 i 层的地震剪力标准值 V_i 等于 i 层以上各层水平地震作用标准值之和,如图6.13(c)所示,即

$$V_i=\sum_{j=i}^{n}F_j \tag{6.3}$$

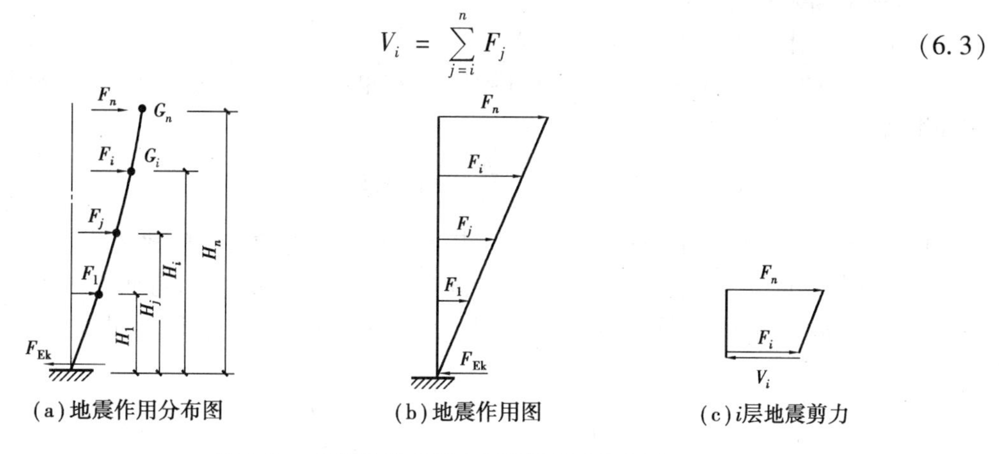

(a)地震作用分布图　(b)地震作用图　(c)i层地震剪力

图6.13　多层砌体房屋水平地震作用分布图

6.3.3　楼层各墙体(段)间地震剪力的分配

在多层砌体房屋中,墙体是主要抗侧力构件,要进行墙体的抗震强度验算,必须知道作用在该墙体上的地震剪力。为此,需要解决楼层地震剪力在各墙体(段)间的分配问题。楼层地震剪力 V_i 在同一楼层各片墙间的分配主要取决于楼屋盖的类型、水平刚度以及各墙体的侧向刚度。

1）墙体的侧向刚度

假定各层楼盖仅发生平移而不发生转动，将各层墙体视为下端固定、上端嵌固的构件，墙体在单位水平力作用下的总变形包括弯曲变形和剪切变形，如图 6.14 所示。

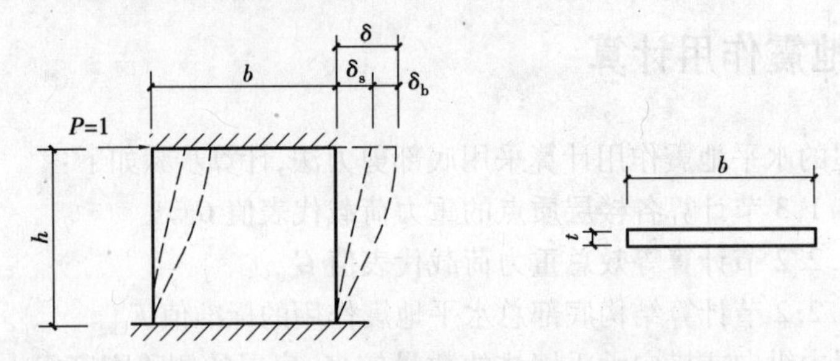

图 6.14　墙体在单位水平力作用下的变形

弯曲变形 δ_b、剪切变形 δ_s 和总变形 δ 分别为：

$$\delta_b = \frac{h^3}{12EI} = \frac{1}{Et}\frac{h}{b}\left(\frac{h}{b}\right)^2 \tag{6.4}$$

$$\delta_s = \frac{\xi h}{AG} = 3\,\frac{1}{Et}\,\frac{h}{b} \tag{6.5}$$

$$\delta = \delta_b + \delta_s \tag{6.6}$$

式中　h,b,t ——分别为墙体高度、宽度和厚度；

A ——墙体的水平截面面积，$A=bt$；

I——墙体的水平截面惯性矩，$I=tb^3/12$；

ξ——截面剪应力分布不均匀系数，对矩形截面取 $\xi=1.2$；

E——砌体弹性模量；

G——砌体剪切模量，一般取 $G=0.4E$。

将 A、I、G 的表达式和 ξ 代入上式，可得到构件在单位水平力作用下的总变形 δ，即构件的侧移柔度为：

$$\delta = \frac{1}{Et}\frac{h}{b}\left(\frac{h}{b}\right)^2 + 3\frac{1}{Et}\frac{h}{b} \tag{6.7}$$

图 6.15 给出了不同高宽比 h/b 的墙体，其剪切变形和弯曲变形的数量关系以及在总变形中所占的比例。可以看出：当 $h/b<1$ 时，墙体变形以剪切变形为主，弯曲变形仅占总变形的 10% 以下；当 $h/b>4$ 时，墙体变形以弯曲变形为主，剪切变形在总变形中所占的比例很小，墙体

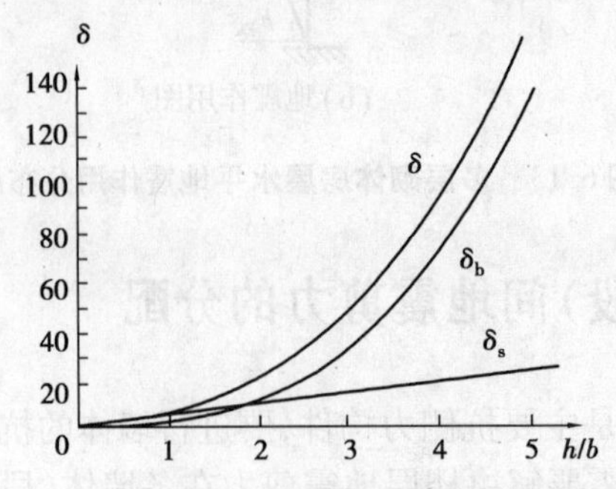

图 6.15　不同高宽比墙体的剪切变形和弯曲变形

侧移柔度值很大；当 $1 \leqslant h/b \leqslant 4$ 时，剪切变形和弯曲变形在总变形中均占有相当的比例。为此，《抗震规范》规定：

①$h/b<1$ 时，确定墙体侧向刚度可只考虑剪切变形的影响，即

$$K_s = \frac{1}{\delta_s} = \frac{Et}{3h/b} \tag{6.8}$$

②$1 \leqslant h/b \leqslant 4$ 时，应同时考虑弯曲变形和剪切变形的影响，即

$$K = \frac{1}{\delta} = \frac{Et}{\frac{h}{b}\left[3+\left(\frac{h}{b}\right)^2\right]} \tag{6.9}$$

③$h/b>4$ 时，侧移柔度值很大，可不考虑其侧向刚度，即取 $K=0$。

墙体的高宽比指层高与墙宽之比，对门窗洞口边的小墙段，指洞净高与洞侧墙宽之比。墙段宜按门窗洞口划分，在计算其高宽比时，墙段高度 h 的取法是：窗间墙取窗洞高；门间墙取门洞高；门窗之间的墙取窗洞高；尽端墙取紧靠尽墙的门洞或窗洞高，如图 6.16 所示。

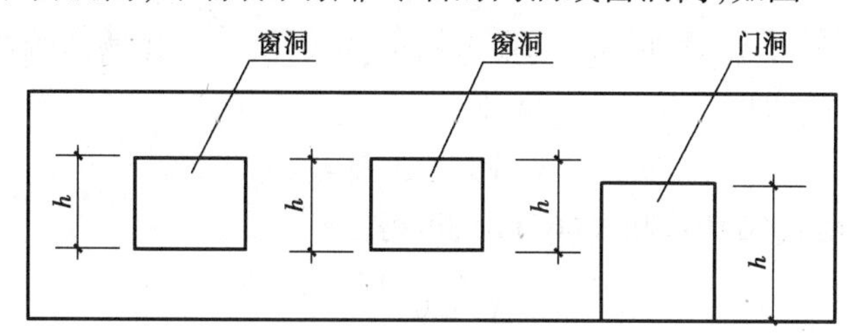

图 6.16　墙段高度的取值

对设置构造柱的小开口墙段按毛墙面计算的侧向刚度，可根据开洞率乘以表 6.5 的墙段洞口影响系数。

表 6.5　墙段洞口影响系数

开洞率	0.10	0.20	0.30
影响系数	0.98	0.94	0.88

注：①开洞率为洞口水平截面积与墙段水平毛截面积之比，相邻洞口之间净宽小于 500 mm 的墙段视为洞口；

②洞口中线偏离墙段中线大于墙段长度的 1/4 时，表中影响系数值折减 0.9；门洞的洞顶高度大于层高 80% 时，表中数据不适用；窗洞高度大于 50% 层高时，按门洞对待。

2）楼层地震剪力 V_i 的分配

一般假定楼层地震剪力 V_i 由该层中与 V_i 方向平行的抗震墙体或墙段共同承担，即横向水平地震作用全部由横墙承担，纵向水平地震作用全部由纵墙承担。

（1）楼层横向地震剪力的分配

横向楼层地震剪力 V_i 在横向各抗侧力墙体间的分配，不仅取决于每片墙体的侧向刚度，而且取决于楼盖的水平刚度。下面就实际工程中常用的 3 种楼盖类型：刚性楼盖、柔性楼盖和中等刚性楼盖分别进行讨论。

①刚性楼盖。刚性楼盖是指楼盖的平面内刚度为无穷大，如抗震横墙间距符合表 6.3 的现浇或装配整体式钢筋混凝土楼、屋盖。在水平地震作用下，认为刚性楼盖在其水平面内无变形，仅发生刚体位移，可视为在其平面内绝对刚性的水平连续梁，而横墙视为该梁的弹性支座，如图

6.17 所示。当忽略扭转效应时,楼盖仅发生刚体平动,则各横墙产生的侧移相等。地震作用通过刚性梁作用于支座的力即为抗震横墙所承受的地震剪力,它与支座的弹性刚度成正比,支座的弹性刚度即为该抗震横墙的侧向刚度。

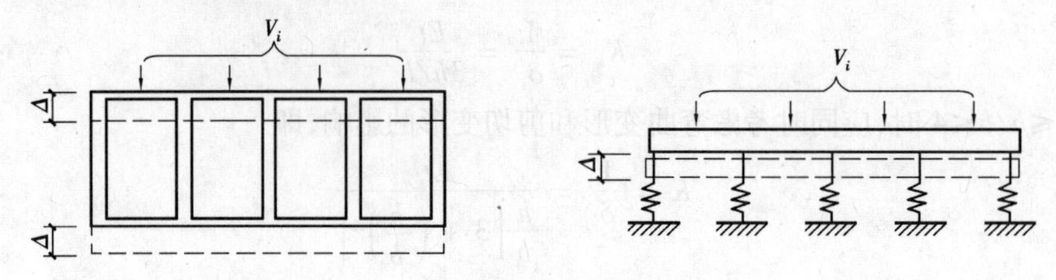

图 6.17 刚性楼盖抗震横墙的水平位移

设第 i 层有 m 片抗震横墙,各片横墙所分担的地震剪力 V_{ij} 之和即为该层横向地震剪力 V_i:

$$\sum_{j=1}^{m} V_{ij} = V_i \quad (i = 1,2,\cdots,n) \tag{6.10}$$

式中 V_{ij}——第 i 层第 j 片横墙所分担的地震剪力,可表示为该片墙的侧移值 Δ_{ij} 与其侧向刚度 K_{ij} 的乘积,即

$$V_{ij} = \Delta_{ij} K_{ij} \tag{6.11}$$

因为 $\Delta_{ij} = \Delta_i$,则由式(6.10)和式(6.11),可得:

$$\Delta_i = \frac{V_i}{\sum_{j=1}^{m} K_{ij}} \tag{6.12}$$

$$V_{ij} = \frac{K_{ij}}{\sum_{j=1}^{m} K_{ij}} V_i \tag{6.13}$$

式(6.13)表明,对刚性楼盖,楼层横向地震剪力可按抗震横墙的侧向刚度比例分配于各片抗震横墙。计算墙体的侧向刚度 K_{ij} 时,可只考虑剪切变形的影响,按式(6.8)计算。

若第 i 层各片墙的高度 h_{ij} 相同,材料相同,则 E_{ij} 相同,将式(6.8)代入式(6.13)得:

$$V_{ij} = \frac{A_{ij}}{\sum_{j=1}^{m} A_{ij}} V_i \tag{6.14}$$

式中 A_{ij}——第 i 层第 j 片墙的净横截面面积。

式(6.14)表明,对于刚性楼盖,当各抗震墙的高度、材料相同时,其楼层水平地震剪力可按各抗震墙的横截面面积比例进行分配。

②柔性楼盖。柔性楼盖是假定其平面内刚度为零(如木屋盖),从而各抗震横墙在横向水平地震作用下的变形是自由的,不受楼盖的约束。此时,楼盖变形除平移外还有弯曲变形,在各横墙处的变形不同,变形曲线有转折,可近似地将整个楼盖视为多跨简支梁,各横墙为梁的弹性支座,如图 6.18 所示。各横墙承担的水平地震作用,为该墙从属面积上的重力荷载所产生的水平地震作用,故各横墙承担的地震剪力 V_{ij} 可按各墙所承担的上述重力荷载代表值的比例进行分配,即

$$V_{ij} = \frac{G_{ij}}{G_i} V_i \tag{6.15}$$

式中　G_i——第 i 层楼盖所承担的总重力荷载代表值；

G_{ij}——第 i 层第 j 片墙从属面积所承担的重力荷载代表值。

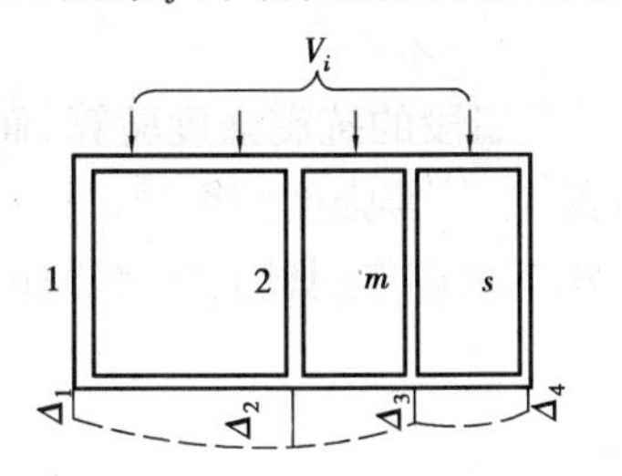

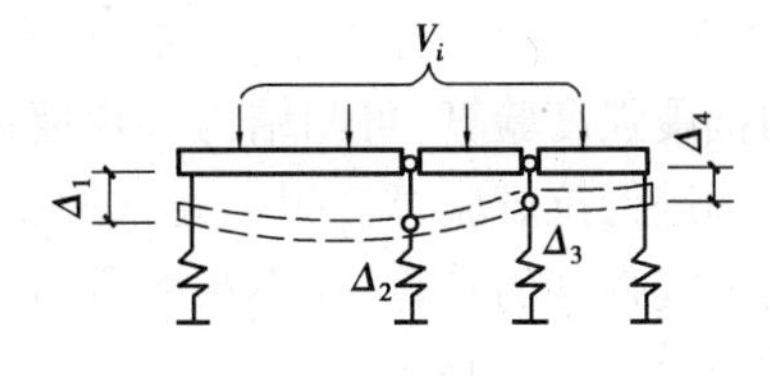

图 6.18　柔性楼盖抗震横墙的水平位移

当楼盖上重力荷载均匀分布时，上述计算可简化为按各墙体从属面积比例进行分配，即

$$V_{ij}=\frac{S_{ij}}{S_i}V_i \tag{6.16}$$

式中　S_{ij}——第 i 层第 j 片墙体从属面积，取该墙与左右两侧相邻横墙之间各一半楼盖建筑面积之和；

S_i——第 i 层楼盖的建筑面积。

③中等刚度楼盖。中等刚度楼盖是指楼盖的刚度介于刚性楼盖与柔性楼盖之间，如装配式钢筋混凝土楼盖。在这种情况下，各抗震横墙承担的地震剪力计算比较复杂，在一般多层砌体房屋的设计中，可近似取上述两种地震剪力分配方法的平均值，即第 i 层第 j 片横墙所承担的地震剪力 V_{ij} 为：

$$V_{ij}=\frac{1}{2}\left(\frac{K_{ij}}{\sum_{j=1}^{m}K_{ij}}+\frac{G_{ij}}{G_i}\right)V_i \tag{6.17}$$

当第 i 层各片墙的高度相同、材料相同、楼盖上重力荷载均匀分布时，V_{ij} 也可表示为：

$$V_{ij}=\frac{1}{2}\left(\frac{A_{ij}}{\sum_{j=1}^{m}A_{ij}}+\frac{S_{ij}}{S_i}\right)V_i \tag{6.18}$$

(2)楼层纵向地震剪力的分配

砌体房屋往往宽度小而长度大，纵墙间距比较小，无论是何种类型楼盖，其纵向水平刚度都很大。这时，可不区分楼盖的类型，一律采用刚性楼盖假定，楼层纵向地震剪力在各纵墙间的分配按式(6.13)计算。

(3)同一片墙上各墙段(墙肢)间的地震剪力分配

砌体房屋中，对于某一片纵墙或横墙，如果开设有门窗，则该片墙体被门窗洞口分为若干墙段(墙肢)，如图 6.16 所示。即使该片墙的抗震强度满足规范要求，但其墙段的抗震强度仍有可能不满足规范要求，因此还需计算各墙段所承担的地震剪力，并进行抗震强度验算。

在同一片墙上，由于圈梁和楼盖的约束作用，一般认为其各墙段的侧向位移相同，因而各墙段所承担的地震剪力可按各墙段的侧向刚度比例进行分配。设第 i 层第 j 片墙共划分出 n 个墙段，则其中第 r 个墙段分配到的地震剪力为：

$$V_{ijr}=\frac{K_{ijr}}{\sum_{r=1}^{n}K_{ijr}}V_{ij} \tag{6.19}$$

6.3.4 墙体抗震强度验算

砌体房屋的抗震强度验算,可归结为一片墙或一个墙段的抗震强度验算,而不必对每一片墙或每一个墙段都进行抗震验算。根据通常的设计经验,抗震强度验算时,只是对纵、横向的不利墙段进行截面抗震强度的验算,而不利墙段为:a.承担地震作用较大的墙段;b.竖向压应力较小的墙段;c.局部截面较小的墙段。

1)砌体抗震抗剪强度

在大量墙片试验基础上,结合震害调查资料进行综合估算后,《抗震规范》规定,各类砌体沿阶梯形截面破坏的抗震抗剪强度设计值应按下式确定:

$$f_{vE}=\zeta_N f_v \tag{6.20}$$

式中 f_{vE}——砌体沿阶梯形截面破坏的抗震抗剪强度设计值;

f_v——非抗震设计的砌体抗剪强度设计值;

ζ_N——砌体抗震抗剪强度的正应力影响系数,按表6.6取值。

表6.6 砌体强度的正应力影响系数

砌体类别	σ_0/f_v							
	0.0	1.0	3.0	5.0	7.0	10.0	12.0	≥16.0
普通砖,多孔砖	0.80	0.99	1.25	1.47	1.65	1.90	2.05	—
小砌块	—	1.23	1.69	2.15	2.57	3.02	3.32	3.92

注:σ_0 为对应于重力荷载代表值的砌体截面平均压应力。

2)普通砖、多孔砖墙体的抗震强度验算

①一般情况下,普通砖、多孔砖墙体的截面抗震受剪承载力应按下式验算:

$$V\leqslant f_{vE}A/\gamma_{RE} \tag{6.21}$$

式中 V——墙体剪力设计值;

A——墙体横截面面积,多孔砖取毛截面面积;

γ_{RE}——承载力抗震调整系数,对承重墙按表3.9取值,对自承重墙取0.75。

②采用水平配筋的墙体,截面抗震受剪承载力应按下式验算:

$$V\leqslant\frac{1}{\gamma_{RE}}(f_{vE}A+\zeta_s f_{yh}A_{sh}) \tag{6.22}$$

式中 f_{yh}——水平钢筋抗拉强度设计值;

A_{sh}——层间墙体竖向截面的总水平钢筋面积,其配筋率应不小于0.07%且不大于0.17%;

ζ_s——钢筋参与工作系数,可按表6.7采用。

表6.7 钢筋参与工作系数

墙体高宽比	0.4	0.6	0.8	1.0	1.2
ζ_s	0.10	0.12	0.14	0.15	0.12

③当按式(6.21)、式(6.22)验算不满足要求时,可计入基本均匀设置于墙段中部、截面不小于240 mm×240 mm(墙厚190 mm时为240 mm×190 mm)且间距不大于4 m的构造柱对受剪承载力的提高作用,按下列简化方法验算:

$$V \leqslant \frac{1}{\gamma_{RE}}[\eta_c f_{vE}(A - A_c) + \zeta_c f_t A_c + 0.8 f_{yc} A_{sc} + \zeta_s f_{yh} A_{sh}] \tag{6.23}$$

式中 A_c——中部构造柱的横截面总面积。对横墙和内纵墙,$A_c > 0.15A$时,取$0.15A$;对外纵墙,$A_c > 0.25A$时,取$0.25A$;

f_t——中部构造柱的混凝土轴心抗拉强度设计值;

A_{sc}——中部构造柱的纵向钢筋截面总面积(配筋率不小于0.6%,大于1.4%时取1.4%);

f_{yh},f_{yc}——分别为墙体水平钢筋、构造柱钢筋抗拉强度设计值;

ζ_c——中部构造柱参与工作系数,居中设一根时取0.5,多于一根时取0.4;

η_c——墙体约束修正系数,一般情况取1.0,构造柱间距不大于3.0 m时取1.1;

A_{sh}——层间墙体竖向截面的总水平钢筋面积,无水平钢筋时取0。

3)小砌块墙体的抗震强度验算

小砌块墙体的截面抗震受剪承载力应按下式验算:

$$V \leqslant \frac{1}{\gamma_{RE}}[f_{vE}A + (0.3 f_t A_c + 0.05 f_y A_s)\zeta_c] \tag{6.24}$$

式中 f_t——芯柱混凝土轴心抗拉强度设计值;

A_c——芯柱截面总面积;

A_s——芯柱钢筋截面总面积;

ζ_c——芯柱参与工作系数,可按表6.8采用。

当同时设置芯柱和构造柱时,构造柱截面可作为芯柱截面,构造柱钢筋可作为芯柱钢筋。

表6.8 芯柱参与工作系数

填孔率ρ	$\rho<0.15$	$0.15\leqslant\rho<0.25$	$0.25\leqslant\rho<0.5$	$\rho\geqslant0.5$
ζ_c	0.0	1.0	1.10	1.15

注:填孔率指芯柱根数(含构造柱和填实孔洞数量)与孔洞总数之比。

6.4 底部框架-抗震墙砌体房屋的抗震验算

底部框架-抗震墙砌体房屋的水平地震作用计算、上部砌体房屋的楼层地震剪力计算以及抗震强度验算,可按第6.3节的方法和要求进行。底部框架的地震作用效应,应按下列规定进行调整、计算。

6.4.1 底部地震剪力的计算

对底层框架-抗震墙砌体房屋,底层的纵向和横向地震剪力均应乘以增大系数,即

$$V_1 = \xi \alpha_{max} G_{eq} \tag{6.25}$$

式中　ξ——地震剪力增大系数，其值可根据第2层与底层侧向刚度比在1.2～1.5范围内选用，第2层与底层侧向刚度比大者应取大值。

对底部两层框架-抗震墙砌体房屋，底层与第2层的纵向和横向地震剪力亦均应乘以增大系数，其值可根据第3层与第2层侧向刚度比的大小在1.2～1.5范围内选用，侧向刚度比大者应取大值。

需要指出的是，在弹性阶段，底部框架-抗震墙砌体房屋的底层或底部两层的纵向和横向地震剪力应全部由该方向抗震墙承担，并按各抗震墙侧向刚度比进行分配，不考虑框架柱的抗剪作用。

6.4.2　底部框架柱的地震剪力和轴向力的确定

1）框架柱的地震剪力

在结构进入弹塑性阶段后，考虑到抗震墙的损伤，地震剪力由抗震墙和框架柱共同承担。框架柱承担的地震剪力设计值，可按各抗侧力构件有效侧向刚度比例分配确定。有效侧向刚度的取值，框架不折减；混凝土墙或配筋混凝土小砌块砌体墙可乘以折减系数0.30；约束普通砖砌体或小砌块砌体抗震墙可乘以折减系数0.20，即

$$V_c = \frac{K_c}{\sum K_c + 0.3\sum K_{wc} + 0.2\sum K_{wm}} V_1 \tag{6.26}$$

式中　K_{wc}——一片混凝土墙或配筋混凝土小砌块砌体抗震墙的弹性侧向刚度；

K_{wm}——一片约束普通砖砌体或小砌块砌体抗震墙的弹性侧向刚度；

K_c——一根框架柱的弹性侧向刚度，即柱的D值。

2）框架柱的轴力

框架柱的轴力应计入地震倾覆力矩引起的附加轴力。计算时，上部砌体结构可视作刚体，底部各轴线承受的地震倾覆力矩，可近似按底部抗震墙和框架的有效侧向刚度的比例分配确定。

一榀框架承担的倾覆力矩M_f为：

$$M_f = \frac{K_f}{\overline{K}} M_1 \tag{6.27}$$

式中　K_f——底部一榀框架的有效侧向刚度；

$\overline{K}$——底部每榀框架与该方向抗震墙的有效侧向刚度总和，可按下式计算：

$$\overline{K} = \sum K_f + 0.3\sum K_{wc} + 0.2\sum K_{wm} \tag{6.28}$$

M_1——作用于房屋底部框架顶面的地震倾覆力矩，如图6.19所示，可按下式计算：

$$M_1 = \sum_{i=2}^{n} F_i (H_i - H_1) \tag{6.29}$$

式中　F_i，H_i——分别为第i层的水平地震作用标准值和楼层高度；

H_1——底部框架的高度。

当假定附加轴力由全部框架柱承担时，地震倾覆力矩M_f在第i根柱中产生的附加轴力为：

$$N_{ci} = \pm \frac{A_i x_i}{\sum A_i x_i^2} M_f \tag{6.30}$$

式中　A_i——一榀框架中第 i 根柱子水平截面面积；

x_i——第 i 根柱子到所在框架中和轴的距离。

当假定附加轴力全部由最外边的两个边柱承担时，柱的附加轴力可以近似取为 $N = \pm M_f/B$，B 为两边柱之间的距离。

当抗震墙之间楼盖长宽比大于2.5时，框架柱各轴线承担的地震剪力和轴向力尚应计入楼盖平面内变形的影响。

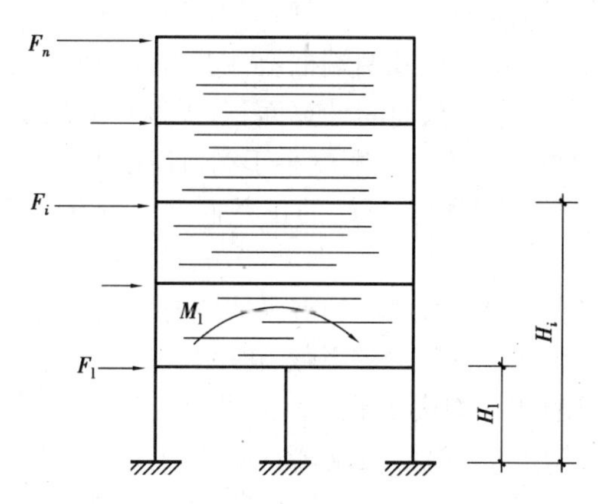

图6.19　底部框架顶面的地震倾覆力矩

3）**钢筋混凝土托墙梁的地震组合内力**

计算底部框架-抗震墙砌体房屋的钢筋混凝土托墙梁的地震组合内力时，若考虑上部墙体与托墙梁的组合作用，应计入地震时墙体开裂对组合作用的不利影响，可调整有关的弯矩系数、轴力系数等计算参数。

作为简化计算，为偏于安全，对托墙梁上部各层墙体不开洞和跨中1/3范围内开一个洞口的情况，可采用如下折减荷载的方法：

①计算托墙梁弯矩时，由重力荷载代表值产生的弯矩，当上部的砖墙不超过4层时，可全部计入组合；当上部的砖墙超过4层时，4层以上可有所折减，取不小于4层的数值计入组合。

②计算托墙梁剪力时，由重力荷载产生的剪力不折减。

6.4.3　底层框架-抗震墙砌体房屋中嵌砌于框架之间普通砖或小砌块的砌体墙抗震验算

底层框架-抗震墙砌体房屋中嵌砌于框架之间的普通砖或小砌块的砌体墙，当符合第6.5.3节的构造要求时，其抗震验算应符合下列规定：

①底层框架柱的轴向力和剪力，应计入砖墙或小砌块墙引起的附加轴向力和附加剪力，其值可按下列公式确定：

$$N_f = \frac{V_w H_f}{l} \tag{6.31}$$

$$V_{\mathrm{f}} = V_{\mathrm{w}} \tag{6.32}$$

式中 V_{w}——墙体承担的剪力设计值,柱两侧有墙时可取二者的较大值;

N_{f}——框架柱的附加轴压力设计值;

V_{f}——框架柱的附加剪力设计值;

H_{f}, l——分别为框架的层高和跨度。

②嵌砌于框架之间的普通砖墙或小砌块墙及两端框架柱,其抗震受剪承载力应按下式验算:

$$V \leqslant \frac{1}{\gamma_{\mathrm{REc}}} \sum (M_{\mathrm{yc}}^{\mathrm{u}} + M_{\mathrm{yc}}^{\mathrm{l}})/H_0 + \frac{1}{\gamma_{\mathrm{REw}}} \sum f_{\mathrm{vE}} A_{\mathrm{w0}} \tag{6.33}$$

式中 V——嵌砌普通砖墙或小砌块墙及两端框架柱剪力设计值;

A_{w0}——砖墙或小砌块墙水平截面的计算面积,无洞口时取实际截面的 1.25 倍,有洞口时取截面净面积,但不计入宽度小于洞口高度 1/4 的墙肢截面面积;

$M_{\mathrm{yc}}^{\mathrm{u}}, M_{\mathrm{yc}}^{\mathrm{l}}$——分别为底层框架柱上下端的正截面受弯承载力设计值,可按现行国家标准《混凝土结构设计规范》(GB 50010)非抗震设计的有关公式取等号计算;

H_0——底层框架柱的计算高度,两侧均有砌体墙时取柱净高的 2/3,其余情况取柱净高;

γ_{REc}——底层框架柱承载力抗震调整系数,可采用 0.8;

γ_{REw}——嵌砌普通砖墙或小砌块墙承载力抗震调整系数,可采用 0.9。

底层框架-抗震墙砌体房屋的底部框架及抗震墙按上述方法求得地震作用效应后,可按本书第 5 章对钢筋混凝土构件和本章对砌体墙的要求进行抗震强度验算。

6.5 砌体房屋的抗震构造要求

相对来讲,砌体结构房屋的抗震性能和抗震能力较弱,特别是未经合理抗震设计时,在强烈地震下容易倒塌,因此,抗倒塌是砌体房屋抗震设计的重要问题。砌体结构房屋一般不进行罕遇地震作用下的变形验算,主要是通过加强房屋整体性及连接等必要的抗震构造措施来确保大震不倒。另外,砌体房屋的抗震强度验算只是针对墙体本身进行的,对于墙片与墙片、楼屋盖之间及房屋局部等连接强度很难进行验算,因而也必须采取有效的构造措施来保证地震作用下各构件间的连接满足要求。

6.5.1 多层砖砌体房屋抗震构造措施

1)合理设置钢筋混凝土构造柱

钢筋混凝土构造柱的抗震作用在于与圈梁共同形成约束体系,对墙体和整个房屋起到良好的约束作用,使之具有较高的变形能力,提高墙体的受剪承载力,加强房屋的整体性,从而提高墙体和房屋的抗倒塌能力,明显改善多层砖砌体房屋的抗震性能。

《抗震规范》规定,各类多层砖砌体房屋应按下列要求设置现浇钢筋混凝土构造柱:

①构造柱设置部位,一般情况下应符合表 6.9 的要求。

表 6.9 多层砖砌体房屋构造柱设置要求

<table>
<tr><th colspan="4">房屋层数</th><th colspan="2" rowspan="2">设置部位</th></tr>
<tr><th>6 度</th><th>7 度</th><th>8 度</th><th>9 度</th></tr>
<tr><td>四、五</td><td>三、四</td><td>二、三</td><td></td><td rowspan="3">楼、电梯间四角,楼梯斜梯段上下端对应的墙体处;
外墙四角和对应转角;
错层部位横墙与外纵墙交接处;
大房间内外墙交接处;
较大洞口两侧</td><td>隔 12 m 或单元横墙与外纵墙交接处;
楼梯间对应的另一侧内横墙与外纵墙交接处</td></tr>
<tr><td>六</td><td>五</td><td>四</td><td>二</td><td>隔开间横墙(轴线)与外墙交接处;
山墙与内纵墙交接处</td></tr>
<tr><td>七</td><td>≥六</td><td>≥五</td><td>≥三</td><td>内墙(轴线)与外墙交接处;
内墙的局部较小墙垛处;
内纵墙与横墙(轴线)交接处</td></tr>
</table>

注:较大洞口,内墙指不小于 2.1 m 的洞口;外墙在内外墙交接处已设置构造柱时允许适当放宽,但洞侧墙体应加强。

②外廊式和单面走廊式的多层房屋,应根据房屋增加 1 层的层数,按表 6.9 的要求设置构造柱,且单面走廊两侧的纵墙均应按外墙处理。

③横墙较少的房屋,应根据房屋增加 1 层的层数,按表 6.9 的要求设置构造柱。当横墙较少的房屋为外廊式或单面走廊式时,应按上述第②款要求设置构造柱;但 6 度不超过 4 层、7 度不超过 3 层和 8 度不超过 2 层时,应按增加 2 层的层数对待。

④各层横墙很少的房屋,应按增加 2 层的层数设置构造柱。

⑤采用蒸压灰砂砖和蒸压粉煤灰砖的砌体房屋,当砌体的抗剪强度仅达到普通黏土砖砌体的 70% 时,应根据增加 1 层的层数按上述第①—④款要求设置构造柱;但 6 度不超过 4 层、7 度不超过 3 层和 8 度不超过 2 层时,应按增加 2 层的层数对待。

构造柱的截面尺寸、配筋及墙体拉结钢筋应符合表 6.10 的要求。

表 6.10 砖砌体房屋构造柱截面、配筋及墙体拉结钢筋要求

<table>
<tr><th>烈 度</th><th colspan="2">6 度、7 度</th><th colspan="2">8 度</th><th>9 度</th></tr>
<tr><td>最小截面</td><td colspan="5">180 mm × 240 mm (190 墙厚时 180 mm × 190 mm)</td></tr>
<tr><td rowspan="2">最小纵筋</td><td>≤6 层</td><td>>6 层</td><td>≤5 层</td><td>>5 层</td><td>全部楼层</td></tr>
<tr><td>4Φ12</td><td>4Φ14</td><td>4Φ12</td><td>4Φ14</td><td>4Φ14</td></tr>
<tr><td>箍筋(非加密区/加密区)</td><td>Φ6@250/125</td><td>Φ6@200/100</td><td>Φ6@250/125</td><td>Φ6@200/100</td><td>Φ6@200/100</td></tr>
<tr><td>房屋四角构造柱</td><td colspan="5">截面:≥240 mm × 240 mm (190 墙厚时 190 mm × 190 mm)
配筋:≥4Φ14,Φ6@200/100</td></tr>
<tr><td>水平拉结筋</td><td colspan="2">底部 1/3 楼层通长设置;其余楼层伸入墙内 1 m</td><td colspan="2">底部 1/2 楼层通长设置;其余楼层伸入墙内 1 m</td><td>全部楼层通长设置</td></tr>
</table>

注:①构造柱箍筋加密区为楼板上下端 500 mm,且不小于 1/6 层高;

②构造柱与墙连接处应砌成马牙槎,水平拉结钢筋采用 2Φ6 水平钢筋和Φ4 分布短筋平面内点焊组成的拉结网片或Φ4 点焊钢筋网片,沿墙高每隔 500 mm 设置。

构造柱可不单独设置基础,但应伸入室外地面下500 mm,或与埋深小于500 mm的基础圈梁相连,如图6.20所示。

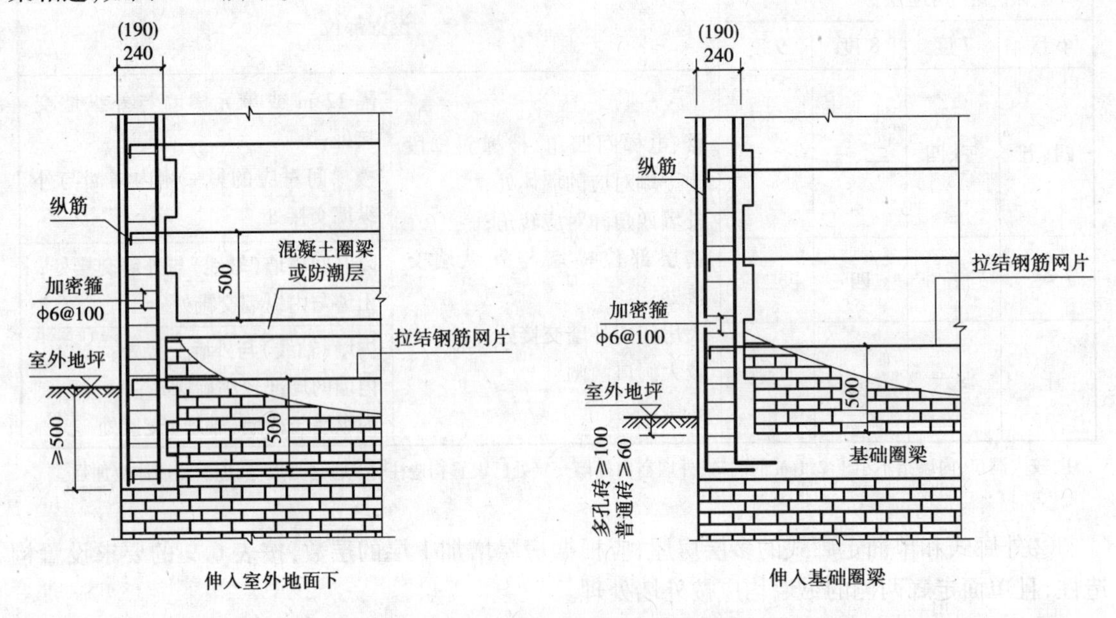

图6.20 构造柱与墙体、基础的连接

2)合理布置钢筋混凝土圈梁

钢筋混凝土圈梁是提高多层砌体房屋抗震性能的一种经济有效的措施,对房屋抗震性能有重要作用。它除了与构造柱或芯柱共同对墙体和房屋产生约束作用外,还可以加强纵横墙的连接,增强楼盖的整体性,增加墙体的稳定性;有效约束墙体裂缝的开展和延伸,提高墙体的抗震能力;有效抵抗或减轻地震时地基不均匀沉降对房屋的影响。

《抗震规范》规定,多层砖砌体房屋的现浇钢筋混凝土圈梁的设置应符合下列要求:

①装配式钢筋混凝土楼、屋盖或木屋盖的砖房,应按表6.11的要求设置圈梁。纵墙承重时,抗震横墙上的圈梁间距应比表内要求适当加密。

表6.11 多层砖砌体房屋现浇钢筋混凝土圈梁设置要求

墙类	烈度		
	6度、7度	8度	9度
外墙与内纵墙	屋盖处及每层楼盖处	屋盖处及每层楼盖处	屋盖处及每层楼盖处
内横墙	同上; 屋盖处间距不应大于4.5 m; 楼盖处间距不应大于7.2 m; 构造柱对应部位	同上; 各层所有横墙,且间距不应大于4.5 m; 构造柱对应部位	同上; 各层所有横墙

②现浇或装配整体式钢筋混凝土楼、屋盖与墙体有可靠连接的房屋,应允许不另设圈梁,但楼板沿抗震墙体周边均应加强配筋并应与相应的构造柱钢筋可靠连接,如图6.21所示。

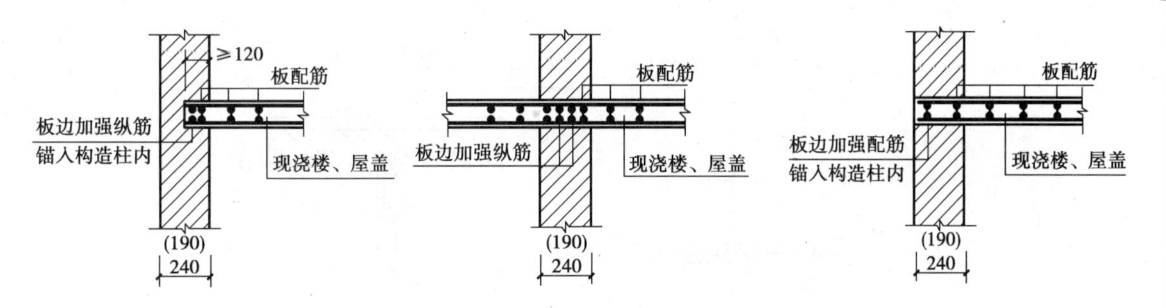

图 6.21　未设圈梁时楼板周边加强配筋

此外,现浇混凝土圈梁的构造尚应符合下列要求:

①圈梁应闭合,遇有洞口圈梁应上下搭接。圈梁宜与预制板设在同一标高处或紧靠板底,如图 6.22 所示。

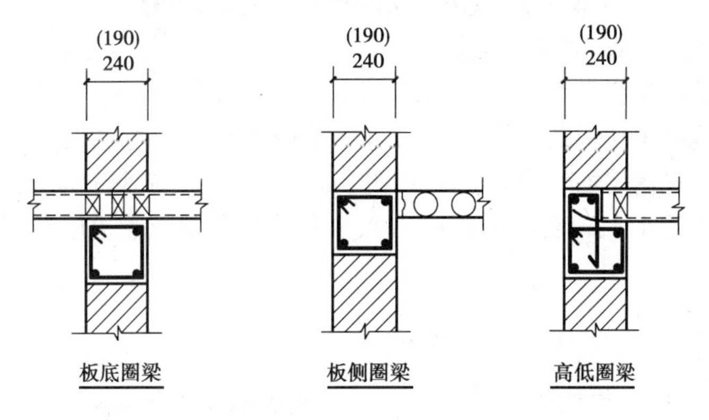

图 6.22　圈梁与预制板

②圈梁在表 6.11 要求的间距内无横墙时,应利用梁或板缝中配筋替代圈梁。

③圈梁的截面高度不应小于 120 mm,配筋应符合表 6.12 的要求。对软弱地基,为防止地震时地基不均匀沉降或液化,加强基础整体性和刚性而增设的基础圈梁,截面高度不应小于 180 mm,配筋不应少于 4 Φ 12。

表 6.12　多层砖砌体房屋圈梁配筋要求

配　筋	烈　度		
	6 度、7 度	8 度	9 度
最小纵筋	4 Φ 10	4 Φ 12	4 Φ 14
最大箍筋间距(mm)	250	200	150

3)加强构件间的连接

(1)墙体间的连接要求

砌体房屋纵横墙之间的连接,除施工时要注意纵横墙的咬槎外,对 6 度、7 度时长度大于 7.2 m 的大房间,以及 8 度、9 度时外墙转角及内外墙交接处,应沿墙高每隔 500 mm 配置通长拉结钢筋。

后砌非承重隔墙应与承重墙进行拉结,如图 6.23 所示;8 度和 9 度时,长度大于 5 m 的后砌隔墙,墙顶尚应与楼板或梁拉结。

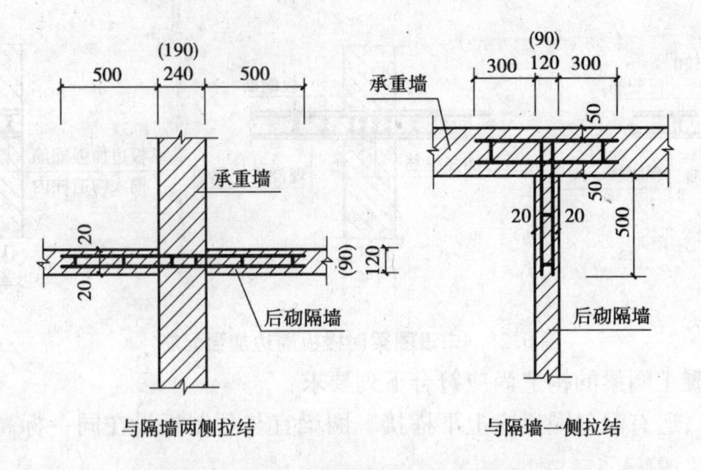

图 6.23　后砌非承重隔墙与承重墙的拉结

(2)楼、屋盖与墙体之间的连接要求

①现浇钢筋混凝土楼板或屋面板伸进纵、横墙内的长度，均不应小于 120 mm。

②装配式钢筋混凝土楼板或屋面板，当圈梁未设在板的同一标高时，板端伸进外墙的长度不应小于 120 mm，伸进内墙的长度不应小于 100 mm，在梁上不应小于 80 mm。

③当板的跨度大于 4.8 m 且与外墙平行时，靠外墙的预制板侧边应与墙或圈梁拉结，如图 6.24 所示。

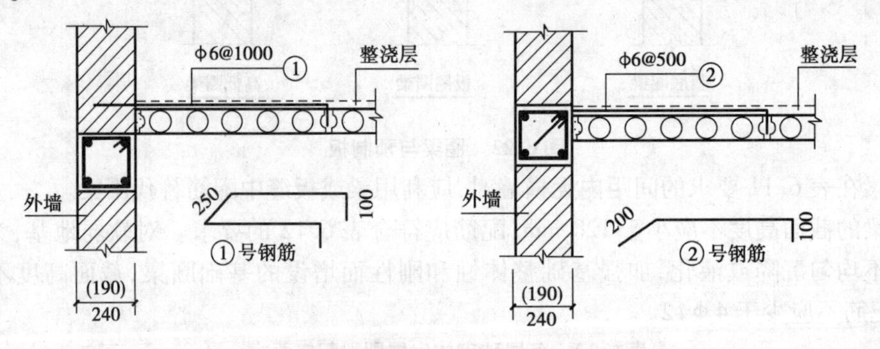

图 6.24　靠外墙的预制板侧边与墙或圈梁拉结

④房屋端部大房间的楼盖，6 度时房屋的屋盖和 7 度 ~9 度时房屋的楼、屋盖，当圈梁设在板底时，钢筋混凝土预制板应相互拉结，并应与墙或圈梁拉结，如图 6.25 所示。

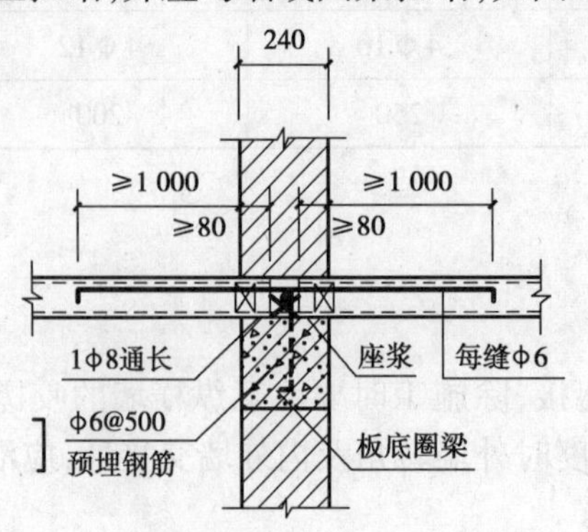

图 6.25　房屋端部大房间的预制板与内墙或圈梁拉结

4)重视楼梯间的构造要求

楼梯间是地震时人员疏散和救灾通道。楼梯间在地震时受力比较复杂,容易造成破坏,在9度及9度以上地区曾多次发生楼梯间的局部倒塌,当楼梯间设置在房屋尽端时破坏尤为严重。抗震设计时,楼梯间应符合以下构造要求:

①顶层楼梯间墙体应沿墙高每隔500 mm设2 φ6通长钢筋和φ4分布短钢筋平面内点焊组成的拉结网片或φ4点焊网片;7度~9度时其他各层楼梯间墙体应在休息平台或楼层半高处设置60 mm厚、纵向钢筋不应少于2 φ10的钢筋混凝土带或配筋砖带,配筋砖带不少于3皮,每皮的配筋不少于2 φ6,砂浆强度等级不应低于M7.5且不低于同层墙体的砂浆强度等级,如图6.26所示。

②突出屋顶的楼、电梯间,构造柱应伸到顶部,并与顶部圈梁连接,所有墙体应沿墙高每隔500 mm设2 φ6通长钢筋和φ4分布短筋平面内点焊组成的拉结网片或φ4点焊网片。

③楼梯间及门厅内墙阳角处的大梁支承长度不应小于500 mm,并应与圈梁连接。

④装配式楼梯段应与平台板的梁可靠连接,8度、9度时不应采用装配式楼梯段;不应采用墙中悬挑式踏步或踏步竖肋插入墙体的楼梯,不应采用无筋砖砌栏板。

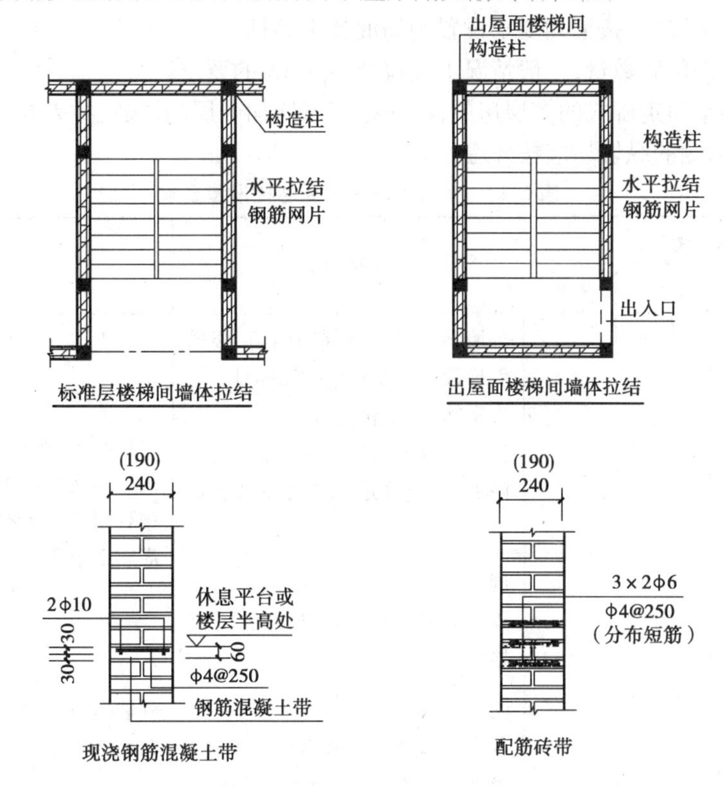

图6.26 楼梯间墙体的配筋构造

5)其他构造要求

①楼、屋盖的钢筋混凝土梁或屋架应与墙、柱(包括构造柱)或圈梁可靠连接;不得采用独立砖柱。跨度不小于6 m大梁的支承构件应采用组合砌体等加强措施,并满足承载力要求。

②坡屋顶房屋的屋架应与顶层圈梁可靠连接,檩条或屋面板应与墙、屋架可靠连接,房屋出

入口处的檐口瓦应与屋面构件锚固。采用硬山搁檩时,顶层内纵墙顶宜增砌支承山墙的踏步式墙垛,并设置构造柱。

③门窗洞口处不应采用砖过梁;过梁支承长度在6度~8度时不应小于240 mm,9度时不应小于360 mm。

④预制阳台,在6度、7度时应与圈梁和楼板的现浇板带可靠连接,8度、9度时不应采用预制阳台。

⑤烟道、风道、垃圾道等不应削弱墙体;当墙体被削弱时,应对墙体采取加强措施;不应采用无竖向配筋的附墙烟囱或出屋面的烟囱。

⑥同一结构单元宜采用同一类型的基础,基础底面宜在同一标高,否则应增设基础圈梁并应按1:2的台阶逐步放坡。

6.5.2 多层砌块房屋抗震构造措施

1)合理设置钢筋混凝土芯柱

多层小砌块房屋,应按下列要求设置钢筋混凝土芯柱:

①芯柱设置部位和数量,一般情况下应符合表6.13的要求。

②外廊式和单面走廊式的多层房屋,应根据房屋增加1层的层数,按表6.13的要求设置芯柱,且单面走廊两侧的纵墙均应按外墙处理。

表6.13 多层小砌块房屋芯柱设置要求

<table>
<tr><th colspan="4">房屋层数</th><th rowspan="2">设置部位</th><th rowspan="2">设置数量</th></tr>
<tr><th>6度</th><th>7度</th><th>8度</th><th>9度</th></tr>
<tr><td>四、五</td><td>三、四</td><td>二、三</td><td></td><td>外墙转角,楼、电梯间四角,楼梯斜梯段上下端对应的墙体处;
大房间内外墙交接处;
错层部位横墙与外纵墙交接处;
隔12 m或单元横墙与外纵墙交接处</td><td rowspan="2">外墙转角,灌实3个孔;
内外墙交接处,灌实4个孔;
楼梯斜段上下端对应的墙体处,灌实2个孔</td></tr>
<tr><td>六</td><td>五</td><td>四</td><td></td><td>同上;
隔开间横墙(轴线)与外纵墙交接处</td></tr>
<tr><td>七</td><td>六</td><td>五</td><td>二</td><td>同上;
各内墙(轴线)与外纵墙交接处;
内纵墙与横墙(轴线)交接处和洞口两侧</td><td>外墙转角,灌实5个孔;
内外墙交接处,灌实4个孔;
内墙交接处,灌实4~5个孔;
洞口两侧各灌实1个孔</td></tr>
<tr><td></td><td>七</td><td>≥六</td><td>≥三</td><td>同上;
横墙内芯柱间距不大于2 m</td><td>外墙转角,灌实7个孔;
内外墙交接处,灌实5个孔;
内墙交接处,灌实4~5个孔;
洞口两侧各灌实1个孔</td></tr>
</table>

注:外墙转角、内外墙交接处、楼电梯间四角等部位,应允许采用钢筋混凝土构造柱替代部分芯柱。

③横墙较少的房屋，应根据房屋增加 1 层的层数，按表 6.13 的要求设置芯柱；当横墙较少的房屋为外廊式或单面走廊式时，应按上述第②款要求设置芯柱；但 6 度不超过 4 层、7 度不超过 3 层和 8 度不超过 2 层时，应按增加 2 层的层数对待。

④各层横墙很少的房屋，应按增加 2 层的层数设置芯柱。

多层小砌块房屋芯柱截面尺寸、配筋及墙体拉结钢筋的设置应符合表 6.14 的要求。

表 6.14　芯柱截面尺寸、配筋及墙体拉结钢筋的要求

烈　度	6 度、7 度		8 度		9 度
芯柱截面	≥120 mm×120 mm				
芯柱最小纵筋	≤5 层	>5 层	≤4 层	>4 层	全部楼层
	ϕ12	ϕ14	ϕ12	ϕ14	ϕ14
配筋带设置要求	6 度 >5 层、7 度 >4 层、8 度 >3 层房屋的顶层、底层和 9 度房屋的全部楼层的窗台标高处，设置高 60 mm 水平现浇钢筋混凝土带，2ϕ10、ϕ6 横向分布筋				
沿墙高水平拉结筋	底部 1/3 楼层@400，其余楼层@600，通长设置		底部 1/2 楼层@400，其余楼层@600，通长设置		全部楼层@400，通长设置

芯柱混凝土强度等级不应低于 Cb20，应伸入室外地面下 500 mm 或与埋深小于 500 mm 的基础圈梁相连。为提高墙体抗震受剪承载力而设置的芯柱，宜在墙体内均匀布置，最大净距不宜大于 2.0 m。

试验表明，在墙体交接处用构造柱代替芯柱，可较大程度地提高对砌块砌体的约束能力，也为施工带来方便。多层小砌块房屋中替代芯柱的钢筋混凝土构造柱，应符合表 6.15 构造要求。

表 6.15　多层小砌块房屋中替代芯柱的构造柱设置要求

烈　度	6 度、7 度		8 度		9 度
构造柱截面	不宜小于 190 mm×190 mm				
构造柱最小纵筋	≤5 层	>5 层	≤4 层	>4 层	全部楼层
	4ϕ12	4ϕ14	4ϕ12	4ϕ14	4ϕ14
箍筋（非加密区/加密区）	ϕ6@250/125	ϕ6@200/100	ϕ6@250/125	ϕ6@200/100	ϕ6@200/100
构造柱与墙的连接	与砌块墙连接处应砌成马牙槎，相邻砌块孔洞 6 度时宜灌孔，7 度时应灌孔		与砌块墙连接处应砌成马牙槎，相邻砌块孔洞应灌孔并插筋 1ϕ14		
水平拉结筋	底部 1/3 楼层@400，其余楼层@600，通长设置		底部 1/2 楼层@400，其余楼层@600，通长设置		全部楼层@400，通长设置

2）合理设置钢筋混凝土圈梁

多层小砌块房屋的现浇钢筋混凝土圈梁，设置位置要求同多层砖砌体房屋圈梁，但圈梁宽度不应小于 190 mm，配筋不应少于 4ϕ12，箍筋间距不应大于 200 mm。

多层小砌块房屋的其他抗震构造措施与多层砖砌体房屋的要求相类似。

6.5.3　底部框架-抗震墙砌体房屋的抗震构造措施

1）构造柱的设置

底部框架-抗震墙砌体房屋的上部墙体应设置钢筋混凝土构造柱或芯柱。构造柱、芯柱应与每层圈梁连接，或与现浇楼板可靠拉接。构造柱、芯柱的设置部位，应根据房屋的总层数分别按表6.9、表6.13规定设置，构造柱、芯柱的构造要求除应符合多层砖砌体房屋、多层砌块房屋的要求外，尚应满足表6.16要求。

表6.16　构造柱、芯柱设置要求

墙体部位	墙体类别	构造类别	烈　度	
			6度、7度	8度
过渡层	砖墙	构造柱间距	不大于层高	
		构造柱截面	≥240×墙厚	
		构造柱配筋	≥4φ16	≥4φ18
			φ6@200/100	
	小砌块墙	芯柱间距	不大于1 m	
		芯柱配筋	≥每孔1φ16	≥每孔1φ18
上部墙体	砖墙	构造柱截面	≥240×墙厚	
		构造柱配筋	≥4φ14	
			φ6@200/100	
	小砌块墙	芯柱配筋	≥每孔1φ14	

注：箍筋加密区为梁上端500 mm、下端700 mm，且不小于1/6层高。

2）过渡层墙体

过渡层墙体的构造，如图6.27所示，应符合下列要求：

①上部砌体墙的中心线宜与底部的框架梁、抗震墙的中心线相重合；构造柱或芯柱宜与框架柱上下贯通。

②过渡层墙体应在底部框架柱、混凝土墙或约束砌体墙的构造柱所对应处设置构造柱或芯柱；墙体内的构造柱间距不宜大于层高；芯柱除按表6.13设置外，最大间距不宜大于1 m。

③过渡层构造柱的纵向钢筋，6度、7度时不宜少于4φ16，8度时不宜少于4φ18。过渡层芯柱的纵向钢筋，6度、7度时不宜少于每孔1φ16，8度时不宜少于每孔1φ18。一般情况下，纵向钢筋应锚入下部的框架柱或混凝土墙内；当纵向钢筋锚固在托墙梁内时，托墙梁的相应位置应加强。

④过渡层墙体在窗台标高处，应设置沿纵横墙通长的水平现浇钢筋混凝土带；其截面高度不小于60 mm，宽度不小于墙厚，纵向钢筋不少于2φ10，横向分布筋的直径不小于6 mm且其间距不大200 mm。

⑤过渡层墙体中凡宽度不小于1.2 m的门洞和2.1 m的窗洞，洞口两侧宜增设截面不小于120 mm×240 mm（墙厚190 mm时为120 mm×190 mm）的构造柱或单孔芯柱。

⑥当过渡层的砌体抗震墙与底部框架梁、墙体未对齐时，应在底部框架内设置托墙转换梁。

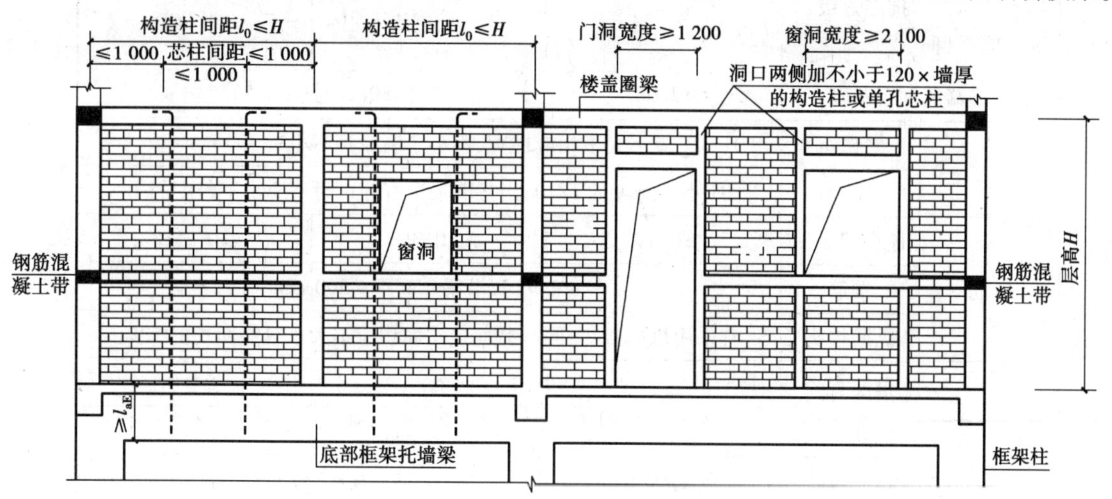

图6.27 过渡层墙体的构造

3）楼盖

楼盖应符合下列要求：

①过渡层的底板应采用现浇钢筋混凝土板，板厚不应小于120 mm；并应少开洞、开小洞，当洞口尺寸大于800 mm时，洞口周边应设置边梁。

②其他楼层，采用装配式钢筋混凝土楼板时均应设现浇圈梁；采用现浇钢筋混凝土楼板时应允许不另设圈梁，但楼板沿抗震墙体周边均应加强配筋并应与相应的构造柱可靠连接。

4）底部钢筋混凝土框架

底部钢筋混凝土框架应采用现浇或现浇柱、预制梁结构，并宜双向刚性连接。框架柱应符合下列要求：

①柱的截面不应小于400 mm×400 mm，圆柱直径不应小于450 mm。

②柱的轴压比，6度时不宜大于0.85，7度时不宜大于0.75，8度时不宜大于0.65。

③柱的纵向钢筋最小总配筋率，当钢筋的强度标准值低于400 MPa时，中柱在6度、7度时不应小于0.9%，8度时不应小于1.1%；边柱、角柱和混凝土抗震墙端柱在6度、7度时不应小于1.0%，8度时不应小于1.2%。

④柱的箍筋直径，6度、7度时不应小于8 mm，8度时不应小于10 mm，并应全高加密箍筋，间距不大于100 mm。

⑤柱的最上端和最下端组合的弯矩设计值应乘以增大系数，一、二、三级的增大系数应分别按1.5、1.25和1.15采用。

5）钢筋混凝土托墙梁

底部框架-抗震墙砌体房屋的钢筋混凝土托墙梁，其构造应符合表6.17要求，纵向受力钢筋和腰筋应按受拉钢筋的要求锚固在柱内，且支座上部纵向钢筋在柱内的锚固长度应符合钢筋混凝土框支梁的有关要求。

表 6.17 托墙梁构造要求

项目 \ 抗震等级		一 级	二、三级	四 级
梁端箍筋加密范围		$\geqslant 2.0h_b$	$\geqslant 0.2l_n$ 且 $\geqslant 1.5h_b$	
尺寸	梁宽 b_b	应不大于相应柱宽，不小于墙厚且不小于 300 mm		
	梁高 h_b	不应小于跨度的 1/10，当托墙梁上有洞口时不应小于跨度的 1/8		
纵筋	最小配筋率	≥0.4%	≥0.3%	≥0.25%
	腰筋	≥2Φ14，沿梁高间距≤200 mm		
	纵筋接头	宜采用机械接头，同一截面接头面积应不大于纵筋面积的 50%		
箍筋加密区	箍筋直径	≥Φ10		≥Φ8
	箍筋间距	≤100 mm		
	箍筋肢距	宜≤200 mm	宜≤250 mm	

6）钢筋混凝土抗震墙

底部框架-抗震墙砌体房屋的底部采用钢筋混凝土抗震墙时，抗震墙应符合下列构造要求：

①墙体周边应设置梁（或暗梁）和边框柱（或框架柱）组成的边框；边框梁的截面宽度不宜小于墙板厚度的 1.5 倍，截面高度不宜小于墙板厚度的 2.5 倍；边框柱的截面高度不宜小于墙板厚度的 2 倍。

②墙板的厚度不宜小于 160 mm，且不应小于墙板净高的 1/20；墙体宜开设洞口形成若干墙段，各墙段的高宽比不宜小于 2。

③墙体的竖向和横向分布钢筋配筋率均不应小于 0.30%，并应采用双排布置；双排分布钢筋间拉筋的间距不应大于 600 mm，直径不应小于 6 mm。

④墙体的边缘构件可按本书第 5.4.3 节的有关规定设置。

7）嵌砌于框架之间的约束普通砖砌体或小砌块砌体抗震墙

6 度且总层数不超过 4 层的底层框架-抗震墙砌体房屋，底层抗震墙应允许采用嵌砌于框架之间的约束普通砖砌体或小砌块砌体的抗震墙。

当采用嵌砌于框架之间的约束普通砖砌体抗震墙时，其构造如图 6.28 所示，应符合下列要求：

①砖墙厚不应小于 240 mm，砌筑砂浆强度等级不应低于 M10，应先砌墙后浇框架。

②沿框架柱每隔 300 mm 配置 2Φ8 水平钢筋和Φ4 分布短筋平面内点焊组成的拉结网片，并沿砖墙水平通长设置；在墙体半高处尚应设置与框架柱相连的钢筋混凝土水平系梁。

③墙长大于 4 m 时和洞口两侧，应在墙内增设钢筋混凝土构造柱。

当采用嵌砌于框架之间的约束小砌块砌体抗震墙时，墙厚不应小于 190 mm，砌筑砂浆强度等级不应低于 Mb10，应先砌墙后浇框架。墙体在门、窗洞口两侧应设置芯柱，墙长大于 4 m 时，应在墙内增设芯柱，其余位置，宜采用钢筋混凝土构造柱替代芯柱。

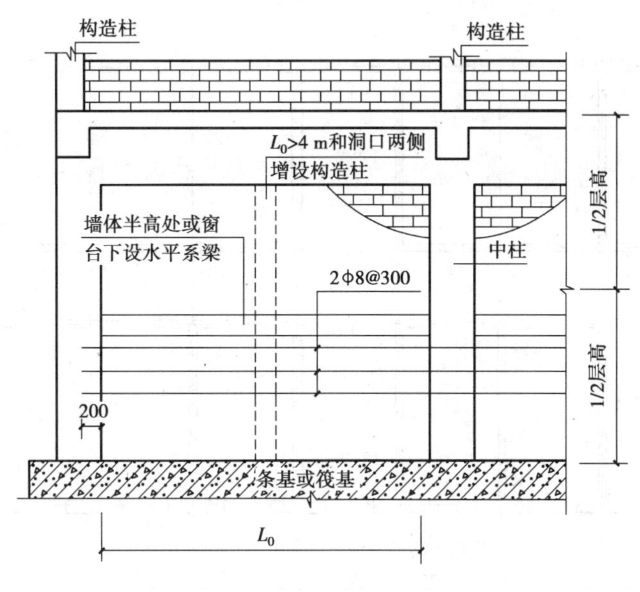

图6.28 砖砌体抗震墙构造要求

8) 材料要求

底部框架-抗震墙砌体房屋的框架柱、混凝土墙和托墙梁的混凝土强度等级不应低于C30。过渡层砌体块材的强度等级不应低于MU10,砖砌体砌筑砂浆强度的等级不应低于M10,砌块砌体砌筑砂浆强度的等级不应低于Mb10。

9) 其他抗震构造措施

底部框架-抗震墙砌体房屋框架层以上砌体结构的其他抗震构造措施与一般多层砌体结构相同。

底部框架-抗震墙砌体房屋的钢筋混凝土结构部分的其他抗震构造措施尚应符合本书第5章的有关要求。底部混凝土框架的抗震等级,6度、7度、8度应分别按三、二、一级采用;混凝土墙体的抗震等级,6度、7度、8度应分别按三、三、二级采用。

6.6 砌体房屋抗震设计实例

6.6.1 多层砌体房屋抗震设计实例

某办公楼为4层砌体房屋(图6.29),楼盖和屋盖采用预制钢筋混凝土空心板,横墙承重,楼梯突出屋顶。砖的强度等级为MU10,砂浆的强度等级为M5(一、二层)、M2.5(三、四层)。窗口尺寸除个别注明外,其余均为1.5 m×2.1 m,内墙门洞尺寸为0.9 m×2.1 m。设防烈度为7度,设计地震分组为第二组,场地类别为I_1类。试对该砌体房屋进行抗震验算。

1) 结构总重力荷载代表值G的计算

根据第3章所述可知,集中在各楼层标高处的各质点重力荷载代表值包括:楼面(或屋面)自重的标准值、50%的楼(屋)面承受的活荷载、上下各半层墙重的标准值之和(计算过程从

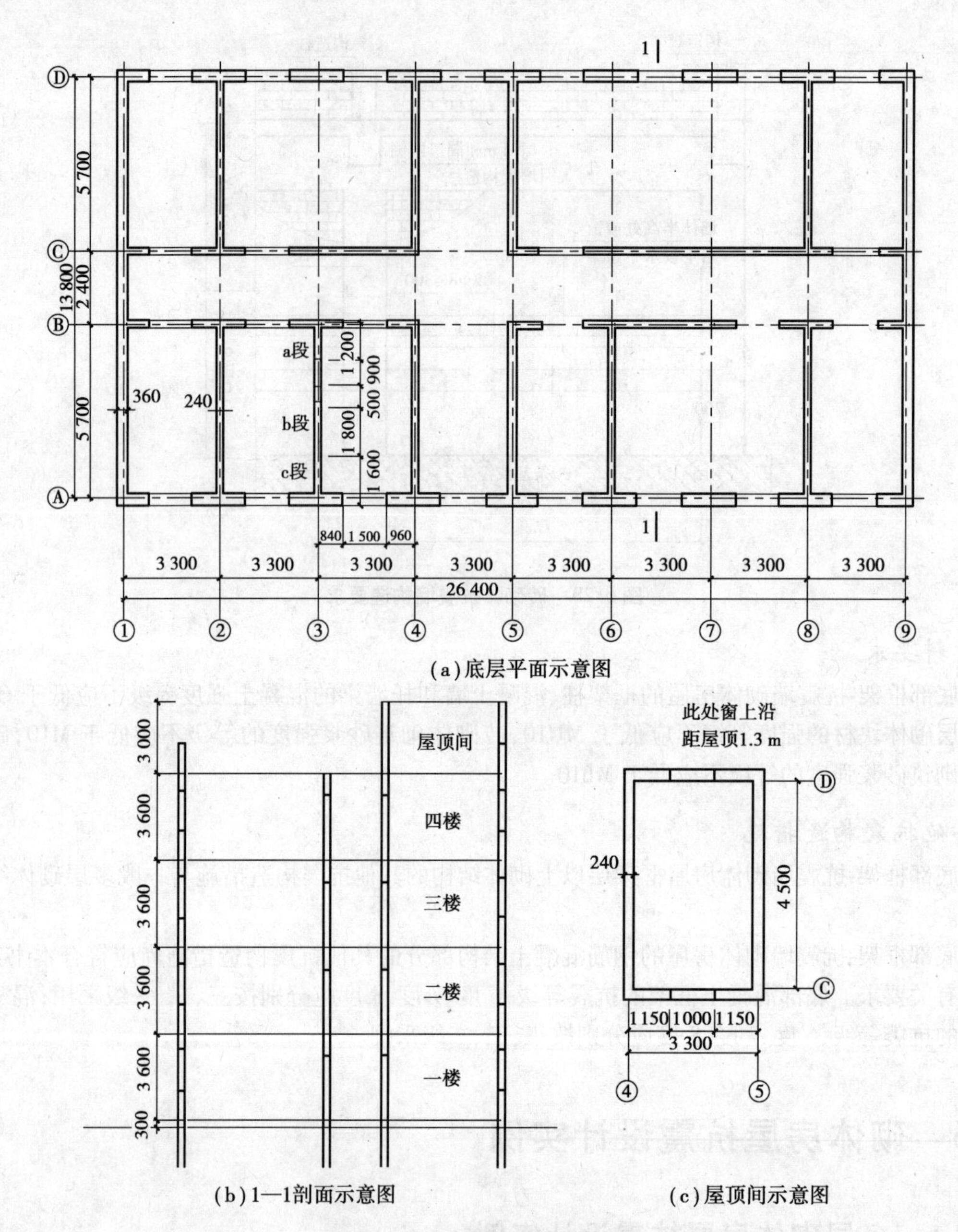

(a)底层平面示意图

(b)1—1剖面示意图

(c)屋顶间示意图

图 6.29　某多层砌体房屋示意图

略),由此得到:突出屋顶楼梯间 $G_5=210$ kN,四层顶 $G_4=3\ 760$ kN,三层顶 $G_3=4\ 410$ kN,二层顶 $G_2=4\ 410$ kN,底层顶 $G_1=4\ 840$ kN。总重力荷载代表值为:

$$G=\sum_{i=1}^{5}G_i=17\ 630(\text{kN})$$

2)水平地震作用的计算

查本书第 3 章表 3.5,可得特征周期为 0.30 s;按 7 度多遇地震查本书第 3 章表 3.4,可得 $\alpha_{\max}=0.08$。由式(6.1),得房屋底部总水平地震作用标准值 F_{EK} 为:

$$F_{EK}=\alpha_{\max}\times G_{eq}=0.08\times 0.85\times 17\ 630=1\ 198.84(\text{kN})$$

各楼层的水平地震作用和地震剪力标准值分别按式(6.2)和式(6.3)计算,具体结果如表6.18和图6.30所示。

表6.18　水平地震作用及地震剪力标准值

分　项	G_i(kN)	H_i(m)	G_iH_i	F_i	V_i(kN)
屋顶间	210	18.2	3 820	27.57	27.57
4	3 760	15.2	57 150	406.41	433.98
3	4 410	11.6	51 160	363.25	797.23
2	4 410	8.0	35 280	250.56	1 047.79
1	4 840	4.4	21 300	151.05	1 198.84
$\sum$	17 630	—	168 710	1 198.84	—

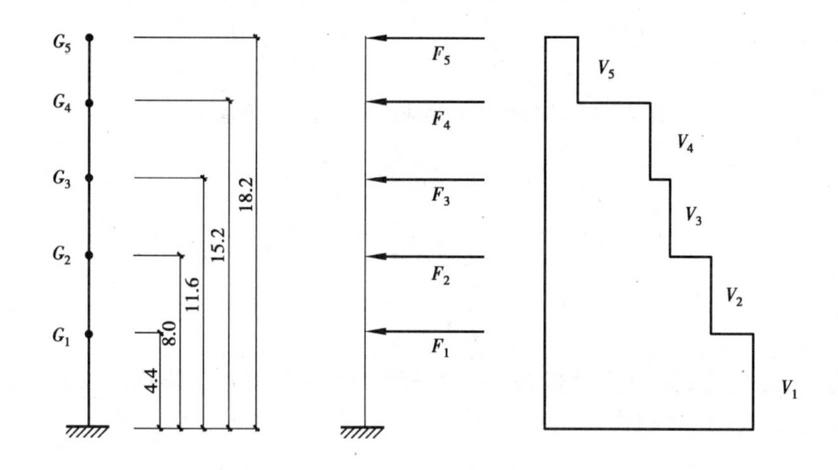

图6.30　水平地震作用剪力分布图

3)抗震强度验算

(1)横向地震作用下,横墙的抗剪强度验算(取底层③轴)

底层③轴线Ⓐ—Ⓑ轴墙段开洞最多,抗剪强度很弱,故取③轴线Ⓐ—Ⓑ轴墙段进行验算。

①地震剪力计算。③轴线Ⓐ—Ⓑ轴墙段横截面面积为:

$$A_{13} = (6.0 - 1.8 - 0.9) \times 0.24 = 0.79(\mathrm{m}^2)$$

底层横墙总截面面积为23.95 m²。

③轴线Ⓐ—Ⓑ轴墙段承受重力荷载的从属面积:

$$S_{13} = 3.3 \times \left(5.70 + \frac{2.40}{2} + 0.18\right) = 23.36(\mathrm{m}^2)$$

底层的建筑面积:

$$S_1 = (26.40 + 0.36) \times (13.8 + 0.36) = 23.36(\mathrm{m}^2)$$

由于预制空心板楼盖属中性楼盖,根据式(6.18),得③轴线Ⓐ—Ⓑ轴墙段分担的地震剪力:

$$V_{13}=\frac{1}{2}\left(\frac{A_{13}}{A_1}+\frac{S_{13}}{S_1}\right)V_1=\frac{1}{2}\left(\frac{0.79}{23.95}+\frac{23.36}{378.92}\right)\times 1\ 198.84=56.73(\text{kN})$$

③轴线Ⓐ—Ⓑ轴墙段上由于有门洞 0.9 m×2.1 m,窗洞 1.8 m×1.2 m,而将墙分成 a,b,c 3 段,计算各墙段的高宽比 h/b。其中,墙段高度 h 的取法是:门窗之间的墙段(b 墙段)取窗洞高;尽端墙段(a、c 墙段)取紧靠墙的门洞或窗洞高,如图 6.31 所示,则有:

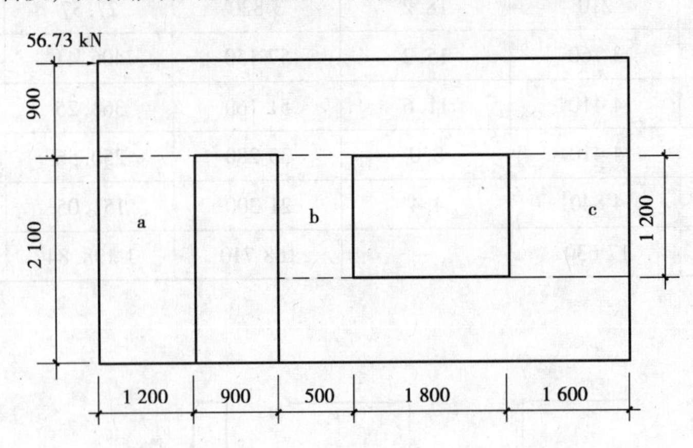

图 6.31　③轴线Ⓐ—Ⓑ轴墙体门窗洞口及墙段

a 墙段:
$$\frac{h}{b}=\frac{2.1}{1.2}=1.75$$

b 墙段:
$$\frac{h}{b}=\frac{1.2}{0.5}=2.4$$

c 墙段:
$$\frac{h}{b}=\frac{1.2}{1.6}=0.75$$

故计算墙段侧向刚度时,a、b 墙段要同时考虑弯曲和剪切变形的影响,c 墙段可以只考虑切变形的影响。根据式(6.9)和式(6.8)有:

$$K_a=\frac{Et}{1.75(1.75^2+3)}=0.094Et$$

$$K_b=\frac{Et}{2.4(2.4^2+3)}=0.048Et$$

$$K_c=\frac{Et}{3\times 0.75}=0.44Et$$

所以
$$\sum K=K_a+K_b+K_c=0.582Et$$

则底层③轴 a、b、c 各墙段分担的地震剪力标准值为:

$$V_a=\frac{K_a}{\sum K}V_{13}=\frac{0.094Et}{0.582Et}\times 56.73=9.16(\text{kN})$$

$$V_b=\frac{K_b}{\sum K}V_{13}=\frac{0.048Et}{0.582Et}\times 56.73=4.68(\text{kN})$$

$$V_c=\frac{K_c}{\sum K}V_{13}=\frac{0.44Et}{0.582Et}\times 56.73=42.89(\text{kN})$$

②a、b、c 各墙段在层高半高处的平均压力。a、b、c 各墙段在层高半高处的平均压力分别为

(计算过程从略)：

a 墙段：　　$\sigma_0 = 59.1 \times 10^{-2} N/mm^2$

b 墙段：　　$\sigma_0 = 143.3 \times 10^{-2} N/mm^2$

c 墙段：　　$\sigma_0 = 68.5 \times 10^{-2} N/mm^2$

③a、b、c 各墙段抗剪强度验算。各墙段抗剪强度验算见表6.19，砂浆为M5，$f_v = 0.12\ N/mm^2$，γ_{RE}取1.0。从表6.19可以看出：底层③轴横墙上a、b、c这3个墙段的抗剪强度均满足抗震要求。

表6.19　各墙段抗剪强度验算

分项 墙段	A (mm^2)	σ_0 (N/mm^2)	$\frac{\sigma_0}{f_v}$	ζ_N	f_{vE} (N/mm^2)	V(N)	$\gamma_{Eh}V$ (N)	$\frac{f_{vE}A}{\gamma_{RE}}$ (N)
a	288 000	0.591	4.93	1.46	0.175	9 160	11 908	50 400
b	120 000	1.433	11.94	2.05	0.246	4 680	6 084	29 520
c	384 000	0.685	5.71	1.53	0.184	42 890	55 757	70 656

(2)纵向地震作用下，外纵墙抗剪强度验算(取底层Ⓓ轴)

①作用在Ⓓ轴窗间墙上的地震剪力。因为作用在Ⓓ轴纵墙上的地震剪力按刚性楼盖情况分配，由式(6.14)，作用在Ⓓ轴外纵墙的地震剪力为：

$$V_D = \frac{A_{1D}}{A_1} V_1$$

这里的A_{1D}和A_1分别为底层Ⓓ轴外纵墙和底层所有纵墙的净横截面面积。

由于Ⓓ轴各窗宽度相等，所以作用在窗间墙上的地震剪力V_C可以按窗间墙净横截面面积的比例进行分配，即

$$V_C = \frac{A_C}{A_{1D}} V_D = \frac{A_C}{A_{1D}} \frac{A_{1D}}{A_1} V_1 = \frac{A_C}{A_1} V_1$$

式中，A_C为窗间墙的净横截面面积，$A_C = 1.80 \times 0.36 = 0.648(m^2)$，$A_1 = 20.95\ m^2$。

故

$$V_C = \frac{0.648}{20.95} \times 1\ 198.84 = 37.08(kN)$$

②窗间墙抗震强度验算。Ⓓ轴窗间墙在层高半高处横截面上的平均压力为：

$$\sigma_0 = 38.39 \times 10^{-2}(N/mm^2)(\text{非承重窗间墙})$$

由$f_v = 0.12\ N/mm^2$，$\frac{\sigma_0}{f_v} = 3.2$，查表6.6得$\zeta_n = 1.272$，则

$$f_{vE} = 1.272 \times 0.12 = 0.153(N/mm^2)$$

$$\gamma_{Eh}V_C = 1.3 \times 37.08\ kN = 48.204\ kN < \frac{f_{vE}A_C}{\gamma_{RE}} = \frac{0.153 \times 0.648 \times 10^6}{1} = 99.14(kN)$$

故满足抗震要求。

需要说明的是，虽然这里验算的是非承重窗间墙，但由于有大梁作用在Ⓓ轴的纵墙上，整个纵墙仍可以看作承重砖墙，故仍取$\gamma_{RE} = 1$。

(3)其他各层墙体

其他各层墙体抗剪强度的验算方法同上,此处略。

(4)屋顶楼梯间墙体强度验算

考虑突出建筑的鞭梢效应,屋顶楼梯间的地震剪力标准值应取表 6.18 中计算值的 3 倍,即

$$V_5 = 3 \times 27.57 = 82.71(\text{kN})$$

从图 6.29 可以看出,预制空心楼板是沿Ⓒ—Ⓓ轴方向布置的,即④、⑤轴墙体为承重墙,选择竖向压应力较小的Ⓒ、Ⓓ轴墙作为不利墙体进行抗震强度验算。

屋顶楼梯间Ⓒ轴墙的净横截面面积:

$$A_{顶C} = (3.54 - 1.0) \times 0.24 = 0.61(\text{m}^2)$$

屋顶楼梯间Ⓓ轴墙的净横截面面积:

$$A_{顶D} = (3.54 - 1.5) \times 0.36 = 0.73(\text{m}^2)$$

由于预制空心板楼盖属中性楼盖,根据式(6.18),有

$$V_{顶C} = \frac{1}{2}\left(\frac{0.61}{0.61 + 0.73} + \frac{1}{2}\right) \times 82.71 = 39.39(\text{kN})$$

$$V_{顶D} = \frac{1}{2}\left(\frac{0.73}{0.61 + 0.73} + \frac{1}{2}\right) \times 82.71 = 43.32(\text{kN})$$

在顶层半层高度处,由墙自重产生的平均压力为(砖砌体容重取 19 kN/m³):

Ⓒ轴墙:$\sigma_0 = \dfrac{(1.5 \times 3.54 - 0.5 \times 1.0) \times 0.24 \times 19}{0.24 \times (3.54 - 1.5)} = 35.98 \approx 3.60 \times 10^{-2}(\text{N/mm}^2)$

Ⓓ轴墙:$\sigma_0 = \dfrac{(1.5 \times 3.54 - 0.2 \times 1.5) \times 0.24 \times 19}{0.36 \times (3.54 - 1.5)} = 46.66 \approx 4.70 \times 10^{-2}(\text{N/mm}^2)$

其中,0.2 ×1.5 为半层高以下的窗洞面积,此处窗上沿距屋顶为 1.3 m。

查《砌体结构设计规范》得砂浆强度等级为 M2.5 时的砖砌体 $f_v = 0.09$ N/mm²,其 σ_0/f_v 对于Ⓒ,Ⓓ墙分别为 0.40 和 0.52,故查表 6.6 得Ⓒ轴墙、Ⓓ轴墙砌体强度的正应力影响系数 ζ_N 分别为 0.876 和 0.899。由 $f_{vE} = \zeta_N f_v$ 得:

Ⓒ轴墙: $f_{vE} = 0.876 \times 0.09 = 0.079(\text{N/mm}^2)$

Ⓓ轴墙: $f_{vE} = 0.899 \times 0.09 = 0.081(\text{N/mm}^2)$

由于Ⓒ和Ⓓ轴墙体为非承重墙体,此时承载力抗震调整系数 γ_{RE} 取 0.75。此外,$V_{顶C}$ 和 $V_{顶D}$ 应乘以地震作用分项系数 1.3。

对于Ⓒ轴墙:

$$1.3V_{顶C} = 1.3 \times 39.39 = 51.21(\text{kN})$$

$$< \frac{f_{vE}A_{顶C}}{\gamma_{RE}} = \frac{0.079 \times 610\,000}{0.75} = 64\,253(\text{N}) = 64.25(\text{kN})$$

故屋顶楼梯间Ⓒ轴墙满足抗震强度要求。

对于Ⓓ轴墙:

$$1.3V_{顶D} = 1.3 \times 43.32 = 56.32(\text{kN})$$

$$< \frac{f_{vE}A_{顶D}}{\gamma_{RE}} = \frac{0.081 \times 730\,000}{0.75} = 78\,840(\text{N}) = 78.84(\text{kN})$$

故屋顶楼梯间Ⓓ轴墙满足抗震强度要求。

6.6.2 底部框架-抗震墙砌体房屋抗震设计实例

将上一节实例中的多层砌体房屋改为底部框架-抗震墙砌体房屋，底层平面改动如下：取消底层砖墙，各轴线交点设框架柱，柱截面尺寸 400 mm×400 mm，在①、⑤、⑨轴线设钢筋混凝土抗震墙，每片墙宽 1 800 mm、厚 200 mm。混凝土强度等级 C30，底层平面如图 6.32 所示。上部各层平面不变，楼、屋盖现浇，二层砖强度等级 MU10，砂浆强度等级 M10。底层重力荷载代表值为 $G_1=4\ 531$ kN，其余各层重力荷载代表值不变。求：(1)确定底层横向地震剪力；(2)框架柱所承担的地震剪力。

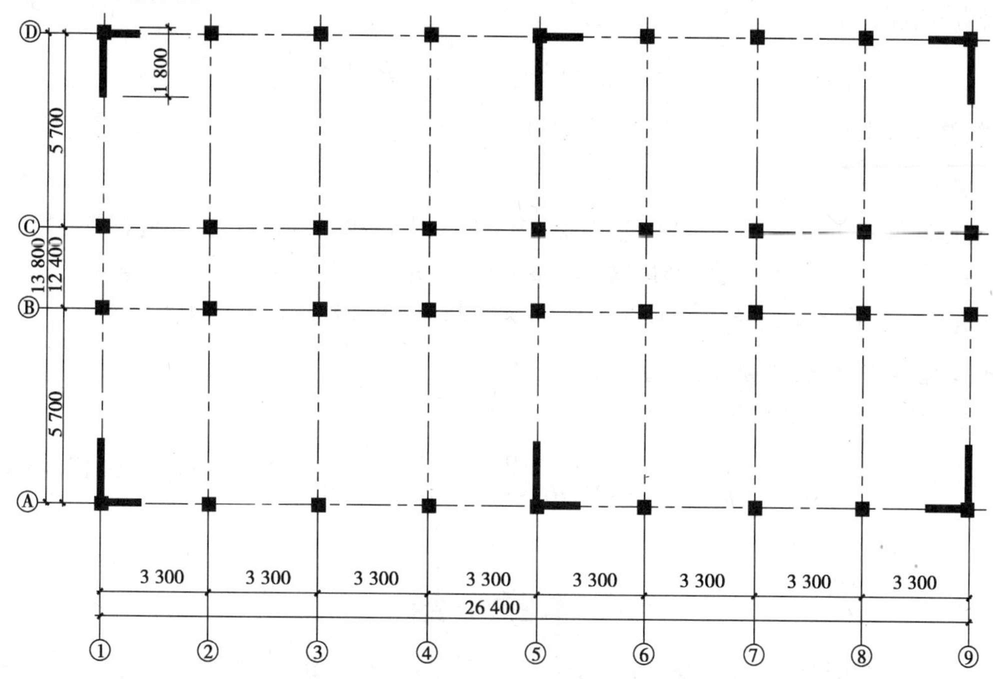

图 6.32　底层平面示意图

1)计算结构总水平地震作用

建筑物总重力荷载代表值：

$$G=\sum_{i=1}^{5}G_i=4\ 531+4\ 410+4\ 410+3\ 760+210=17\ 321(\text{kN})$$

房屋底部总水平地震作用标准值 F_{EK} 为：

$$F_{EK}=\alpha_{max}\times G_{eq}=0.08\times0.85\times17\ 321=1\ 177.83(\text{kN})$$

2)计算二层与底层的侧向刚度比

底层单个框架柱：

$$K_c=\frac{12E_cI_c}{H_c^3}=\frac{12\times3.0\times10^7\times0.4^4}{3.6^3\times12}=16\ 461.21(\text{kN/m})$$

底层单片混凝土抗震墙：

$$K_{wc}=\frac{1}{\frac{\xi H}{GA}+\frac{H^3}{12EI}}=\frac{1}{\frac{1.2\times3.6}{0.43\times3.0\times10^7\times1.8\times0.2}+\frac{3.6^3}{3.0\times10^7\times0.2\times1.8^3}}$$

$$=4.42\times10^5(\text{kN/m})$$

底层横向侧向刚度：

$$K_1=30\times K_c+6\times K_{wc}=493\ 836+2.65\times10^6=3.14\times10^6(\text{kN/m})$$

二层横向侧向刚度：

$$K_2=\frac{G\sum A_i}{\xi H}=\frac{0.4\times1\ 500\times1.89\times10^3\times21.99}{1.2\times3.6}=5.78\times10^6(\text{kN/m})$$

侧向刚度比 γ：

$$\gamma=\frac{K_2}{K_1}=\frac{5.78}{3.14}=1.84<2.5$$

故符合要求。

3) 计算底层横向地震剪力

对底层框架-抗震墙砌体房屋，底层的横向地震剪力按式(6.25)计算，而地震剪力增大系数 ξ 取 $\xi=\sqrt{\gamma}=\sqrt{1.84}=1.36$，则底层横向地震剪力 V_1 为：

$$V_1=\xi\alpha_{\max}G_{eq}=1.36\times0.08\times0.85\times17\ 321=1\ 601.84(\text{kN})$$

4) 计算框架柱承担的地震剪力

单根框架柱所分担的地震剪力为：

$$V_c=\frac{K_c}{\sum K_c+0.3\sum K_{wc}}V_1=\frac{16\ 461.21}{493\ 836+0.3\times2.65\times10^6}\times1\ 601.84=20.46(\text{kN})$$

本章小结

(1)砌体结构房屋的抗震性能和抗震能力较弱，其震害现象主要表现为：房屋倒塌，墙体开裂，墙角破坏，纵横墙连接破坏，楼梯间破坏，楼、屋盖破坏，非结构构件破坏等；底部框架-抗震墙砌体房屋的震害集中在底层框架，主要表现为底层框架丧失承载力或因变形集中、侧移过大而破坏，甚至坍塌。

(2)砌体结构房屋在强震下易发生倒塌，为此必须注重其抗震概念设计，主要内容包括：建筑布置与结构体系、总高度和层数、多层砌体房屋的最大高宽比、抗震横墙的间距、房屋局部尺寸和材料要求等。

(3)多层砌体房屋的抗震计算一般只考虑水平方向地震作用，且需要在建筑物两个主轴方向分别计算水平地震作用并进行抗震验算。水平地震作用的计算可采用底部剪力法。

(4)楼层地震剪力在各抗侧力墙间的分配取决于楼(屋)盖的类别及各墙体的侧向刚度。砌体房屋抗震验算时，可只选择承担地震作用较大的，或竖向应力较小的，或局部截面较小的墙段进行截面抗震承载力验算。

(5)底部框架-抗震墙砌体房屋的水平地震作用计算、上部砌体房屋的楼层地震剪力计算以及抗震强度验算，可按多层砌体房屋的方法和要求进行。但底部框架-抗震墙砌体房屋属上刚下柔的结构，应考虑地震作用效应的调整，使之较符合实际。

(6)砌体结构房屋一般不进行罕遇地震作用下的变形验算，主要是通过加强房屋整体性及加强连接等必要的抗震构造措施来确保大震不倒。砌体房屋的抗震构造要求包括：设置钢筋混凝土构造(芯)柱、合理布置圈梁、加强构件间的连接及重视楼梯间的设计等。

思考题与习题

6.1 多层砌体房屋的震害有哪些规律?

6.2 如何确定多层砌体房屋水平地震作用的计算简图?

6.3 在多层砌体房屋中设置圈梁和构造柱有哪些作用?

6.4 怎样确定楼层地震剪力在各墙体上的分配以及同一片墙各墙段的剪力分配?

6.5 怎样验算墙体横截面抗震承载力?

6.6 何谓底部框架-抗震墙砌体房屋? 它有什么特点? 怎样理解底部框架-抗震墙砌体房屋的设计原则?

6.7 地震剪力在底层框架和抗震墙之间如何分配?

6.8 地震倾覆力矩在底层框架和抗震墙之间如何分配?

6.9 为什么要控制多层砌体房屋的总高度和层数?

6.10 为什么要控制多层砌体房屋抗震横墙的间距?

6.11 多层砌体房屋抗震设计时,对其结构体系与布置有哪些要求?

6.12 某5层砖混办公楼,装配式钢筋混凝土楼盖,平面如图6.33(a)所示,除首层内、外纵墙为370 mm外,其他墙均为240 mm,首层采用砖MU10,混合砂浆M7.5,各层质点的重力荷载和计算高度如图6.33(b)所示,抗震设防烈度为8度,设计地震分组为第二组,场地类别为Ⅱ类。首层④轴横墙1 m长墙上重力荷载代表值为230.5 kN。试验算首层④轴横向墙体截面抗震承载力。

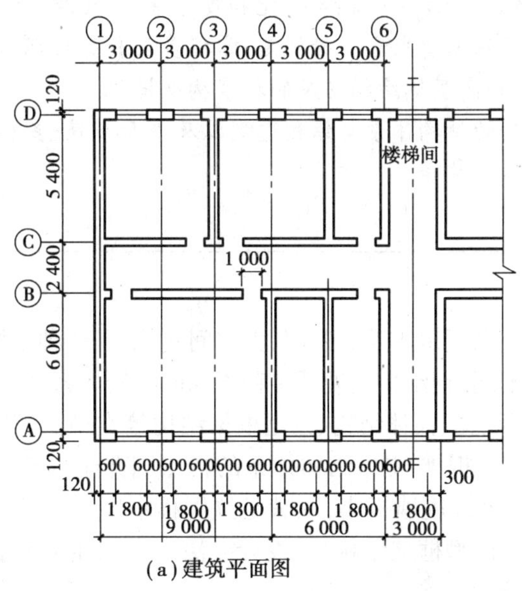

(a)建筑平面图

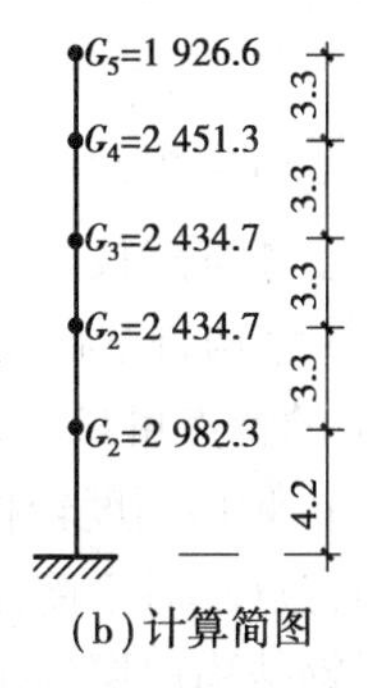

(b)计算简图

图6.33 习题6.12图

7 多层和高层钢结构房屋抗震设计

本章导读:

- **基本要求** 了解多层和高层钢结构房屋的抗震性能和震害特点;理解和掌握多层和高层钢结构房屋抗震概念设计的基本要求和一般规定;掌握多层和高层钢结构房屋抗震计算的内容和方法;熟悉多层和高层钢结构房屋的抗震构造措施。
- **重点** 多层和高层钢结构房屋的结构体系与结构选型以及平面布置;多层和高层钢结构房屋的抗震计算要点及构造措施等。
- **难点** 抗震承载能力验算。

钢结构广泛应用于多层、高层、超高层房屋及大跨度、大空间建筑,是一种主要的结构形式。根据房屋的高度和抗震设防烈度的不同,钢结构发展了多种不同的结构体系,常用体系有:框架结构、框架-支撑结构、框架-抗震墙板结构、筒体结构、巨型框架结构等类型。其中框架结构、框架-抗震墙结构的特点可参阅第5章,而框架-支撑结构体系的特点则介于框架与抗震墙(或抗震板)之间,其抗侧移刚度较框架大,较抗震墙板小,在满足抗侧移刚度要求的同时,保证了平面布置灵活的特点。对于筒体结构与巨型框架结构,其设计方法可参阅相关专著,本章重点介绍多层与高层钢结构房屋的抗震设计。

7.1 多层和高层钢结构房屋抗震特性及震害分析

钢材基本上属于各向同性的均质材料,具有轻质高强、延性好的性能,是一种很适宜于建造抗震结构的材料。在地震作用下，由于钢材的材质均匀，强度易于保证，因而钢结构房屋的可靠性大；又由于钢材轻质高强的特点，使钢结构房屋的自重轻，从而结构所受的地震作用减小。此外，钢材良好的延性性能，使钢结构具有很大的变形能力，即使在很大的变形下仍不致倒塌，从而保证结构的抗震安全性。因此，与混凝土结构相比，钢结构具有抗震性能好、抗震能力强等优点。但是，钢结构房屋如果设计与制造不当，在地震作用下也可能发生构件的失稳和材料的脆性破坏及连接破坏，而使其优良的材性得不到充分的发挥。表 7.1 给出了 1976 年唐山大地震后对唐山钢铁厂震害调查结果，总面积 3.67 万 m^2 的钢结构房屋没有倒塌与严重破坏现象，而中等破坏只有 9.3%，且多数为支撑失稳与围护结构倒塌；而钢筋混凝土结构及砌体结构房屋则破坏严重，发生倒塌和严重破坏比例分别为 23.2% 和 41.2%。这些数据表明，钢结构具有较为优越的抗震性能。

表 7.1 唐山钢铁厂震害调查资料

统计参数 / 结构形式	总建筑面积(万 m^2)	倒塌和严重破坏比例	中等破坏比例
钢结构	3.67	0	9.3%
钢筋混凝土结构	4.06	23.2%	47.9%
砌体结构	3.09	41.2%	20.9%

对以往钢结构房屋震害情况的统计分析发现，钢结构房屋受地震作用的破坏形式主要有以下几类：

(1)结构倒塌

结构倒塌是地震中结构破坏最严重的形式。造成结构倒塌的主要原因是结构薄弱层，结构薄弱层的形成主要是由于结构楼层屈服强度系数和抗侧移刚度沿高度分布不均匀造成的。

(2)节点破坏

节点破坏是地震中发生最多的一种破坏形式。刚性连接的结构构件一般采用铆接、螺栓或焊接形式连接。如果在节点的设计和施工中，构造及焊缝存在缺陷，节点区域就可能出现应力集中、受力不均的现象，在地震中很容易出现连接破坏。1994 年美国北岭地震和 1995 年日本阪神地震中，就出现了大量的梁柱连接节点的破坏。梁柱节点可能出现的破坏现象主要表现为：铆接、螺栓断裂(图 7.1)，焊接部位拉脱(图 7.2)，加劲板断裂、屈曲，腹板断裂、屈曲，等等。

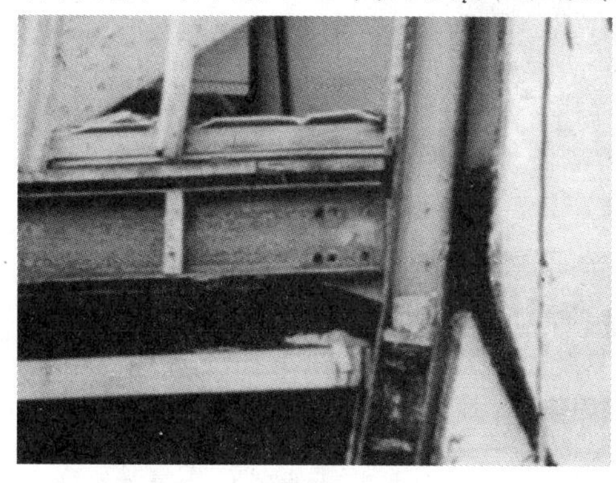

图 7.1 节点破坏(螺栓破坏)

图 7.2 节点破坏(焊缝破坏)

(3)构件破坏

在以往所有地震中,多高层建筑钢结构构件破坏的主要形式有支撑的破坏与失稳以及梁柱局部破坏两种。

①支撑的破坏与失稳。当地震强度较大时,支撑承受反复拉压的轴向力作用,一旦压力超出支撑的屈曲临界力时,就会出现破坏或失稳(图7.3)。

②梁柱局部破坏。对于框架柱,主要有翼缘屈曲、翼缘撕裂,甚至框架柱会出现水平裂缝或断裂破坏(图7.4)。如1995日本阪神地震中,位于地震区的57幢高层钢结构房屋中,有21幢楼共计57根钢柱发生水平裂缝破坏,其中13根钢柱为母材断裂,7根钢柱在与支撑连接处开裂,37根钢柱发生在拼接焊缝处。对于框架梁,主要有翼缘屈曲、腹板屈曲和开裂、扭转屈曲等破坏形态。

图7.3　构件破坏(支撑破坏)

图7.4　构件破坏(柱剪断)

(4)基础锚固破坏

钢构件与基础的锚固破坏主要表现为柱脚处的地脚螺栓脱开、混凝土破碎导致锚固失效、连接板断裂等(图7.5),这种破坏形式曾发生多起。柱脚破坏的主要原因可能是设计中未预料到地震时柱将产生相当大的拉力,以及地震开始时出现的竖向振动。

图7.5　基础锚固破坏

7.2　多层和高层钢结构房屋抗震设计的一般规定

7.2.1　钢结构房屋的抗震等级

抗震等级是确定结构构件抗震计算和抗震措施的标准。钢结构房屋应根据设防分类、烈度和房屋高度采用不同的抗震等级,并应符合相应的计算和构造措施要求。对丙类建筑的建筑抗震等级应按表7.2确定。

表7.2　钢结构房屋的抗震等级

房屋高度	烈度			
	6	7	8	9
≤50 m		四	三	二
>50 m	四	三	二	一

注:①高度接近或等于高度分界时,应允许结合房屋不规则程度和场地、地基条件确定抗震等级;

②一般情况,构件的抗震等级应与结构相同;当某个部位各构件的承载力均满足2倍地震作用组合下的内力要求时,7度~9度的构件抗震等级应允许按降低一度确定。

7.2.2　结构选型

1)多层和高层钢结构房屋的结构体系

多层和高层钢结构房屋的结构体系主要有框架体系、框架-支撑(抗震墙板)体系、筒体体系(框筒、筒中筒、桁架筒、束筒等)和巨型框架体系等。

(1)框架体系

框架体系是由沿纵横方向多榀框架构成的承担水平及竖荷载或作用的一类结构体系。这类结构的抗侧能力主要取决于梁柱构件和节点的强度与延性,故常采用刚性连接节点。

(2)框架-支撑体系

框架-支撑体系是在框架体系中沿结构的纵、横两个方向均匀布置一定数量的支撑所形成的结构体系。在框架-支撑体系中,框架是剪切型结构,底部层间位移大;支撑为弯曲型结构,底部层间位移小;两者并联,可以明显减少建筑物下部的层间位移。因此,在相同的侧移限值标准的情况下,框架-支撑体系可以用于比框架体系更高的房屋。

支撑体系的布置由建筑要求及结构功能来确定,一般布置在端框架中、电梯井周围处。支撑类型的选择与是否抗震有关,也与建筑的层高、柱距以及建筑使用要求有关,如人行通道、门洞和空调管道设置等,因此需要根据不同的设计条件选择适宜的类型。常用的支撑体系有中心支撑和偏心支撑。

①中心支撑。中心支撑是指斜杆与横梁及柱汇交于一点,或两根斜杆与横杆汇交于一点,也可与柱子汇交于一点,但汇交时均无偏心距。根据斜杆的不同布置形式,可形成X形支撑、

单斜支撑、人字形支撑、K 形支撑及 V 形支撑等类型,如图 7.6 所示。

中心支撑是常用的支撑类型之一,因具有较大的侧向刚度,对减小结构的水平位移和改善结构的内力分布是有效的,但在往复的水平地震作用下,会产生下列后果:

a. 支撑斜杆重复压曲后,其抗压承载力急剧降低。

b. 支撑的两侧柱子产生压缩变形和拉伸变形时,由于支撑的端节点实际构造做法并非铰接,引发支撑产生很大的内力和应力。

c. 斜杆从受压的压曲状态变为受拉伸状态,将对结构产生冲击作用力,使支撑及其节点和相邻的结构产生很大的附加应力。

d. 同一层支撑框架内的斜杆轮流压曲又不能恢复(拉直),楼层的受剪承载力迅速降低。因此,对于地震区建筑,不得采用 K 形中心支撑,因为 K 形支撑的斜杆因受压屈曲或受拉屈服时,将使柱子发生屈曲甚至严重破坏。

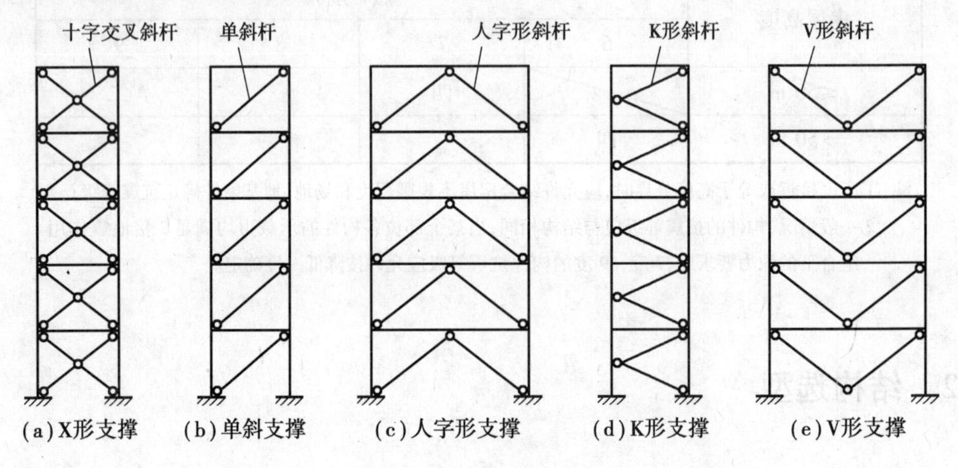

图 7.6　中心支撑类型

②偏心支撑。偏心支撑是指支撑斜杆的两端,至少有一端与梁相交(不在柱节点处),另一端可在梁与柱交点处连接,或偏离另一根支撑斜杆一段长度与梁连接,并在支撑斜杆杆端与柱子之间构成一消能梁段,或在两根支撑斜杆之间构成一消能梁段的支撑,如图 7.7 所示。

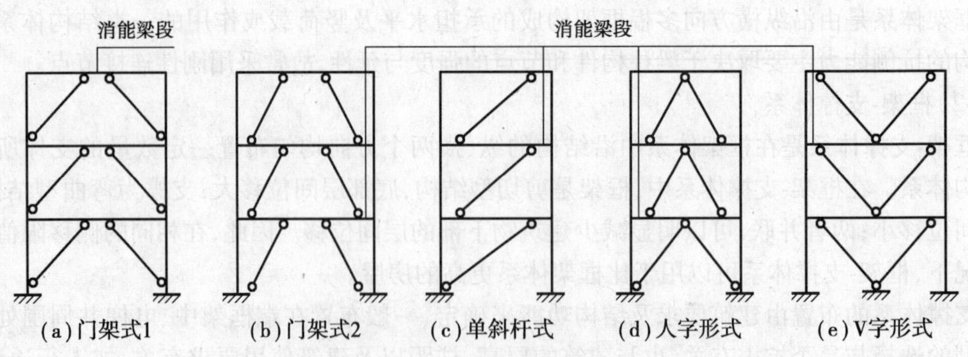

图 7.7　偏心支撑类型

采用偏心支撑的主要目的是改变支撑斜杆与梁(消能梁段)的先后屈服顺序,即在罕遇地震时,消能梁段在支撑失稳之前就进入弹塑性阶段以利用非弹性变形进行消能,从而保护支撑斜杆不屈曲或屈曲在后。因此,偏心支撑与中心支撑相比具有较大的延性,它是适宜用于高烈度地区的一种新型支撑体系。

(3)框架-抗震墙板体系

框架-抗震墙板体系是以钢框架为主体,并配置一定数量的抗震墙板。由于抗震墙板可以根据需要布置在任何位置上,所以布置灵活。另外,抗震墙板可以分开布置,两片以上抗震墙并联体较宽,从而可减小抗侧力体系等效高宽比,提高结构的抗推和抗倾覆能力。抗震墙板主要有以下3种类型:

①钢抗震墙板。钢抗震墙板一般需采用厚钢板,其上下两边缘和左右两边缘可分别与框架梁和框架柱连接,一般采用高强度螺栓连接。钢板抗震墙板承担沿框架梁、柱周边的地震作用,不承担框架梁上的竖向荷载。非抗震设防及按6度抗震设防的建筑,采用钢板抗震墙可不设置加劲肋。按7度及7度以上抗震设防的建筑,宜采用带纵向和横向加劲肋的钢板抗震墙,且加劲肋宜两面设置。

②内藏钢板支撑抗震墙板。内藏钢板支撑抗震墙是以钢板为基本支撑,外包钢筋混凝土墙板的预制构件。内藏钢板支撑可做成中心支撑也可做成偏心支撑,但在高烈度地区,宜采用偏心支撑。预制墙板仅在钢板支撑斜杆的上下端节点处与钢框架梁相连,除该节点部位外与钢框架的梁或柱均不相连,留有间隙,因此,内藏钢板支撑抗震墙仍是一种受力明确的钢支撑。由于钢支撑有外包混凝土,故可不考虑平面内和平面外的屈曲。墙板对提高框架结构的承载能力和刚度,以及在强震时吸收地震能量方面均有重要作用。

③带竖缝混凝土抗震墙板。普通整块钢筋混凝土墙板由于初期刚度过高,地震时首先斜向开裂,发生脆性破坏而退出工作,造成框架超载而破坏,为此提出了一种带竖缝的抗震墙板。它在墙板中设有若干条竖缝,将墙分割成一系列延性较好的壁柱。多遇地震时,墙板处于弹性阶段,侧向刚度大,墙板如同由壁柱组成的框架板承担水平抗震。罕遇地震时,墙板处于弹塑性阶段而在柱壁上产生裂缝,壁柱屈服后刚度降低,变形增大,起到耗能减震的作用。

(4)筒体体系

筒体结构体系因具有较大刚度,有较强的抗侧力能力,能形成较大的使用空间,对于超高层建筑是一种经济有效的结构形式。根据筒体的布置、组成、数量的不同,筒体结构体系可分为框架筒、桁架筒、筒中筒及束筒等体系。

(5)巨型框架体系

巨型框架体系是由柱距较大的立体桁架柱及立体桁架梁构成。立体桁架梁应沿纵横向布置,并形成一个空间桁架层,在两层空间桁架层之间设置次框架结构,以承担空间桁架层之间的各层楼面荷载,并将其通过次框架结构的柱子传递给立体桁架梁及立体桁架柱,这种体系能在建筑中提供特大空间,它具有很大的刚度和强度。

2)结构选型

结构类型的选择关系到结构的安全性、实用性和经济性,可根据结构总体高度和抗震设防烈度确定结构类型和最大使用高度。《抗震规范》规定,钢结构民用房屋的结构类型和最大高度应符合表7.3的要求。平面和竖向均不规则的钢结构,适用的最大高度宜适当降低。

影响结构宏观性能的另一个尺度是结构高宽比,即房屋总高度与结构平面最小宽度的比值,它对结构刚度、侧移、振动模态有直接影响。《抗震规范》规定,钢结构民用房屋的最大高宽比不宜超过表7.4的限定。

表7.3 钢结构房屋适用的最大高度 单位:m

结构类型	6度、7度 (0.1g)	7度 (0.15g)	8度 (0.20g)	8度 (0.30g)	9度 (0.40g)
框架	110	90	90	70	50
框架-中心支撑	220	200	180	150	120
框架-偏心支撑(延性墙板)	240	220	200	180	160
筒体(框筒、筒中筒、桁架筒,束筒)和巨型框架	300	280	260	240	180

注:①房屋高度指室外地面到主要屋面板板顶的高度(不包括局部突出屋顶部分);

②超过表内高度的房屋结构,应进行专门研究和论证,采取有效的加强措施;

③表内的筒体不包括混凝土筒。

表7.4 钢结构民用房屋适用的最大高宽比

烈 度	6度、7度	8度	9度
最大高宽比	6.5	6.0	5.5

注:塔形建筑的底部有大底盘时,高宽比可按大底盘以上计算。

根据抗震概念设计的思想,多层钢结构要根据安全性和经济性的原则按多道防线设计。在上述结构类型中,框架结构一般设计成梁铰机制,有利于消耗地震能量、防止倒塌,梁是这种结构的第一道抗震防线;框架-支撑(延性墙板)体系以支撑或者延性墙板作为第一道抗震防线;偏心支撑体系是以梁的耗能段作为第一道抗震防线。在选择结构类型时,除考虑结构总高度和高宽比之外,还要根据各结构类型抗震性能的差异及设计需求加以选择。

7.2.3 结构布置

1)结构平、立面布置以及防震缝的设置

钢结构房屋的结构平面布置、竖向布置应遵守抗震概念设计中结构布置规则性的原则。钢结构房屋应尽量采用规则的建筑方案,其结构平面布局应遵循抗侧移刚度中心与结构质量中心尽可能接近的原则,以减少结构可能出现的扭转。设计中如出现平面不规则或者竖向不规则的情况,应按规范要求进行水平地震作用计算和内力调整,并对薄弱部位采取有效的抗震构造措施,不应采用严重不规则的设计方案。

由于钢结构可耐受的结构变形比混凝土结构大,所以一般不宜设防震缝。当需要设置防震缝时,缝的宽度应不小于相应钢筋混凝土结构房屋的1.5倍。

2)支撑的设置要求

在框架-支撑体系中,可使用中心支撑或偏心支撑。无论是哪一种支撑,均可提供较大的抗侧移刚度。一、二级钢结构房屋,宜设置偏心支撑、带竖缝钢筋混凝土抗震墙板、内藏钢支撑钢筋混凝土墙板、屈曲约束支撑等消能支撑或筒体。采用框架结构时,甲、乙类建筑和高层的丙类

建筑不应采用单跨框架，多层的丙类建筑不宜采用单跨框架。

采用框架-支撑结构的钢结构房屋应符合下列规定：

①支撑框架的两个方向的布置均宜基本对称，支撑框架之间楼盖的长宽比不宜大于3。

②三、四级且高度不大于50 m的钢结构房屋宜采用中心支撑，也可采用偏心支撑、屈曲约束支撑等消能支撑。

③中心支撑框架宜采用交叉支撑，也可采用人字支撑或单斜杆支撑，不宜采用K形支撑；支撑的轴线宜交汇于梁柱构件轴线的交点，偏离交点时的偏心距不应超过支撑杆件宽度，并应计入由此产生的附加弯矩。当中心支撑采用只能受拉的单斜杆体系时，应同时设置不同倾斜方向的两组斜杆，且每组中不同方向单斜杆的截面面积在水平方向的投影面积之差不应大于10%。

④偏心支撑框架的每根支撑应至少有一端与框架梁连接，并在支撑与梁交点和柱之间或同一跨内另一支撑与梁交点之间形成消能梁段。

⑤采用屈曲约束支撑时，宜采用人字形支撑、成对布置的单斜杆支撑等形式，不应采用K形或X形，支撑与柱的夹角宜为35°~55°。屈曲约束支撑受压时，其设计参数、性能检验和作为一种消能部件的计算方法可按相关要求设计。

3)钢结构房屋的楼盖

钢结构房屋的楼盖的主要形式有在压型钢板上现浇混凝土形成的组合楼板(图7.8)和非组合楼板、装配整体式钢筋混凝土楼板、装配式楼板等。一般情况下，宜采用压型钢板现浇钢筋混凝土组合楼板或钢筋混凝土楼板，并应与钢梁有可靠连接。对6度、7度时不超过50 m的钢结构，尚可采用装配整体式钢筋混凝土楼板，亦可采用装配式楼板或其他轻型楼盖，但应将楼板预埋件与钢梁焊接，或采取其他保证楼盖整体性的措施；对转换层楼盖或楼板有大洞口等情况，必要时可设置水平支撑。

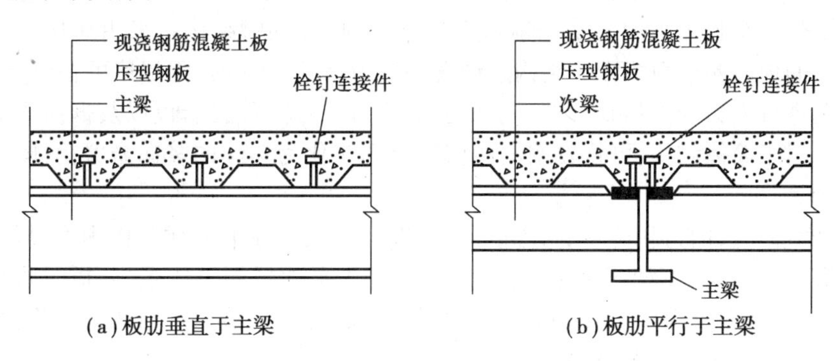

(a)板肋垂直于主梁　　(b)板肋平行于主梁

图7.8　压型钢板组合楼板

4)钢结构房屋的地下室

钢结构房屋根据工程情况可设置或不设置地下室。设置地下室时，框架-支撑(抗震墙板)结构中竖向连续布置的支撑(抗震墙板)应延伸至基础；钢框架柱应至少延伸至地下一层，其竖向荷载应直接传至基础。

超过50 m的钢结构房屋应设置地下室。其基础埋置深度，当采用天然地基时不宜小于房屋总高度的1/15；当采用桩基时，桩承台埋深不宜小于房屋总高度的1/20。

7.3　多层和高层钢结构房屋抗震计算

7.3.1　一般计算原则

多层和高层钢结构房屋的抗震设计采用两阶段设计方法，即第一阶段设计应按多遇地震计算地震作用，第二阶段设计应按罕遇地震计算地震作用。具体的钢结构地震作用计算原则参见本书第3.1.1节，但需要按规定调整地震作用效应；钢结构的层间变形验算按本书第3.4.2节的要求进行。

需要说明的是，当进行结构弹性分析时，宜考虑现浇钢筋混凝土楼板与钢梁的共同工作；当进行结构弹塑性分析时，可不考虑楼板与梁的共同工作。对于框架弹性分析，计算压型钢板组合楼盖中梁的截面惯性矩时，对两侧有楼板的梁宜取 $1.5I_b$，对仅一侧有楼板的梁宜取 $1.2I_b$。（I_b 为钢梁惯性矩）

7.3.2　水平地震作用下钢结构的内力计算与变形验算

1）地震作用下的内力计算

（1）多遇地震作用下

钢结构在第一阶段多遇地震作用下的抗震设计中，其地震作用效应采用弹性方法计算。根据不同情况，可采用底部剪力法、振型分解反应谱法以及时程分析法。试验研究表明，钢结构房屋的阻尼比小于钢筋混凝土结构，对于高度不大于50 m的钢结构可采用0.04；高度大于50 m且小于200 m的钢结构可采用0.03；而高度不小于200 m的钢结构宜采用0.02。当偏心支撑框架部分承担的地震倾覆力矩大于结构总地震倾覆力矩的50%时，阻尼比可相应增加0.005。

钢结构在进行内力和位移计算时，对于框架-支撑、框架-抗震墙板以及框筒等结构常采用矩阵位移法。对于筒体结构，可将其按位移相等原则转化为连续的竖向悬臂筒体，采用有限条法对其进行计算。

在预估杆截面时，内力和位移的分析可采用近似方法。在水平载荷作用下，框架结构可采用 D 值法进行简化计算；框架-支撑（抗震墙）可简化为平面抗侧力体系，分析时将所有框架合并为总框架，所有竖向支撑（抗震墙）合并为总支撑（抗震墙），然后进行协同工作分析。此时，可将总支撑（抗震墙）当作一根悬臂梁。

（2）罕遇地震作用下

高层钢结构第二阶段的抗震验算应采用时程分析法对结构进行弹塑性时程分析，其结构计算模型可以采用杆系模型、剪切型层模型、剪弯型层模型或剪弯协同工作模型。在采用杆系模型分析时，柱、梁的恢复力模型可采用二折线模型，其滞回模型可不考虑刚度退化。

钢支撑和消能梁段等构件的恢复力模型，应按杆件特性确定。采用层模型分析时，应采用计入有关构件弯曲、轴向力、剪切变形影响的等效层剪切刚度，层恢复力模型的骨架曲线可采用静力弹塑性方法进行计算，可简化为二折线或三折线，并尽量与计算所得骨架曲线接近。在对结构进行静力塑性计算时，应同时考虑水平地震作用与重力载荷。构件所用材料的屈服强度和极限强度应采用标准值。对新型、特殊的杆件和结构，其恢复力模型宜通过实验确定。分析时结构的阻尼比可取0.05，并应考虑重力二阶效应对侧移的影响。

2)构件内力调整

对于框架梁，可不按柱轴线处的内力而按梁端截面的内力设计。对工字形截面柱，宜计入梁柱节点域剪切变形对结构侧移的影响；对箱形柱框架、中心支撑框架和不超过50 m的钢结构，其层间位移计算可不计入梁柱节点域剪切变形的影响，近似按框架轴线进行分析。对于钢框架-支撑结构的斜杆可按端部铰接杆计算；其框架部分按刚度分配计算得到的地震层剪力应乘以调整系数，达到不小于结构底部总地震剪力的25%和框架部分计算最大地震层剪力1.8倍此二者的较小值。中心支撑框架的斜杆轴线偏离梁柱轴线交点不超过支撑杆件的宽度时，仍可按中心支撑框架分析，但应计及由此产生的附加弯矩。

对于偏心支撑框架结构，为了确保消能梁段能进入弹塑性工作，与消能梁段相连构件的内力设计值，应按下列要求调整：

①支撑斜杆的轴力设计值，应取与支撑斜杆相连接的消能梁段达到受剪承载力时支撑斜杆轴力与增大系数的乘积；其增大系数，一级不应小于1.4，二级不应小于1.3，三级不应小于1.2。

②位于消能梁段同一跨的框架梁内力设计值，应取消能梁段达到受剪承载力时框架梁内力与增大系数的乘积；其增大系数，一级不应小于1.3，二级不应小于1.2，三级不应小于1.1。

③框架柱的内力设计值，应取消能段达到受剪承载力时柱内力与增大系数的乘积；其增大系数，一级不应小于1.3，二级不应小于1.2，三级不应小于1.1。

内藏钢支撑钢筋混凝土墙板和带竖缝钢筋混凝土墙板应按有关规定计算，带竖缝钢筋混凝土墙板可仅承受水平荷载产生的剪力，不承受竖向荷载产生的压力。钢结构转换构件下的钢框架柱，地震内力应乘以1.5的增大系数。

在抗震设计中，一般高层钢结构可不考虑风荷载及竖向地震的作用，但对于高度大于60 m的高层钢结构须考虑风荷载的作用，在9度区尚需考虑竖向地震的作用。

3)钢结构的整体稳定

高层钢结构的稳定分为倾覆稳定和压屈稳定两种类型。倾覆稳定可通过限制高宽比来满足，压屈稳定又分为整体稳定和局部稳定。当钢框架梁的上翼缘采用抗剪连接件与组合楼板连接时，可不验算地震作用下的整体稳定。

7.3.3 钢结构构件抗震承载力验算

钢框架的承载能力和稳定性与梁柱构件、支撑构件、连接件、梁柱节点域都有直接的关系。结构设计要体现“强柱弱梁”的原则，保证节点可靠性，实现合理的耗能机制。为此，需要进行构件、节点承载力和稳定性验算。验算的主要内容有：框架梁柱和节点的承载力与稳定验算、支撑构件的承载力验算、偏心支撑框架构件的抗震承载力验算、构件及其连接的极限承载力验算。框架梁与柱在地震作用下的强度及稳定计算与非地震作用下房屋钢结构设计相似，只需将公式中的相应内力用地震组合下的相应值代替，同时将材料抗拉强度设计值f用f/γ_{RE}代替。下面仅对钢结构构件与节点及其连接的抗震承载力计算予以详述。

1)钢框架节点处的抗震承载力验算

“强柱弱梁”是抗震设计的基本要求。在地震作用下,塑性铰应在梁端形成而不应在柱端形成,此时框架具有较大的内力重分布和消能能力。为此,柱端应比梁端有更大的承载能力储备。

①对于抗震设防框架柱在框架的任一节点处,节点左右梁端和上下柱端的全塑性承载力应满足下式的要求:

等截面梁 $$\sum W_{pc}\left(f_{yc}-\frac{N}{A_c}\right)\geqslant\eta\sum W_{pb}f_{yb} \tag{7.1a}$$

端部翼缘变截面的梁 $$\sum W_{pc}\left(f_{yc}-\frac{N}{A_c}\right)\geqslant\sum(\eta W_{pb1}f_{yb}+V_{pb}s) \tag{7.1b}$$

式中 W_{pc},W_{pb}——交汇于节点的柱和梁的塑性截面模量;

W_{pb1}——梁塑性铰所在截面的梁塑性截面模量;

N——地震组合的柱轴力;

A_c——框架柱的截面面积;

f_{yc},f_{yb}——柱和梁的钢材屈服强度;

η——强柱系数,一级取1.15,二级取1.10,三级取1.05;

V_{pb}——梁塑性铰剪力;

s——塑性铰至柱面的距离,塑性铰可取梁端部变截面翼缘的最小处。

当柱所在楼层的受剪承载力比相邻上一层的受剪承载力高出25%,或柱轴压比不超过0.4,或$N_2\leqslant\varphi A_c f$($N_2$为2倍地震作用下的组合轴力设计值),或节点与支撑斜杆相连时,可不受此限制。

②为了保证在大震作用下,使柱和梁连接的节点域腹板不致局部失稳,以利于吸收和耗散地震能量,在柱与梁连接处,柱应设置与梁上下翼缘位置对应的加劲肋,使之与柱翼缘相包围处形成梁柱节点域。节点域柱腹板的厚度,一方面要满足腹板局部稳定要求,另一方面还应满足节点域的抗剪要求。

研究表明,节点域既不能太厚,也不能太薄,太厚了使节点域不能发挥耗能作用,太薄了将使框架的侧向位移太大。为此,节点域的屈服承载力应满足下式要求:

$$\psi(M_{pb1}+M_{pb2})/V_p\leqslant(4/3)f_{yv} \tag{7.2}$$

工字形截面柱

$$V_p=h_{b1}h_{c1}t_w \tag{7.3}$$

箱形截面柱

$$V_p=1.8h_{b1}h_{c1}t_w \tag{7.4}$$

圆管形截面柱

$$V_p=(\pi/2)h_{b1}h_{c1}t_w \tag{7.5}$$

式中 M_{pb1},M_{pb2}——节点域两侧梁的全塑性受弯承载力;

V_p——节点域的体积,根据式(7.3)、式(7.4)或式(7.5)确定;

f_{yv}——钢材的屈服抗剪强度,取钢材屈服强度的0.58倍;

ψ——折减系数,三、四级取0.6,一、二级取0.7;

h_{b1},h_{c1}——梁翼缘厚度中点间的距离和柱翼缘(或钢管直径线上管壁)厚度中点间的距离;

t_w——柱在节点域的腹板厚度。

③为保证工字形截面柱和箱形截面柱的节点域的稳定,节点域腹板的厚度应满足式(7.6)要求:

$$t_w \geqslant (h_b + h_c)/90 \tag{7.6}$$

节点域的受剪承载力应满足式(7.7)的要求:

$$(M_{b1} + M_{b2})/V_p \leqslant (4/3)f_v/\gamma_{RE} \tag{7.7}$$

式中　M_{b1},M_{b2}——节点域两侧梁的弯矩设计值;

γ_{RE}——节点域承载力抗震调整系数,取0.75;

f_v——钢材的抗剪强度设计值。

2)中心支撑框架构件的抗震承载力验算

在反复荷载作用下,支撑斜杆反复受压、受拉,且受压屈曲后的变形增大较多,以致转而受拉时不能完全拉直,造成受压承载力再次降低,即出现弹塑性屈曲后承载力退化现象。支撑杆件屈曲后,最大承载力的降低是明显的,长细比越大,退化程度越严重。在计算支撑杆件时应考虑这种情况。

在多遇地震作用效应组合下,支撑斜杆的受压承载力应按下式进行:

$$N/(\varphi A_{br}) \leqslant \psi f/\gamma_{RE} \tag{7.8}$$

$$\psi = 1/(1 + 0.35\lambda_n) \tag{7.9}$$

$$\lambda_n = (\lambda/\pi)\sqrt{f_{ay}/E} \tag{7.10}$$

式中　N——支撑斜杆的轴向力设计值;

A_{br}——支撑斜杆的截面面积;

φ——轴心受压构件的稳定系数;

ψ——受循环荷载时的强度降低系数;

λ,λ_n——支撑斜杆的长细比和正则化长细比;

E——支撑斜杆钢材的弹性模量;

f,f_{ay}——钢材强度设计值与屈服强度;

γ_{RE}——支撑稳定破坏承载力抗震调整系数,取0.8。

对人字形支撑,当支撑腹杆在大震下受压屈曲后,其承载力将下降,导致横梁在支撑连接处出现向下的不平衡集中力,可能引起横梁破坏和楼板下陷,并在横梁两端出现塑性铰;V形支撑的情况类似,仅当斜杆失稳时楼板不是下陷而是向上隆起,不平衡力方向相反。因此,设计时要求人字形支撑和V形支撑的框架梁在支撑连接处应保持连续,并按不计入支撑支点作用的梁验算重力荷载和支撑屈曲时不平衡力作用下的承载力(顶层和出屋面房间的梁不受此限);不平衡力应按受拉支撑的最小屈服承载力($N_{拉} = A_{br} f_{ay}$)和受压支撑最大屈曲承载力($N_{压} = \varphi A_{br} f_{ay}$)的0.3倍计算。必要时,人字形支撑和V形支撑可沿竖向交替设置或采用拉链杆。

3)偏心支撑框架构件的抗震承载力验算

偏心支撑框架的设计原则是强柱、强支撑和弱消能梁段,即在大地震时消能梁段屈服形成塑性铰,且具有稳定的滞回性能,即使消能梁段进入应变硬化阶段,支撑斜杆、柱和其余梁段仍保持弹性。设计良好的偏心支撑框架,除柱脚有可能出现塑性铰外,其他塑性铰均出现在梁段上。偏心支撑框架的每根支撑应至少一端与梁连接,并在支撑与梁交点和柱之间或同一跨内另一支撑与梁交点之间形成消能梁段。

消能梁段的受剪承载力应按下列规定验算:

当 $N \leqslant 0.15Af$ 时

$$V \leqslant \varphi V_{l}/\gamma_{RE} \tag{7.11a}$$

当 $N > 0.15Af$ 时

$$V \leqslant \varphi V_{lc}/\gamma_{RE} \tag{7.11b}$$

式中 φ——系数,取0.9;

V,N——消能梁段的剪力设计值和轴力设计值;

V_{l},V_{lc}——消能梁段的受剪承载力和考虑轴力影响的受剪承载力,$V_{l}=0.58A_{w}f_{ay}$ 或 $V_{l}=2M_{lp}/a$,取较小值;$V_{lc}=0.58A_{w}f_{ay}\sqrt{1-[N/(Af)]^{2}}$ 或 $V_{lc}=2.4M_{lp}[1-N/(Af)]/a$,取较小值;

M_{lp}——消能梁段的全塑性受弯承载力,$M_{lp}=f_{ay}W_{p}$;

a,h,t_{w},t_{f}——消能梁段的净长、截面高度、腹板厚度和翼缘厚度;

A,A_{w}——消能梁段的截面面积和腹板截面面积,$A_{w}=(h-2t_{f})t_{w}$;

W_{p}——消能梁段的塑性截面模量;

f,f_{ay}——消能梁段钢材的抗拉强度设计值和屈服强度;

γ_{RE}——消能梁段承载力抗震调整系数,取0.75。

消能梁段的屈服强度越高,屈服后的延性越差,消能能力越小。因此,消能梁段的钢材屈服强度不应大于345 MPa。

支撑斜杆与消能梁连接的承载力不得小于支撑的承载力。若支撑需抵抗弯矩,支撑与梁的连接应按抗压弯连接设计。

4)钢结构构件连接的抗震承载力验算

钢结构连接的设计原则是强连接弱杆件,钢结构构件的连接采用二次设计法,即首先取构件的承载力设计值进行连接承载力验算,然后按连接的极限承载力进行二次验算。

(1)梁与柱刚性连接的极限承载力验算

框架结构的塑性发展是从梁柱连接处开始的。为使梁柱构件能充分发展塑性形成塑性铰,构件的连接应有充分的承载力。梁与柱连接按弹性设计时,梁上下翼缘的端截面应满足连接的弹性设计要求,梁腹板应计入剪力和弯矩。

梁与柱刚性连接的极限受弯、受剪承载力,应符合下列要求:

$$M_{u}^{j} \leqslant \eta_{j}M_{p} \tag{7.12}$$

$$V_{u}^{j} \leqslant 1.2(2M_{p}/l_{n})+V_{Gb} \tag{7.13}$$

式中 M_{u}^{j},V_{u}^{j}——连接的极限受弯、受剪承载力;

M_{p}——梁的塑性受弯承载力;

l_{n}——梁的净跨(梁贯通时取该楼层的净高);

V_{Gb}——梁在重力荷载代表值(9度时高层建筑尚应包括竖向地震作用标准值)作用下,按简支梁分析的梁端截面剪力设计值。

(2)支撑与框架的连接及梁、柱、支撑的拼接极限承载力验算

支撑与框架的连接及支撑拼接,须采用螺栓连接。连接在支撑轴线方向的极限承载力应满足下列要求:

支撑连接和拼接

$$N_{ubr}^{j} \geqslant \eta_{j}A_{br}f_{y} \tag{7.14a}$$

梁的拼接 $$M^{j}_{ub,sp} \geqslant \eta_j M_p \tag{7.14b}$$

柱的拼接 $$M^{j}_{uc,sp} \geqslant \eta_j M_{pc} \tag{7.14c}$$

式中 N^{j}_{ubr},$M^{j}_{ub,sp}$,$M^{j}_{uc,sp}$——支撑连接和拼接、梁、柱拼接的极限受压(拉)、受弯承载力;

M_{pc}——考虑轴力影响时柱的塑性受弯承载力;

A_{br}——支撑杆件的截面面积;

f_v——钢材的抗剪强度设计值;

η_j——连接系数,按表7.5采用。

表7.5 钢结构抗震设计的连接系数

母材牌号	梁柱连接		支撑连接,构件拼接		柱 脚	
	焊接	螺栓连接	焊接	螺栓连接		
Q235	1.40	1.45	1.25	1.30	埋入式	1.2
Q345	1.30	1.35	1.20	1.25	外包式	1.2
Q345GJ	1.25	1.30	1.15	1.20	外露式	1.1

注:①屈服强度高于Q345的钢材,按Q345的规定采用;

②屈服强度高于Q345GJ的GJ钢材,按Q345GJ的规定采用;

③翼缘焊接腹板栓接时,连接系数分别按表中连接形式取用。

(3)柱脚与基础的连接极限承载力验算

柱脚与基础的连接方式有埋入式、外包式、外露式等。柱脚与基础的连接极限承载力应满足下式要求:

$$M^{j}_{u,base} \geqslant \eta_j M_{pc} \tag{7.15}$$

式中 $M^{j}_{u,base}$——柱脚的极限受弯承载力。

7.3.4 水平地震作用下钢结构的变形验算

在小震下(弹性阶段),过大的层间变形会造成非结构构件的破坏,而在大震下(弹塑性阶段),过大的变形会造成结构的破坏或倒塌,因此,应限制结构的侧移,使其不超过一定的数值。在多遇地震下,钢结构楼层内最大的弹性层间位移应不超过层高的1/250;在罕遇地震下,钢结构薄弱层的弹塑性层间位移不应超过层高的1/50。

7.4 多层和高层钢结构房屋的抗震构造措施

7.4.1 钢框架结构的抗震构造措施

1)框架柱的长细比

长细比和轴压比均较大的柱,其延性较小,并容易发生全框架整体失稳。为此,对柱的长细比和轴压比作些限制,就能控制二阶效应对柱极限承载力的影响。为了保证框架柱具有较好的延性,柱的长细比不宜太大,一级时不应大于 $60\sqrt{235/f_{ay}}$,二级时不应大于 $80\sqrt{235/f_{ay}}$,三级时不应大于 $100\sqrt{235/f_{ay}}$,四级时不应大于 $120\sqrt{235/f_{ay}}$。

2)框架梁、柱板件的宽厚比

在钢框架设计中,为了保证梁的安全承载,除了承载力和整体稳定问题外,还必须考虑梁的局部稳定问题。如果梁的受压翼缘宽厚比或腹板的高厚比较大,则在受力过程中它们容易出现局部失稳。板件的局部失稳,降低了构件的承载力。防止板件失稳的有效方法是限制它的宽厚比。

当框架柱根据强柱弱梁设计时,塑性铰通常出现在梁上,框架柱仅在后期出现少量塑性,不需要很高的转动能力。因此,在强震区,梁板件的宽厚比需要满足塑性设计的要求,而柱板件的宽厚比则可以适当放宽;但当强柱弱梁不能保证时,应适当从严。正确地确定板件宽厚比,可以使结构达到安全而合理的设计。框架梁、柱板件宽厚比应符合表 7.6 的要求。

表 7.6　框架梁、柱板件宽厚比限值

板件名称		一 级	二 级	三 级	四 级
柱	工字形截面翼缘外伸部分	10	11	12	13
	工字形截面腹板	43	45	48	52
	箱形截面壁板	33	36	38	40
梁	工字形截面和箱形截面翼缘外伸部分	9	9	10	11
	箱形截面翼缘在两腹板之间部分	30	30	32	36
	工字形截面和箱形截面腹板	$72-120\dfrac{N_b}{Af}\leqslant 60$	$72-100\dfrac{N_b}{Af}\leqslant 65$	$80-110\dfrac{N_b}{Af}\leqslant 70$	$85-120\dfrac{N_b}{Af}\leqslant 75$

注:表列数值适用于 Q235 钢,当材料为其他牌号钢材时,应乘以 $\sqrt{235/f_{ay}}$;$N_b/(Af)$ 为梁轴压比。

需要说明的是,从抗震设计的角度,对于板件宽厚比的要求,主要是限于地震作用下构件端部可能的塑性铰范围,非塑性铰范围的构件宽厚比可以有所放宽。

3)梁柱构件的侧向支承

梁柱构件受压翼缘应根据需要设置侧向支承,且在出现塑性铰截面处,其上下翼缘均应设置侧向支承。相邻两支承点间的构件长细比,应符合现行国家标准《钢结构设计规范》(GB 50017)关于塑性设计的有关规定。

4)梁与柱的连接构造

下面提出的梁柱连接构造要求,是在工程实践的基础上,结合国外技术标准和近年来几次大震害调查结果确定的。

梁与柱的连接宜采用柱贯通型连接方式。柱在两个互相垂直的方向都与梁刚接时,宜采用箱形截面,并在梁翼缘连接处设置隔板;隔板采用电渣焊时,柱壁板厚度不宜小于 16 mm,小于 16 mm 时可改用工字形柱或采用贯通式隔板。当柱仅在一个方向与梁刚接时,宜采用工字形截面,并将柱腹板置于刚接框架平面内。

梁与柱的刚性连接,可将梁与柱翼缘在现场直接连接,也可通过预先焊在柱上的悬臂梁段在现场进行梁的拼接。工字形柱(绕强轴)和箱形柱与梁刚接时(图7.9),应符合下列要求:

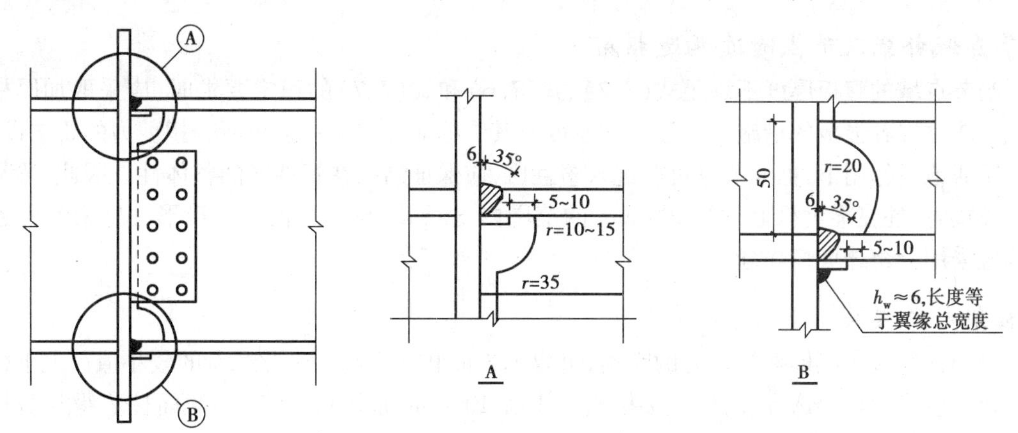

图7.9 框架梁与柱的现场连接

①梁翼缘与柱翼缘间应采用全熔透坡口焊缝;一、二级时,应检验焊缝的V形切口的冲击韧性,其夏比冲击韧性在-20 ℃时不低于27 J。

②柱在梁翼缘对应位置设置横向加劲肋(隔板),加劲肋(隔板)厚度不应小于梁翼缘厚度,强度与梁翼缘相同。

③梁腹板宜采用摩擦型高强度螺栓与柱连接板连接(经工艺试验合格能确保现场焊接质量时,可用气体保护焊进行焊接);腹板角部宜设置焊接孔,孔形应使其端部与梁翼缘和柱翼缘间的全熔透坡口焊缝完全隔开。

④腹板连接板与柱的焊接,当板厚不大于16 mm时应采用双面角焊缝,焊缝有效厚度应满足等强度要求,且不小于5 mm;板厚大于16 mm时采用K形坡口对接焊缝。该焊缝宜采用气体保护焊,且板端应绕焊。

⑤一级和二级时,宜采用能将塑性铰自梁端外移的端部扩大形连接、梁端加盖板或骨形连接。

框架梁采用悬臂梁段与柱刚性连接时(图7.10),悬臂梁段与柱应采用全焊接连接,此时上下翼缘焊接孔的形式宜相同;梁的现场拼接可采用翼缘焊接腹板螺栓连接(图7.10(a))或全部螺栓连接(图7.10(b))。

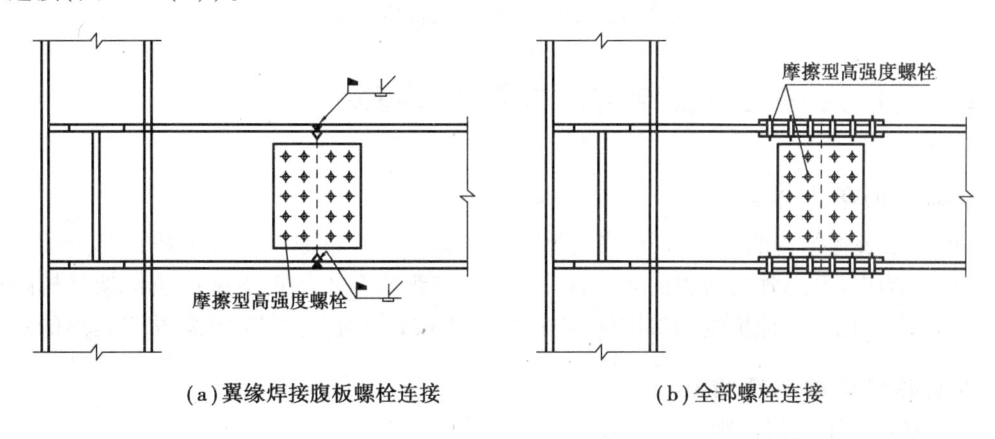

(a)翼缘焊接腹板螺栓连接　　(b)全部螺栓连接

图7.10 框架梁与柱通过梁悬臂段的连接

箱形柱在与梁翼缘对应位置设置的隔板，应采用全熔透对接焊缝与壁板相连。工字形柱的横向加劲肋与柱翼缘应采用全熔透对接焊缝连接，与腹板可采用角焊缝连接。

5）节点域补强及节点附近构造措施

当节点域的腹板厚度不满足式(7.2)、式(7.6)和式(7.7)的稳定要求时，应采取加厚柱腹板或采取贴焊补强板的措施。补强板的厚度及其焊缝应按传递补强板所分担剪力的要求设计。

罕遇地震作用下，框架节点可能进入塑性区，应保证结构在塑性区的整体性。因此，梁与柱刚性连接时，柱在梁翼缘上下各 500 mm 的范围内，柱翼缘与柱腹板间或箱形柱壁板间的连接焊缝应采用全熔透坡口焊缝。

6）框架柱的接头

框架柱的接头距框架梁上方的距离，可取 1.3 m 和柱净高一半此二者的较小值。上下柱的对接接头应采用全熔透焊缝，柱拼接接头上下各 100 mm 范围内，工字形截面柱翼缘与腹板间及箱形截面柱角部壁板间的焊缝，应采用全熔透焊缝。

7）刚接柱脚

钢结构的柱脚主要有埋入式、外包式和外露式 3 种。钢结构的刚接柱脚宜采用埋入式，但也可以采用外包式，外包式柱脚在地震中性能欠佳，一般只有 6 度、7 度时可采用。对于 6 度、7 度且高度不超过 50 m 的情况也可采用外露式柱脚。埋入式柱脚和外包式柱脚的设计和构造，应符合钢或钢与混凝土组合结构设计的相关标准的规定，如图 7.11 所示。

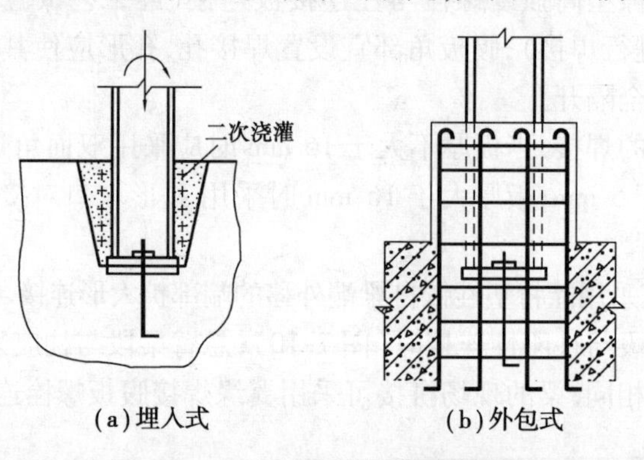

图 7.11　埋入式和外包式刚接柱脚

7.4.2　钢框架-中心支撑结构的抗震构造措施

1）框架部分的构造措施

框架-中心支撑结构的框架部分，当房屋高度不高于 100 m 且框架部分按计算分配的地震剪力不大于结构底部总地震剪力的 25% 时，一、二、三级的抗震构造措施可按框架结构降低一级的相应要求采用。其他抗震构造措施，应符合第 7.4.1 节对框架结构抗震构造措施的规定。

2）中心支撑杆件的构造措施

(1)支撑杆件的布置原则

当中心支撑采用只能受拉的单斜杆体系时，应同时设置不同倾斜方向的两组斜杆，且每组中不同方向单斜杆的截面面积在水平方向的投影面积之差不得大于10%。

(2)支撑杆件的长细比

支撑杆件在轴向往复荷载作用下，其抗拉和抗压承载力均有不同程度的降低，在弹塑性屈曲后，当长细比较大时，构件只能受拉，不能受压。在反复荷载作用下，当支撑构件受压失稳后，其承载力降低、刚度退化、耗能能力随之降低。长细比小的杆件滞回曲线丰满，耗能性能好，工作性能稳定。但支撑的长细比并非越小越好，支撑的长细比越小，支撑刚架的刚度就越大，不但承受的地震作用越大，而且在某些情况下动力分析得出的层间位移也越大。为此，支撑杆件的长细比，按压杆设计时，不应大于 $120\sqrt{235/f_{ay}}$；一、二、三级中心支撑不得采用拉杆设计，四级采用拉杆设计时，其长细比不应大于180。

(3)支撑杆件的板件宽厚比

板件宽厚比是影响局部屈曲的重要因素，直接影响支撑杆件的承载力和耗能能力。在反复荷载作用下比单向静载作用下更容易发生失稳。因此，有抗震设防要求时，板件宽厚比的限值应比非抗震设防时要求更严格。同时，板件宽厚比应与支撑杆件长细比相匹配，对于长细比较小的支撑杆件，宽厚比应严格一些。对长细比较大的支撑杆件，宽厚比应放宽是合理的。支撑杆件的板件宽厚比不应大于表7.7的限值；采用节点板连接时，应注意节点板的强度和稳定。

表7.7 钢结构中心支撑板件宽厚比限值

板件名称	一 级	二 级	三 级	四 级
翼缘外伸部分	8	9	10	13
工字形截面腹板	25	26	27	33
箱形截面腹板	18	20	25	30
圆管外径与壁厚比	38	40	40	42

注：表列数值适用于Q235钢，采用其他牌号钢材应乘以 $\sqrt{235/f_{ay}}$，圆管应乘以 $235/f_{ay}$。

3)中心支撑节点的构造要求

①一、二、三级，支撑宜采用轧制H型钢制作，两端与框架可采用刚接构造，梁柱与支撑连接处应设置加劲肋；一、二级采用焊接工字形截面的支撑时，其翼缘与腹板的连接宜采用全熔透连续焊缝。

②支撑与框架连接处，支撑杆端宜做成圆弧。

③梁在其与V形支撑或人字支撑相交处，应设置侧向支承；该支承点与梁端支承点间的侧向长细比 λ_y 以及支承力，应符合《钢结构设计规范》(GB 50017)关于塑性设计的规定。

④若支撑与框架采用节点板连接，应符合《钢结构设计规范》(GB 50017)关于节点板在连接杆件每侧有不小于30°夹角的规定；一、二级时，支撑端部至节点板最近嵌固点(即节点板与框架构件连接焊缝的端部)在沿支撑杆件方向的距离，不应小于节点板厚度的2倍。

7.4.3 钢框架-偏心支撑结构的抗震构造措施

抗震构造设计思路是保证消能梁段延性、消能能力及板件局部稳定性,保证消能梁段在反复荷载作用下的滞回性能,保证偏心支撑杆件的整体稳定性、局部稳定性。另外,偏心支撑的斜杆中心线与梁中心线的交点,一般在消能梁段的端部或在消能梁段内,此时将产生与消能梁端部弯矩方向相反的附加弯矩,从而减少消能梁段和支撑杆的弯矩,对抗震有利。

1)框架部分的构造措施

框架-偏心支撑结构的框架部分,其构造措施与上述框架-中心支撑结构的相同。

2)偏心支撑杆件的构造措施

为保证偏心支撑构件的稳定性,偏心支撑框架的支撑构件的长细比不应大于 $120\sqrt{235/f_{ay}}$,支撑杆件的板件宽厚比不应超过《钢结构设计规范》(GB 50017)规定的轴心受压构件在弹性设计时的宽厚比限值。

3)消能梁段的构造措施

(1)基本规定

为使消能梁段有良好的延性和消能能力,偏心支撑框架消能梁段的钢材屈服强度不应大于 345 MPa。消能梁段的腹板不得贴焊补强板,也不得开洞,以保证塑性变形的发展。

(2)梁板件的宽厚比限值

消能梁段及与消能梁段在同一跨内的非消能梁段,其板件的宽厚比不应大于表 7.8 规定的限值。

表 7.8 偏心支撑框架梁板件宽厚比限值

板件名称		宽厚比限值
翼缘外伸部分		8
腹板	当 $N/(Af) \leqslant 0.14$ 时	$90[1-1.65N/(Af)]$
	当 $N/(Af) > 0.14$ 时	$33[2.3-N/(Af)]$

注:①表列数值适用于 Q235 钢,当材料为其他牌号钢材时应乘以 $\sqrt{235/f_{ay}}$;
②$N/(Af)$ 为梁轴压比。

(3)消能梁段的长度规定

为保证消能梁段具有良好的滞回性能,考虑消能段的轴向力影响,限制该梁段的长度。当 $N > 0.16Af$ 时,消能梁段的长度 a 应符合下列规定:

当 $\rho(A_w/A) < 0.3$ 时

$$a < 1.6M_{lp}/V_l \tag{7.16}$$

当 $\rho(A_w/A) \geqslant 0.3$ 时

$$a \leqslant 1.6[1.15-0.5\rho(A_w/A)]M_{lp}/V_l \tag{7.17}$$

式中 a——消能梁段的长度;

ρ——消能梁段轴向力设计值与剪力设计值之比,即 $\rho = N/V$。

(4)消能梁段腹板的加劲肋设置要求

消能梁段与支撑连接处,应在其腹板两侧配置加劲肋,加劲肋的高度应与梁腹板等高,一侧的加劲肋宽度不应小于($b_f/2-t_w$),厚度不应小于$0.75t_w$和10 mm的较大值。

此外,消能梁段的长度a会影响消能屈服的类型,当a较短时发生剪切型屈服,较长时发生弯曲型屈服。因此,消能梁段在其腹板上设置中间加劲肋,应按梁段的长度区别对待。具体要求如下:

①当$a \leqslant 1.6M_{lp}/V_l$时,加劲肋间距不大于($30t_w-h/5$)。

②当$2.6M_{lp}/V_l<a \leqslant 5M_{lp}/V_l$时,应在距消能梁段端部$1.5b_f$处配置中间加劲肋,且中间加劲肋间距不应大于($52t_w-h/5$)。

③当$1.6M_{lp}/V_l<a \leqslant 2.6M_{lp}/V_l$时,中间加劲肋的间距宜在上述二者间线性插入。

④当$a>5M_{lp}/V_l$时,可不配置中间加劲肋。

⑤中间加劲肋应与消能梁段的腹板等高,当消能梁段截面高度不大于640 mm时,可配置单侧加劲肋;消能梁段截面高度大于640 mm时,应在两侧配置加劲肋。一侧加劲肋的宽度不应小于($b_f/2-t_w$),厚度不应小于t_w和10 mm。

4)消能梁段与柱连接的构造措施

①消能梁段与柱连接时,其长度不得大于$1.6M_{lp}/V_l$,且应满足第7.3节中有关偏心支撑框架构件的抗震承载力验算的规定。

②消能梁段翼缘与柱翼缘之间应采用坡口全熔透对接焊缝连接,消能梁段腹板与柱之间就采用角焊缝(气体保护焊)连接;角焊缝的承载力不得小于消能梁段腹板的轴力、剪力和弯矩同时作用时的承载力。

③消能梁段与柱腹板连接时,消能梁段翼缘与横向加劲肋间应采用坡口全熔透焊缝,其腹板与柱连接板间应采用角焊缝(气体保护焊)连接;角焊缝的承载力不得小于消能梁段腹板的轴力、剪力和弯矩同时作用时的承载力。

5)侧向稳定性构造要求

消能梁段两端上下翼缘应设置侧向支撑,支撑的轴力设计值不得小于消能梁段翼缘轴向承载力设计值(翼缘宽度、厚度和钢材抗压强度设计值的乘积)的6%,即$0.06b_f t_f f$。

偏心支撑框架非消能梁段的上下翼缘,应设置侧向支撑,支撑的轴力设计值不得小于梁翼缘轴向承载力的2%,即$0.02b_f t_f f$。

7.5　多层钢结构房屋抗震设计实例

7.5.1　工程概况

某高层钢结构办公楼,建筑总高度为57.6 m,设防烈度为8度,设计基本地震加速度0.2g,设计地震为第一组,Ⅲ类场地,采用钢框架-中心支撑结构,其中支撑采用人字形布置,结构的几何尺寸如图7.12所示。结构中柱采用箱形柱,梁采用焊接H型钢,支撑采用轧制H型钢,具体的构件截面尺寸如表7.9所示。钢材型号为梁柱采用Q345钢,支撑采用Q235钢,楼板为

120 mm厚的压型钢板组合楼盖。试对该框架结构进行抗震验算。

表7.9　结构构件的截面尺寸

边　柱		中　柱		框架梁		框架支撑	
层　数	截面尺寸	层　数	截面尺寸	层　数	截面尺寸	层　数	截面尺寸(轧制)
1~6	450×450×32	1~6	450×450×36	1~9	600×250×12×25	1~18	250×250×9×14
7~12	450×450×28	7~12	450×450×32	10~18	600×250×12×20		
13~18	450×450×24	13~18	450×450×28				

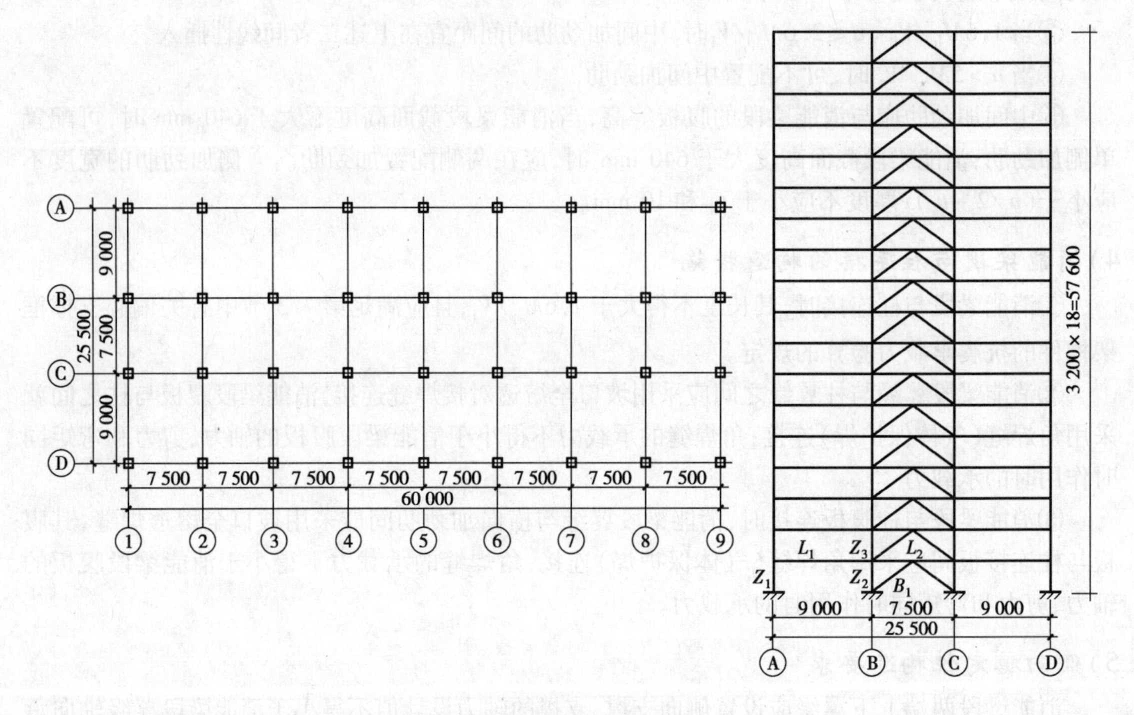

图7.12　结构几何尺寸图

7.5.2　计算模型

本工程为规则结构，计算时考虑楼板与梁的共同作用，计算模型中梁的截面惯性矩取$1.5I_b$，I_b为钢梁的截面惯性矩。

1）地震影响系数曲线的基本参数

由本书第3.1.4节可得，水平地震影响系数最大值为$\alpha_{max}=0.16$，场地特征周期值为$T_g=0.45$ s，阻尼比为$\xi=0.03$，则地震影响系数曲线下降段的衰减指数为：

$$\gamma=0.9+\frac{0.05-\xi}{0.3+6\xi}=0.94$$

直线下降段的下降斜率调整系数为：$\eta_1=0.02+(0.05-\xi)/(4+32\xi)=0.024$

阻尼调整系数为：$\eta_2=1.0+(0.05-\xi)/(0.08+1.6\xi)=1.156$

2）重力荷载代表值

楼板、管道、吊顶及压型钢板自重为3.5 kN/m²，活荷载为2.0 kN/m²，梁、柱、支撑等构件自重由截面尺寸确定。

7.5.3　构件内力计算及抗震验算

本例题结构层数较多，计算较为复杂，考虑篇幅原因，框架内力及位移均采用了中国建筑科学研究院 PKPM 系列软件（STS 模块）的分析计算结果。本工程为8度设防，且高度大于50 m，其抗震等级应为二级。

1）各种内力调整系数

本例因采用的是中心框架结构体系，只需对框架构件地震剪力进行调整。由计算结果可知，底层框架柱和支撑所承担的地震剪力分别为：

$$V_{框架} = 345\ 200\ \text{N},\qquad V_{支撑} = 615\ 658\ \text{N}$$

$$V_{框架}/(V_{支撑} + V_{框架}) = 345\ 200/(345\ 200 + 615\ 658) = 0.36 > 0.25$$

依据本章第7.3.2节的要求，故地震剪力调整系数取1.0。

2）构件抗震验算

因篇幅所限，仅对图7.12中的 Z_1, Z_2, Z_3, L_1, L_2 和 B_1 等少数构件和节点域进行抗震验算，表7.10所列为这些构件组合的内力设计值。因为本工程是位于Ⅲ类场地、8度设防、平面布置规则且风荷载不起控制作用的钢框架-中心支撑结构，所以构件的组合内力设计值中不考虑竖向地震作用和风荷载的作用。

根据本书第3.4.1节中的式(3.27)，构件的组合内力设计值 S 按下式进行组合计算：

$$S = \gamma_G S_{GE} + \gamma_{Eh} S_{Ehk}$$

这里，重力荷载分项系数 γ_G 取1.2；水平地震作用分项系数 γ_{Eh} 取1.3；S_{GE} 为重力荷载代表值的效应；S_{Ehk} 为水平地震作用标准值的效应，尚应乘以相应的增大系数或调整系数。

表7.10　部分构件的组合内力设计值和截面参数

构件编号	轴力(kN)	剪力(kN)	弯矩(kN·m)	截面积(m^2)	$W_{nx}(m^3)$	$W_{ny}(m^3)$	$W_{pc}(W_{pb})(m^3)$	承载力抗震调整系数
Z_1	3 251.7	120.9	264.4	0.053 5	6.96×10^{-3}	6.96×10^{-3}	8.403×10^{-3}	0.75
Z_2	3 027.1	176.8	334.5	0.059 6	7.63×10^{-3}	7.63×10^{-3}	9.279×10^{-3}	0.75
Z_3	2 049	170.4	328.4	0.059 6	7.63×10^{-3}	7.63×10^{-3}	9.279×10^{-3}	0.75
L_1	—	133	339	0.019 1	4.00×10^{-3}	5.22×10^{-4}	4.500×10^{-3}	0.75
L_2	—	159	308	0.019 1	4.00×10^{-3}	5.22×10^{-4}	4.500×10^{-3}	0.75
B_1	536.2	—	—	9.218×10^{-3}	—	—	—	0.80

（1）框架柱 Z_1 的截面抗震验算

①强度验算。假定 $A_n = 0.9A$，$W_{nx} = W_{ny} = 0.9W_x = 0.9W_y$，则

$$\frac{N}{A_n}+\frac{M_x}{\gamma_x W_{nx}}+\frac{M_y}{\gamma_y W_{ny}}=\frac{3\ 251.7\times10^3}{0.9\times0.053\ 5\times10^6}+\frac{264.4\times10^6}{1.05\times0.9\times6.96\times10^6}(\text{N/mm}^2)$$
$$=107.7\times10^6\ \text{N/m}^2$$
$$\leqslant f/\gamma_{RE}=295/0.75=393\times10^6\ \text{N/m}^2$$

②平面内稳定性验算。框架柱 Z_1 为结构的底层柱。根据 Z_1 顶端所连框架梁的线刚度与柱线刚度的关系,查《钢结构设计规范》(GB 50017)中的附表 D-2 可得,柱 Z_1 的计算长度系数 $\mu=1.5$,则

$$\lambda_x=\frac{\mu H}{i_x}=\frac{1.5\times3.2}{0.171\ 1}=28,\varphi_x=0.922$$

$$N'_{Ex}=\pi^2EA/(1.1\lambda_x^2)=\pi^2\times2.06\times10^5\times0.053\ 5\times10^6/(1.1\times28^2)=1.26\times10^5(\text{kN})$$

$$\beta_{mx}=1.0$$

$$\frac{N}{\varphi_x A}+\frac{\beta_{mx}M_x}{\gamma_x W_{1x}(1-0.8N/N'_{Ex})}$$
$$=\frac{3\ 251.7\times10^3}{0.922\times0.053\ 5\times10^6}+\frac{1.0\times264.4\times10^6}{1.05\times6.96\times10^6\left(1-\dfrac{0.8\times3\ 251.7\times10^3}{1.26\times10^8}\right)}$$
$$=102.8(\text{N/mm}^2)<f/\gamma_{RE}=295/0.8=369(\text{N/mm}^2)$$

③平面外稳定性验算。本例假定平面外的计算长度系数也为 1.5,实际工程要根据实际情况计算,则:

$$\varphi_y=\varphi_x=0.922,\beta_{tx}=0.65+0.35M_2/M_1=0.86,\varphi_b=1.0,\eta=0.7$$
$$\frac{N}{\varphi_y A}+\eta\frac{\beta_{tx}M_x}{\varphi_b W_{1x}}=\frac{3\ 251.7\times10^3}{0.922\times0.053\ 5\times10^6}+0.7\times\frac{0.86\times264.4\times10^6}{1.0\times6.96\times10^6}$$
$$=96.60(\text{N/mm}^2)<f/\gamma_{RE}=295/0.8=369(\text{N/mm}^2)$$

故框架柱 Z_1 满足抗震要求。

(2)框架梁 L_1 截面抗震验算

因本例中结构的楼盖采用的是 120 mm 厚的压型钢板组合楼盖,并与钢梁有可靠的连接,故不必验算整体稳定性,只需分别验算其抗弯强度和抗剪强度。

①抗弯强度验算。假定 $W_{nx}=0.9W_x$,则

$$\frac{M_x}{\gamma_x W_{nx}}=\frac{339\times10^6}{1.05\times0.9\times4.0\times10^6}=89.68(\text{N/mm}^2)\leqslant f/\gamma_{RE}=369(\text{N/mm}^2)$$

②抗剪强度验算。假定 $A_{wn}=0.85A_w$,则

$$\frac{V}{A_{wn}}=\frac{133\times10^3}{0.85\times(600-50)\times12}=23.7(\text{N/mm}^2)$$
$$<\frac{f_v}{\gamma_{RE}}=\frac{170\times10^6}{0.75}=226.7(\text{N/mm}^2)$$

则框架梁 L_1 满足抗震要求。

(3)支撑受压承载力验算

支撑的抗震验算要进行受压承载力验算。支撑杆件所受轴力 $N=536.2$ kN。

因 $i_y=60.8\ \text{mm}<i_x=103\ \text{mm}$,则 $\lambda=\dfrac{\sqrt{3.75^2+3.2^2}}{0.060\ 8}=81,\varphi=0.681$

$$\lambda_n = (\lambda/\pi)\sqrt{f_{ay}/E} = (81/3.14)\sqrt{235/2.06\times10^5} \approx 0.87$$

$$\varphi = 1/(1+0.35\lambda_n) = 1/(1+0.35\times0.87) = 0.766$$

$$N/(\varphi A_{br}) = \frac{536.2\times10^3}{0.681\times9.218\times10^3} = 85.42(\text{N/mm}^2)$$

$$< \frac{\varphi f}{\gamma_{RE}} = \frac{0.766\times215}{0.8} = 205.9(\text{N/mm}^2)$$

则支撑构件 B_1 满足要求。

(4)与人字支撑相连的横梁 L_2 验算

横梁的验算按中间无支座的简支梁计算,按本章第 7.3.3 节的规定进行。

受压支撑的最大屈曲承载力 $N_{压} = \varphi A_{br} f_{ay} = 0.681\times9.218\times10^3\times235 = 1\ 475.2(\text{kN})$

受拉支撑的最小屈服承载力 $N_{拉} = A_{br} f_{ay} = 9.218\times10^3\times235 = 2\ 166.2(\text{kN})$

支撑不平衡力为 $F = (N_{拉} - 0.3N_{压})\times3.2/\sqrt{3.75^2+3.2^2} = 1.119\times10^6(\text{N})$

构件自重为 $q_{G1} = 1.47\times10^3$ N/m,楼板、吊顶等的等效重力荷载代表值为 $q_{G2} = 3.15\times10^4$ N/m,则

$$M_{max} = (q_{G1}+q_{G2})l^2/8 + Fl/4 = 2.330\times10^3(\text{kN/m})$$

$$V_{max} = (q_{G1}+q_{G2})l/2 + F/2 = 6.83\times10^5(\text{N})$$

$$\frac{M_x}{\gamma_x W_x} = \frac{2.330\times10^6}{1.05\times4.0\times10^3} = 554.76(\text{N/mm}^2) > f/\gamma_{RE} = 369(\text{N/mm}^2)$$

$$V/A_w = \frac{6.83\times10^5}{(600-50)\times12} = 103.48(\text{N/mm}^2) < \frac{f_v}{\gamma_{RE}} = 226.7(\text{N/mm}^2)$$

则横梁 L_2 抗弯强度不满足抗震要求,需采取一定的构造措施,如人字形支撑与 V 形支撑交替设置或设置拉链柱。

(5)钢框架梁柱节点全塑性承载力验算

本例仅对与 Z_2、L_1、L_2 等构件所连节点进行全塑性承载力验算。

$$\sum W_{pc}(f_{yc} - N/A_c) = 9.279\times10^6\times\left[345\times2 - \frac{(3.03+2.05)\times10^3}{0.059\ 6\times10^3}\right]$$

$$= 5.61\times10^9(\text{N}\cdot\text{mm})$$

$$> \eta\sum W_{pb} f_{yb} = 1.1\times2\times4.5\times10^6\times345 = 3.41\times10^9(\text{N}\cdot\text{mm})$$

则该节点满足全塑性承载力要求。

(6)节点域的抗剪强度、屈服承载力和稳定性验算

本例仅对与 Z_1、Z_2、L_1、L_2 等构件所连节点域进行抗震验算、其他节点域的验算方法一样。具体内容应对节点域进行抗剪强度、屈服承载力和稳定性验算。

①抗剪强度验算

$$V_p = 1.8h_{b1}h_{c1}t_w = 1.8\times550\times378\times36\times10^{-9} = 0.013\ 5(\text{m}^3)$$

$$(M_{b1}+M_{b2})/V_p = \frac{(339+308)\times10^6}{0.013\ 5\times10^9} = 47.9(\text{N/mm}^2)$$

$$\leqslant (4/3)f_v/\gamma_{RE} = \frac{4\times180}{3\times0.75} = 320(\text{N/mm}^2)$$

②屈服承载力和稳定性验算

$$M_{pb1}=M_{pb2}=4.5\times10^{-3}\times345\times10^{6}=1.55\times10^{6}(\mathrm{N\cdot m})$$

$$\frac{\psi(M_{pb1}+M_{pb2})}{V_p}=\frac{0.7\times2\times1.55\times10^{6}}{0.013\ 5}=160(\mathrm{N/mm^2})$$

$$\leqslant(4/3)f_{yv}=\frac{4\times345\times0.58}{3}=266.8(\mathrm{N/mm^2})$$

$$t_w=0.036\geqslant\frac{h_c+h_b}{90}=\frac{0.55+0.378}{90}=0.01$$

故该节点域满足抗震要求。

(7)抗震变形验算

根据 PKPM 软件计算结果,最大层间位移为0.003 43 m,则:

$$\Delta u_{emax}=0.003\ 43\ \mathrm{m}<[\theta_e]h=\frac{3.2}{250}=0.012\ 8\ \mathrm{m}$$

故该结构在多遇地震作用下变形满足抗震要求。

本章小结

(1)钢结构轻质、高强、具有良好的延性,在地震作用下,不仅能减弱地震反应,而且属于较理想的弹塑性结构,具有抵抗强烈地震的变形能力。钢结构在地震中的破坏主要表现为梁柱节点的破坏、支撑的整体失稳与局部失稳、支撑连接板的破坏、柱脚焊缝破坏等。

(2)多高层钢结构的结构体系主要有框架体系、框架支撑(剪力墙板)体系、筒体体系和巨型框架体系。根据不同的体系及抗震等级其高度限值和高宽比限值也不相同。高层钢结构体系的选择应综合考虑以下因素:①要适应地震区和非地震区建筑的不同要求;②要适应建筑高度和高宽比值;③要适应建筑使用功能的要求;④抗侧力结构的经济性。

(3)对高层钢结构在多遇地震作用下的抗震计算时,高度不小于200 m的钢结构的阻尼比可取0.02,而在罕遇地震作用下的抗震验算中,采用时程分析法对结构进行弹塑性分析时,结构的阻尼比可取0.05,并应考虑P-Δ效应对侧移的影响。

(4)多高层结构的杆件按照其功能和构造特点可分为:一般受力构件、抵抗地震作用的框架梁、柱构件、中心支撑和偏心支撑构件、抗震剪力墙体系及组合楼盖体系等。高层钢结构构件的截面形式、构造特点、设计原理和计算原则与一般建筑钢结构并没有本质上的区别,主要是构件的截面尺寸大、钢板的厚度大。在地震区为了充分发挥钢结构的延性性能,必须对其梁、柱、支撑构件和节点等进行合理的设计。

(5)钢构件的抗震设计遵循"强柱弱梁"的设计原则,其内容包括构件的强度验算、构件稳定承载力验算和局部失稳的控制,同时应满足有关的构造要求。构件板件的宽厚比是为了防止板件的局部失稳,以保证板件的局部失稳不先于构件的整体失稳。构件的长细比对其抗震性能有较大影响,长细比过大,在反复循环荷载作用下,其承载能力、延性、耗能能力会产生严重退化(在弹塑性屈曲后)。对于框架柱过大的长细比会产生重力二阶效应,并容易发生框架整体失稳。支撑长细比的大小对高层钢结构的动力反应有较大影响。我国是根据抗震设防烈度规定不同的长细比要求。

(6)构件的连接节点是保证高层钢结构安全可靠的关键部位,对结构的受力性能有着重要的影响。节点设计得是否合理,不仅会影响结构安全性和可靠性,而且会影响构件的加工制作与工地安装的质量,并直接影响构件的造价。因此,节点设计是整个设计工作中的一个重要环节。节点的抗震设计的目的在于保证构件产生充分的塑性铰变形时节点不致破坏,为此,应验算的内容有:节点连接的最大承载力、构件塑性区的局部稳定、受弯构件塑性区侧向支承点的距离,同时应满足有关构造要求。

(7)多高层钢结构的节点连接,可采用焊接、高强度螺栓连接或栓焊混合连接。在抗震设计的节点连接中,常要求计算连接的最大承载力,并满足有关构造要求。

思考题与习题

7.1 钢结构在地震中的破坏有何特点?

7.2 在高层钢结构的抗震设计中,为何宜采用多道抗震防线?

7.3 偏心支撑框架体系有何优缺点?

7.4 建筑钢结构有哪几种主要的结构体系? 它们的抗震性能如何?

7.5 多层及高层钢结构房屋有何主要震害?

7.6 各种结构体系的多层及高层钢结构房屋适用的最大高度和最大宽厚比有何异同?

7.7 框架-支撑结构体系中,中心支撑与偏心支撑有何区别? 如何进行支撑布置?

7.8 多层及高层钢结构房屋抗震设计有哪些验算内容?

7.9 抗震设计的结构如何才能实现"强柱弱梁"及"强节点弱构件"的设计思想?

7.10 钢框架结构有哪些主要的抗震构造措施?

7.11 框架-支撑结构有哪些主要的抗震构造措施?

7.12 偏心支撑的消能梁段的腹板加劲肋应如何设置?

7.13 在多遇地震作用下,支撑斜杆的抗震验算如何进行?

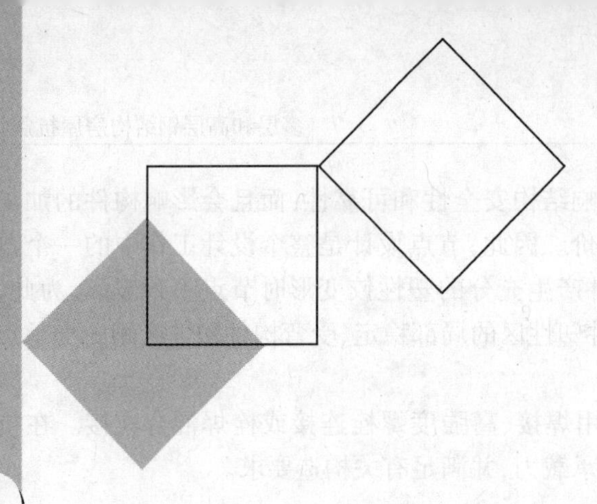

8 单层厂房抗震设计

本章导读：

• **基本要求** 了解单层厂房的震害特点、原因和抗震设计原则；掌握单层厂房的抗震计算原理，包括基本假定、计算模型的建立、自振周期和地震作用的计算；熟悉单层钢筋混凝土柱厂房和单层钢结构厂房的主要抗震构造措施。

• **重点** 单层厂房的抗震设计要求及抗震计算方法。

• **难点** 单层厂房的抗震计算方法。

单层厂房在工业建筑中应用广泛，其最常见的结构形式是排架结构。单层厂房按排架柱的材料可分为单层钢筋混凝土柱厂房、单层钢结构厂房和单层砖柱厂房等。其中，单层钢筋混凝土柱厂房应用最为普遍，单层钢结构厂房近十几年来也越来越多地得到了应用。本章将重点介绍单层钢筋混凝土柱厂房的抗震设计，对钢结构厂房作简要介绍，因单层砖柱厂房已鲜有应用，这里不作介绍。

单层厂房结构由屋盖系统、排(刚)架系统和围护系统等组成。由于工业生产的需要，使得厂房结构与民用建筑结构有很多不同点，如大空间、组合结构、构造复杂、动荷载等。此外，各类厂房在结构形式、跨度、柱距，以及轨顶标高等方面的变化较大；围护墙可以采用不同的材料和做法，与排架柱可以有不同的相对位置和连接方法。这些因素使单层厂房结构的地震反应复杂多变，产生的震害现象也比较复杂，因而其抗震设计也有着不同于其他结构的特点和要求。

8.1 单层钢筋混凝土柱厂房抗震设计

单层钢筋混凝土柱厂房通常是由钢筋混凝土柱、钢筋混凝土屋架或钢屋架以及有檩或无檩的钢筋混凝土屋盖及围护墙等组成的装配式排架结构。这种结构的屋盖较重，整体性较差。

8.1.1 震害现象及分析

已有的震害调查表明，未经抗震设计的单层钢筋混凝土柱厂房，由于设计时已考虑了类似水平地震作用的风荷载和起重机水平制动力，所以在地震烈度为6度~7度时，厂房主体结构完好，但出现了围护墙的局部开裂或外闪，突出屋面的天窗架局部损坏；8度时，主体结构发生排架柱开裂等不同程度的破坏，天窗架立柱开裂，围护墙破坏严重、局部倒塌，屋盖和柱间支撑系统出现杆件压曲和节点拉脱；9度及以上时，柱身折断，主体结构严重破坏甚至倒塌，围护墙大面积倒塌，支撑系统大部分压曲，屋盖破坏严重甚至塌落。另外，厂房纵向的震害一般较横向严重，这主要是由于厂房纵向构件连接构造薄弱、支撑不完备等原因造成的。

1)排架柱的震害

①上柱柱头及其与屋架的连接破坏。柱与屋架的连接节点是个重要部位，屋盖的竖向重力荷载及水平地震作用首先通过柱头向下传递。当屋架与柱头连接焊缝或者预埋件锚固筋的锚固强度不足时，会产生焊缝切断或锚固筋被拔出的连接破坏；当节点连接强度足够时，柱头混凝土因处于剪压复合受力状态，会出现斜裂缝，甚至压酥剥落(图8.1(a))，导致锚筋拔出，使柱头失去承载力，屋架坠落。

②上柱根部和起重机梁顶面处柱的破坏。上柱截面较弱，在屋盖及起重机的横向水平地震作用下，使上柱根部和起重机梁顶面处的弯矩和剪力较大，且这些部位因刚度突变将引起应力集中，因而易产生斜裂缝与水平裂缝，甚至折断(图8.1(b))。

(a)柱头的破坏

(b)上柱震害

图8.1　上柱及柱头的破坏

③下柱的破坏。由于刚性地面对下柱的嵌固作用，使得此处弯矩值较大，因而柱根位置会出现水平裂缝或环状裂缝，严重时可使混凝土剥落、纵筋压曲，导致柱根错位、折断。

④高低跨厂房中柱拉裂。由于高振型影响，地震作用下高低跨两层屋盖产生相反方向的运动时，使牛腿(或柱肩)受到较大的水平拉力，导致该处产生水平裂缝和竖向裂缝。

⑤柱间支撑的破坏。柱间支撑是厂房纵向的主要抗侧力构件，具有较大的抗侧力刚度，在7度地震时发生震害较少，但在8度或8度以上地震时发生支撑斜杆在平面内或平面外压曲，支撑与柱连接节点拉脱。

2)屋盖系统的震害

单层钢筋混凝土柱厂房屋盖分为无檩体系和有檩体系,多数采用的是无檩屋盖,少数采用有檩屋盖。在地震作用下,有檩体系的震害比无檩体系的轻,主要表现为屋面檩条的移位、下滑和塌落,其震害产生的主要原因是屋架与檩条之间连接不好,尤其在屋面坡度较大情况下,更易造成移位和下滑。相比而言,无檩屋盖的破坏较为严重,主要表现在:

①大型屋面板错动坠落。大型屋面板与屋架或天窗架焊接不牢,或者屋面板大肋上预埋件锚固强度不足,都会引起屋面板与屋架的错动坠落,从而导致砸坏设备,或使屋架失去上弦支撑发生平面外失稳倾斜,甚至倒塌(图8.2)。

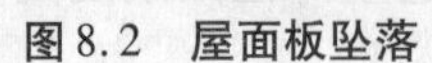

图8.2　屋面板坠落

图8.3　屋架倒塌

②屋架破坏。屋架常见的震害是端部支撑大型屋面板的支墩被切断以及端节点上弦杆被剪断,这是由于屋架两端的剪力最大,而屋架端节间经常是零杆,截面尺寸及配筋较弱,在受到较大的纵向地震作用下,因承载力不足而破坏。另外当屋架的支撑较弱或平面外支撑(如屋面板)失效时,也容易造成屋架倾斜或倒塌(图8.3)。

③突出屋面天窗的破坏。Π形天窗架突出于屋面,重心高,刚度突变,由于“鞭端效应”,此处地震作用明显增大,造成天窗架立柱根部水平开裂或折断;天窗架纵向竖向支撑不足使支撑杆件压曲失稳;天窗架与支撑连接处的焊缝拉断或螺栓被切断。严重时,会使天窗架发生倾斜甚至倒塌(图8.4)。

图8.4　天窗架的破坏

图8.5　围护墙的破坏

3)围护结构的震害

单层钢筋混凝土柱厂房的围护结构(纵墙和山墙)是出现震害较多的部位。震害主要表现在:纵墙易出现开裂、外闪、局部倒塌或大面积倒塌,这主要是由于墙体本身的抗震能力低,墙体与主体结构缺乏牢固拉结等造成的。另外,山墙易发生山墙尖外闪或局部塌落,由于山墙面积大,与主体结构连接少,在地震中往往破坏较早、较重(图 8.5)。

8.1.2 抗震设计基本要求

震害分析和试验研究表明,单层钢筋混凝土柱厂房的抗震能力及其在地震作用下的破坏程度,既取决于结构构件的抗震能力,又取决于结构整体的抗震性能。对于其抗震设计的基本要求,包括厂房结构的总体布置、厂房结构的选型、厂房结构整体性和结构的连接与节点构造等方面。

1)厂房结构的总体布置

单层钢筋混凝土柱厂房的平面和竖向布置尽量简单、规则、均匀、对称,质量中心和刚度中心尽可能重合,尽量避免体型复杂、凹凸变换,以使各部分结构在地震作用下变形协调,避免局部刚度突变和应力集中。

(1)厂房的平面和竖向布置

①多跨厂房宜等高和等长,高低跨厂房不宜采用一端开口的结构布置。

②厂房的贴建房屋和构筑物,不宜布置在厂房角部和紧邻防震缝处。

③厂房内的工作平台、刚性工作间宜与厂房主体结构脱开。

④厂房内上起重机的铁梯不应靠近防震缝设置;多跨厂房各跨上起重机的铁梯不宜设置在同一横向轴线附近。

(2)厂房的结构布置

①厂房的同一结构单元内,不应采用不同的结构形式;厂房端部应设屋架,不应采用山墙承重;厂房单元内不应采用横墙和排架混合承重。

②厂房柱距宜相等,各柱列的侧移刚度宜均匀,当有抽柱时,应采取抗震加强措施。

(3)防震缝的设置

①厂房体型复杂或有贴建的房屋和构筑物时,宜设防震缝。

②两个主厂房之间的过渡跨至少应有一侧采用防震缝与主厂房脱开。

③防震缝要有足够的宽度。在厂房纵横跨交接处、大柱网厂房或不设柱间支撑的厂房,防震缝宽度可采用 100 ~ 150 mm,其他情况可采用 50 ~ 90 mm。

2)厂房结构的选型

(1)厂房天窗架的设置

天窗架的设置应符合下列要求:

①天窗宜采用突出屋面较小的避风型天窗,有条件或 9 度时宜采用下沉式天窗。

②突出屋面的天窗宜采用钢天窗架;6 度 ~ 8 度时,可采用矩形截面杆件的钢筋混凝土天窗架。

③天窗架不宜从厂房结构单元第一开间开始设置;8 度和 9 度时,天窗架宜从厂房单元端部第三柱间开始设置。

④天窗屋盖、端壁板和侧板,宜采用轻型板材;不应采用端壁板代替端天窗架。

(2)厂房屋架的选型

厂房屋架选型应根据跨度、柱距和所在地区的地震烈度、场地等情况综合考虑,宜采用钢屋架或重心较低的预应力混凝土、钢筋混凝土屋架。具体要求为:

①跨度不大于15 m时,可采用钢筋混凝土屋面梁。

②跨度大于24 m,或8度Ⅲ、Ⅳ类场地和9度时,应优先采用钢屋架。

③柱距为12 m时,可采用预应力混凝土托架(梁);当采用钢屋架时,亦可采用钢托架(梁)。

④有突出屋面天窗架的屋盖不宜采用预应力混凝土或钢筋混凝土空腹屋架。

⑤ 8度(0.30g)和9度时,跨度大于24 m的厂房不宜采用大型屋面板。

(3)厂房柱的选型

排架柱的截面形式很多,大体可分为单肢柱和双肢柱两大类。试验研究和震害经验表明,矩形和普通工字形单肢柱的抗震性能优于双肢柱。因此,8度和9度时,厂房柱宜采用矩形、工字形截面柱或斜腹杆双肢柱,不宜采用薄壁工字形柱、腹板开孔工字形柱、预制腹板的工字形柱和管柱;柱底至室内地坪以上500 mm范围内和阶形柱的上柱宜采用矩形截面。

(4)厂房围护结构的设置

单层钢筋混凝土柱厂房的围护墙宜采用轻质墙板或钢筋混凝土大型墙板,砌体围护墙应采用外贴式并与柱可靠拉结;外侧柱距为12 m时应采用轻质墙板或钢筋混凝土大型墙板。刚性围护墙沿纵向宜均匀对称布置,不宜一侧为外贴式,另一侧为嵌砌式或开敞式;不宜一侧采用砌体墙一侧采用轻质墙板。不等高厂房的高跨封墙和纵横向厂房交接处的悬墙宜采用轻质墙板,6度、7度采用砌体时不应直接砌在低跨屋面上。

3)厂房结构的整体性

(1)注重屋盖的整体性

单层厂房屋盖的整体性直接关系到屋盖自身的整体空间刚度和抗震能力,也关系到屋盖产生的地震作用能否均匀协调地传递到厂房的柱子上。震害表明,屋盖整体性很差的厂房,不仅由于屋盖自身抗震能力弱而出现屋面板错位或坠落、屋架倾斜或倒塌等震害,而且由于屋盖自身产生的地震作用不能向下部排架柱均匀传递,造成部分厂房柱的破坏严重。

(2)合理设置抗震圈梁

抗震圈梁将厂房砌体围护墙形成整体并与厂房柱紧紧相连,使所有排架柱沿纵向形成共同受力的结构体系,为排架柱地震作用的空间分配提供了有利条件。厂房柱顶标高处设置的圈梁作用更为显著。震害调查表明,设置圈梁对于提高厂房角部墙体的抗震能力具有明显的作用,可以加强角部墙体的整体性,避免其发生严重的开裂破坏。

4)厂房的连接与节点

单层厂房的连接和节点设计,对于整个厂房抗震能力的发挥至关重要,许多厂房地震中产生严重破坏和倒塌就是由于连接节点设计不合理造成的。因此,厂房的抗震设计要特别注重连接节点。

单层厂房连接节点的抗震设计,应遵循下列原则:

①连接节点的承载力不小于所连接结构构件的承载力,连接节点的破坏不先于结构构件的

破坏。

②连接节点应具有良好的变形能力，保证与之相连接的结构构件进入弹塑性工作阶段，节点不产生脆性破坏。

8.1.3 抗震计算

在震害调查的基础上，《抗震规范》规定，单层厂房按规定采取了抗震构造措施并符合下列条件之一时，可不进行抗震验算：

①7度Ⅰ、Ⅱ类场地、柱高不超过10 m且结构单元两端均有山墙的单跨和等高多跨厂房（锯齿形厂房除外）。

②7度时和8度(0.20g) Ⅰ、Ⅱ类场地的露天起重机栈桥。

一般厂房需要进行水平地震作用下横向和纵向抗侧力构件的抗震验算。8度、9度时跨度大于24 m的屋架尚需考虑竖向地震作用。8度Ⅲ、Ⅳ类场地和9度时，高大的单层钢筋混凝土柱厂房应对横向排架阶形柱的上柱进行罕遇地震作用下的弹塑性变形验算。

下面将分别介绍单层钢筋混凝土柱厂房的横向和纵向抗震计算。

1）横向抗震计算

对于钢筋混凝土柱无檩和有檩屋盖厂房，一般情况下，宜计及屋盖的横向弹性变形，按多质点空间结构分析。当符合一定条件时，可按平面排架计算，但为了减少这种计算模型简化引起的误差，应按规定对排架柱的地震剪力和弯矩进行调整。对于轻型屋盖厂房，由于空间作用不明显，柱距相等时，可按平面排架计算。下面主要介绍按平面排架内力计算的方法。

对一般的单跨和等高多跨厂房，可采用底部剪力法；对结构布置比较复杂，质量与刚度分布很不均匀的厂房，以及少量需要精确计算的重要厂房，可采用振型分解反应谱法。

（1）结构计算简图的建立

单层厂房的横向抗震计算简图可取一个柱距的单榀平面排架为计算单元，将厂房分布重力荷载进行集中。对单跨和等高多跨厂房，其计算简图可简化为单质点体系；对两跨或多跨的屋盖为两个不同标高的不等高厂房，可简化为两质点体系；对屋盖都不在同一标高的三跨不等高厂房，可简化为三质点体系，如图8.6所示。当厂房设有突出屋面的天窗时，需在上述计算简图上再加一个独立的天窗屋盖标高处的质点，如图8.7所示。但需要注意的是，此仅用于计算天窗屋盖标高处的地震作用；而在计算厂房排架的自振周期时，则天窗屋盖不视作一个独立质点，需将天窗屋盖的重力荷载集中到厂房屋盖质点处，一并考虑其对厂房排架自振周期的相应影响。如两跨不等高厂房均设有起重机，则在确定厂房地震作用时应按4个集中质点考虑，如图8.8所示。

（2）各质点的等效重力荷载代表值的计算

由于在计算厂房自振周期和计算地震作用时采取的简化假定不同，因而它们的计算简图和重力荷载集中方法要分别考虑。计算厂房自振周期时，集中屋盖标高处的质点等效重力荷载标准值是根据动能等效原理（即基本自振周期等效）求得的；而计算厂房地震作用时的重力荷载代表值，起重机梁、柱和纵墙的等效换算系数是按柱底或墙底截面处弯矩等效的原则确定的。表8.1是采用上述方法求得的各部分结构应集中到柱顶的等效重力荷载代表值计算的质量集中系数。

在计算厂房的自振周期和地震作用时，其质点等效集中重力荷载代表值可按下列表达式进行计算确定：

①单跨和多跨等高厂房(图8.6(a))

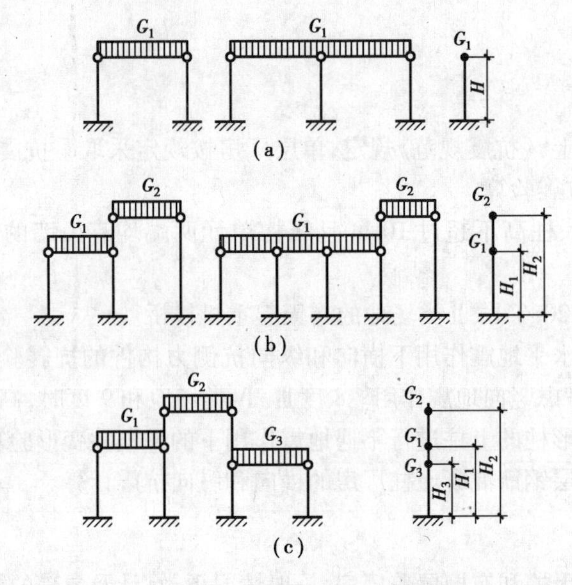

图8.6　厂房排架结构计算简图

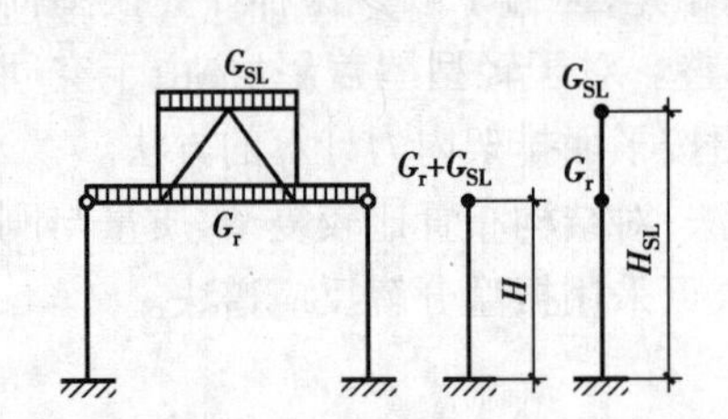

图8.7　有天窗时天窗屋盖地震作用计算的简图

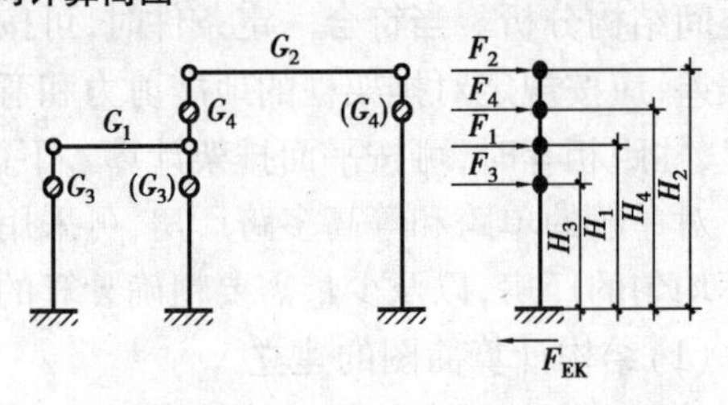

图8.8　有起重机时结构计算简图

计算周期时：

$$G = 1.0(G_{屋盖} + 0.5G_{雪} + 0.5G_{积灰}) + 0.25G_{柱} + 0.25G_{纵墙} + 0.5G_{起重机梁} + 1.0G_{檐墙} \tag{8.1}$$

计算地震作用时：

$$G = 1.0(G_{屋盖} + 0.5G_{雪} + 0.5G_{积灰}) + 0.5G_{柱} + 0.5G_{纵墙} + 0.75G_{起重机梁} + 1.0G_{檐墙} \tag{8.2}$$

表8.1　各质点等效重力荷载代表值计算的集中系数

集中到柱顶的各部分结构重力荷载	等效集中系数	
	计算周期时	计算内力时
1.位于柱顶以上部位的结构及屋面重力荷载(屋盖、雪、檐墙等)	1.0	1.0
2.柱		
(1)单跨及等高多跨厂房、不等高厂房的边柱	0.25	0.5
(2)不等高厂房高低跨交接柱上柱分别集中到高跨和低跨柱顶	0.5	0.5
(3)高低跨交接柱下柱集中到低跨柱顶	0.25	0.5

续表

集中到柱顶的各部分结构重力荷载	等效集中系数	
	计算周期时	计算内力时
3. 墙 (1)与柱等高的纵墙 (2)高低跨封墙分别集中到低跨柱顶和高跨柱顶	 0.25 0.5	 0.5 0.5
4. 起重机梁 (1)一般起重机梁集中到柱顶 (2)高低跨交接柱起重机梁靠近低跨层屋盖时集中到低跨柱顶 (3)高低跨起重机梁位置介于低跨与高跨柱顶之间时分别集中到低跨和高跨柱顶	 0.5 1.0 0.5	 0.75 1.0 0.5

②两跨不等高厂房(图8.6(b))

计算周期时:

$$
\begin{aligned}
G_1 =& 1.0(G_{低跨屋盖} + 0.5G_{低跨雪} + 0.5G_{低跨积灰}) + 0.25G_{低跨边柱} + 0.25G_{低跨外纵墙} \\
&+ 0.5G_{低跨起重机梁} + 1.0G_{低跨檐墙} + 0.25G_{中柱下柱} + 0.5G_{中柱上柱} + 0.5G_{高跨封墙} \\
&+ 1.0G_{中柱高跨起重机梁}(或\ 0.5G_{中柱高跨起重机梁})
\end{aligned}
\tag{8.3}
$$

$$
\begin{aligned}
G_2 =& 1.0(G_{高跨屋盖} + 0.5G_{高跨雪} + 0.5G_{高跨积灰}) + 0.25G_{高跨边柱} + 0.25G_{高跨外纵墙} \\
&+ 0.5G_{高跨边柱起重机梁} + 1.0G_{高跨檐墙} + 0.5G_{中柱上柱} + 0.5G_{高跨封墙} + 1.0G_{高跨封墙檐墙} \\
&+ 0(或\ 0.5G_{中柱高跨起重机梁})
\end{aligned}
\tag{8.4}
$$

计算地震作用时:

$$
\begin{aligned}
G_1 =& 1.0(G_{低跨屋盖} + 0.5G_{低跨雪} + 0.5G_{低跨积灰}) + 0.5G_{低跨边柱} + 0.5G_{低跨外纵墙} \\
&+ 0.75G_{低跨起重机梁} + 1.0G_{低跨檐墙} + 0.5G_{中柱下柱} + 0.5G_{中柱上柱} + 0.5G_{高跨封墙} \\
&+ 1.0G_{中柱高跨起重机梁}
\end{aligned}
\tag{8.5}
$$

$$
\begin{aligned}
G_2 =& 1.0(G_{高跨屋盖} + 0.5G_{高跨雪} + 0.5G_{高跨积灰}) + 0.5G_{高跨边柱} + 0.5G_{高跨外纵墙} \\
&+ 0.75G_{高跨边柱起重机梁} + 1.0G_{高跨檐墙} + 0.5G_{中柱上柱} + 0.5G_{高跨封墙} + 1.0G_{高跨封墙檐墙}
\end{aligned}
\tag{8.6}
$$

计算自振周期时,$1.0G_{中柱高跨起重机梁}$为中柱高跨起重机梁重力荷载代表值集中于低屋盖处的数值;当集中于高跨屋盖处时,要乘以等效集中系数0.5。至于集中到低跨屋盖处还是高跨屋盖处,应以就近集中为原则。

计算排架自振周期时,一般不考虑起重机桥架重力荷载的集中,因其对排架自振周期影响很小,只有当在一跨内有2台以上50 t的起重机时才予以考虑。当需要考虑起重机桥架重力荷载的集中时,可将全部起重机桥架重力荷载平均分配给每榀排架,再等效集中到柱顶质点,其质量集中系数取0.5。

计算排架地震作用时,起重机桥架重力荷载应予考虑计入,一般是把某跨起重机桥架重力荷载集中于该跨柱子起重机梁的顶面处,两边的等效集中系数均采用0.5。对单跨厂房,只考虑一台起重机;对多跨厂房,考虑两台起重机,每跨取一台,任选两台,可以在相邻两跨内选取,也可间隔一跨选取,按对柱截面受力最不利进行组合。软钩起重机的吊重不予考虑,硬钩起重机考虑吊重的30%。

(3)厂房基本自振周期的计算

①单跨和多跨等高厂房。其结构计算简图如图8.9所示,基本自振周期 T_1 的计算公式为:

$$T_1 = 2\pi\sqrt{\frac{m}{k}} = 2\pi\sqrt{\frac{G_1}{gk}} = 2\pi\sqrt{\frac{G_1\delta_{11}}{g}} \approx 2\sqrt{G_1\delta_{11}} \tag{8.7}$$

式中　G_1——质点的等效重力荷载代表值,kN,此处即为厂房屋盖所集中的重力荷载代表值;

δ_{11}——单位水平力作用于排架顶部时,该处产生的水平位移,m/kN。有

$$\delta_{11} = (1 - x_1)\delta_{11}^a \tag{8.8}$$

式中　δ_{11}^a——a柱柱顶作用单位水平力时在该柱柱顶所产生的水平位移。

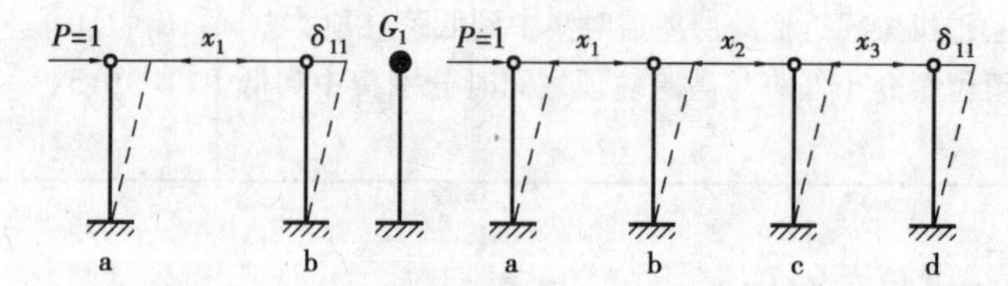

图8.9　单跨和多跨等高厂房排架侧移简图

②两跨不等高厂房。其结构计算简图如图8.10所示,基本自振周期 T_1 的计算公式为:

$$T_1 = \sqrt{\frac{2\pi^2}{g}\left[(G_1\delta_{11} + G_2\delta_{22}) + \sqrt{(G_1\delta_{11} - G_2\delta_{22})^2 + 4G_1G_2\delta_{12}^2}\right]} \tag{8.9}$$

式中　$\delta_{11},\delta_{12}(\delta_{21}),\delta_{22}$——单位水平力作用下在厂房排架各相应柱顶产生的水平位移,其值应根据如图8.10所示的排架侧移计算简图确定。

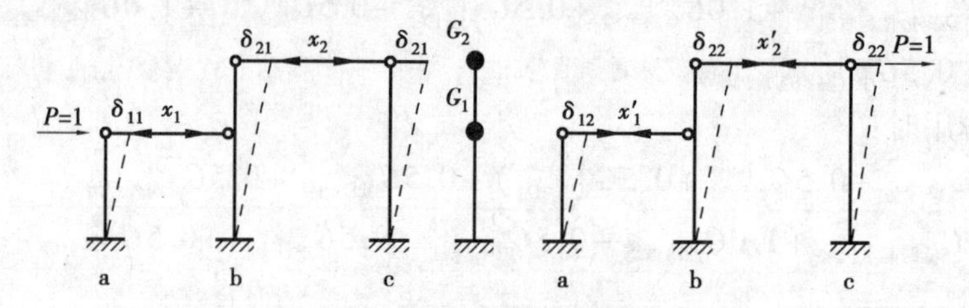

图8.10　两跨不等高厂房排架侧移简图

在运用式(8.9)时,当遇到对称的中高两侧低的不等高厂房时,可利用对称条件取其一半进行计算(图8.11),把式中的高跨屋盖 G_2 改为 $G_2/2$ 即可。

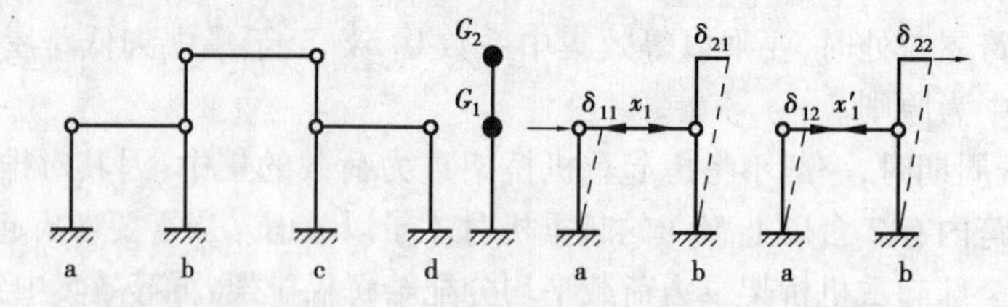

图8.11　对称的中高两侧低的不等高厂房排架侧移简图

③厂房基本自振周期的调整。按平面排架计算厂房的横向地震作用时,排架的基本自振周期应考虑纵墙及屋架与柱连接的固结作用;另外,围护墙对排架的侧向变形的约束作用也没有考虑,故计算所得的基本周期比实际的偏长。因此,按上述方法计算得到的基本自振周期应进行调整。《抗震规范》规定,由钢筋混凝土屋架或钢屋架与钢筋混凝土柱组成的排架,有纵墙时取周期计算值的80%,无纵墙时取90%。

(4)厂房排架地震作用的计算

厂房排架地震作用的计算可采用底部剪力法或振型分解反应谱法。对于单跨或多跨等高厂房,一般可按底部剪力法计算厂房排架的横向水平地震作用标准值;对于高低跨厂房,当低跨与高跨的高差较大时,可以采用振型分解反应谱法进行计算。

(5)突出屋面天窗架的横向地震作用计算

天窗架的横向刚度要比厂房排架的刚度大得多,相对于排架来说,天窗架接近刚性。按底部剪力法计算天窗架的横向地震作用要比振型分解反应谱法的计算结果大15% ~27%。为此,《抗震规范》要求,对突出屋面且有斜撑杆的三铰拱式钢筋混凝土和钢天窗架,其横向地震作用可按底部剪力法计算,并直接采用底部剪力法算得的结果,不再乘放大系数;而对于跨度大于9 m或9度时的混凝土天窗架,其地震作用效应要按底部剪力法计算的结果乘以1.5的放大系数。对其他情况下的天窗架,其横向水平地震作用可采用振型分解反应谱法计算。

(6)厂房排架地震作用效应的调整

①厂房空间作用和扭转影响对排架地震作用效应的调整。单层钢筋混凝土屋盖厂房在地震作用下存在着明显的空间工作效应。厂房的空间作用对排架柱受力和变形的影响程度,主要取决于屋盖的横向水平刚度和山墙的设置及其间距。埋论分析和试验研究都表明,在钢筋混凝土屋盖具有较大水平刚度的情况下,由于山墙参与承受横向水平荷载,厂房排架的侧移和受力明显减小。此外,当厂房单端有山墙时,或者虽然两端有山墙,但其侧向刚度相差较大时,厂房屋盖的整体振动趋于复杂化,除了有空间工作效应外,还会出现较大的扭转效应。厂房空间作用的影响和扭转影响是通过对平面排架地震作用效应(如弯矩、剪力)的折减来体现的,即按平面排架分析求得的地震作用效应乘以相应的调整系数,见表8.2。

表8.2 钢筋混凝土柱(除高低跨交接处上柱外)考虑空间工作和扭转影响的效应调整系数ζ_1

屋盖	山墙		屋盖长度(m)											
			≤30	36	42	48	54	60	66	72	78	84	90	96
钢筋混凝土无檩屋盖	两端山墙	等高厂房	—	—	0.75	0.75	0.75	0.80	0.80	0.8	0.85	0.85	0.85	0.90
		不等高厂房	—	—	0.85	0.85	0.85	0.90	0.90	0.9	0.95	0.95	0.95	1.00
	一端山墙		1.05	1.15	1.20	1.25	1.30	1.30	1.30	1.3	1.35	1.35	1.35	1.35
钢筋混凝土有檩屋盖	两端山墙	等高厂房	—	—	0.80	0.85	0.90	0.95	0.95	1.00	1.00	1.05	1.05	1.10
		不等高厂房	—	—	0.85	0.90	0.95	1.00	1.00	1.05	1.05	1.10	1.10	1.15
	一端山墙		1.00	1.05	1.10	1.10	1.15	1.15	1.15	1.20	1.20	1.20	1.25	1.25

②排架柱地震剪力和弯矩的调整。钢筋混凝土屋盖的单层钢筋混凝土柱厂房,采用调整后的基本自振周期且按平面排架计算的排架柱地震剪力和弯矩,在符合下列条件时,可考虑空间工作和扭转的影响,按表8.2规定的调整系数对厂房排架地震作用效应进行调整:

a. 设防烈度为7度和8度。

b. 厂房单元屋盖长度与总跨度之比小于8或厂房总跨度大于12 m,这里屋盖长度指山墙到山墙的间距,仅一端有山墙时,应取所考虑排架至山墙的距离;高低跨相差较大的不等高厂房,总跨度可不包括低跨。

c. 山墙的厚度不小于240 mm,开洞所占的水平截面积不超过总面积的50%,并与屋盖系统有良好的连接。

d. 柱顶高度不大于 15 m。

对于除高低跨交接处上柱以外的钢筋混凝土柱，其剪力和弯矩的调整系数 ζ_1 可按表 8.2 采用。

对于高低跨交接处的钢筋混凝土柱的支承低跨屋盖牛腿以上各截面，按底部剪力法求得的地震剪力和弯矩应乘以增大系数 η，其值可按下式计算：

$$\eta = \zeta_2 \left(1 + 1.7 \frac{n_h}{n_0} \cdot \frac{G_{El}}{G_{Eh}}\right) \tag{8.10}$$

式中 ζ_2——钢筋混凝土屋盖不等高厂房高低跨交接处的空间工作影响系数，可按表 8.3 采用；

n_h——高跨的跨数；

n_0——计算跨数，仅一侧有低跨时应取总跨数；两侧均有低跨时，应取总跨数与高跨跨数之和；

G_{El}——集中在高低跨交接处一侧的各低跨屋盖标高处的总重力荷载代表值；

G_{Eh}——集中在高跨柱顶标高处的总重力荷载代表值。

表 8.3 高低跨交接处钢筋混凝土上柱空间工作影响系数 ζ_2

屋盖与山墙		山墙间距(m)										
		≤36	42	48	54	60	66	72	78	84	90	96
钢筋混凝土无檩屋盖	两端山墙	—	0.70	0.76	0.82	0.88	0.94	1.00	1.06	1.06	1.06	1.06
	一端山墙	1.25										
钢筋混凝土有檩屋盖	两端山墙	—	0.90	1.00	1.05	1.10	1.10	1.15	1.15	1.15	1.20	1.20
	一端山墙	1.05										

需要说明的是，在实际设计中，当高跨两侧均有低跨时，两侧的 η 值应分别进行计算。即使两侧低跨的高度相同，但跨数不等，或跨数虽等但其跨度不等时，两侧的 η 值也应分别进行计算。

③起重机桥架引起的地震作用增大系数。地震时起重机桥架将引起它所在位置的排架产生局部的强烈振动，导致其震害加重。因此，《抗震规范》规定，钢筋混凝土柱单层厂房的起重机梁顶标高处的上柱截面，由起重机桥架引起的地震剪力和弯矩应乘以增大系数，当按底部剪力法等简化计算方法计算时，其值可按表 8.4 采用。

表 8.4 桥架引起的地震剪力和弯矩增大系数 ζ_3

屋盖类型	山 墙	边柱	高低跨柱	其他中柱
钢筋混凝土无檩屋盖	两端山墙	2.0	2.5	3.0
	一端山墙	1.5	2.0	2.5
钢筋混凝土有檩屋盖	两端山墙	1.5	2.0	2.5
	一端山墙	1.5	2.0	2.0

2)纵向抗震计算

单层厂房的纵向振动十分复杂。对于质量和刚度分布均匀的等高厂房,在纵向地震作用下,可以认为其上部结构仅产生纵向平移振动,扭转作用可略去不计;而对于质心与刚心不重合的不等高厂房,在纵向地震作用下,厂房将产生平移振动和扭转振动的耦联作用。大量的震害表明,在纵向水平地震作用下,厂房结构的破坏程度大于横向地震作用下的破坏,并且厂房沿纵向的破坏多数发生在中柱列。这是由于整个屋盖在平面内发生了变形,纵向外围护墙也承担了部分地震作用,致使纵向各柱列承受的地震作用不同,中柱列承受了较多的地震作用,厂房结构的总水平地震作用的分配表现出显著的空间作用。因此,厂房纵向抗震计算时,选择合理的计算模型和分析方法是十分必要的。

单层厂房的纵向抗震计算方法可分为:

①纵墙对称布置的单跨厂房和轻型屋盖的多跨厂房,可按柱列分片独立进行计算。

②对于钢筋混凝土无檩和有檩屋盖及有较完整支撑系统的轻型屋盖厂房,应考虑屋盖平面的纵向弹性变形、围护墙与隔墙的有效刚度以及扭转的影响,按多质点空间结构进行分析。

③对于单跨或等高多跨的钢筋混凝土柱厂房,当柱顶标高不大于 15 m 且平均跨度不大于 30 m 时,可采用修正刚度法计算。

(1)厂房纵向抗震计算的修正刚度法

修正刚度法的基本思路是,先建立柱列侧移刚度的计算公式,并对柱列侧移刚度进行修正;再按照修正后的柱列侧移刚度分配地震作用。其中,对柱列侧移刚度的修正考虑了围护墙及柱间支撑对厂房空间工作的影响,修正系数根据空间分析与纵向平面排架计算结果的比较来确定。

①厂房纵向基本自振周期的计算。在确定厂房的纵向基本自振周期时,假定其为单质点体系,将所有柱列的重力荷载代表值按动能等效原则集中到屋盖标高处,并与屋盖重力荷载代表值加在一起,同时也将所有柱列的纵向侧移刚度叠加在一起,求出体系的基本自振周期。

厂房纵向基本自振周期也可按下列经验公式计算:

a. 当采用砖围护墙时:

$$T_1 = 0.23 + 0.00025\psi_1 l \sqrt{H^3} \tag{8.11}$$

式中 ψ_1——屋盖类型系数,大型屋面板钢筋混凝土屋架时可采用 1.0,钢屋架采用 0.85;

l——厂房跨度,m,多跨厂房时可取各跨的平均值;

H——基础顶面至柱顶的高度,m。

b. 对于敞开、半敞开或墙板与柱子柔性连接的厂房,基本周期 T_1 可按式(8.11)计算并应乘以下列围护墙影响系数 ψ_2:

$$\psi_2 = 2.6 - 0.002l \sqrt{H^3} \tag{8.12}$$

当 ψ_2 小于 1.0 时,取 1.0。

②柱列地震作用的计算。

a. 对于等高多跨钢筋混凝土屋盖的厂房,各纵向柱列的柱顶标高处的纵向地震作用标准值为:

$$F_i = \alpha_1 G_{eq} \frac{K_{ai}}{\sum K_{ai}} \tag{8.13}$$

$$K_{ai} = \psi_3\psi_4 K_i \tag{8.14}$$

式中　F_i——i柱列柱顶标高处的纵向地震作用标准值；

α_1——相应于厂房纵向基本自振周期的水平地震影响系数；

G_{eq}——厂房单元柱列总等效重力荷载代表值，按下列两种情况分别计算：

对于无起重机厂房：

$$G_{eq} = 1.0(G_{屋盖} + 0.5G_{雪} + 0.5G_{灰}) + 0.7G_{纵墙} + 0.5G_{山墙和横墙} + 0.5G_{柱} + 1.0G_{檐墙} \tag{8.15}$$

对于有起重机厂房：

$$G_{eq} = 1.0(G_{屋盖} + 0.5G_{雪} + 0.5G_{灰}) + 0.7G_{纵墙} + 0.5G_{山墙和横墙} + 0.1G_{柱} + 1.0G_{檐墙} \tag{8.16}$$

K_i——i柱列柱顶的总侧移刚度，应包括i柱列内柱子和上、下柱间支撑的侧移刚度及纵墙的折减侧移刚度的总和，贴砌的砖围护墙侧移刚度的折减系数，可根据柱列侧移值的大小取0.2～0.6；

K_{ai}——i柱列柱顶的调整侧移刚度；

ψ_3——柱列侧移刚度的围护墙影响系数，可按表8.5采用；有纵向砖围护墙的四跨或五跨厂房，由边柱列数起的第3柱列，可按表8.5内相应数值的1.15倍采用；

ψ_4——柱列侧移刚度的柱间支撑影响系数，纵向为砖围护墙时，边柱列可取1.0，中柱列可按表8.6采用。

b. 对于等高多跨钢筋混凝土屋盖的厂房，柱列各起重机梁顶标高处的纵向地震作用标准值为：

$$F_{ci} = \alpha_1 G_{ci} \frac{H_{ci}}{H_i} \tag{8.17}$$

式中　F_{ci}——i柱列在起重机梁顶标高处的纵向地震作用标准值；

G_{ci}——集中于i柱列起重机梁顶标高处的等效重力荷载代表值，$G_{ci} = 0.4G_{柱} + 1.0G_{起重机梁} + 1.0G_{起重机桥}$；

H_i，H_{ci}——i柱列柱顶高度和起重机梁顶高度。

表8.5　围护墙影响系数

围护墙类别和烈度		边柱列	柱列和屋盖类别			
			中柱列			
			无檩屋盖		有檩屋盖	
240砖墙	370砖墙		边跨无天窗	边跨有天窗	边跨无天窗	边跨有天窗
	7度	0.85	1.7	1.8	1.8	1.9
7度	8度	0.85	1.5	1.6	1.6	1.7
8度	9度	0.85	1.3	1.4	1.4	1.5
9度		0.85	1.2	1.3	1.3	1.4
无墙、石棉瓦或挂板		0.90	1.1	1.1	1.2	1.2

表 8.6 纵向采用砖围护墙的中柱列柱间支撑影响系数

厂房单元内设置下柱支撑的柱间数	中柱列下柱支撑斜杆的长细比					中柱列无支撑
	≤40	41~80	81~120	121~150	>150	
一柱间	0.90	0.95	1.00	1.10	1.25	1.40
两柱间	—	—	0.90	0.95	1.00	

③构件地震作用的计算。对于无起重机厂房，第 i 柱列中各柱、支撑和纵墙所分担的纵向水平地震作用可以按其侧移刚度比进行分配计算：

$$F_{cij} = \frac{K_{cij}}{K_i} F_i \qquad F_{bij} = \frac{K_{bij}}{K_i} F_i \qquad F_{wij} = \frac{\psi_k K_{wij}}{K_i} F_i \tag{8.18}$$

式中 $F_{cij}, F_{bij}, F_{wij}$——分别为第 i 柱列第 j 柱子顶部的地震作用、第 j 支撑顶部的地震作用和第 j 片纵墙顶部的地震作用；

ψ_k——砖围护墙开裂后的刚度退化系数，当7度、8度、9度时，分别取0.6、0.4和0.2。

对于有起重机厂房，起重机柱列具有两个地震作用点(图8.12)，其顶部和起重机梁所在位置的地震作用标准值分别按式(8.13)和式(8.17)计算。地震作用在柱列间各柱、支撑及墙之间的分配，可以采用以下通用方法分两步计算：

a. 先根据第 i 柱列的地震作用标准值和柱列刚度矩阵计算柱列侧移向量。

第 i 柱列上的地震作用与柱列侧移之间的关系式为(图8.13)：

$$\begin{Bmatrix} F_i \\ F_{ci} \end{Bmatrix} = [K_i] \cdot \begin{Bmatrix} u_{i1} \\ u_{i2} \end{Bmatrix} \tag{8.19}$$

由上式可求得柱列侧移 u_{i1} 和 u_{i2}。其中，$[K_i]$ 为第 i 柱列侧移刚度矩阵。

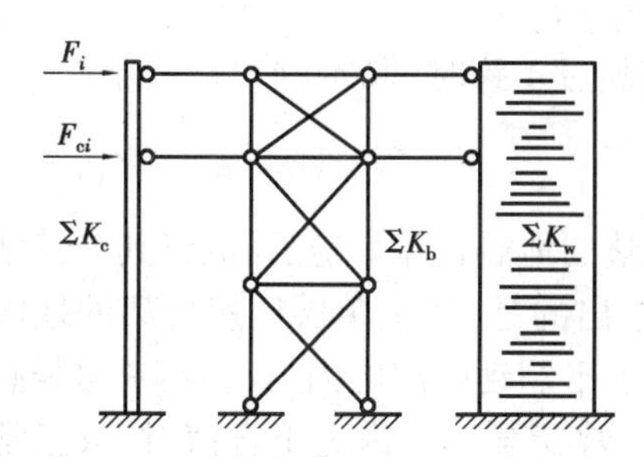

图 8.12 有起重机厂房柱列的地震作用计算简图

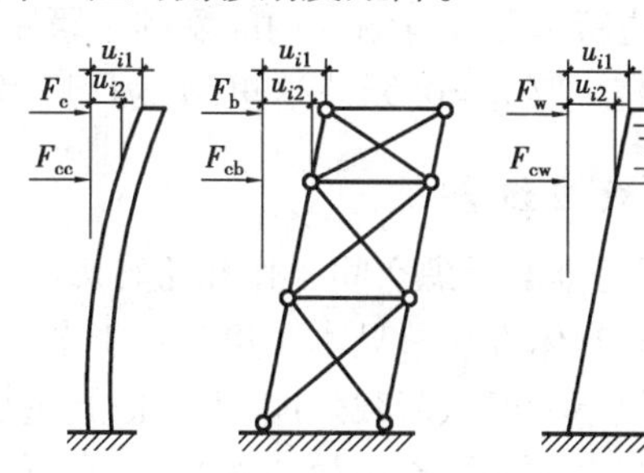

图 8.13 构件地震作用计算简图

b. 再根据侧移向量和各构件刚度矩阵计算作用于第 i 柱列内各构件的地震作用。

第 i 柱列第 j 柱子所受到的地震作用可按下式计算：

$$\begin{Bmatrix} F_{cij} \\ F_{ccij} \end{Bmatrix} = [K_c] \cdot \begin{Bmatrix} u_{i1} \\ u_{i2} \end{Bmatrix} \tag{8.20a}$$

第 i 柱列第 j 支撑所受到的地震作用可按下式计算：

$$\begin{Bmatrix} F_{bij} \\ F_{cbij} \end{Bmatrix} = [K_b] \cdot \begin{Bmatrix} u_{i1} \\ u_{i2} \end{Bmatrix} \tag{8.20b}$$

第 i 柱列第 j 纵墙所受到的地震作用可按下式计算：

$$\begin{Bmatrix} F_{wij} \\ F_{cwij} \end{Bmatrix} = [K_w] \cdot \begin{Bmatrix} u_{i1} \\ u_{i2} \end{Bmatrix} \tag{8.20c}$$

式中　$[K_c],[K_b],[K_w]$——分别为第 i 柱列第 j 柱子的刚度矩阵、第 j 支撑的刚度矩阵和第 j 纵墙的刚度矩阵。

为了简化计算,对于中小型厂房的有起重机柱列,可粗略地假定柱子为剪切杆,即把柱的弯曲变形视作剪切变形,并取整个柱列的总侧移刚度为该柱列柱间支撑总刚度的10%,即取 $\sum K_c = 0.1 \sum K_b$。这时,第 i 柱列第 j 柱子、第 j 支撑和第 j 砖墙所分担的柱顶标高处的水平地震作用标准值仍按各构件柱顶标高处的侧移刚度比例分配,即式(8.18)。而起重机所引起的水平地震作用,因偏离砖墙较远,考虑仅由柱和柱间支撑分担,则第 i 柱列的第 j 柱子和第 j 支撑所分担的起重机地震作用按下式计算:

$$F_{ccij} = \frac{1}{11n} F_{ci} \qquad F_{cbij} = \frac{K_{bij}}{1.1 \sum K_b} F_{ci} \tag{8.21}$$

式中　n——第 i 柱列的柱总根数。

(2)突出屋面天窗架的纵向地震作用计算

对于天窗架的纵向地震作用,它与天窗架的横向地震作用存在着明显的差异。《抗震规范》对突出屋面天窗架的纵向水平地震作用计算,明确规定了以下原则和方法:

①天窗架的纵向抗震计算可采用空间结构分析法,并计及屋盖平面弹性变形和纵墙的有效刚度。

②柱高不超过15 m的单跨和等高多跨钢筋混凝土无檩屋盖厂房的天窗架纵向地震作用计算,可采用底部剪力法,但天窗架的地震作用效应应乘以效应增大系数 η,其值可按下列规定采用:

a. 单跨、边跨屋盖或有纵向内隔墙的中跨屋盖,取 $\eta = 1 + 0.5n$。

b. 中跨屋盖,取 $\eta = 0.5n$。这里,n 为厂房跨数,当超过4跨时,取 $n = 4$。

3)地震作用效应组合

在求得厂房排架考虑空间工作和扭转影响进行调整的地震作用效应后,应将其与其他荷载效应进行组合,具体方法参见本书第3.4.1节。需要指出的是,对于单层厂房排架的地震作用效应组合,一般不考虑风荷载效应,不考虑起重机横向水平制动引起的内力,也不考虑竖向地震作用。此外,当考虑地震作用效应的内力组合值小于正常荷载下的内力组合值时,取正常荷载下的内力组合值。

8.1.4　截面抗震验算

1)横向抗震验算

(1)排架柱的抗震验算

钢筋混凝土排架柱的截面抗震承载力应满足下式要求:

$$S \leqslant \frac{R}{\gamma_{RE}} \tag{8.22}$$

式中　S——排架横向地震作用效应与其他荷载效应的最不利组合的设计值;

R——柱截面承载力设计值，按《混凝土结构设计规范》(GB 50010)中的偏心受压构件承载力公式计算；

γ_{RE}——承载力抗震调整系数，详见本书第3.4.1节。

对矩形、工字形柱，一般只做柱的正截面验算，不做斜截面验算。

对于两个主轴方向柱距均不小于12 m、无桥式起重机且无柱间支撑的大柱网厂房，柱截面抗震验算应同时考虑两个主轴方向的水平地震作用，并应计入位移引起的附加弯矩。

(2)柱牛腿的抗震验算

对支承起重机梁的牛腿，可不进行抗震验算。

对不等高厂房中支承低跨屋盖的柱牛腿(柱肩)，需要考虑如图8.14所示的受力状态，按抗拉能力验算，确定水平受拉钢筋的截面面积。其纵向受拉钢筋截面面积，应按下式确定：

$$A_s \geqslant \left(\frac{N_G a}{0.85 h_0 f_y} + 1.2\frac{N_E}{f_y}\right)\gamma_{RE} \tag{8.23}$$

式中　A_s——纵向水平受拉钢筋的截面面积；

N_G——柱牛腿面上重力荷载代表值产生的压力设计值；

a——重力作用点至下柱近侧边缘的距离，当小于$0.3h_0$时采用$0.3h_0$；

h_0——牛腿最大竖向截面的有效高度；

N_E——柱牛腿面上地震组合的水平拉力设计值；

γ_{RE}——承载力抗震调整系数，可采用1.0。

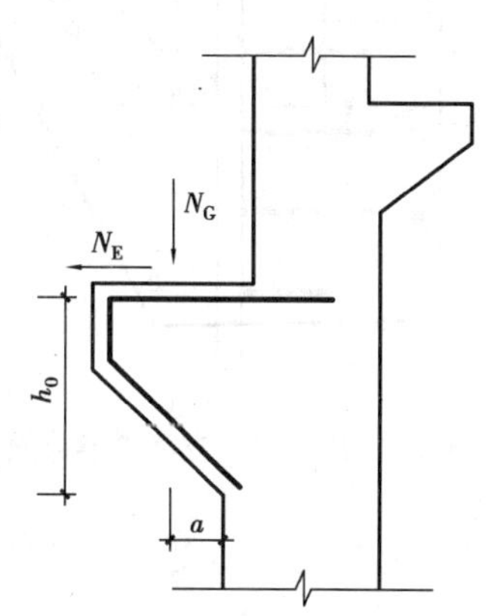

图8.14　柱牛腿的纵向受拉钢筋计算模型

2)纵向抗震验算

(1)排架柱

由于排架柱按刚度分配承担的地震作用效应比较小，一般不必验算。但对于上述大柱网厂房，纵向地震作用下柱截面的抗震验算应与横向排架抗震验算同时进行。

(2)柱间支撑

对于无贴砌墙的纵向柱列，上柱支撑与同列下柱支撑宜采用等强设计。

对长细比不大于200的斜杆截面，可仅按抗拉验算，但应考虑压杆的卸载影响，其拉力可按下式确定：

$$N_t = \frac{l_i}{(1 + \psi_c \varphi_i) s_c} V_{bi} \tag{8.24}$$

式中　N_t——i节间支撑斜杆抗拉验算时的轴向拉力设计值；

l_i——i节间斜杆的全长；

ψ_c——压杆卸载系数，压杆长细比为60、100和200时，可分别采用0.7、0.6和0.5；

φ_i——i节间斜杆轴心受压稳定系数，应按《钢结构设计规范》(GB 50017)采用；

V_{bi}——i节间支撑承受的地震剪力设计值；

s_c——支撑所在柱间的净距。

斜拉杆的截面抗震承载力应满足下列条件：

$$N_t \leqslant \frac{A_i f}{\gamma_{RE}} \tag{8.25}$$

式中 A_i——i 节间斜杆的截面面积；

f——杆件的钢材抗拉强度设计值，取值见《钢结构设计规范》(GB 50017)；

γ_{RE}——承载力抗震调整系数，可采用0.9。

(3)柱间支撑端节点预埋件(图8.15)

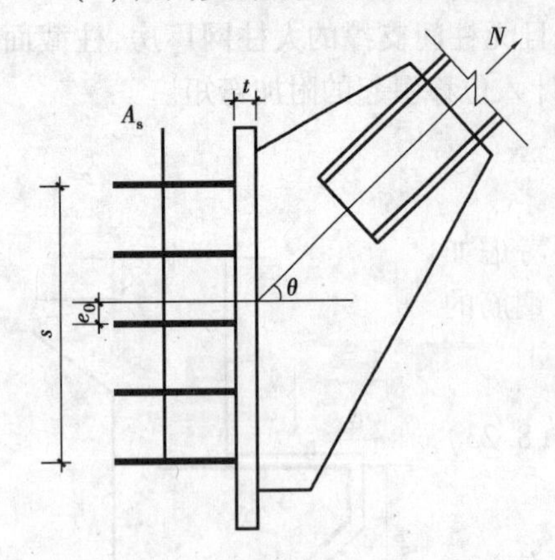

图8.15 柱间支撑端节点预埋件

预埋件作为连接柱子和支撑的关键部件，是保证结构构件正常发挥其抗震作用的基础。为此，要求各节间支撑和柱的连接与支撑杆件遵照等强设计的原则。柱间支撑端节点预埋件可以采用锚筋或角钢两种形式。

①柱间支撑与柱连接节点预埋件的锚件采用锚筋时，其截面抗震承载力宜按下列公式验算：

$$N \leqslant \frac{0.8 f_y A_s}{\gamma_{RE}\left(\frac{\cos\theta}{0.8\zeta_m \psi} + \frac{\sin\theta}{\zeta_r \zeta_v}\right)} \tag{8.26}$$

$$\psi = \frac{1}{1 + \frac{0.6 e_0}{\xi_r s}} \tag{8.27}$$

$$\zeta_m = 0.6 + 0.25 t/d \tag{8.28}$$

$$\zeta_v = (4 - 0.08d)\sqrt{f_c/f_y} \tag{8.29}$$

式中 A_s——锚筋总截面面积；

γ_{RE}——承载力抗震调整系数，可采用1.0；

N——预埋板的斜向拉力，可采用全截面屈服点强度计算的支撑斜杆轴向力的1.05倍；

e_0——斜向拉力对锚筋合力作用线的偏心距，mm，应小于外排锚筋之间距离的20%；

θ——斜向拉力与其水平投影的夹角；

ψ——偏心影响系数；

s——外排锚筋之间的距离，mm；

ζ_m——预埋板弯曲变形影响系数；

t——预埋板厚度，mm；

d——锚筋直径，mm；

ζ_r——验算方向锚筋排数的影响系数，二、三和四排可分别采用1.0、0.9和0.85；

ζ_v——锚筋的受剪影响系数，大于0.7时应采用0.7。

②柱间支撑与柱连接节点预埋件的锚件采用角钢加端板时，其截面抗震承载力宜按下列公式验算：

$$N \leqslant \frac{0.7}{\gamma_{RE}\left(\frac{\cos\theta}{\psi N_{u0}} + \frac{\sin\theta}{V_{u0}}\right)} \tag{8.30}$$

$$V_{u0} = 3n\zeta_r \sqrt{W_{min} b f_a f_c} \tag{8.31}$$

$$N_{u0} = 0.8 n f_a A_s \tag{8.32}$$

式中 n——角钢根数；

b——角钢肢宽；

W_{min}——与剪力方向垂直的角钢最小截面模量；

A_s——根角钢的截面面积；

f_a——角钢抗拉强度设计值。

③8 度、9 度时，下柱柱间支撑的下节点位置设置于基础顶面以上时，宜进行纵向柱列柱根的斜截面受剪承载力验算。

(4)抗风柱

抗风柱位于山墙内侧，用于抵抗山墙风荷载对主体结构的影响。抗风柱虽然不是单层厂房的主要承重构件，但却是厂房纵向抗震中的重要构件，对保证厂房的纵向抗震安全具有不可忽视的作用。震害调查表明：8 度、9 度区，不少抗风柱的上柱和下柱根部开裂、折断，导致山墙倒塌，严重的抗风柱连同山墙全部向外倾倒。因此，在 8 度和 9 度时，对高大山墙的抗风柱应进行平面外的截面抗震承载力验算。

此外，当抗风柱与屋架下弦相连接时，连接点应设在下弦横向支撑节点处。虽然此类厂房均在厂房两端第一开间设置下弦横向支撑，但地震时，高大山墙引起的纵向水平地震作用较大，由于阶形抗风柱的下柱刚度远大于上柱刚度，大部分水平地震作用将通过下柱的上端连接传至屋架下弦，而屋架下弦支撑的强度和刚度往往不能满足要求，从而导致屋架下弦支撑杆件压曲。因此，对下弦横向支撑杆件的截面和连接节点应进行抗震承载力验算。

3)屋架上弦抗扭验算

震害表明，上弦设有小立柱的拱形和折线形屋架、或上弦节间较长且节间矢高较大的屋架，在地震作用下屋架上弦将产生附加扭矩，导致其破坏。为此，《抗震规范》规定，对 8 度Ⅲ、Ⅳ类场地和 9 度时的上述屋架，其上弦宜进行抗扭验算。

4)弹塑性变形验算

8 度Ⅲ、Ⅳ类场地和 9 度时，高大的单层钢筋混凝土柱厂房应进行罕遇地震作用下的弹塑性变形验算，其薄弱部位为阶形柱的上柱，且仅对横向排架阶形柱的上柱进行变形验算。其变形验算可按以下步骤进行：

①根据罕遇地震作用下结构的弹性分析，计算上柱截面的弹性地震弯矩 M_e。

②按实际配筋面积、材料强度标准值和轴向力计算上柱的正截面受弯承载力 M_y。

③计算屈服强度系数 ξ_y，ξ_y 可按下式计算：

$$\xi_y = M_y / M_e \tag{8.33}$$

当 $\xi_y \geqslant 0.5$ 时，可不进行抗震变形验算，当 $\xi_y < 0.5$ 时，则应进行抗震变形验算。

④计算上柱的弹塑性位移 ΔU_e：

$$\Delta U_p = \eta_p \Delta U_e \tag{8.34}$$

$$\Delta U_e = V_e H^3 / 3EI \tag{8.35}$$

式中 V_e——罕遇地震作用下的排架柱顶的弹性地震剪力；

H，I——上柱的高度和上柱的截面惯性矩；

E——上柱混凝土的弹性模量；

η_p——弹塑性位移增大系数，按本书第 3 章中的表 3.14 取值。

⑤验算上柱的弹塑性位移。根据上式算得的上柱的弹塑性位移应符合下式要求：

$$\Delta U_p \leqslant H/30 \tag{8.36}$$

8.1.5 抗震构造措施

单层钢筋混凝土柱厂房的抗震计算和截面验算时，采用了一些简化计算方法，有些方面未尽合理，加上厂房结构本身就存在着一些抗震薄弱环节。为此，在厂房的抗震设计时应采取相应的抗震构造措施，其基本思路是：加强装配式厂房的整体性和稳定性，保证连接构造的可靠性，尽可能发挥空间结构的优点，并尽量减少扭转和高振型的影响，而围护结构则宜不影响主体结构的变形。

1）屋盖系统的抗震构造措施

（1）屋盖支撑系统

有檩屋盖支撑布置宜符合表8.7的要求。无檩屋盖和中间井式天窗无檩屋盖的支撑布置宜分别符合表8.8和表8.9的要求；8度和9度跨度不大于15 m的厂房屋盖采用屋面梁时，可仅在厂房单元两端各设竖向支撑一道；单坡屋面梁的屋盖支撑布置，宜按屋架端部高度大于900 mm的屋盖支撑布置执行。

除了上述要求外，屋盖支撑尚应符合下列要求：

①天窗开洞范围内，在屋架脊点处应设上弦通长水平压杆；8度Ⅲ、Ⅳ场地和9度时，梯形屋架端部上节点应沿厂房纵向设置通长水平压杆。

②屋架跨中竖向支撑在跨度方向的间距，6～8度时不大于15 m，9度时不大于12 m；当仅在跨中设一道时，应设在跨中屋架屋脊处；当设两道时，应在跨度方向均匀布置。

③屋架上、下弦通长水平系杆与竖向支撑宜配合设置。

④柱距不小于12 m且屋架间距6 m的厂房，托架（梁）区段及其相邻开间应设下弦纵向水平支撑。

⑤屋盖支撑杆件宜选用型钢。

表8.7　有檩屋盖的支撑布置

<table>
<tr><th colspan="2" rowspan="2">支撑名称</th><th colspan="3">烈　度</th></tr>
<tr><th>6度、7度</th><th>8度</th><th>9度</th></tr>
<tr><td rowspan="4">屋架支撑</td><td>上弦横向支撑</td><td>单元端开间各设一道</td><td>单元端开间及单元长度大于66 m的柱间支撑开间各设一道；
天窗开洞范围的两端各增设局部的支撑一道</td><td rowspan="3">单元端开间及单元长度大于42 m的柱间支撑开间各设一道；
天窗开洞范围的两端各增设局部的上弦横向支撑一道</td></tr>
<tr><td>下弦横向支撑</td><td colspan="2" rowspan="2">同非抗震设计</td></tr>
<tr><td>跨中竖向支撑</td></tr>
<tr><td>端部竖向支撑</td><td colspan="3">屋架端部高度大于900 mm时，单元端开间及柱间支撑开间各设一道</td></tr>
<tr><td rowspan="2">天窗架支撑</td><td>上弦横向支撑</td><td>单元天窗端开间各设一道</td><td rowspan="2">单元天窗端开间及每隔30 m各设一道</td><td rowspan="2">单元天窗端开间及每隔18 m各设一道</td></tr>
<tr><td>两侧竖向支撑</td><td>单元天窗端开间及每隔36 m各设一道</td></tr>
</table>

表 8.8 无檩屋盖的支撑布置

<table>
<tr><td colspan="3" rowspan="2">支撑名称</td><td colspan="3">烈 度</td></tr>
<tr><td>6 度、7 度</td><td>8 度</td><td>9 度</td></tr>
<tr><td rowspan="6">屋架支撑</td><td colspan="2">上弦横向支撑</td><td>屋架跨度小于 18 m 时同非抗震设计，跨度不小于 18 m 时在厂房单元端开间各设一道</td><td colspan="2">单元端开间及柱间支撑开间各设一道，天窗开洞范围的两端各增设局部的支撑一道</td></tr>
<tr><td colspan="2">上弦通长水平系杆</td><td rowspan="4">同非抗震设计</td><td>沿屋架跨度不大于 15 m设一道，但装配整体式屋面可仅在天窗开洞范围内设置；
围护墙在屋架上弦高度有现浇圈梁时，其端部处可不另设</td><td>沿屋架跨度不大于 12 m 设一道，但装配整体式屋面可仅在天窗开洞范围内设置；
围护墙在屋架上弦高度有现浇圈梁时，其端部处可不另设</td></tr>
<tr><td colspan="2">下弦横向支撑</td><td rowspan="2">同非抗震设计</td><td rowspan="2">同上弦横向支撑</td></tr>
<tr><td colspan="2">跨中竖向支撑</td></tr>
<tr><td rowspan="2">两端竖向支撑</td><td>屋架端部高度≤900 mm</td><td>单元端开间各设一道</td><td>单元端开间及每隔 48 m 各设一道</td></tr>
<tr><td>屋架端部高度 >900 mm</td><td>单元端开间各设一道</td><td>单元端开间及柱间支撑开间各设一道</td><td>单元端开间、柱间支撑开间及每隔 30 m 各设一道</td></tr>
<tr><td rowspan="2">天窗架支撑</td><td colspan="2">天窗两侧竖向支撑</td><td>厂房单元天窗端开间及每隔 30 m 各设一道</td><td>厂房单元天窗端开间及每隔 24 m 各设一道</td><td>厂房单元天窗端开间及每隔 18 m 各设一道</td></tr>
<tr><td colspan="2">上弦横向支撑</td><td>同非抗震设计</td><td>天窗跨度≥9 m 时，单元天窗端开间及柱间支撑开间各设一道</td><td>单元端开间及柱间支撑开间各设一道</td></tr>
</table>

表 8.9 中间井式天窗无檩屋盖支撑布置

<table>
<tr><td colspan="2">支撑名称</td><td>6 度、7 度</td><td>8 度</td><td>9 度</td></tr>
<tr><td colspan="2">上弦横向支撑
下弦横向支撑</td><td>厂房单元端开间各设一道</td><td colspan="2">厂房单元端开间及柱间支撑开间各设一道</td></tr>
<tr><td colspan="2">上弦通长水平系杆</td><td colspan="3">天窗范围内屋架跨中上弦节点设置</td></tr>
<tr><td colspan="2">下弦通长水平系杆</td><td colspan="3">天窗两侧及天窗范围内屋架下弦节点设置</td></tr>
<tr><td colspan="2">跨中竖向支撑</td><td colspan="3">有上弦横向支撑开间设置，位置与下弦通长系杆相对应</td></tr>
<tr><td rowspan="2">两端竖向支撑</td><td>屋架端部高度≤900 mm</td><td colspan="2">同非抗震设计</td><td>有上弦横向支撑开间，且间距不大于 48 m</td></tr>
<tr><td>屋架端部高度 >900 mm</td><td>厂房单元端开间各设一道</td><td>有上弦横向支撑开间，且间距不大于 48 m</td><td>有上弦横向支撑开间，且间距不大于 30 m</td></tr>
</table>

(2)屋盖各构件之间的连接

①有檩屋盖构件的连接要求:檩条应与混凝土屋架(屋面梁)焊牢,并应有足够的支承长度;双脊檩应在跨度 1/3 处相互拉结;压型钢板应与檩条可靠连接,瓦楞铁、石棉瓦等应与檩条拉结。

②无檩屋盖构件的连接要求:大型屋面板应与屋架(屋面梁)焊牢,靠柱列的屋面板与屋架(屋面梁)的连接焊缝长度不宜小于 80 mm。6 度和 7 度时有天窗厂房单元的端开间,或 8 度和 9 度时各个开间,宜将垂直屋架方向两侧相邻的大型屋面板的顶面彼此焊牢。8 度和 9 度时,大型屋面板端头底面的预埋件宜采用角钢并与主筋焊牢。非标准屋面板宜采用装配整体式接头,或将板四角切掉后与屋架(屋面梁)焊牢。屋架(屋面梁)端部顶面预埋件的锚筋,8 度时不宜少于 4 Φ 10,9 度时不宜少于 4 Φ 12。

③突出屋面的混凝土天窗架,其两侧墙板与天窗立柱宜采用螺栓连接。

(3)混凝土屋架的截面构造

屋架上弦第一节间和梯形屋架端竖杆的配筋,6 度和 7 度时不宜少于 4 Φ 12,8 度和 9 度时不宜少于 4 Φ 14。梯形屋架的端竖杆截面宽度宜与上弦宽度相同。拱形和折线形屋架上弦端部支撑屋面板的小立柱,截面不宜小于 200 mm×200 mm,高度不宜大于 500 mm。

2)钢筋混凝土排架柱的抗震构造措施

单层厂房的钢筋混凝土排架柱,同样是依靠尺寸控制和合理的配筋,使之避免剪切破坏先于弯曲破坏和混凝土压碎先于钢筋屈服。为了使厂房结构形成空间工作体系,还要利用上、下柱间支撑甚至基础系杆与柱子连成整体工作。

(1)排架柱的配筋构造

①排架柱的纵向钢筋没有特别要求,抗震构造措施的重点是箍筋加密范围和加密构造,如图 8.16 所示。排架柱箍筋加密区的箍筋间距不应大于 100 mm,箍筋肢距和最小直径应符合表 8.10 的规定。厂房角柱的柱头加密箍筋宜按提高一度配置。

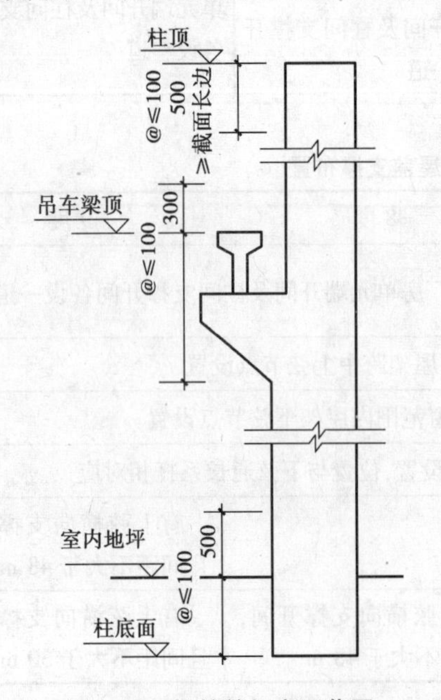

图 8.16　柱箍筋加密区范围

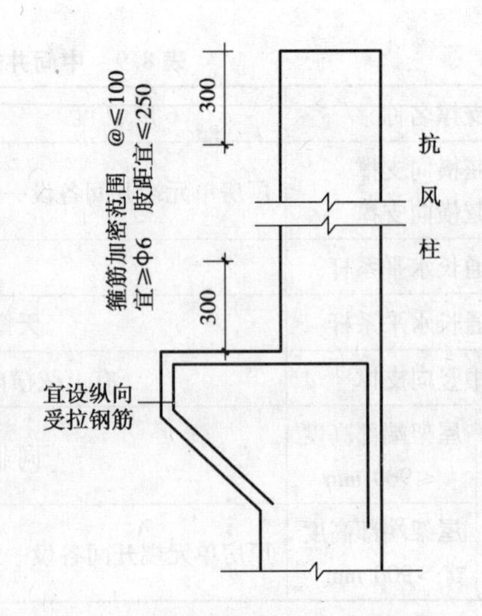

图 8.17　山墙抗风柱箍筋加密区范围

表 8.10 柱加密区箍筋最大肢距和最小箍筋直径

烈度和场地类别		6 度和 7 度 Ⅰ、Ⅱ类场地	7 度Ⅲ、Ⅳ类场地 和 8 度Ⅰ、Ⅱ类场地	8 度Ⅲ、Ⅳ类场地 和 9 度
箍筋最大肢距(mm)		300	250	200
箍筋最小直径	一般柱头和柱根	φ6	φ8	φ8(φ10)
	角柱柱头	φ8	φ10	φ10
	上柱牛腿和有支撑的柱根	φ8	φ8	φ10
	有支撑的柱头和柱变位受束部位	φ8	φ10	φ12

注:括号内数值用于柱根。

②厂房柱侧向受约束且剪跨比不大于 2 的排架柱,柱顶预埋钢板和柱箍筋加密区的构造尚应符合下列要求:柱顶预埋钢板沿排架平面方向的长度,宜取柱顶的截面高度,且不得小于截面高度的 1/2 及 300 mm;屋架的安装位置,宜减小在柱顶的偏心,其柱顶轴向力的偏心距不应大于截面高度的 1/4;当偏心距在截面高度的 1/6 ~ 1/4 范围内时,柱顶箍筋加密区的箍筋体积配筋率,9 度时不宜小于 1.2%,8 度时不宜小于 1.0%,6 度、7 度时不宜小于 0.8%;加密区箍筋宜配置四肢箍,肢距不大于 200 mm。

(2)大柱网厂房柱的抗震构造措施

大柱网厂房柱的震害特点主要表现在柱根出现对角破坏,混凝土酥碎剥落,纵筋压曲,这说明在两个主轴方向或斜向地震作用下,柱根的承载力和延性不足。另外,中柱的破坏率和破坏程度均大于边柱,这说明与柱的轴压比有关。据此,《抗震规范》提出,大柱网厂房柱的截面和配筋构造应符合下列要求:

①柱截面宜采用正方形或接近正方形的矩形,边长不宜小于柱全高的 1/18 ~ 1/16。

②重屋盖厂房地震组合的柱轴压比,6 度、7 度时不宜大于 0.8,8 度时不宜大于 0.7,9 度时不应大于 0.6。

③纵向钢筋宜沿柱截面周边对称布置,间距不宜大于 200 mm,角部宜配置直径较大的钢筋。

④在柱根基础顶面至室内地坪以上 1 m 且不小于柱全高的 1/6、柱顶以下 500 mm 且不小于柱截面长边尺寸的范围内,柱头和柱根应加密箍筋;箍筋直径、间距和肢距应符合表 8.10 的规定。

此外,8 度时跨度不小于 18 m 的多跨厂房中柱和 9 度时多跨厂房的各柱,其柱顶宜设置通长水平压杆。此压杆可与梯形屋架支座处通长水平系杆合并设置,钢筋混凝土系杆端头与屋架间的空隙应采用混凝土填实。

3)山墙抗风柱的抗震构造措施

由于在强震作用下,抗风柱的柱头和上、下柱的根部会产生裂缝,甚至折断的现象。因此,对抗风柱的柱头和上、下柱的根部应给予适当加强,其具体要求如图 8.17 所示。

4)柱间支撑的抗震构造措施

厂房柱间支撑是承受厂房纵向地震作用并传递给基础的主要抗侧力构件,其设置和构造如

图 8.18 所示；支撑杆件的长细比，不宜超过表 8.11 的规定。具体要求如下：

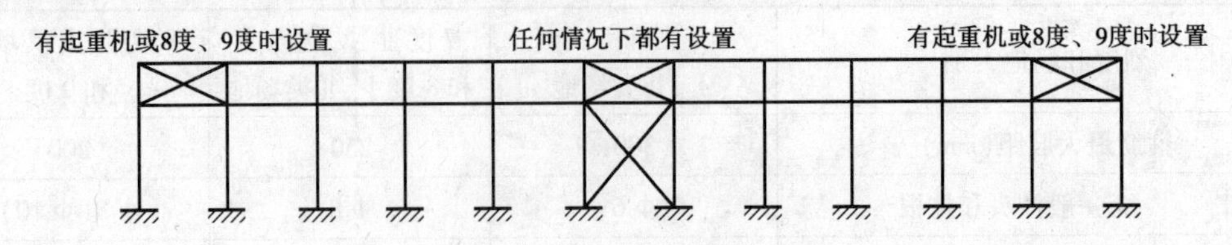

图 8.18　柱间支撑示意图

①厂房柱间支撑的布置。一般情况下，应在厂房单元中部设置上、下柱间支撑，且下柱支撑应与上柱支撑配套设置；有起重机或 8 度、9 度时，宜在厂房单元两端增设上柱支撑；厂房单元较长或 8 度Ⅲ、Ⅳ类场地和 9 度时，可在厂房单元中部 1/3 区段内设置两道柱间支撑。

表 8.11　交叉支撑斜杆的最大长细比

位　置	烈　度			
	6 度和 7 度Ⅰ、Ⅱ类场地	7 度Ⅲ、Ⅳ类场地和 8 度Ⅰ、Ⅱ类场地	8 度Ⅲ、Ⅳ类场地和 9 度Ⅰ、Ⅱ类场地	9 度Ⅲ、Ⅳ类场地
上柱支撑	250	250	200	150
下柱支撑	200	150	120	120

②柱间支撑应采用型钢，支撑形式宜采用交叉式，其斜杆与水平面的交角不宜大于 55°。

③下柱支撑的下节点位置和构造措施，应保证将地震作用直接传给基础；当 6 度和 7 度 (0.10g) 不能直接传给基础时，应计及支撑对柱和基础的不利影响，采取加强措施。

④交叉支撑在交叉点应设置节点板，其厚度不应小于 10 mm，斜杆与交叉节点板应焊接，与端节点板宜焊接。

5) 厂房结构构件的连接节点构造

(1) 屋架（屋面梁）与柱顶的连接节点

8 度时宜采用螺栓，9 度时宜采用钢板铰，亦可采用螺栓；屋架（屋面梁）端部支承垫板的厚度不宜小于 16 mm。柱顶预埋件的锚筋，8 度时不宜少于 4 ϕ14，9 度时不宜少于 4 ϕ16；有柱间支撑的柱子，柱顶预埋件尚应增设抗剪钢板。

(2) 山墙抗风柱的柱顶与屋盖的连接

山墙抗风柱柱顶应设置预埋板，使柱顶与端屋架的上弦（屋面梁上翼缘）可靠连接。连接部位应位于上弦横向支撑与屋架的连接点处，不符合时可在支撑中增设次腹杆或设置型钢横梁，将水平地震作用传至节点部位。

(3) 支承低跨屋盖的中柱牛腿（柱肩）与低跨屋盖的连接

支承低跨屋盖的中柱牛腿（柱肩）的预埋件，应与牛腿（柱肩）中按计算承受水平拉力部分的纵向钢筋焊接，且焊接的钢筋，6 度和 7 度时不应少于 2 ϕ12，8 度时不应少于 2 ϕ14，9 度时不应少于 2 ϕ16。

(4) 柱间支撑与柱的连接

柱间支撑与柱连接节点预埋件的锚件，8 度Ⅲ、Ⅳ类场地和 9 度时，宜采用角钢加端板，其他情况可采用不低于 HRB335 级的热轧钢筋，但锚固长度不应小于 30 倍锚筋直径，或可增设端板。

(5)非结构构件的连接

厂房中的起重机走道板、端屋架与山墙间的填充小屋面板、天沟板、天窗端壁板和天窗侧板下的填充砌体等构件应与支承结构有可靠的连接。

6)隔墙和围护墙的抗震构造措施

(1)墙体与主体结构的拉结

砌体隔墙与柱宜脱开或柔性连接,并应采取措施使墙体稳定,隔墙顶部应设现浇钢筋混凝土压顶梁;砌体围护墙宜采用外贴式,并与柱(包括抗风柱)可靠拉结,一般墙体应沿墙高每500 mm与柱内伸出的2 ϕ6 水平钢筋拉结。柱顶以上檐墙应与屋架端部、屋面板和天沟板可靠拉结,厂房角部的砖墙应沿纵横两个方向与柱拉结;不等高厂房的高跨封墙和纵横向厂房交接处的悬墙宜采用轻质墙板,6 度、7 度采用砌体时不应直接砌在低跨屋面上。

砌体围护墙在下列部位应设置现浇钢筋混凝土圈梁:梯形屋架端部上弦和柱顶的标高处应各设一道,但屋架端部高度不大于 900 mm 时可合并设置;应按上密下稀的原则每隔 4 m 左右在窗顶增设一道圈梁,不等高厂房的高低跨封墙和纵墙跨交接处的悬墙,圈梁的竖向间距不应大于 3 m;山墙沿屋面应设钢筋混凝土卧梁,并应与屋架端部上弦标高处的圈梁连接。

砌体女儿墙高度不宜大于 1 m,且应采取措施防止地震时倾倒。

(2)圈梁的构造

圈梁宜闭合,圈梁截面宽度宜与墙厚相同,截面高度不应小于 180 mm。圈梁的纵筋,6 ~ 8度时不应少于 4 ϕ12,9 度时不应少于 4 ϕ14;厂房转角处柱顶圈梁在端开间范围内的纵筋,6 ~ 8 度时不宜少于 4 ϕ14,9 度时不宜少于 4 ϕ16,转角两侧各 1 m 范围内的箍筋直径不宜小于ϕ8,间距不宜大于 100 mm;圈梁转角处应增设不少于 3 根且直径与纵筋相同的水平斜筋。圈梁应与柱或屋架牢固连接,山墙卧梁应与屋面板拉结;顶部圈梁与柱或屋架连接的锚拉钢筋不宜少于 4 ϕ12,且锚固长度不宜少于 35 倍钢筋直径,防震缝处圈梁与柱或屋架的拉结宜加强。

(3)基础梁与墙梁

砖墙的基础,8 度Ⅲ、Ⅳ类场地和 9 度时,预制基础梁应采用现浇接头;当另设条形基础时,在柱基础顶面标高处应设置连续的现浇钢筋混凝土圈梁,其配筋不应少于 4 ϕ12。

墙梁宜采用现浇,当采用预制墙梁时,梁底应与砖墙顶面牢固拉结并与柱锚拉;厂房转角处相邻的墙梁,应相互可靠连接。

8.2 单层钢结构厂房抗震设计

8.2.1 震害现象及分析

单层钢结构厂房是指厂房主要结构构件(如屋架、柱和起重机梁等)均以钢材所制成的全钢结构厂房。由于钢材的强度高,延性和韧性良好,钢结构厂房在构造合适、布置合理的情况下,具有良好的抗震能力。国内外多次地震经验均表明,钢结构厂房是一种很有利于抗震的结构,在7 ~9度地震作用下,厂房主体结构(钢屋架和钢柱)未发现有明显的损伤,只是一些局部构件的损坏;只有在高于9度时才产生一些局部破坏的现象,出现厂房整体倒塌的现象仅在个别特大地震中才有。而在7~9度时,厂房结构的震害主要发生在承受地震侧力的支撑系统和承受弯矩和剪力的钢柱柱脚支承处,其破坏特点是杆件的失稳变形和连接节点的断裂或拉脱。

1)柱间支撑的破坏

柱间支撑的破坏特征与钢筋混凝土柱厂房的相似,7~9度时,柱间支撑出现支撑斜杆的压曲,随之产生支撑与钢柱连接节点的破坏。当支撑斜杆交叉处的节点板刚度不足时,还会出现节点板的失稳变形。

柱间支撑与钢柱连接节点的破坏表现在:节点采用焊接连接时,焊缝开裂或节点板破裂,严重的甚至将钢柱的腹板拉裂;节点采用螺栓连接时,出现的破坏有螺孔处节点板断裂、支撑杆的螺栓孔边缘断裂、连接螺栓截面剪断、支撑杆端部节点断裂或节点板与钢柱的连接处破坏。震害统计表明,螺栓连接节点的损坏率高于焊接连接节点,原因是螺栓连接节点存在构造缺陷,即螺栓连接在节点上的开孔削弱了节点板的受力面积,造成孔边应力的集中,致使断裂破坏。

2)钢柱柱脚支座连接破坏

钢柱柱脚支座连接的破坏特征是柱脚支座的锚固螺栓剪断或拉坏,甚至拔出。由于柱脚的锚固破坏,会使钢柱发生倾斜,严重者导致厂房倒塌。造成钢柱柱脚支座连接破坏的主要原因是:柱脚的锚固强度不足,锚固(地脚)螺栓承受不了钢柱传来的地震弯矩和剪力,致使螺栓拉断或剪断;或者螺栓埋入基座内的锚固长度过短,导致锚栓拔出破坏。

此外,还有少量厂房的屋盖支撑产生杆件失稳变形或连接节点板开裂等破坏。

8.2.2 抗震设计基本要求

下面介绍的抗震设计要求是针对钢柱、钢屋架或钢屋面梁承重的单跨和多跨的单层钢结构厂房的。轻型钢结构厂房自重轻,钢材的截面特性与普通型钢不同,其抗震设计应符合轻型钢结构设计的有关规定。

1)厂房布置

单层钢结构厂房的平面布置、钢筋混凝土屋面板和天窗架的设置要求等与单层钢筋混凝土柱厂房相同。由于钢结构厂房的侧向刚度小于钢筋混凝土柱厂房,当设置防震缝时,其缝宽不宜小于单层钢筋混凝土柱厂房防震缝宽度的1.5倍。

2)单层钢结构厂房的结构体系

对于单层钢结构厂房,其结构体系的主要要求是:

①厂房的横向抗侧力体系,可采用刚接框架、铰接框架、门式刚架或其他结构体系。厂房的纵向抗侧力体系,8度、9度时应采用柱间支撑;6度、7度时宜采用柱间支撑,也可采用刚接框架。

②厂房内设有桥式起重机时,起重机梁系统的构件与厂房框架柱的连接应能可靠地传递纵向水平地震作用。

③屋盖应设置完整的屋盖支撑系统。屋盖横梁与柱顶铰接时,宜采用螺栓连接。

8.2.3　抗震计算

单层钢结构厂房的抗震计算方法和计算步骤基本上与单层钢筋混凝土柱厂房相同,只是某些基本假定和结构计算参数有所不同。

1)单层钢结构厂房地震作用计算模型和计算方法的选取

单层钢结构厂房属于空间结构体系,原则上应采用空间结构模型计算地震作用。采用简化的结构计算模型时,应根据等高和不等高以及起重机设置、屋盖类别等情况分别采取适合地震作用反应特点的单质点、两质点和多质点的计算模型。例如,对不设起重机的单跨或多跨等高钢结构厂房,可采用单质点计算模型;对设有起重机的钢结构厂房,由于起重机所在位置具有较大的重力荷载,地震作用较大,一般可采用两质点计算模型;对多跨不等高的钢结构厂房,应采用两(多)质点计算模型。

需要注意的是,对不等高钢结构厂房,不能采用底部剪力法进行计算,更不能对高低跨交接处柱截面的地震作用效应直接套用钢筋混凝土柱不等高厂房所给的高振型影响系数 η 值来进行修正。因此,对于不等高钢结构厂房,只能按振型分解反应谱法进行计算。

2)单层钢结构厂房地震作用计算

单层钢结构厂房地震作用计算时,围护墙自重与刚度的取值,可根据墙体类别和与柱的拉结情况来确定:

① 轻质墙板或与柱柔性连接的预制钢筋混凝土墙板,应计入其全部自重,但不应计入其刚度。

② 柱边贴砌且与柱有拉结的砌体围护墙,应计入其全部自重;当沿墙体纵向进行地震作用计算时,尚可计入普通砖砌体墙的折算刚度,折算系数按7度、8度和9度可分别取0.6、0.4和0.2。

此外,单层钢结构厂房的阻尼比可依据屋盖和围护墙的类型取0.045~0.05,一般情况下阻尼比可取0.05;对于轻型围护和轻屋盖的单层钢结构厂房,其阻尼比可取0.045。

3)单层钢结构厂房的横向抗震计算

根据厂房的横梁或屋架与柱子的连接情况以及屋盖的空间刚度特点,单层钢结构厂房的横向抗震计算可分别采用以下两种方法:

①一般情况下,宜采用考虑屋盖弹性变形的空间分析方法。

②平面规则、抗侧刚度均匀的轻型屋盖厂房,各横向结构可视为相互独立的结构,可按平面框架进行计算。此时,等高厂房可采用底部剪力法,高低跨厂房应采用振型分解反应谱法。

另外,单层钢结构厂房的横梁与柱的连接为刚接,因而其单柱的侧移计算不同于钢筋混凝土柱的铰接排架。

4)单层钢结构厂房的纵向抗震计算

单层钢结构厂房的纵向抗震计算一般应采用空间分析法,但也可根据围护墙的构造和屋盖的空间刚度特点,分两种类型按下列方法进行计算:

(1)采用轻质板材围护墙或与柱柔性连接的大型墙板的厂房

这类厂房可按单质点计算,采用底部剪力法,各纵向柱列的地震作用分配可根据无限刚性、中等刚性和柔性3种屋盖类型,采用以下3种方法确定:

①对于钢筋混凝土无檩屋盖,可视为无限刚性,各纵向柱列的地震作用按纵向柱列刚度比例进行分配。作用于第 i 柱列柱顶标高处的纵向水平地震作用为:

$$F_i = \alpha_1 G_{eq} \frac{K_i}{\sum K_i} \tag{8.37}$$

式中 α_1——相应于厂房纵向基本自振周期 T_1 的水平地震影响系数,按本书第3.1.4节的方法确定;

G_{eq}——厂房各柱列的总等效重力荷载代表值,即 $G_{eq} = \sum G_i$;

G_i——确定纵向水平地震作用时按厂房跨度中线划分的换算集中到第 i 柱列柱顶标高处的等效重力荷载,按以下规定取值:屋盖重力荷载取100%,雪荷载和积灰荷载取50%,柱自重取40%,山墙自重取50%,纵墙自重取70%;

K_i——第 i 柱列的纵向刚度,由柱与柱间支撑的刚度组成,对有贴砌砖墙的边柱列,则还应考虑纵墙刚度的40%。

②对于轻型屋盖,可视为柔性,各纵向柱列的地震作用可按纵向柱列承受的重力荷载代表值的比例进行分配。作用在第 i 柱列柱顶标高处的纵向水平地震作用为:

$$F_i = \alpha_i \overline{G}_i \tag{8.38}$$

式中 α_i——相应于第 i 柱列纵向基本自振周期 T_i 的水平地震影响系数,确定方法同上;

$\overline{G}_i$——确定纵向水平地震作用时换算集中到第 i 柱列柱顶标高处的等效重力荷载代表值,各柱列支承的屋盖重力荷载按跨度中线沿纵向切开所分配的荷载面积采用。

当按上述方法计算柱列的纵向水平地震作用时,所得的柱列纵向基本自振周期对于中柱列是偏长的,应对计算所得的中柱列纵向基本周期进行修正。对钢结构厂房,此修正系数可近似采用0.8。

③对于钢筋混凝土有檩屋盖,可视为中等刚性,各纵向柱列的地震作用计算可取上述两种分配方法计算结果的平均值。

(2)采用柱边贴砌且与柱拉结的普通砖砌体围护墙厂房

这类厂房可采用与单层钢筋混凝土柱厂房相似的方法进行抗震计算。

此外,设置柱间支撑的柱列应计入支撑杆件屈曲后的地震作用效应。

8.2.4 截面抗震验算

1)梁、柱构件的截面验算

梁、柱构件的截面验算包括截面强度验算和稳定验算。由上述抗震计算求得构件的地震作用效应(内力、位移)后,按本书第7章的方法进行截面抗震验算。

2)屋盖支撑系统构件的抗震验算

对于按长细比决定截面的支撑构件,其与弦杆的连接可不要求等强度连接,只要大于构件的内力即可;屋盖竖向支撑承受的作用力包括屋盖自重产生的地震力,还要将其传给主框架,杆件截面需由计算确定。屋盖横向水平支撑、纵向水平支撑的交叉斜杆均可按拉杆设计,并取相同的截面面积。

8 度、9 度时,支承跨度大于 24 m 的屋盖横梁的托架,以及厂房屋面设备荷重较大的屋盖横梁(不论跨度大小),都应计算其竖向地震作用,计算方法参见本书第 3.3 节。

3)柱间支撑的抗震验算

柱间 X 形支撑、V 形支撑或 Λ 形支撑应考虑拉压杆共同作用,其地震作用及截面验算可按第 8.1.4 节的有关规定按拉杆计算,并计及相交受压杆的影响,压杆卸载系数宜改取 0.3。

交叉支撑端部的连接,对单角支撑应计入强度折减,8 度、9 度时不得采用单面偏心连接;交叉支撑有一杆中断时,交叉节点板应予以加强,其承载力不小于 1.1 倍杆件承载力。

支撑杆件的截面应力比,不宜大于 0.75。

4)厂房结构构件连接的承载力验算

①框架上柱的拼接位置应选择弯矩较小的区域,其承载力不应小于按上柱两端呈全截面塑性屈服状态计算的拼接处的内力,且不得小于柱全截面受拉屈服承载力的 0.5 倍。

②刚接框架屋盖横梁的拼接,当位于横梁最大应力区以外时,宜按与被拼接截面等强度设计。

③实腹屋面梁与柱的刚性连接、梁端梁与梁的拼接,应采用地震组合内力进行弹性阶段设计。梁柱刚性连接、梁与梁拼接的极限受弯承载力应符合下列要求:

a. 一般情况下,按本书第 7 章有关钢结构梁柱刚接、梁与梁拼接的规定,考虑连接系数进行验算。其中,当最大应力区在上柱时,全塑性受弯承载力应取实腹梁、上柱二者的较小值。

b. 当屋面梁采用弹性设计阶段的板件宽厚比时,梁柱刚接和梁与梁拼接,应能可靠传递设防烈度地震组合内力或按本书第 7 章有关钢结构梁柱刚接、梁与梁拼接的规定,考虑连接系数进行验算。

刚接框架的屋架上弦与柱相连的连接板,在设防烈度地震下不宜出现塑性变形。

④柱间支撑与构件的连接,不应小于支撑杆件塑性承载力的 1.2 倍。

8.2.5 抗震构造措施

单层钢结构厂房的抗震构造措施主要有 3 个方面:一是加强屋盖的整体性和空间刚度;二是保证柱子的整体稳定和柱截面的抗震稳定,以及提高柱脚的抗震能力;三是减轻围护墙对于厂房结构地震作用的影响。

1)屋盖系统的抗震构造措施

钢结构厂房的屋盖支撑,应符合下列要求:

①无檩屋盖和有檩屋盖的支撑布置,宜分别符合表 8.12 和表 8.13 的要求。

②当轻型屋盖采用实腹屋面梁、柱刚性连接的刚架体系时,屋盖水平支撑可布置在屋面梁的上翼缘平面。屋面梁下翼缘应设置隅撑侧向支承,隅撑的另一端可与屋面檩条连接。屋盖横向支撑、纵向天窗架支撑的布置可参照表 8.12 和表 8.13 的要求。

表 8.12　无檩屋盖的支撑系统布置

<table>
<tr><th colspan="3" rowspan="2">支撑名称</th><th colspan="3">烈　度</th></tr>
<tr><th>6 度、7 度</th><th>8 度</th><th>9 度</th></tr>
<tr><td rowspan="5">屋架支撑</td><td colspan="2">上、下弦横向支撑</td><td>屋架跨度小于 18 m 时同非抗震设计，跨度不小于 18 m 时在厂房单元端开间各设一道</td><td colspan="2">厂房单元端开间及上柱支撑开间各设一道；天窗开洞范围的两端各增设局部的上弦支撑一道；当屋架端部支承在屋架上弦时，其下弦横向支撑同非抗震设计</td></tr>
<tr><td colspan="2">上弦通长水平系杆</td><td rowspan="4">同非抗震设计</td><td colspan="2">在屋脊处、天窗架竖向支撑处、横向支撑节点处和屋架两端处设置</td></tr>
<tr><td colspan="2">下弦通长水平系杆</td><td colspan="2">屋架竖向支撑节点处设置；当屋架与柱刚接时，在屋架端节间处按控制下弦平面外长细比不大于 150 设置</td></tr>
<tr><td rowspan="2">竖向支撑</td><td>屋架跨度小于 30 m</td><td>厂房单元两端开间及上柱支撑各开间屋架端部各设一道</td><td>同 8 度，且每隔 42 m 在屋架端部设置</td></tr>
<tr><td>屋架跨度大于等于 30 m</td><td>厂房单元的端开间，屋架1/3跨度处和上柱支撑开间内的屋架端部设置，并与上、下弦横向支撑相对应</td><td>同 8 度，且每隔 36 m 在屋架端部设置</td></tr>
<tr><td rowspan="3">纵向天窗架支撑</td><td colspan="2">上弦横向支撑</td><td>天窗架单元两端开间各设一道</td><td colspan="2">天窗架单元端开间及柱间支撑开间各设一道</td></tr>
<tr><td rowspan="2">竖向支撑</td><td>跨　中</td><td>跨度不小于 12 m 时设置，其道数与两侧相同</td><td colspan="2">跨度不小于 9 m 时设置，其道数与两侧相同</td></tr>
<tr><td>两　侧</td><td>天窗架单元端开间及每隔 36 m 设置</td><td>天窗架单元端开间及每隔 30 m 设置</td><td>天窗架单元端开间及每隔 24 m 设置</td></tr>
</table>

表 8.13　有檩屋盖的支撑系统布置

<table>
<tr><th colspan="2" rowspan="2">支撑名称</th><th colspan="3">烈　度</th></tr>
<tr><th>6 度、7 度</th><th>8 度</th><th>9 度</th></tr>
<tr><td rowspan="5">屋架支撑</td><td>上弦横向支撑</td><td>厂房单元端开间及每隔 60 m 各设一道</td><td>厂房单元端开间及上柱柱间支撑开间各设一道</td><td>同 8 度，且天窗开洞范围的两端各增设局部上弦横向支撑一道</td></tr>
<tr><td>下弦横向支撑</td><td colspan="3">同非抗震设计；当屋架端部支承在屋架下弦时，同上弦横向支撑</td></tr>
<tr><td>跨中竖向支撑</td><td colspan="2">同非抗震设计</td><td>屋架跨度大于等于 30 m 时，跨中增设一道</td></tr>
<tr><td>两侧竖向支撑</td><td colspan="3">屋架端部高度大于 900 mm 时，厂房单元端开间及柱间支撑开间各设一道</td></tr>
<tr><td>下弦通长水平系杆</td><td>同非抗震设计</td><td colspan="2">屋架两端和屋架竖向支撑处设置；与柱刚接时，屋架端节间处按控制下弦平面外长细比不大于 150 设置</td></tr>
</table>

续表

支撑名称		烈度		
		6度、7度	8度	9度
纵向天窗架支撑	上弦横向支撑	天窗架单元两端开间各设一道	天窗架单元两端开间及每隔54 m各设一道	天窗架单元两端开间及每隔48 m各设一道
	两侧竖向支撑	天窗架单元端开间及每隔42 m各设一道	天窗架单元端开间及每隔36 m各设一道	天窗架单元端开间及每隔24 m各设一道

③屋盖纵向水平支撑的布置，尚应符合下列规定：

a. 当采用托架支承屋盖横梁的屋盖结构时，应沿厂房单元全长设置纵向水平支撑。

b. 对于高低跨厂房，在低跨屋盖横梁端部支承处，应沿屋盖全长设置纵向水平支撑。

c. 纵向柱列局部柱间采用托架支承屋盖横梁时，应沿托架的柱间及向其两侧至少各延伸一个柱间设置屋盖纵向水平支撑。

d. 当设置沿结构单元全长的纵向水平支撑时，应与横向水平支撑形成封闭的水平支撑体系。多跨厂房屋盖纵向水平支撑的间距不宜超过两跨，不得超过三跨；高跨和低跨宜按各自的标高组成相对独立的封闭支撑体系。

④支撑杆宜采用型钢；设置交叉支撑时，支撑杆的长细比限值可取350。

2）钢柱的抗震构造措施

（1）钢柱的长细比

为防止地震时钢柱失稳，应控制钢柱的长细比，轴压比小于0.2时其值不宜大于150；轴压比不小于0.2时，其值不宜大于$120\sqrt{\frac{235}{f_{ay}}}$（$f_{ay}$为钢材抗拉强度标准值）。

（2）钢柱的柱脚

柱脚应能可靠传递柱身承载力，宜采用埋入式、插入式或外包式柱脚，6度、7度时也可采用外露式柱脚。柱脚设计应符合下列要求：

①实腹式钢柱采用埋入式、插入式柱脚的埋入深度，应由计算确定，且不得小于钢柱截面高度的2.5倍。

②格构式柱采用插入式柱脚的埋入深度，应由计算确定，其最小插入深度不得小于单肢截面高度（外径）的2.5倍，且不得小于柱总宽度的0.5倍。

③采用外包式柱脚时，实腹H形截面柱的钢筋混凝土外包高度不宜小于2.5倍的钢结构截面高度，箱型截面柱或圆管截面柱的钢筋混凝土外包高度不宜小于3.0倍的钢结构截面高度或圆管截面直径。

④当采用外露式柱脚时，柱脚承载力不宜小于柱截面塑性屈服承载力的1.2倍。柱脚锚栓不宜用以承受柱底水平剪力，柱底剪力应由钢底板与基础间的摩擦力或设置抗剪键及其他措施承担。柱脚锚栓应可靠锚固。

3）钢框架柱、梁的板件宽厚比

为了防止钢结构构件的局部失稳，应对单层钢结构厂房的梁、柱截面板件宽厚比进行限值。

考虑到钢结构构件抗震设计较静力设计的截面宽厚比要求要严一些,《抗震规范》规定,厂房钢框架柱、梁的板件宽厚比应符合下列要求:

①重屋盖厂房,板件宽厚比限值可按本书第7章表7.6的相关规定采用,7度、8度、9度的抗震等级可分别按四、三、二级采用。

②轻屋盖厂房,塑性耗能区板件宽厚比限值可根据其承载力的高低按性能目标确定。塑性耗能区外的板件宽厚比限值,可采用《钢结构设计规范》(GB 50017)弹性设计阶段的板件宽厚比限值。

4)柱间支撑的构造

钢结构厂房柱间支撑对整个厂房的纵向刚度、自振特性、塑性铰产生的部位都有一定的影响。柱间支撑的布置应合理确定其间距,并合理选择和配置其刚度以减小厂房的整体扭转。钢结构厂房柱间支撑的布置原则、总体要求与钢筋混凝土柱厂房相同,具体还应符合下列要求:

①厂房单元的各纵向柱列,应在厂房单元中部布置一道下柱柱间支撑;当7度厂房结构单元长度大于120 m(采用轻型围护材料时为150 m)、8度和9度厂房结构单元长度大于90 m(采用轻型围护材料时为120 m)时,应在厂房单元1/3区段内各布置一道下柱支撑;当柱距数不超过5个且厂房长度小于60 m时,亦可在厂房单元的两端布置下柱支撑。上柱柱间支撑应布置在厂房单元两端和具有下柱支撑的柱间。

②柱间支撑宜采用X形支撑,条件限制时也可采用V形、Λ形及其他形式的支撑。X形支撑斜杆与水平面的夹角、支撑斜杆交叉点的节点板厚度,应符合本章第8.1.5节的规定。

③柱间支撑杆件的长细比限值,应符合《钢结构设计规范》(GB 50017)的规定。

④柱间支撑宜采用整根型钢,当热轧型钢超过材料最大长度规格时,可采用拼接等强接长。

⑤有条件时,可采用消能支撑。

8.3 单层厂房抗震设计实例

某冷加工车间为两跨等高钢筋混凝土柱单层厂房,其平面与剖面图如图8.19所示,柱距6 m,厂房长度66 m,两端有山墙,厂房每跨设有两台10 t起重机;柱截面:边柱上柱为正方形400 mm×400 mm,中柱上柱为矩形400 mm×600 mm。边柱与中柱的下柱均为工字形400 mm×700 mm,柱的尺寸详见图8.20;柱的混凝土强度等级为C30;屋盖采用大型屋面板、折线形屋架,屋盖恒载标准值为2.9 kN/m^2,雪荷载标准值为0.4 kN/m^2;围护墙采用240 mm厚砖砌体,外贴柱砌筑。材料强度等级:砖MU10,砂浆M5,围护墙开洞尺寸详见图8.21,钢筋混凝土起重机梁每根重28.2 kN,一台10 t起重机桥架重186 kN,该重力压在一根柱上牛腿的反力经计算为61.6 kN,起重机梁顶标高8.7 m,柱间支撑布置及支撑截面详见图8.22。设防烈度8度0.2g,Ⅱ类场地,地震分组为第三组。试按平面排架进行该厂房的横向及纵向抗震计算。

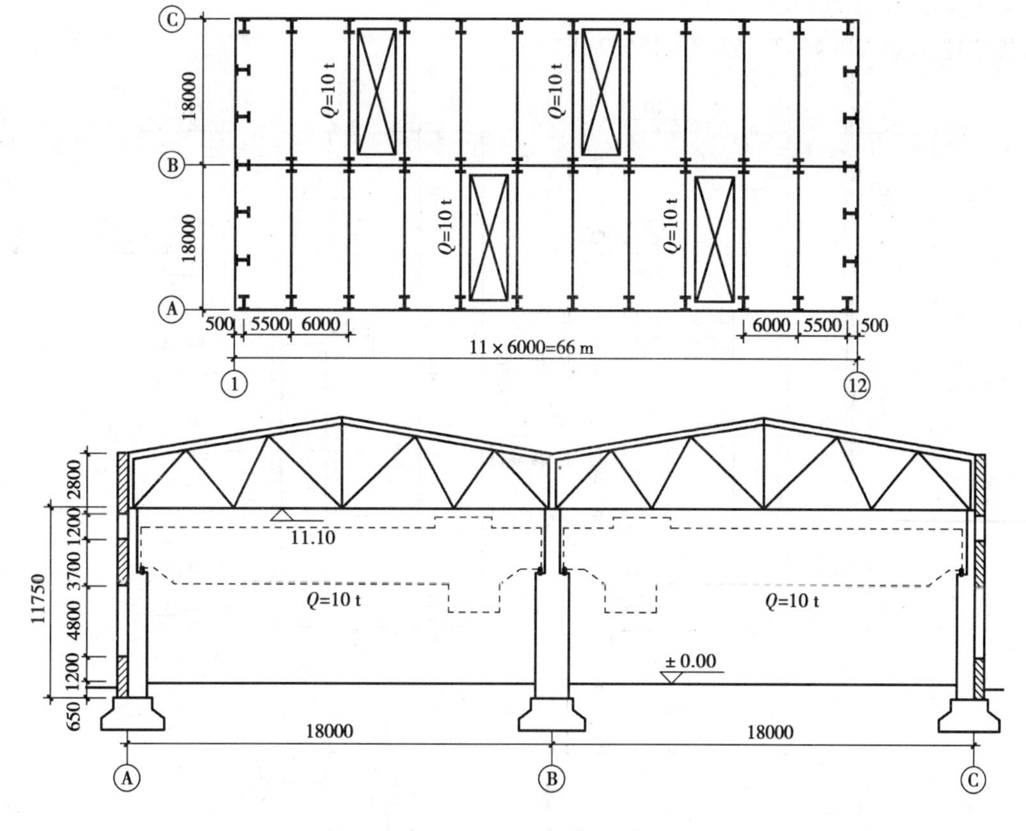

图 8.19　厂房平面图和剖面图

8.3.1　横向抗震计算

1)质点等效集中重力荷载的计算

横向计算取一榀排架(范围为 36 m×6 m),静力计算简图如图 8.19 所示;因厂房等高,动力计算可视为单质点体系。为此,单层厂房各构件的重力荷载代表值必须通过等效原则分别集中到质点体系中的相应质点上。

(1)各构件重力荷载代表值计算如下:

①柱的自重(图 8.20)计算如下:

A、C 上柱:$0.4\times0.4\times3.3\times25=13.2$(kN)

A、C 下柱(下端至基础顶面):

$[(0.75+0.15)\times0.4\times0.7+7.55\times(0.4\times0.7-0.3\times0.475)]\times25+(0.3^2/2+0.25\times0.3)\times0.4\times25=33.5$(kN)

A、C 柱:$13.2+33.5=46.7$(kN)

B 上柱:$0.4\times0.6\times3.3\times25=19.8$(kN)

B 下柱:

$[(1.3+0.15)\times0.4\times0.7+7\times(0.4\times0.7-0.3\times0.475)]\times25+2\times(0.65^2/2+0.35\times0.65)\times0.4\times25=43.0$(kN)

B 柱:19.8 +43.0 =62.8(kN)

排架柱:$G_{柱} = 2 \times 46.7 + 62.8 = 156.2$(kN)

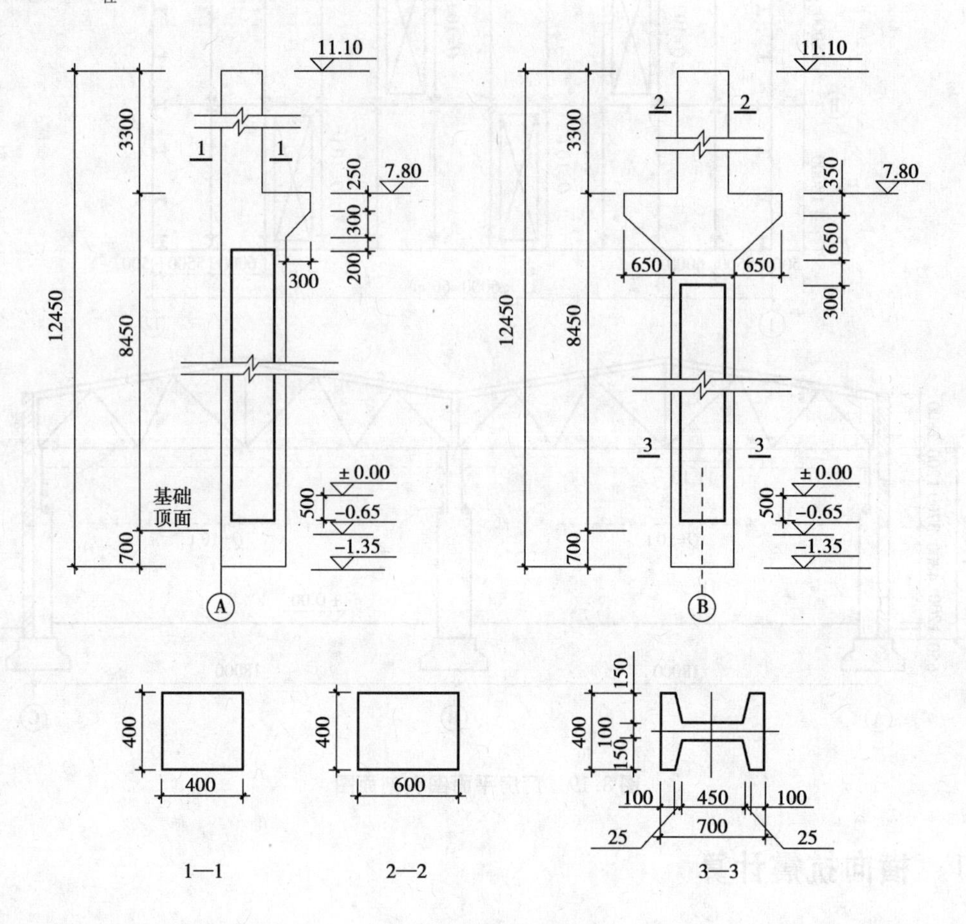

图 8.20　柱的尺寸图

②墙的自重(图 8.21)计算如下:

檐墙(一个柱距内):$G_{檐墙} = 2 \times 2.6 \times 6 \times 0.24 \times 19 = 142.3$(kN)

围护墙(一个柱距内):$G_{围护墙} = 2 \times [11.75 \times 6 - 4.2 \times (4.8 + 1.2)] \times 0.24 \times 19 = 413.1$(kN)

③屋盖重量(一个柱距内):$G_{屋盖} = 2.9 \times 36 \times 6 = 626.4$(kN)

④雪荷载(一个柱距内):$G_{积雪} = 0.4 \times 36 \times 6 = 86.4$(kN)

⑤起重机梁重量(两跨 4 根):$G_{吊梁} = 28.2 \times 4 = 112.8$(kN)

(2)按照等效原则,将各构件重力荷载代表值集中到单质点上

①计算基本自振周期时的质点等效集中重力荷载为:

$$G_T = 1.0(G_{屋盖} + 0.5G_{雪}) + 0.25G_{柱} + 0.25G_{围护墙} + 0.5G_{吊梁} + 1.0G_{檐墙}$$
$$= 626.4 + 0.5 \times 86.4 + 0.25 \times 156.2 + 0.25 \times 413.1 + 0.5 \times 112.8 + 142.3 = 1\,010\text{(kN)}$$

②计算水平地震作用时的质点等效集中重力荷载为:

$$G_F = 1.0(G_{屋盖} + 0.5G_{雪}) + 0.5G_{柱} + 0.5G_{围护墙} + 0.75G_{吊梁} + 1.0G_{檐墙}$$
$$= 626.4 + 0.5 \times 86.4 + 0.5 \times 156.2 + 0.5 \times 413.1 + 0.75 \times 112.8 + 142.3 = 1\,181\text{(kN)}$$

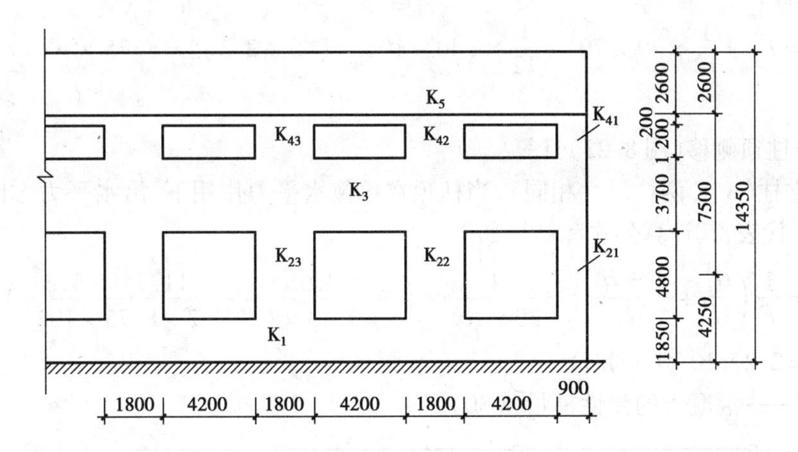

图 8.21　墙及墙洞的尺寸图

2)排架侧移的计算

为了求出排架横向基本自振周期 T_1,必须先算出排架的柔度,即排架顶点受单位水平力时沿单位力方向所产生的位移 δ_{11}。而 δ_{11} 的求得又必须先进行排架在单位水平力作用下的静力分析(解超静定结构)。此处公式推证从略(可查阅相关计算手册),这里仅给出计算过程的相应公式,并代入本实例得出具体结果。

(1)单柱惯性矩(图 8.22)计算

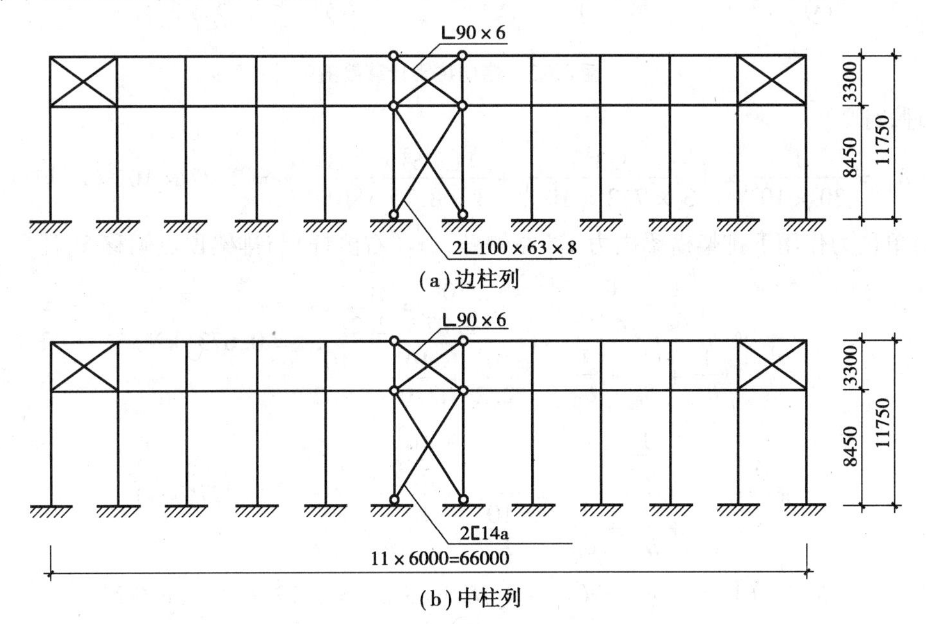

图 8.22　柱间支撑布置及支撑截面图

由图 8.20 所给尺寸,可求得各柱上、下截面惯性矩为:

$$I_{A1}=I_{C1}=\frac{1}{12}\times 40\times 40^3=2.13\times 10^5(\mathrm{cm}^4)=2.13\times 10^{-3}(\mathrm{m}^4)$$

$$I_{B1}=\frac{1}{12}\times 40\times 60^3=7.2\times 10^5(\mathrm{cm}^4)=7.2\times 10^{-3}(\mathrm{m}^4)$$

$$I_{A2}=I_{B2}=I_{C2}=\frac{1}{12}\times 40\times 70^3-\frac{1}{12}\times(40-10)\times(45+2.5)^3=8.75\times 10^5(\text{cm}^4)=8.75\times 10^{-3}(\text{m}^4)$$

(2)独立柱顶侧移(图 8.23)计算

作为独立柱(A、C 两柱尺寸相同),当柱顶在单位水平力作用下,沿水平力方向所产生的位移用 δ_A 和 δ_C 代表,其计算公式和结果如下:

$$\delta_A=\delta_C=\frac{1}{E}\left(\frac{H_1^3}{3I_1}+\frac{H_2^3-H_1^3}{3I_2}\right)=\frac{1}{30\times 10^6}\times\left(\frac{3.3^3}{3\times 2.13\times 10^{-3}}+\frac{11.75^3-3.3^3}{3\times 8.75\times 10^{-3}}\right)$$

$$=2.2\times 10^{-3}(\text{m/kN})$$

式中 E——混凝土的弹性模量(C30)。

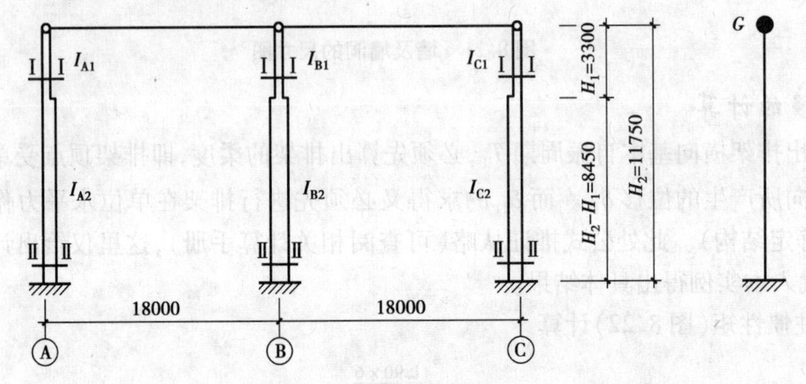

图 8.23 横向抗震计算简图

同理,有

$$\delta_B=\frac{1}{30\times 10^6}\times\left(\frac{3.3^3}{3\times 7.2\times 10^{-3}}+\frac{11.75^3-3.3^3}{3\times 8.75\times 10^{-3}}\right)=2.07\times 10^{-3}(\text{m/kN})$$

(3)单位力作用下排架横梁内力 x_1(左侧杆)、x_2(右侧杆)与排架顶点侧移 δ_{11} 计算

$$x_1=\frac{\frac{1}{\delta_B}+\frac{1}{\delta_C}}{\frac{1}{\delta_A}+\frac{1}{\delta_B}+\frac{1}{\delta_C}}=\frac{\frac{10^3}{2.07}+\frac{10^3}{2.2}}{\frac{10^3}{2.2}+\frac{10^3}{2.07}+\frac{10^3}{2.2}}=0.673(\text{kN})$$

$$x_2=\frac{\frac{1}{\delta_C}}{\frac{1}{\delta_A}+\frac{1}{\delta_B}+\frac{1}{\delta_C}}=\frac{\frac{10^3}{2.2}}{\frac{10^3}{2.2}+\frac{10^3}{2.07}+\frac{10^3}{2.2}}=0.327(\text{kN})$$

$$\delta_{11}=(1-x_1)\delta_A=(x_1-x_2)\delta_B=x_2\delta_C=0.72\times 10^{-3}(\text{m/kN})$$

(4)排架横向基本自振周期的计算与调整

排架横向基本自振周期的计算公式为:

$$T_1=2\psi_T\sqrt{G_T\delta_{11}}$$

本例为钢筋混凝土屋架与钢筋混凝土柱组成的排架,且有纵墙,因此 ψ_T 的取值为 0.8。

$$T_1=2\times 0.8\times\sqrt{1010\times 0.72\times 10^{-3}}=1.364(\text{s})$$

(5)横向水平地震作用及其所产生的作用效应计算

根据本例所给条件，设防烈度8度、Ⅱ类场地、第三分组，以及周期 $T_1=1.364$ s 和重力荷载代表值 $G_F=1181$ kN，考虑到混凝土结构阻尼比 $\zeta=0.05$，地震影响系数 $\alpha=\left(\frac{T_g}{T_1}\right)^{0.9}\alpha_{max}$，则

$$F_{Ek}=\alpha G_F=\left(\frac{T_g}{T_1}\right)^{0.9}\alpha_{max}G_F=\left(\frac{0.45}{1.364}\right)^{0.9}\times 0.16\times 1\ 181=69.7(\text{kN})$$

排架顶点左侧受水平力 F_{Ek} 作用后，可得横杆轴力为 69.7 kN，各柱剪力与弯矩（图8.24）为：

$$V_A=V_C=69.7-46.9=22.8(\text{kN})\quad V_B=46.9-22.8=24.1(\text{kN})$$

$$M_{Amax}=M_{A\text{Ⅱ}-\text{Ⅱ}}=M_{Cmax}=M_{C\text{Ⅱ}-\text{Ⅱ}}=22.8\times 11.75=267.9(\text{kN}\cdot\text{m})$$

$$M_{Bmax}=M_{B\text{Ⅱ}-\text{Ⅱ}}=24.1\times 11.75=283.2(\text{kN}\cdot\text{m})$$

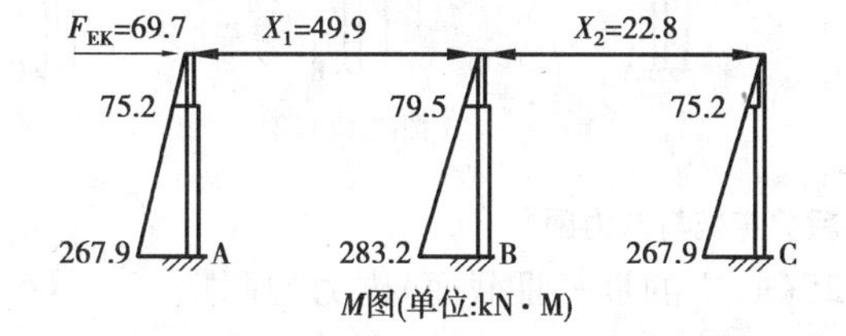

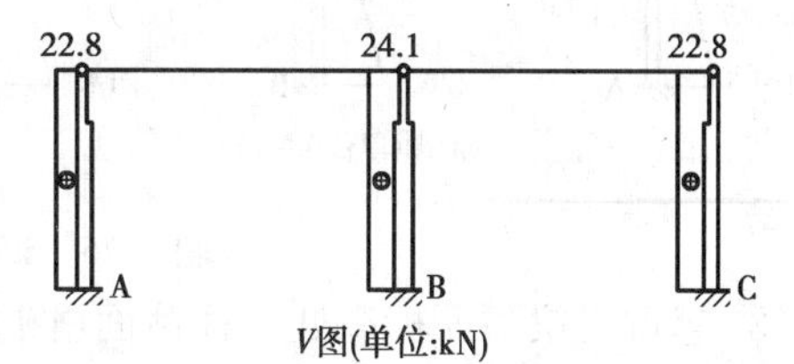

图8.24　排架柱的弯矩与剪力图

（6）起重机桥架在起重机梁顶标高处产生的水平地震作用及其地震作用效应计算

起重机桥架在起重机梁顶标高处（本例为距柱底9.35 m）产生的水平地震作用（每跨左右柱均有）的计算公式为：

$$F_{cri}=\alpha_1 G_{cri}\frac{H_{cri}}{H_i}$$

$$F_{cr1}=F_{cr2}=\left(\frac{0.45}{1.364}\right)^{0.9}\times 0.16\times 61.6\times\frac{9.35}{11.75}=2.9(\text{kN})$$

其对排架的作用如图8.25(a)所示。在计算这些水平力引起排架内力时应注意力学模型的选取。由于在纵向66 m长的厂房中横向地震作用时，仅两榀排架（最多4榀）发生 F_{cr} 水平地震作用，其余无起重机所在的排架并无此力产生，加上横向山墙与屋面刚性的影响，即使在发生此力的排架中柱顶位移也可近似视为不动（此时并未考虑 F_{Ek} 的影响），因此力学模型可视为顶点有水平约束的排架，此时在上述水平力作用下的弯矩图如图8.25(b)所示（静力求解过程略去）。其中

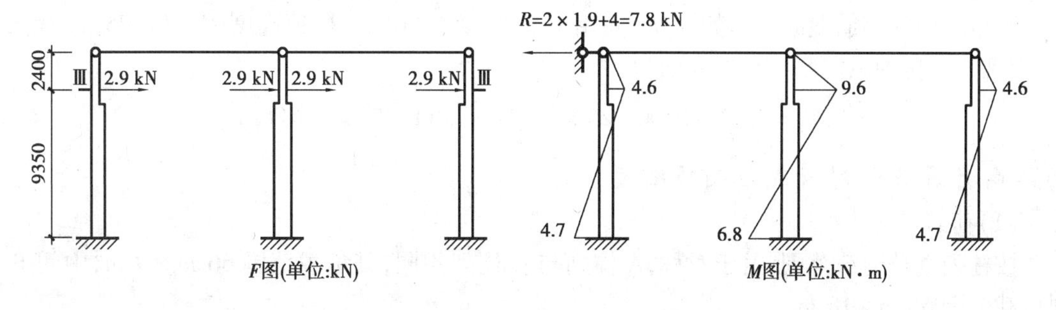

图8.25　起重机梁顶受地震作用下排架的受力及弯矩图

$$M_{A\text{Ⅲ}-\text{Ⅲ}}=M_{C\text{Ⅲ}-\text{Ⅲ}}=4.6(\text{kN}\cdot\text{m})\qquad M_{B\text{Ⅲ}-\text{Ⅲ}}=9.6(\text{kN}\cdot\text{m})$$

$$V_{A\text{Ⅲ}-\text{Ⅲ}上} = V_{C\text{Ⅲ}-\text{Ⅲ}上} = 1.9(\text{kN}) \qquad V_{B\text{Ⅲ}-\text{Ⅲ}上} = 4.0(\text{kN})$$

(7)考虑空间工作和扭转影响的效应调整系数的确定及调整后的内力计算

本例中设防烈度8度；厂房单元屋盖长度与总跨度之比为66/36 = 1.83 < 8，厂房总跨度36 m > 12 m；山墙厚度为240 mm，且水平开洞面积比 < 50%，与屋盖系统有良好连接时；柱顶标高11.75 m < 15 m，以上均符合调整要求。

按钢筋混凝土无檩屋盖、两端有山墙、等高厂房、屋盖长度66 m，查表8.2得效应调整系数为0.8。用此系数乘以图8.24中各内力之值，得所给排架经调整后的弯矩图与剪力图(图8.26)。

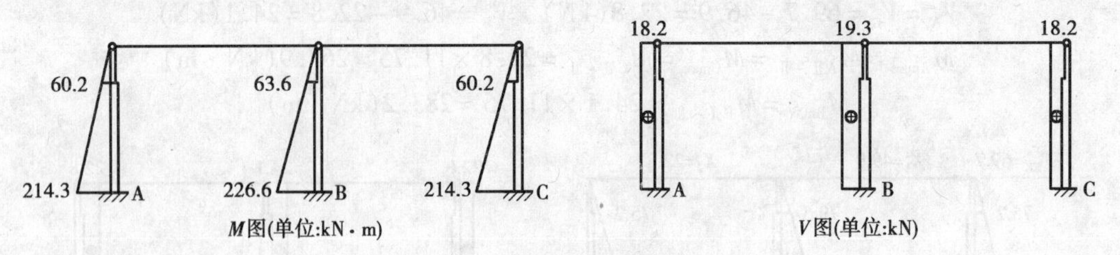

图8.26　调整后的弯矩与剪力图

(8)起重机梁顶面标高处上柱截面(图8.25(a)中的Ⅲ—Ⅲ截面)内力的调整

桥架引起的地震剪力和弯矩增大系数，当属于钢筋混凝土无檩屋盖，两端有山墙时，边柱增大系数由表8.4查出为2.0，中柱为3.0。将图8.25中有关数据乘以相应增大系数，得到调整后的内力：

$$M_{A\text{Ⅲ}-\text{Ⅲ}} = M_{C\text{Ⅲ}-\text{Ⅲ}} = 2.0 \times 4.6 = 9.2(\text{kN}\cdot\text{m}) \qquad M_{B\text{Ⅲ}-\text{Ⅲ}} = 3.0 \times 9.6 = 28.8(\text{kN}\cdot\text{m})$$

$$V_{A\text{Ⅲ}-\text{Ⅲ}上} = V_{C\text{Ⅲ}-\text{Ⅲ}上} = 2.0 \times 1.9 = 3.8(\text{kN}) \qquad V_{B\text{Ⅲ}-\text{Ⅲ}上} = 3.0 \times 4.0 = 12.0(\text{kN})$$

8.3.2　纵向抗震计算

本例为钢筋混凝土无檩屋盖与钢筋混凝土柱组成的单层厂房，等高双跨，柱顶标高小于15 m且平均跨度小于30 m。因此，纵向抗震计算可采用修正刚度法。

1)纵向基本自振周期的计算

对本例柱顶标高不大于15 m且平均跨度不大于30 m的砖围护墙厂房，纵向基本自振周期T_1可按下列公式确定：

$$T_1 = 0.23 + 0.000\,25\psi_1 l\sqrt{H^3}$$

大型屋面板钢筋混凝土屋架时ψ_1采用1.0，跨度$l = 18$ m，柱顶高度$H = 11.75$ m，代入式中，得到该厂房的纵向基本自振周期为：

$$T_1 = 0.23 + 0.000\,25 \times 1 \times 18 \times \sqrt{11.75^3} = 0.41(\text{s})$$

2)纵向计算各柱列荷载与侧移刚度

(1)荷载

按柱列划分荷载范围，由于对称，A柱列与C柱列相同，其负载范围66 m×9 m，中间B柱列负载范围66 m×18 m。

①A、C柱列荷载

柱自重(12根边柱)：$G_{柱} = 12 \times 46.7 = 560.4(\text{kN})$

檐墙重：$G_{檐墙}=2.6\times66\times0.24\times19=782.5(\text{kN})$

围护墙重(取底层窗间墙半高以上檐墙以下部分墙体)：

$$G_{围护墙}=[7.5\times66-11\times(2.4+1.2)\times4.2]\times0.24\times19=1\ 499(\text{kN})$$

山墙重(大门洞口 3 m× 3.3 m)：

$$G_{山墙}=[(14.35+15.95)\times9-3\times3.3]\times0.24\times19=1\ 198(\text{kN})$$

起重机梁重(11 根)：$G_{吊梁}=11\times28.2=310.2(\text{kN})$

屋盖重：$G_{屋盖}=66\times9\times2.9=1\ 723(\text{kN})$

雪荷载：$G_{雪}=66\times9\times0.4=237.6(\text{kN})$

②B 柱列荷载

柱自重(12 根中柱)：$G_{柱}=12\times62.8=753.6(\text{kN})$

山墙重(大门洞口 3 m×3.3 m)：$G_{山墙}=2\times1\ 198=2\ 396(\text{kN})$

起重机梁重(22 根)：$G_{吊梁}=22\times28.2=620.4(\text{kN})$

屋盖重：$G_{屋盖}=1\ 723\times2=3\ 446(\text{kN})$

雪荷载：$G_{雪}=2\times237.6=475.2(\text{kN})$

(2)侧移刚度

① 柱子的刚度计算

柱子刚度计算可通过先算柔度后取倒数的方法得到。柔度计算原理与横向相同,但惯性矩所对轴线要发生变化,特别是工字形截面,纵向惯性矩要比横向小很多。经计算得到：

$$I_{A1}=I_{C1}=2.13\times10^{-3}\text{m}^4\qquad I_{B1}=3.2\times10^{-3}\text{m}^4\qquad I_{A2}=I_{B2}=I_{C2}=1.24\times10^{-3}\text{m}^4$$

$$\delta_A=\delta_C=1.44\times10^{-2}\ \text{m/kN}\qquad \delta_B=1.43\times10^{-2}\ \text{m/kN}$$

柱顶刚度可取柔度 δ 的倒数得出,但应乘以屋盖、起重机梁等纵向构件对柱侧移的影响系数 ψ,此系数无起重机梁时取 1.1,有起重机梁时取 1.5。因此,可以求出：

A、C 柱列柱顶总刚度为：

$$\sum K_{Ac}=\sum K_{Cc}=12\times104.2=1\ 250(\text{kN/m})$$

B 柱列柱顶总刚度为：

$$\sum K_{Bc}=12\times104.9=1\ 259(\text{kN/m})$$

②柱间支撑的刚度计算

柱间支撑布置如图 8.22 所示,结构尺寸简图如图 8.27 所示。对于边柱列,分别有：

上柱支撑：

∟90×6(3 道),截面面积 $A_1=3\times10.6\times10^{-4}\text{m}^2$,回转半径 $i_x=2.79\times10^{-2}\text{m}$,斜杆长度$l_1=\sqrt{5.6^2+3^2}=6.35$ m,支撑斜杆的计算长度,平面内 $l_{01}=0.5\times6.35=3.18$ m,长细比 $\lambda_1=(3.18/2.79)\times10^2=114<250$(构造要求),平面外取 $l'_{01}=0.7\times6.35=4.45$ m,长细比 $\lambda'=4.45/2.79\times10^2=159<250$,相应的稳定性系数 $\varphi_1=0.279$。

下柱支撑：

2∟100×63×8(1 道),截面面积 $A_2=2\times12.6\times10^{-4}\text{m}^2$,

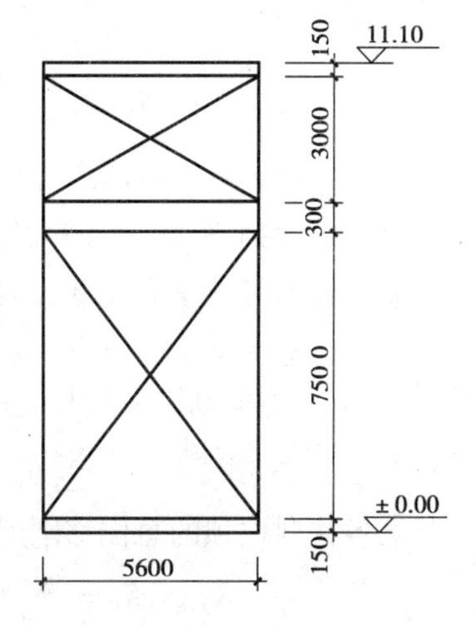

图 8.27 柱间支撑结构尺寸

回转半径 $i_x = 3.18 \times 10^{-2}$ m，斜杆长度 $l_2 = \sqrt{5.6^2 + 7.5^2} = 9.36$ m，支撑斜杆的计算长度 $l_{02} = 0.5 \times 9.36 = 4.68$ m，长细比 $\lambda_2 = (4.68/3.18) \times 10^2 = 147 < 200$（构造要求），相应的稳定性系数 $\varphi_2 = 0.318$。

A、C 柱列支撑顶部侧移按下式计算：

$$\delta_{Ab} = \delta_{Cb} = \frac{1}{EL^2}\left[\frac{l_1^3}{(1+\varphi_1)A_1} + \frac{l_2^3}{(1+\varphi_2)A_2}\right] = 0.48 \times 10^{-4} (\text{m/kN})$$

A、C 柱列支撑顶部刚度可取柔度的倒数，有：

$$K_{Ab} = K_{Cb} = \frac{1}{\delta_{Ab}} = \frac{1}{0.48 \times 10^{-4}} = 20\ 833 (\text{kN/m})$$

对于中柱列（B 柱列），分别有：

上柱支撑与 A、C 柱列相同，即 $A_1 = 31.8 \times 10^{-4}\text{m}^2$，$l_1 = 6.35$ m，$\varphi_1 = 0.279$。

下柱支撑：

2［14a（1 道），截面面积 $A_2 = 2 \times 18.5 \times 10^{-4}\text{m}^2 = 37 \times 10^{-4}\text{m}^2$，回转半径 $i_x = 5.52 \times 10^{-2}$ m，斜杆长度 $l_2 = 9.36$ m，支撑斜杆的计算长度 $l_{02} = 0.5 \times 9.36 = 4.68$（m），长细比 $\lambda_2 = (4.68/5.52) \times 10^2 = 84.8$，相应的稳定性系数 $\varphi_2 = 0.657$。

B 柱列支撑柔度（顶部侧移）为：

$$\delta_{Bb} = \frac{1}{2.06 \times 10^8 \times 5.6^2} \times \left[\frac{6.35^3}{(1+0.279) \times 31.8 \times 10^{-4}} + \frac{9.36^3}{(1+0.657) \times 37 \times 10^{-4}}\right]$$
$$= 0.304 \times 10^{-4} (\text{m/kN})$$

B 柱列支撑顶部刚度为：

$$K_{Bb} = \frac{1}{\delta_{Bb}} = \frac{1}{0.304 \times 10^{-4}} = 32\ 895 (\text{kN/m})$$

3）柱列纵向地震作用的计算

（1）柱顶标高处的纵向地震作用计算

等高多跨钢筋混凝土屋盖厂房，各纵向柱列的柱顶标高处的地震作用标准值，可按下列公式确定：

$$F_i = \alpha_1 \sum G_{eq} \frac{K_{ai}}{\sum K_{ai}}$$

对于边柱列，$K_{ai} = \psi_3 K_i$；

对于中柱列，$K_{ai} = \psi_3 \psi_4 K_i$。

①各柱列等效重力荷载代表值：

$$G_A = G_C = 0.1G_{柱} + 0.5G_{横墙} + 0.7G_{纵墙} + 1.0(G_{屋盖} + 0.5G_{雪}) + G_{檐墙} = 4\ 329(\text{kN})$$

$$G_B = 0.1 \times 753.6 + 0.5 \times 2\ 396 + 3\ 446 + 0.5 \times 475.2 = 4\ 957(\text{kN})$$

$$\sum G_{eq} = 2 \times 4\ 329 + 4\ 957 = 13\ 615(\text{kN})$$

②各柱列柱顶的总侧移刚度（围护墙折减系数取 0.4）：

$$K_A = K_C = \sum K_{Ac} + K_{Ab} + \psi_k K_w$$
$$= 1\ 250 + 20\ 833 + 0.4 \times 186\ 605 = 96\ 725(\text{kN/m})$$

$$K_{\mathrm{B}} = \sum K_{\mathrm{Bc}} + K_{\mathrm{Bb}} = 34\ 154(\mathrm{kN/m})$$

边柱列的调整侧移刚度,240 mm 砖墙,8 度,边柱列,查表 8.5 得 ψ_3 为 0.85,有

$$K_{\mathrm{aA}} = K_{\mathrm{aC}} = \psi_3 K_{\mathrm{A}} = 0.85 \times 96\ 725 = 82\ 216(\mathrm{kN/m})$$

中柱列的调整侧移刚度,240 mm 砖墙,8 度,无檩屋盖,边跨无天窗,查表 8.5 得 ψ_3 为 1.3,查表 8.6 得 ψ_4 为 1.0 (一柱间支撑,$\lambda_2 = 84.8$),则有:

$$K_{\mathrm{aB}} = \psi_3 \psi_4 K_B = 1.3 \times 1.0 \times 34\ 154 = 44\ 400(\mathrm{kN/m})$$

$$\sum K_{\mathrm{a}i} = 2 \times 82\ 216 + 44\ 400 = 208\ 832(\mathrm{kN/m})$$

③各柱列柱顶标高处的纵向地震作用。本题为 8 度、Ⅱ类场地、第三分组,其场地特征周期为 $T_{\mathrm{g}} = 0.45$ s,而厂房纵向基本周期由前面得出为 $T_1 = 0.41$ s,注意到 $T_{\mathrm{g}} > T_1$,但 T_1 又大于0.1,此时地震影响系数 α_1 应取 $\alpha_{\max} = 0.16$。将有关数据代入,得到各柱列柱顶标高处的纵向地震作用为:

$$F_{\mathrm{A}} = F_{\mathrm{C}} = 0.16 \times 13\ 615 \times \frac{82\ 216}{208\ 832} = 858(\mathrm{kN})$$

$$F_{\mathrm{B}} = 0.16 \times 13\ 615 \times \frac{44\ 400}{208\ 832} = 463(\mathrm{kN})$$

(2)起重机梁顶标高处的纵向地震作用计算

$$F_{\mathrm{c}i} = \alpha_1 G_{\mathrm{c}i} \frac{H_{\mathrm{c}i}}{H_i}$$

①集中于 i 柱列起重机梁顶标高处的等效重力荷载代表值:

$$G_{\mathrm{cA}} = G_{\mathrm{cC}} = 0.4 G_{柱} + 1.0 G_{吊车梁} + 1.0 G_{吊桥} = 0.4 \times 560.4 + 320.2 + 186 = 720(\mathrm{kN})$$

$$G_{\mathrm{cB}} = 0.4 \times 753.6 + 620.4 + 186 \times 2 = 1\ 294(\mathrm{kN})$$

②起重机梁顶标高处的纵向地震作用:

$$F_{\mathrm{cA}} = F_{\mathrm{cC}} = 0.16 \times 720 \times \frac{9.35}{11.75} = 91.7(\mathrm{kN})$$

$$F_{\mathrm{cB}} = 0.16 \times 1\ 294 \times \frac{9.35}{11.75} = 164.8(\mathrm{kN})$$

(3)柱列各构件分担的水平地震作用计算

柱列柱顶标高处的水平地震作用可按各构件的刚度进行分配。起重机梁顶标高处的水平地震作用,由于偏离墙体较远,因此该作用仅在柱与柱间支撑二者间进行分配。为简化计算,可近似取柱(柱列)的刚度为总支撑刚度的 1/10,即 $\sum K_{\mathrm{c}} = 0.1 \sum K_{\mathrm{b}}$。

①边柱列。柱顶处水平地震作用计算如下:

柱(1 根):

$$F_{\mathrm{Ac}} = \frac{K_{\mathrm{Ac}}}{K_{\mathrm{A}}} F_{\mathrm{A}} = \frac{104.2}{96\ 725} \times 858 = 0.9(\mathrm{kN})$$

支撑:

$$F_{\mathrm{Ab}} = \frac{K_{\mathrm{Ab}}}{K_{\mathrm{A}}} F_{\mathrm{A}} = \frac{20\ 833}{96\ 725} \times 858 = 185(\mathrm{kN})$$

砖围护墙:

$$F_{\mathrm{Aw}}=\frac{K_{\mathrm{w}}}{K_{\mathrm{A}}}F_{\mathrm{A}}=\frac{0.4\times 186\ 605}{96\ 725}\times 858=662(\mathrm{kN})$$

起重机梁顶处水平地震作用计算如下：

柱(1 根)：

$$F_{\mathrm{ccA}}=\frac{1}{11\times 12}F_{\mathrm{cA}}=\frac{1}{132}\times 91.7=0.7(\mathrm{kN})$$

支撑：

$$F_{\mathrm{cbA}}=\frac{10}{11}F_{\mathrm{cA}}=\frac{10}{11}\times 91.7=83.4(\mathrm{kN})$$

②中柱列。柱顶处水平地震作用计算如下：

柱(1 根)：

$$F_{\mathrm{Bc}}=\frac{K_{\mathrm{Bc}}}{K_{\mathrm{B}}}F_{\mathrm{B}}=\frac{104.9}{34\ 154}\times 463=1.42(\mathrm{kN})$$

支撑：

$$F_{\mathrm{Bb}}=\frac{K_{\mathrm{Bb}}}{K_{\mathrm{B}}}F_{\mathrm{B}}=\frac{32\ 895}{34\ 154}\times 463=445.9(\mathrm{kN})$$

起重机梁顶处水平地震作用计算如下：

柱(1 根)：

$$F_{\mathrm{ccB}}=\frac{1}{11\times 12}F_{\mathrm{cB}}=\frac{1}{132}\times 164.8=1.25(\mathrm{kN})$$

支撑：

$$F_{\mathrm{cbB}}=\frac{10}{11}F_{\mathrm{cB}}=\frac{10}{11}\times 164.8=149.8(\mathrm{kN})$$

各柱列地震作用分布如图 8.28 所示。可以看出，支撑与围护墙承担了绝大部分纵向地震作用。

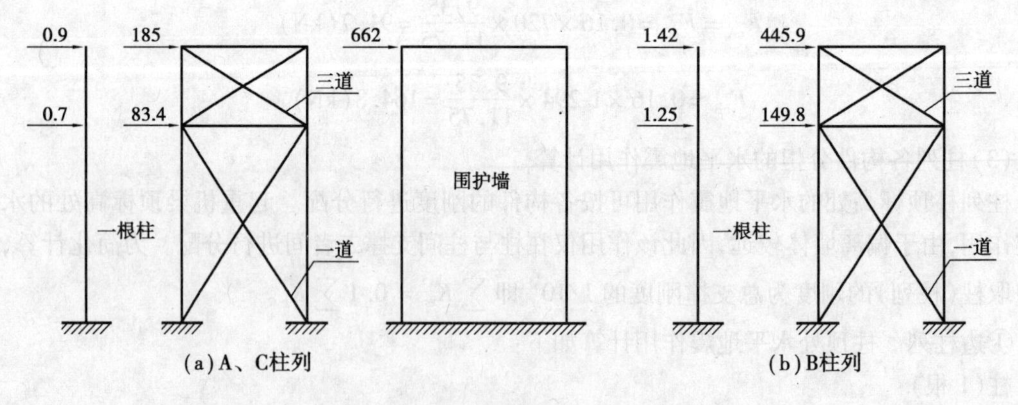

图 8.28　柱列地震作用分布(kN)

4) 柱列的柱间支撑抗震验算

以 B 柱列柱间支撑为例。

(1) 上柱支撑

斜杆长度 $l_{上}=6.35\ \mathrm{m}$，$s_{\mathrm{c}}=5.6\ \mathrm{m}$，$\varphi_{上}=0.279$。长细比 $\lambda_{上}=159$，压杆卸压系数 ψ_{c}

取0.54,地震剪力设计值 $V_{b上}=1.3\times445.9=580(kN)$,B 柱列上柱支撑斜杆抗拉验算轴向拉力设计值为:

$$N_{t上}=\frac{6.35}{(1+0.54\times0.279)\times5.6}\times580=572(kN)$$

杆件抗震承载力为:

$$N_{Rt上}=\frac{f\times0.85\times A_{上}}{\gamma_{RE}}=\frac{215\times0.85\times31.8\times10^2}{0.8}=726\ 431(N)\approx726.4(kN)$$

上式中,0.85 为单角钢强度折减系数;对于钢支撑,γ_{RE}取0.8。

故 $N_{t上}<N_{Rt上}$,满足要求。

(2)下柱支撑

斜杆长度 $l_{下}=9.36\ m$,$s_c=5.6\ m$,$\varphi_{下}=0.657$,$\lambda_{下}=84.8$,压杆卸压系数 ψ_c 取0.64,地震剪力设计值 $V_{b下}=1.3\times(445.9+149.8)=774.4(kN)$,B 柱列下柱支撑斜杆抗拉验算轴向拉力设计值为:

$$N_{t下}=\frac{9.36}{(1+0.64\times0.657)\times5.6}\times774.4=911(kN)$$

杆件抗震承载力为:

$$N_{Rt下}=\frac{215\times37\times10^2}{0.8}=994\ 375(N)\approx994.4(kN)$$

故 $N_{t下}<N_{Rt下}$,满足要求。

5)柱间支撑与柱连接节点预埋件的抗震验算

以 B 柱列下柱支撑与柱连接节点的预埋锚筋为例(可参见图 8.15),采用锚筋为 HRB400 ⌀25,两排,每排5 根,外排锚筋之间距离 $s=400\ mm$,斜向拉力对锚筋合力作用线的偏心距$e_0=20\ mm$,斜向拉力与其水平投影的夹角 $\theta=53.25°$,预埋钢板厚度 $t=20\ mm$。支撑斜杆截面为 2[14a,其单肢截面面积为 $A=18.5\times10^2\ mm^2$,柱混凝土强度等级为 C30。

由于锚筋为2 排,故验算方向锚筋排数的影响系数 $\zeta_r=1$。偏心距 $e_0=20\ mm<0.2s=80\ mm$,偏心影响系数为 $\psi=\dfrac{1}{1+\dfrac{0.6\times20}{0.9\times400}}=0.968$,预埋板弯曲影响系数 $\zeta_m=0.6+0.25\times\dfrac{20}{25}=0.8$。C30 混凝土 $f_c=14.3\ N/mm^2$,RHB 400 钢筋 $f_y=360\ N/mm^2$,$d=25\ mm$,代入式(8.29)得锚筋的受剪影响系数 $\zeta_v=(4-0.08\times25)\sqrt{\dfrac{14.3}{360}}=0.398\ 6$。将 $A_s=2\times5\times491=4\ 910(mm^2)$,及其他数据代入式(8.27)的右边,得到承载力为:

$$N_R=\frac{0.8\times360\times4\ 910}{1.0\times\left(\dfrac{\cos53.25}{0.8\times0.8\times0.968}+\dfrac{\sin53.25}{1\times0.398\ 6}\right)}=475\ 168(N)\approx475(kN)$$

顶埋板的斜向拉力 N,采用单肢全截面屈服点强度计算的支撑斜杆轴向力的1.05 倍,有:

$$N=1.05\times235\times18.5\times10^2=456\ 488(N)\approx456(kN)$$

故 $N<N_R$,承载力大于斜向拉力,满足抗震要求。

本章小结

(1)不同类型单层厂房结构在地震作用下的破坏有其各自的特点,也有共同点,容易破坏的部位一般是柱头、柱根及变截面处,柱间支撑,屋架、天窗架及其连接,山墙和纵墙等。从破坏程度来说,单层钢结构厂房相对较好,单层钢筋混凝土柱厂房次之。

(2)根据震害调查和理论分析,为减轻震害,不仅需要考虑各结构构件的抗震能力,还需要考虑结构整体的抗震能力,应在结构体型及总体布置等方面采取有效的措施,提高厂房的整体抗震性能,包括合理选用和设置屋盖体系(天窗架、屋架及屋盖支撑)、结构构件(排架柱及柱间支撑)以及围护墙体,满足抗震设防的基本要求。

(3)钢筋混凝土无檩和有檩屋盖厂房结构在横向地震作用下的内力计算,一般情况下宜采用考虑屋盖平面的横向弹性变形,按多质点空间结构进行内力分析。当厂房符合一定条件时,也可按平面排架计算。横向抗震分析采用平面排架体系计算时,单层单跨和单层等高多跨厂房将厂房质量集中于屋盖标高处,使其简化为单质点体系,两跨不等高厂房可简化为两质点体系,三跨不等高厂房可简化为三质点体系。横向水平地震作用的计算可采用底部剪力法进行,并对排架柱的地震剪力和弯矩进行调整,以考虑空间工作、扭转及起重机桥架的影响。

(4)钢筋混凝土无檩和有檩屋盖及有较完整支撑系统的轻型屋盖厂房在纵向地震作用下的内力计算,一般情况下可采用考虑屋盖平面的纵向弹性变形、围护墙与隔墙的有效刚度以及扭转的影响,按多质点进行空间结构分析。当厂房符合一定条件时,也可按修正刚度法进行计算。计算出柱列的纵向地震作用并求出纵向构件侧移刚度后,就可将柱列的纵向地震作用按刚度比例分配给柱列中的各个构件,进而验算各构件的抗震承载力。

(5)合理的抗震构造措施是提高结构延性、防止结构在地震中倒塌的重要保证。《抗震规范》对单层厂房的构造措施作出了详细的规定,主要有屋盖系统构件的连接与支撑布置要求、屋架和柱的截面及配筋构造要求、柱间支撑的设置及构造要求、连接节点和围护墙体的构造要求等。

思考题与习题

8.1 试述单层厂房结构的主要震害。

8.2 单层厂房在平面布置上有何要求?

8.3 单层厂房在屋盖系统、柱、柱间支撑和围护墙体等方面有何要求?试简述之。

8.4 单层厂房横向抗震计算有哪些基本假定?

8.5 在计算单层厂房基本周期时为什么不考虑起重机桥架重力荷载?

8.6 怎样进行单层钢筋混凝土柱厂房的横向抗震计算?

8.7 试说明单层厂房纵向计算的修正刚度法的基本原理及其应用范围。

8.8 简述单层厂房柱间支撑和系杆的设置及构造要求。

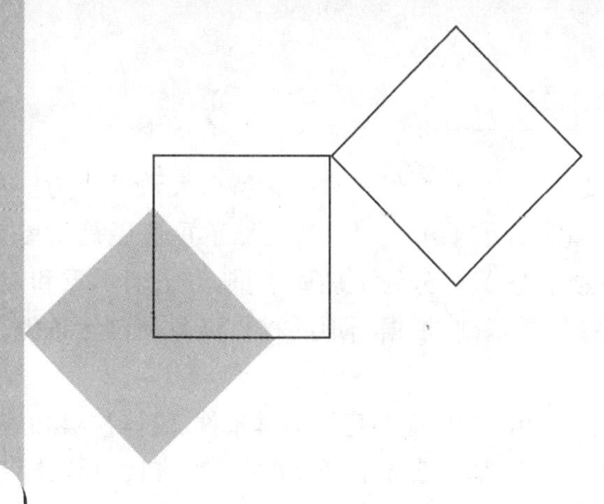

9 土、木、石结构房屋抗震设计

本章导读:

- **基本要求** 了解土、木、石结构房屋的抗震性能及主要震害;掌握土、木、石结构房屋抗震设计的一般要求和构造措施。
- **重点** 土、木、石结构房屋抗震设计的基本要求和构造措施。

土、木、石结构房屋是我国村镇建筑中最为常见的结构形式,其所采用的结构类型与当地的经济发展状况、民俗与传统习惯密切相关,并具有明显的地域特点。相对于城市建筑,村镇建筑具有单体规模小、就地取材、造价低廉等特点。

土、木、石结构房屋通常存在自行建造、未经正规设计、材料强度低、结构整体性差、房屋各构件之间连接薄弱、结构的赘余度小等问题。特别是大量土、木、石结构房屋未采取抗震措施,抗震能力很弱,6 度时墙体就会出现裂缝,7 度时即可能出现中等破坏,8 度时则会大量严重破坏甚至倒塌。在四川汶川 8 级地震中,大量的土、木、石结构房屋产生了不同程度的破坏,造成了惨重的人员伤亡和经济损失。我国农村和乡镇人口多,面积广,建设水平低,因此必须高度重视村镇建筑的抗震问题。

9.1 概述

9.1.1 生土房屋的抗震性能及震害

生土房屋是由生土墙(土坯墙或夯土墙)作为主要承重构件的木楼(屋)盖房屋,泛指由未经过焙烧,而仅仅经过简单加工的原状土质材料建造的建筑,包括土坯建筑、土窑洞建筑、夯土墙建筑等。

生土建筑是中国传统建筑中的一个重要组成部分，按形式和结构特点大致可分为拱窑、崖窑、生土墙承重房屋、木架(或砖柱)与生土墙混合承重房屋等。生土墙承重房屋是指屋架、屋盖重量以及其他荷载由生土墙承担的生土建筑，它又可分为土坯墙承重、夯土墙承重和夯土墙与土坯墙混合承重房屋。生土墙下一般设置条形基础，根据当地的材料资源及自然条件，有毛石基础、卵石基础、砖基础和灰土基础等。

生土墙承重房屋在静力荷载和地震荷载作用下的性能与房屋地基条件、墙体材料和施工方法关系较大。由于生土墙材料强度低，墙体一般较厚。墙体上开设的门窗洞口，对墙体有局部削弱，洞口间墙体过窄和洞口上部墙体高度过小时，对房屋抗震性能影响较大。其震害情况主要体现在：

①地基基础破坏。生土墙房屋几乎都没有经过正规设计，基础深度宽度较小，地基未经很好处理，石料、黏土砖常采用泥浆砌筑，在地震荷载作用下，易开裂、产生通缝、滑动、失稳，严重时造成基础失效，导致房屋严重变形或倒塌。

②结构体系不规则引起的破坏。尤其是单面坡房屋，后墙比前墙高 1.5 ~2 m，地震时前、后墙的惯性力相差悬殊，易发生墙体严重开裂和前、后墙变形差异引起屋盖塌落或房屋倒塌。

③墙体开裂破坏。土坯墙房屋结构整体性差，纵横墙体之间无相互拉结的措施，地震时在剪力的作用下，很容易发生墙体开裂、墙体外倾的现象。

④墙体受压承载力不足引起的破坏。屋盖的檩条或大梁直接搁置在土墙上，墙体承受着屋盖的全部重量，在地震作用下，由于地震力引起的梁檩与墙体搭接处的冲撞，造成梁檩下墙体出现裂缝，随着裂缝发展，会引起山墙倒塌、落架等(图 9.1)。

⑤洞口边墙体局部破坏。土坯墙体门窗洞口边土坯外鼓甚至倒塌，这是因为在压力作用下立砌的土坯之间既无拉结措施，也无泥浆粘结，最外层的土坯独立工作时，强度及稳定性不足的表现(图 9.2)。

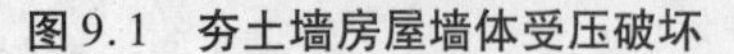

图 9.1　夯土墙房屋墙体受压破坏

图 9.2　土坯墙房屋局部破坏

⑥其他破坏。墙内设置有烟道削弱墙体，在地震作用下，因墙体强度不足产生裂缝。另外，一些房屋不设置门窗过梁，使门窗洞口上角普遍出现倒八字形裂缝；有一些房屋因地基潮湿，而墙体又未采取防潮措施，墙角受潮剥落，墙根厚度减小，地震时易造成墙体倒塌。

9.1.2 木结构房屋的抗震性能及震害

木结构房屋具有自然、环保、舒适、健康、节能、可循环利用等优点,因而在我国分布很广。木结构房屋一般是由梁、柱、檩条和椽子等组成木骨架,承受屋面和楼层的重量,墙体只起围护作用。木结构房屋可分为:木柱木梁(即抬梁式)、木柱木屋架和穿斗木构架3种结构类型,其中木柱木梁又可分为平顶式和坡顶式2种类型,如图9.3—图9.5所示。

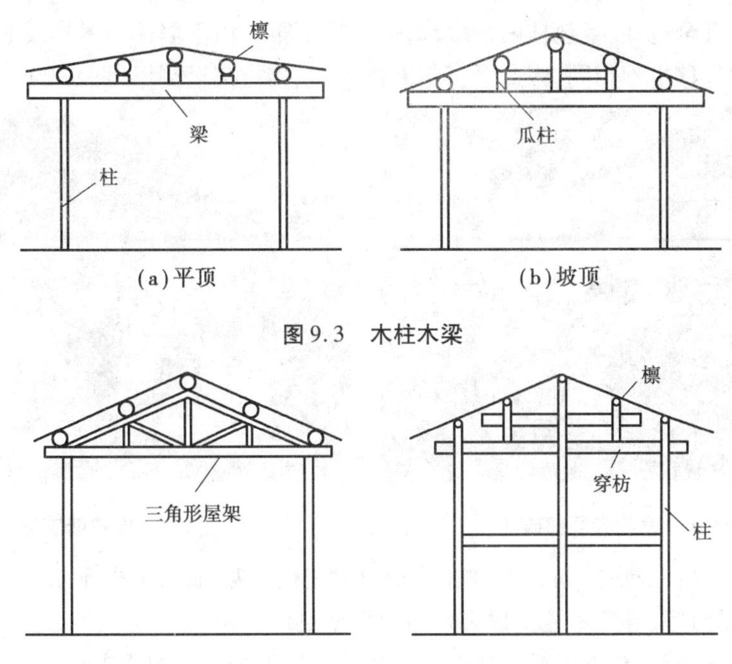

(a)平顶　　(b)坡顶

图9.3　木柱木梁

图9.4　木柱木屋架　　图9.5　穿斗木构架

木结构房屋的结构骨架是一个由木柱、木梁(或木屋架)组成的框架结构,梁与柱的节点实际上是一种半刚性、半铰接节点,柱底直接搁置于石质基础上,或直接嵌入基础的凹槽,或将木柱做成浅榫与基础连接。在地震作用下,梁柱榫卯连接处摩擦滑移耗能,而柱底转动滑移减震,因而形成良好的隔震消能结构体系,在小震和中震作用下,震害较轻。

木结构房屋的围护墙种类很多,有砖墙、石墙、土坯墙、土筑墙、里坯外砖墙、空斗墙、砌块墙以及用竹笆、荆条、柳条或板条抹灰等做成各种轻质墙。其中,土坯围护墙应用比较多。作为围护结构的砖墙,由于它嵌砌在木柱之间,虽然不承受竖向荷载,但能传递和承受一定的水平地震荷载,对提高结构的抗震能力有一定的作用。但是,木结构房屋围护墙、山墙如果采用碎石土或土坯砌成,则结构性较差,在动荷载作用下极易开裂、酥散,在中、低烈度地震作用下可能发生开裂、倾斜甚至倒塌等震害。

除此之外,木结构有良好的受力性能,它对于瞬间冲击荷载和周期性疲劳破坏具有良好的延展性,其破坏过程是一个渐变的屈服过程。当房屋在地震中晃动时,木结构骨架仍然可以保持结构的整体稳定。

通过大量的震害资料调查,木构架承重房屋的震害主要表现为:

①构件强度不足:木构架承重房屋由于构件断面过小或立柱对接,从而导致构件强度不足,

地震时立柱容易折断、房屋楼盖以上倾斜或倒塌。

②节点连接弱:木构架房屋梁、柱间连接多采用榫结合,地震时房屋上下颠簸,左右前后摇晃,节点不仅承受水平力,还要承受拉和扭的作用,因此节点处很容易产生拉榫、折榫现象,从而使骨架变成了几何可变体系,导致木构架局部破坏或全部塌落(图9.6)。

③屋顶过重、过陡:如平顶木构架柱细而梁粗,头重脚轻,地震反应大,柱与墙体无连接,地震时梁头会首先将纵墙撞倒,使横墙失去支撑。轻者墙倒架歪,重者全部倒塌。

④墙体易破坏:木构架房屋的围护墙多为土坯墙、土筑墙、外砖里坯墙和空斗墙。它们同柱的联系在构造上有全包柱、半包柱两种形式,但连接不牢。由于墙体与木构架的自振特性不同,在地震中产生的位移也不相同,因此会引起墙体开裂、错位甚至倒塌(图9.7)。

图9.6　木构架局部破坏

图9.7　围护墙破坏

⑤柱脚滑移:立柱放在柱脚石上,柱脚石与柱脚无连接,地震中由于水平晃动引起柱脚错位,严重的会柱脚滑脱,导致木柱支撑失效引起构架倒塌。

⑥地形及基础较差:孤立山梁对地震动有放大作用而加重房屋震害。

9.1.3　石结构房屋的抗震性能及震害

石结构房屋具有悠久的历史。在我国东北地区、东部及东南沿海、云贵高原、青藏高原及其他山地地区都有着较为广泛的分布。江苏江南古镇的石板小巷、石头住房;贵州布依族依山傍水的干栏式楼房或半边楼式的石板房;广西京族抗风耐湿的石条房;四川阿坝州的羌族建造的碉楼、石砌房等,这些房屋都是石结构房屋的典型代表。

石结构房屋是指砂浆砌筑的料石和平毛石砌体(包括有垫片或无垫片)承重的房屋,按墙体材料可分为毛石和料石房屋;按屋盖可分为木屋盖、钢筋混凝土楼(屋)盖和石板楼(屋)盖。

木楼盖房屋和钢筋混凝土楼(屋)盖可参见木结构和砌体结构的相关内容。

石板楼(屋)盖房屋以石条或石块砌墙,墙可垒至5~6 m高;以石板盖顶,风雨不透。除檩条、椽子是木料外,其余全是石料,甚至家用的桌、凳、灶、钵都是石头凿的。这种房屋冬暖夏凉,防潮防火,但采光较差。

石结构房屋具有就地取材、经济实惠、取材方便、价格低廉、材质坚硬、耐火性好和抗压强度高的优点。但石结构自重大,砂浆和石块间的粘结力薄弱(尤其是竖向砂浆灰缝更为突出),导致石结构的抗拉、抗弯、抗剪强度很低,从而严重地影响石结构房屋的抗震性能。

通过大量的震害资料调查,石结构房屋的破坏主要表现为:

①基础不均匀沉降,地面沉陷,石墙倾斜、开裂。

②石柱、石梁、石楼板等承重构件断裂或错位,石板接缝裂开,石门、石窗、石踏步等石制构件错位破坏。

③部分承重构件如石板条、石过梁、墙体等,地震时易造成房屋局部先行破坏(图9.8)。

图9.8 承重毛石墙倒塌

然而,抗震性能较好的高耸石结构还是不乏存在,例如分别在公元1237年和1250年建成的福建泉州开元寺东、西两塔,为高达40多米的石结构,却经受了1604年12月29日那场几乎把泉州市区夷为平地的泉州湾八级大地震的考验,至今犹存。唐山地震灾害调查也发现,“在7度、8度甚至10度区”,也有石结构震害较轻,且有基本完好的实例,这都引起人们广泛的关注。

9.2 土、木、石结构房屋抗震基本要求

9.2.1 建筑设计和结构体系

相对于其他结构形式,对土、木、石结构房屋应提出更高的均匀性和规则性要求,其抗震设计主要通过抗震概念设计和构造措施实现。均匀对称是土、木、石结构房屋结构布置的基本原则,在平面对齐、竖向连续是传递地震作用的基本要求。为了减轻震害,土、木、石结构房屋的体型应简单、规整,其建筑和结构布置应符合下列要求:

①房屋的平面布置应避免拐角或突出。

②纵横向承重墙的布置宜均匀对称,在平面内宜对齐,沿竖向应上下连续;在同一轴线上,窗间墙的宽度宜均匀。

③多层房屋的楼层不应错层,不应采用板式单边悬挑楼梯。

④不应在同一高度内采用不同材料的承重构件。

⑤屋檐外挑梁上不得砌筑砌体。

在抗震设计中,土、木、石结构房屋应注意结构体系的明确性,同一房屋不应采用木柱与砖柱、木柱与石柱混合的承重结构,也不应在同一高度采用砖(砌块)墙、石墙、土坯墙、夯土墙等不同材料墙体混合的承重结构。

9.2.2 整体性连接与抗震构造措施

土、木、石结构房屋的楼、屋盖以木结构为主,木楼、屋盖的刚度较小,加强各构件之间的连

接是保证结构整体性的重要措施,可以有效地提高房屋的抗震能力。在地震中,土木石房屋常因楼、屋盖构件支撑长度不足而导致楼、屋盖塌落。为保证楼、屋盖构件与墙体连接以及楼、屋盖构件之间的连接,楼、屋盖构件的支承长度不应小于表 9.1 的规定。

表 9.1　木楼、屋盖构件的最小支承长度　　单位:mm

构件名称	木屋架、木梁	对接木龙骨、木檩条		搭接木龙骨、木檩条
位置	墙上	屋架上	墙上	屋架上、墙上
支承长度与连接方式	240(木垫板)	60(木夹板与螺栓)	120(砂浆垫层、木夹板与螺栓)	满搭

(1)支承部位的要求

木屋架、木梁在外墙上的支承部位应符合下列要求:

①搁置在砖(砌体)墙和石墙上的木屋架或木梁下应设置木垫板或混凝土垫块,木垫板的长度和厚度分别不宜小于 500 mm 和 60 mm,宽度不宜小于 240 mm 或墙厚。

②搁置在生土墙上的木屋架或木梁在外墙上宜满搭,支承长度不应小于 370 mm,且搁置支承处应设置木圈梁或木垫板;木垫板的长度、宽度和厚度分别不宜小于 500 mm、370 mm 和 60 mm。

③木垫板下应铺设砂浆垫层或黏土石灰浆垫层;木垫板与木屋架、木梁之间应采用铁钉或扒钉连接。

(2)设置拉结措施

为了提高结构整体性,加强构件的连接,木楼、屋盖房屋应在下列部位采取拉结措施:

①两端开间屋架和中间隔开间屋架应设置竖向剪刀撑,增强木屋架的纵向稳定性。

②在屋檐高度处应设置纵向通长水平系杆,系杆应采用墙揽与各道横墙连接或与木梁、屋架下弦连接牢固;纵向水平系杆端部宜采用木夹板对接,墙揽可采用方木、角铁等材料。

③山墙、山尖墙应采用墙揽与木屋架、木构架或檩条拉结,防止山墙外闪(沿垂直墙平面方向)破坏。

④内隔墙墙顶应与梁或屋架下弦拉结,这样可明显改善内墙的稳定性,防止其平面外失稳倒塌。

此外,地震中坡屋面的溜瓦伤人是瓦屋面常见震害之一,对底瓦固定不仅有利于抗震,还有利于提高瓦屋面的抗风性能。当采用冷摊瓦屋面时,瓦底的弧边两角宜设置钉孔,可采用铁钉与椽条钉牢;盖瓦与底瓦宜采用石灰或水泥砂浆压垄等做法与底瓦粘结牢固。

突出屋面的烟囱、女儿墙等易倒塌构件如果没有可靠连接,在地震中是最容易破坏的部位,通过限制屋面高度及采取加强拉结措施可以防止其震害。突出屋面的烟囱、女儿墙等易倒塌构件的出屋面高度,6 度、7 度时不应大于 600 mm,8 度(0.20g)时不应大于 500 mm,8 度(0.30g)和 9 度时不应大于 400 mm,并应采取拉接措施。坡屋面上的烟囱高度由烟囱的根部上沿算起。

横墙和内纵墙上的洞口宽度不宜大于 1.5 m,外纵墙上不宜大于 1.8 m 或开间尺寸的一半。门窗洞口过梁的支承长度,6 度 ~8 度时不应小于 240 mm,9 度时不应小于 360 mm。

墙体门窗洞口的侧面应分布预埋木砖,门洞每侧宜埋置 3 块,窗洞每侧宜埋置 2 块,门、窗框应采用圆钉与预埋木砖钉牢。

当采用硬山搁檩屋盖时,山尖墙墙顶处应采用砂浆顺坡塞实找平。

9.2.3 结构材料与施工要求

土、木、石房屋的结构材料应符合下列要求:木构件应选用干燥、纹理直、节疤少、无腐朽的木材;生土墙体土料应选用杂质少的黏性土;石材应质地坚实,无风化、剥落和裂纹;铁件、扒钉等连接件宜采用 Q235 钢材。

施工时,HPB235 钢筋端头应设置 180°弯钩;外露铁件应做防锈处理;嵌在墙内的木柱宜采取防腐措施;木柱伸入基础内部分必须采取防腐和防潮措施。

9.3 土、木、石结构房屋的地基和基础

1)抗震设计的基本要求

土、木、石房屋在建造时往往不重视地基和基础的作用,基础较浅,在有的地区基础挖槽深度只有 0.2 ~0.3 m,但土、木、石房屋为脆性结构,是不均匀沉降敏感结构,在地震中常因地基的不均匀沉降导致墙体开裂。因此,其地基和基础除了应符合本书第 2.2.1 节的一般要求外,还应符合下列要求:

①当同一结构单元基础底面不在同一标高时,应按 1∶2的台阶逐步放坡。

②基础材料可采用砖、石、灰土或三合土等,砖基础应采用实心砖砌筑,对灰土或三合土应夯实。

当地基有淤泥、可液化土或严重不均匀土层时,应采取垫层换填方法进行处理。换填材料和垫层厚度、处理宽度应符合下列要求:

①垫层换填可选用砂石、黏性土、灰土或质地坚硬的工业废渣等材料,并应分层夯实。

②换填材料应砂石级配良好,黏性土中有机物含量不得超过 5%;灰土体积配合比宜为 2∶8 或 3∶7,灰土宜用新鲜的消石灰,颗粒粒径不得大于 5 mm。

③垫层的底面应至老土层,垫层的厚度不宜大于 3 m。

④垫层在基础底面以外的处理宽度:垫层底面每边应超过垫层厚度的 1/2 且不小于基础宽度的 1/5;垫层顶面宽度可从垫层底面两侧向上,按基坑开挖期间保持边坡稳定的当地经验放坡确定,垫层顶面每边超出基础底边不宜小于 300 mm。

2)基础的埋置深度

为了保证结构的稳定,基础的埋置深度应综合考虑各种条件确定:

①除岩石地基外,基础埋置深度不宜小于 500 mm。

②当为季节性冻土时,宜埋置在冻深以下或采取其他防冻措施。

③基础宜埋置在地下水位以上;当地下水位较高,基础不能埋置在水位以上时,宜将基础底面设置在最低地下水位 200 mm 以下,施工时尚应考虑基坑排水。

3)基础的构造要求

土、木、石房屋的基础多是由砖、毛石、素混凝土以及灰土等材料修建的基础,这类基础抗压

性能高，但不能承受拉力和弯矩。为避免刚性材料被拉裂，不同材料的基础应满足下列要求：

(1)石砌基础应符合的要求(图9.9)

①基础放脚及刚性角的要求。石砌基础的高度应符合下式要求：

$$H_0 \geqslant (b - b_1)/3 \tag{9.1}$$

式中 H_0——基础的高度；

b——基础底面的宽度；

b_1——墙体的厚度。

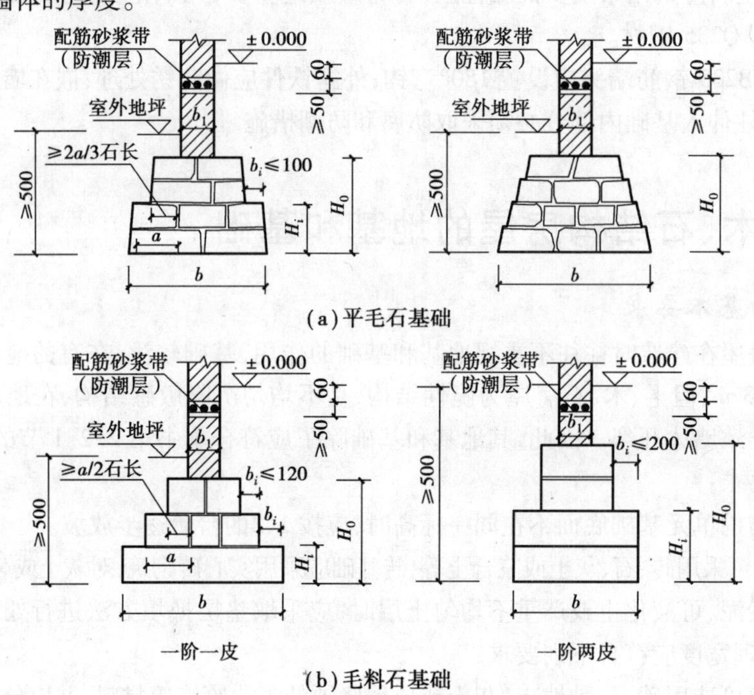

图9.9 平毛石、毛料石基础砌法

阶梯形石基础的每阶放出宽度，平毛石不宜大于100 mm，每阶应不少于两层。当毛料石采用一阶两皮时，宽度不宜大于200 mm；采用一阶一皮时，宽度不宜大于120 mm。基础阶梯应满足下式要求：

$$H_i / b_i \geqslant 1.5 \tag{9.2}$$

式中 H_i——基础阶梯的高度；

b_i——基础阶梯收进宽度。

②平毛石基础砌体的第一皮块石应坐浆，并将大面朝下；阶梯形平毛石基础，上阶平毛石压砌下阶平毛石长度不应小于下阶平毛石长度的2/3；相邻阶梯的毛石应相互错缝搭砌。

③料石基础砌体的第一皮应坐浆丁砌；阶梯形料石基础，上阶石块与下阶石块搭接长度不应小于下阶石块长度的1/2。

(2)实心砖或灰土(三合土)基础应符合的要求(图9.10)

砌筑基础的材料不应低于上部墙体的砂浆和砖的强度等级；砂浆强度等级不应低于M2.5。灰土(三合土)基础厚度不宜小于300 mm，宽度不宜小于700 mm。

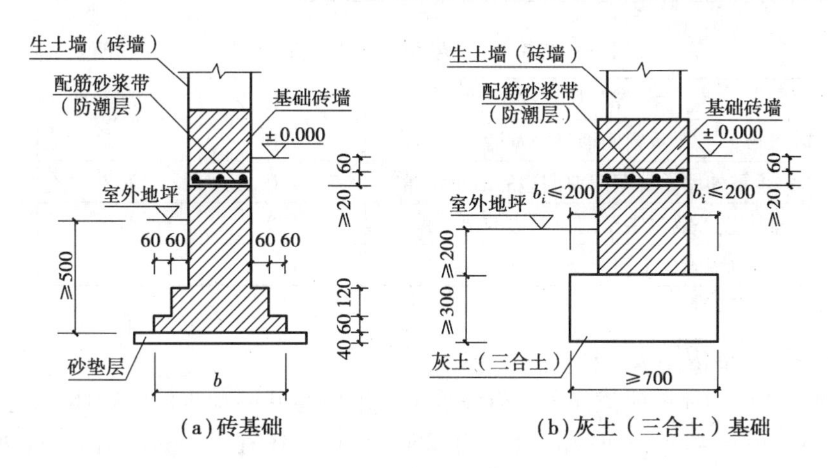

图9.10 砖、灰土基础

(3)其他要求

当上部墙体为生土墙时，基础砖(石)墙砌筑高度应取室外地坪以上500 mm和室内地面以上200 mm中的较大者。

9.4 生土房屋抗震设计

一般来说，生土房屋的抗震性能较差，但调查表明，即便在较强烈的地震中，一些平面布置简单、结构合理、施工质量好的生土房屋，除墙体出现一些微小裂缝外，整个房屋基本完好。这说明较好的构造措施、按传统方法建造的生土墙承重房屋具有良好的抗震能力。

9.4.1 生土房屋抗震设计的一般规定

根据生土房屋在不同地震烈度下的震害情况，《抗震规范》规定，生土结构房屋在6度、7度(0.10g)地区使用。同时，还应符合下列要求：

(1)生土房屋的层数、高度和承重横墙间距限制

震害调查表明，生土房屋的震害与其层数、高度和承重横墙间距有密切关系，抗震横墙的多寡直接影响到房屋的空间刚度。因此，应对生土房屋的层数、高度和承重横墙间距进行限制。生土结构房屋的层数和高度应符合下列要求：

①生土房屋宜建单层，灰土墙房屋可建2层，但总高度不应超过6 m。

②单层生土房屋的檐口高度不宜大于2.5 m。

③单层生土房屋的承重横墙间距不宜大于3.2 m。

④窑洞净跨不宜大于2.5 m。

这里，灰土墙指掺石灰(或其他粘结材料)的土筑墙和掺石灰的土坯墙。

(2)生土房屋的局部尺寸限制

要避免出现薄弱部位，以防止因局部的破坏发展成为整栋房屋的破坏，生土房屋的局部尺寸限值宜符合表9.2的要求。

表 9.2　房屋局部尺寸限值　　单位:m

部　位	6度	7度
承重窗间墙最小宽度	1.0	1.2
承重外墙尽端至门窗洞边的最小距离	1.0	1.2
非承重外墙尽端至门窗洞边的最小距离	1.0	1.0
内墙阳角至门窗洞边的最小距离	1.0	1.2

(3)生土房屋的结构体系

①生土房屋的结构体系应优先采用横墙承重或纵横墙共同承重的结构体系。生土承重墙体厚度,外墙不宜小于400 mm,内墙不宜小于250 mm。土坯宜采用黏性土湿法成型并宜掺入草苇等拉结材料,土坯应卧砌并宜采用黏土浆或黏土石灰浆砌筑。

②土拱房应多跨连续布置,各拱脚均应支承在稳固的崖体上或支承在人工土墙上,拱圈厚度宜为300~400 mm,应支模砌筑,不应后倾贴砌;外侧支承墙和拱圈土不应布置门窗。

(4)生土房屋的屋盖要求

在地震中,生土房屋的屋盖经常塌落,造成人员伤亡。因此,生土房屋的屋盖应采用轻屋面材料;硬山搁檩房屋宜采用双坡屋面或弧形屋面;端檩应出檐,内墙上檩条应满搭或采用夹板对接和燕尾榫加扒钉连接。

(5)生土房屋的拉结措施

为了加强横墙之间的拉接,增强房屋的纵向稳定性,生土房屋的每道横墙应在屋檐高度处设置不少于3 道的纵向通长水平系杆;其他拉结措施应符合本章第 9.2.2 节的要求。

9.4.2　生土房屋的抗震构造措施

(1)生土房屋的承重墙体应符合的要求

①承重墙体门窗洞口的宽度,6 度、7 度时不应大于1.5 m。门窗洞口宜采用木过梁;当过梁由多根木杆组成时,宜采用木板、扒钉、铅丝等将各根木杆连接成整体。

②内外墙体应同时分层交错夯筑或咬砌。外墙四角和内外墙交接处,应沿墙高每隔500 mm左右放置一层竹筋、木条、荆条等编织的拉结网片,每边伸入墙体应不小于1 000 mm 或至门窗洞边,拉结网片在相交处应绑扎(图 9.11);或采取其他加强整体性的措施。在生土墙中设置编织的拉结网片如同在砌体墙中设置焊接钢筋网片一样,以加强关键部位的连接和约束,增强墙体的整体性。

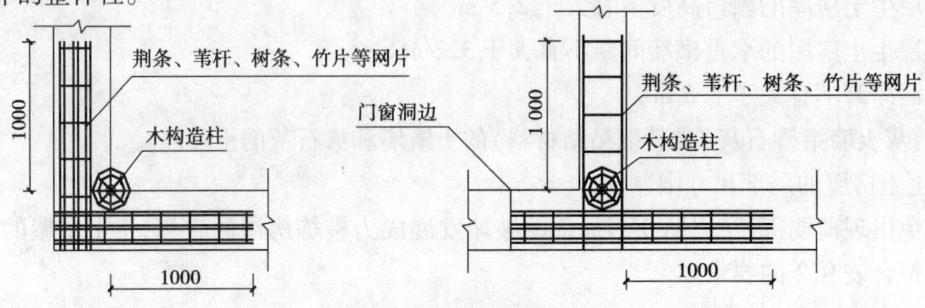

图 9.11　纵横墙拉接做法

(2)圈梁的设置

圈梁对房屋抗震有重要作用,可以加强纵横墙的连接,增强房屋的整体性。生土房屋的配筋砖圈梁、配筋砂浆带或木圈梁的设置应符合下列要求:所有纵横墙基础顶面处应设置配筋砖圈梁;各层墙顶标高处应分别设一道配筋砖圈梁或木圈梁,夯土墙应采用木圈梁,土坯墙应采用配筋砖圈梁或木圈梁;灰土墙房屋应每层设置圈梁,并在横墙上拉通;内纵墙顶面宜在山尖墙两侧增砌踏步式墙垛。

生土房屋配筋砖圈梁、配筋砂浆带和木圈梁的构造应符合下列要求:

①配筋砖圈梁和配筋砂浆带的砂浆强度等级在6度、7度时不应低于M5。

②配筋砖圈梁和配筋砂浆带的纵向钢筋配置不应低于表9.3的要求。

③配筋砖圈梁的砂浆层厚度不宜小于30 mm;配筋砂浆带厚度不应小于50 mm。

④木圈梁的截面尺寸不应小于(高×宽)40 mm×120 mm。

表9.3 土坯墙、夯土墙房屋配筋砖圈梁和配筋砂浆带最小纵向配筋

墙体厚度 t(mm)	设防烈度	
	6度	7度
$t\leqslant400$	2Φ6	2Φ6
$400<t\leqslant600$	2Φ6	2Φ6
$t>600$	2Φ6	3Φ6

(3)生土房屋门窗洞口过梁应符合的要求

①生土墙宜采用木过梁;木过梁截面尺寸不应小于表9.4的要求,或按《镇(乡)村建筑抗震技术规程》(JGJ 161—2008)的方法计算确定,其中矩形截面木过梁的宽度应与墙厚相同;木过梁支承处应设置垫木;

②当一个洞口采用多根木杆组成过梁时,木杆上表面宜采用木板、扒钉、铁丝等将各根木杆连接成整体。

此外,生土墙门窗洞口两侧宜设置木柱(板);夯土墙门窗洞口两侧宜沿墙体高度每隔500 mm左右加入水平荆条、竹片、树枝等编制的拉结网片,每边伸入墙体不应小于1 000 mm或至门窗洞边。

表9.4 木过梁截面尺寸 单位:mm

墙厚(mm)	门窗洞口宽度 b(m)					
	$b\leqslant1.2$			$1.2<b\leqslant1.5$		
	矩形截面	圆形截面		矩形截面	圆形截面	
	高度 h	根数	直径 d	高度 h	根数	直径 d
240	90	2	120	110	—	—
360	75	3	105	95	3	120
500	65	5	90	85	4	115
700	60	8	80	75	6	100

注:d 为每一根圆形截面木过梁(木杆)的直径。

(4)硬山搁檩房屋檩条的设置与构造要求

①檩条支承处应设置不小于 400 mm×200 mm×60 mm 的木垫板或砖垫(图 9.12)。

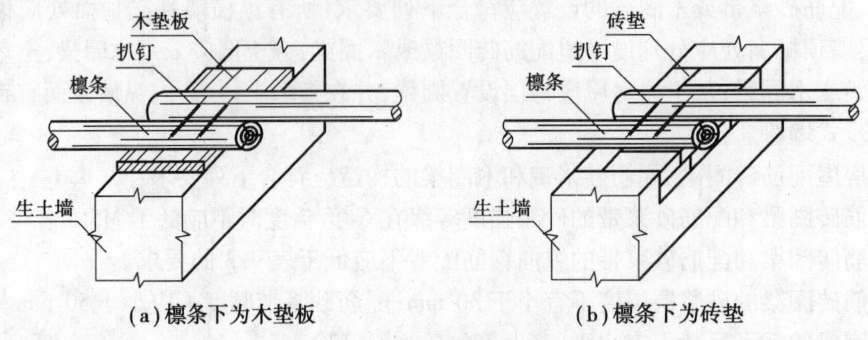

(a)檩条下为木垫板　　(b)檩条下为砖垫

图 9.12　檩条支承及连接做法

②内墙檩条应满搭并用扒钉钉牢(图 9.12);不能满搭时,应采用木夹板对接或燕尾榫扒钉连接。

③檐口处椽条应伸出墙外做挑檐,并应在纵墙墙顶两侧放置双檐檩夹紧墙顶(图 9.13),檐檩宜嵌入墙内。

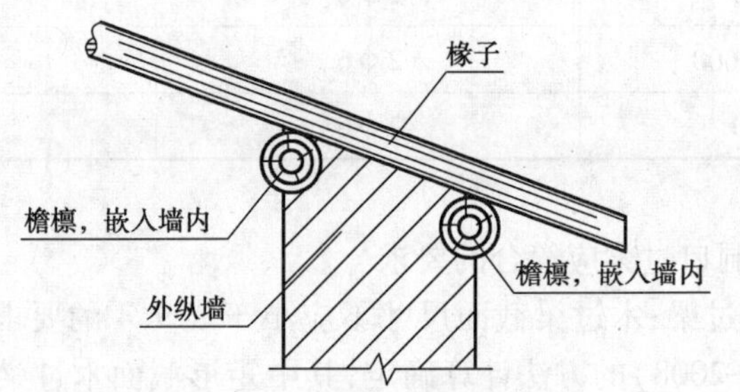

图 9.13　双檩条檐口构造做法

④硬山搁檩房屋的端檩应出檐,山墙两侧应采用方木墙揽与檩条连接(图 9.14)。

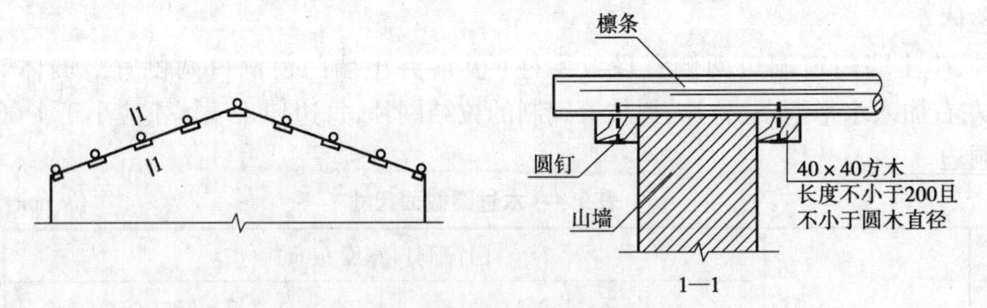

图 9.14　山墙与檩条、墙揽连接做法

⑤山尖墙顶宜沿斜面放置木卧梁支撑檩条(图 9.15)。

⑥木檩条宜采用 8 号铁丝与山墙配筋砂浆带或配筋砖圈梁中的预埋件拉接。

(5)其他要求

当硬山山墙高厚比大于 10 时,应设置扶壁墙垛(图 9.16)。

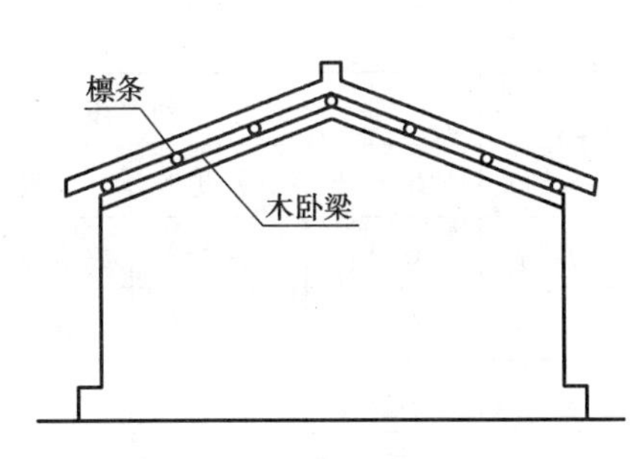

图 9.15 山墙尖斜面木卧梁

图 9.16 山墙扶壁墙垛

9.5 木结构房屋抗震设计

总的来说，木结构房屋具有质量轻、地震作用小、抗震性能良好等特点，可在 6 ~ 9 度地区使用。由于结构构造、骨架与墙体连接方式等方面的不同，各种木结构房屋的抗震性能有一定的差异。其中穿斗木构架和木柱木屋架房屋结构性能较好，通常采用质量较轻的瓦屋面，从而具有结构质量轻、延性与整体性较好的优点，其抗震性能比木柱木梁房屋要好。

9.5.1 木结构房屋抗震设计的一般规定

(1) 木结构房屋的层数、高度和抗震墙间距限制

震害调查资料表明，木结构房屋的破坏程度随着层数增多而加重，因此，应对房屋的高度和层数进行限制。木结构房屋的总高度和层数应符合下列要求：

①木柱木屋架和穿斗木构架房屋，6 ~ 8 度时不宜超过 2 层，总高度不宜超过 6 m；9 度时宜建单层，高度不应超过 3.3 m。

②木柱木梁房屋宜建单层，高度不宜超过 3 m。

为了保证房屋的整体刚度，房屋抗震横墙间距不应超过表 9.5 的限值。

表 9.5 房屋抗震横墙的最大间距 单位：m

结构类型	围护墙种类（最小墙厚，mm）		房屋层数	楼层	烈度			
					6 度	7 度	8 度	9 度
穿斗木构架和木柱木屋架	砖墙	实心砖(240) 多孔砖(240) 小砌块(190)	一层	1	11.0	9.0	7.0	5.0
			二层	2	11.0	9.0	7.0	—
				1	9.0	7.0	6.0	—
		多孔砖(190) 蒸压砖(240)	一层	1	9.0	7.0	6.0	—
			二层	2	9.0	7.0	6.0	—
				1	7.0	6.0	5.0	—
		空斗墙(240)	一层	1	7.0	6.0	5.0	—
			二层	2	7.0	6.0	—	—
				1	5.0	4.2	—	—

续表

结构类型	围护墙种类（最小墙厚，mm）		房屋层数	楼层	烈度			
					6度	7度	8度	9度
穿斗木构架和木柱木屋架	生土墙(250)		一层	1	6.0	4.5	3.3	—
			二层	2	6.0	—	—	—
				1	4.5	—	—	—
	石墙	细、半细料石(240)	一层	1	11.0	9.0	6.0	—
			二层	2	11.0	9.0	6.0	—
				1	7.0	6.0	5.0	—
		粗料、毛料石(240)	一层	1	11.0	9.0	6.0	—
			二层	2	11.0	9.0	—	—
				1	7.0	6.0	—	—
		平毛石(400)	一层	1	11.0	9.0	6.0	—
木柱木梁	砖墙	实心砖(240) 多孔砖(240) 小砌块(190)	一层	1	11.0	9.0	7.0	5.0
		多孔砖(190) 蒸压砖(240)	一层	1	9.0	7.0	6.0	5.0
		空斗墙(240)	一层	1	7.0	6.0	5.0	—
	生土墙(240)		一层	1	6.0	4.5	3.3	—
	石墙(240、400)		一层	1	11.0	9.0	6.0	—

注:400 mm 厚平毛石房屋仅限 6 度、7 度。

(2)木结构房屋围护墙的局部尺寸限值

为防止出现薄弱部位和局部破坏,木结构房屋围护墙的局部尺寸限值宜符合表 9.6 的要求。

表 9.6　房屋围护墙局部尺寸限值　　单位:m

部　位	6 度	7 度	8 度	9 度
窗间墙最小宽度	0.8	1.0	1.2	1.5
外墙尽端至门窗洞边的最小距离	0.8	1.0	1.0	1.0
内墙阳角至门窗洞边的最小距离	0.8	1.0	1.5	2.0

(3)木结构房屋的拉接措施

木结构房屋除了应符合本章第 9.2.2 节的要求外,应在下列部位采取拉结措施:

①木柱木屋架和木柱木梁房屋应在木柱与屋架(或梁)间设置斜撑;横隔墙较多的居住房屋应在非抗震隔墙内设斜撑;斜撑宜采用木夹板,并应通到屋架的上弦。

②穿斗木构架房屋的横向和纵向均应在木柱的上、下柱端和楼层下部设置穿枋，并应在每一纵向柱列间设置1～2道剪刀撑或斜撑。

(4)其他要求

①木屋架屋盖的支撑布置，应符合《抗震规范》有关规定的要求，但房屋两端的屋架支撑，应设置在端开间。

②山墙应设置端屋架(木梁)，不得采用硬山搁檩。

③木柱木屋架和穿斗木屋架房屋宜采用双坡屋顶，且坡度不宜大于30度；屋面宜采用轻型材料(瓦屋面)。

④木柱的梢径不宜小于150 mm。

⑤围护墙应砌筑在木柱外侧，不宜将木柱全部包入墙体中；木柱下应设置柱脚石。

9.5.2　木结构房屋的抗震构造措施

(1)木结构房屋的构件连接要求

① 木柱柱顶应有暗榫插入屋架下弦(木梁)，并用U形铁件连接(图9.17)；柱脚与柱脚石之间宜采用石销键或石榫连接(图9.18)，8度、9度时，柱脚应采用铁件或其他措施与基础锚固。柱基础埋入地面以下的深度不应小于200 mm。

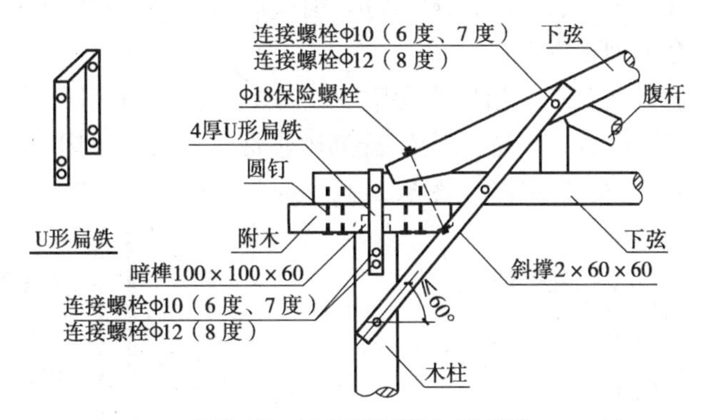

图9.17　三角形屋架加设斜撑

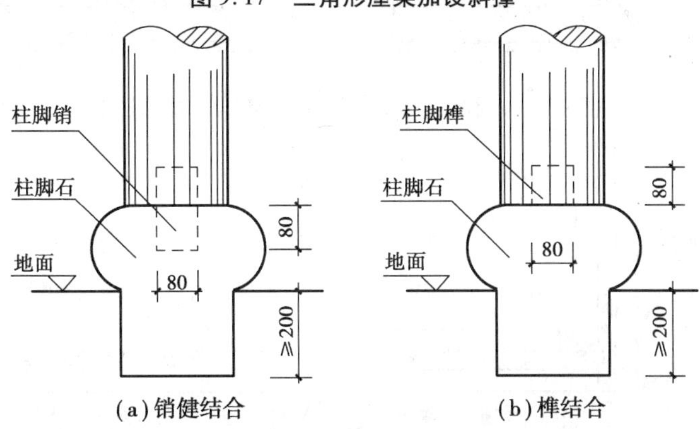

图9.18　柱脚与柱脚石的锚固

② 斜撑和屋盖支撑结构，均应采用螺栓与主体构件相连接；除穿斗木构件外，其他木构件宜采用螺栓连接(图9.19)。

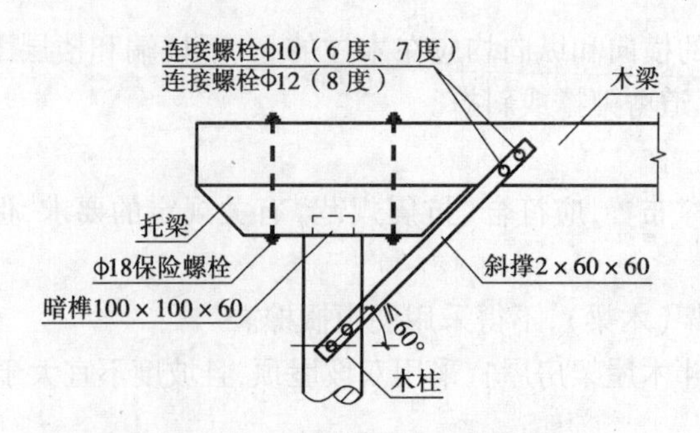

图9.19　木柱与木梁加设斜撑

③ 椽与檩的搭接处应满钉，以增强屋盖的整体性。木构架中，宜在柱檐口以上沿房屋纵向设置竖向剪刀撑等措施，以增强纵向稳定性。

(2)木构件的要求

木柱应避免在柱的同一高度处纵横向同时开槽，且在柱的同一截面开槽面积不应超过截面总面积的1/2；柱子不能有接头；穿枋应贯通木构架各柱。

(3)木结构房屋的围护墙

震害表明，木结构围护墙是容易破坏甚至倒塌的构件。木结构和砌体围护墙的质量、刚度有明显差异，自振特性和变形性能也不相同，在地震作用下木结构的变形能力大于砌体围护墙，连接不牢时两者不能共同工作，甚至会相互碰撞，引起墙体开裂、错位，严重时倒塌。因此，木结构房屋的围护墙应符合下列要求：

①围护墙与木柱的拉结要求。沿墙高每隔500 mm左右，应采用8号钢丝将墙体内的水平拉结筋或拉结网片与木柱拉结。配筋砖圈梁、配筋砂浆带与木柱应采用Φ6钢筋或8号钢丝拉结(图9.20)；木圈梁应加强接头处的连接(图9.21)，并应与木柱采用扒钉等可靠连接(图9.22)。

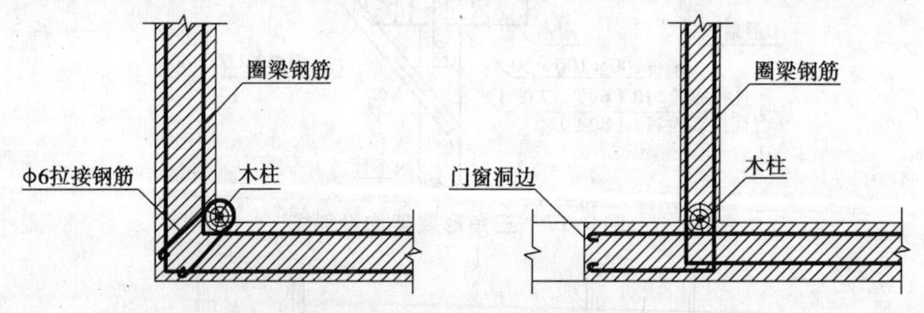

图9.20　配筋砖圈梁、配筋砂浆带与木柱的拉结

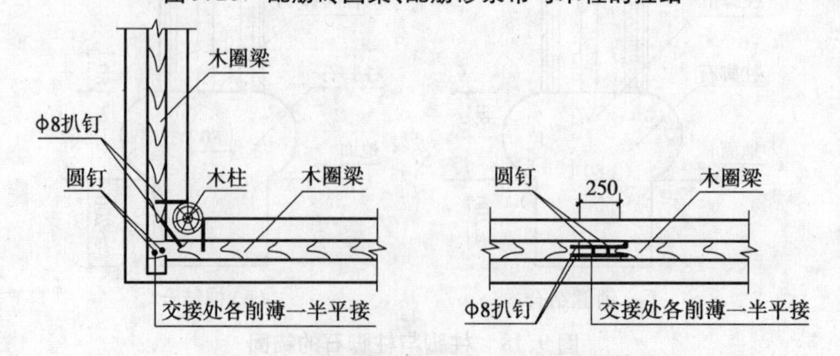

图9.21　木圈梁接头处及与木柱的连接

②土坯砌筑的围护墙，洞口宽度应符合本章第9.4节生土房屋的相关要求。

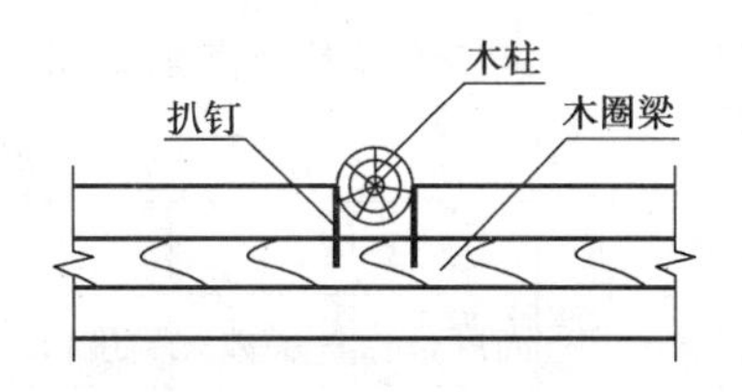

图9.22 木圈梁与木柱的连接

③砖等砌筑的围护墙,横墙和内纵墙上的洞口宽度不宜大于1.5 m,外纵墙上的洞口宽度不宜大于1.8 m或开间尺寸的一半。

此外,砖(小砌体)围护墙、生土围护墙和石围护墙的门窗洞口钢筋砖(石)过梁和木过梁的设置及构造尚应符合《镇(乡)村建筑抗震技术规程》(JGJ 161—2008)的有关规定,如,木过梁截面尺寸不应低于表9.7的要求,其中矩形截面木过梁的宽度宜与墙厚相同;当一个洞口采用多根木杆组成过梁时,木杆上表面宜采用木板、扒钉、铁丝等将各根木杆连接成整体。

表9.7 木过梁截面尺寸 单位:mm

墙厚(mm)	门窗洞口宽度 b(m)					
	$b \leq 1.2$			$1.2 < b \leq 1.5$		
	矩形截面	圆形截面		矩形截面	圆形截面	
	高度 h	根数	直径 d	高度 h	根数	直径 d
240	35	5	45	45	4	60
370	35	8	45	45	6	60
500	35	10	45	45	8	60
700	35	12	45	45	10	60

注:d为每一根圆形截面木过梁(木杆)的直径。

9.6 石结构房屋抗震设计

历史震害调查和石墙体结构试验研究表明,多层石结构房屋地震破坏机理及特征与砖砌体房屋基本相似。由于多层石结构房屋震害经验不多,其抗震设计、构造要求可参照本书第6章和《砌体结构设计规范》(GB 50003)的有关规定执行,但比砌体结构的要求应更严格。下面简要介绍6度~8度区砂浆砌筑的料石砌体(包括有垫片或无垫片)承重的房屋抗震设计方法。

9.6.1 石结构房屋抗震设计的一般规定

(1)石结构房屋的层数、高度和抗震墙间距限制

与砖砌体房屋基本相似,石结构房屋在地震中的破坏程度随着房屋层数增多和高度增大而加重。因此,对房屋的高度和层数应进行限制,具体要求如下:

①房屋的层数和总高度不应超过表9.8的规定。

②多层石砌体房屋层高不宜超过3.0 m。

表 9.8　多层石砌体房屋总高度和层数限值

墙体类别	烈　度					
	6 度		7 度		8 度	
	高度(m)	层数	高度(m)	层数	高度(m)	层数
细、半细料石砌体(无垫片)	16	5	13	4	10	3
粗料、毛料石砌体(有垫片)	13	4	10	3	7	2

注:①房屋总高度指室外地面到檐口的高度;对带阁楼的坡屋面应算到山尖墙的 1/2 高度处;

②横墙较少的房屋,总高度应降低 3 m,层数相应减少一层。

为了保证房屋的整体刚度,避免纵墙产生平面外弯曲破坏,其抗震横墙的最大间距应符合表 9.9 的规定。

表 9.9　多层石砌体房屋的抗震横墙间距　　单位:m

楼、屋盖类型	烈　度		
	6 度	7 度	8 度
现浇及装配整体式钢筋混凝土	10	10	7
装配式钢筋混凝土	7	7	4

(2)石结构房屋的局部尺寸限值

为了防止出现薄弱部位和局部破坏,石结构房屋的局部尺寸限值应符合表 9.10 的要求。此外,抗震横墙洞口的水平截面面积不应大于全截面面积的 1/3。

表 9.10　房屋局部尺寸限值　　单位:m

部　位	烈　度	
	6 度、7 度	8 度
承重窗间墙最小宽度	1.0	1.0
承重外墙尽端至门窗洞边的最小距离	1.0	1.2
非承重外墙尽端至门窗洞边的最小距离	1.0	1.0
内墙阳角至门窗洞边的最小距离	1.0	1.2

注:出入口处的女儿墙应有锚固。

(3)石结构房屋的结构布置

由于料石体积大、重量大等原因,石结构房屋抗剪强度低,导致石结构房屋抗震性能差。石结构房屋的结构体系应符合下列要求:

①应优先采用横墙承重或纵横墙共同承重的结构体系。

②8 度时不应采用硬山搁檩屋面。

③严禁采用石板、石梁及独立料石柱作为承重构件。

④严禁采用悬挑踏步板式楼梯。

(4)其他要求

①多层石砌体房屋宜采用现浇或装配式钢筋混凝土楼、屋盖。对于木楼、屋盖石结构房屋,为了加强纵横墙、楼(屋)盖与墙体的连接,应采取本章第9.2.2节中的拉结措施。

②石材规格应符合:料石的宽度、高度分别不宜小于240 mm和220 mm;长度宜为高度的2~3倍,且不宜大于高度的4倍。

③石结构房屋的抗震设计计算可按本书第6.3节的方法进行。石墙的抗震截面验算时,其抗剪强度应根据试验数据确定。

9.6.2 石结构房屋抗震构造措施

(1)构造柱和圈梁的设置

为了增强石结构房屋的整体刚度,防止不均匀沉降等不利影响,多层石砌体房屋应在外墙四角、楼梯间四角和每个开间的内外墙交接处设置钢筋混凝土构造柱。每层的纵横墙均应设置圈梁,其截面高度不应小于120 mm,宽度宜与墙厚相同,纵向钢筋不应小于4 Φ 10,箍筋间距不宜大于200 mm。

无构造柱的纵横墙交接处应采用条石无垫片砌筑,且应沿墙高每隔500 mm设置拉结钢筋网片,每边每侧伸入墙内不宜小于1 m或伸至门窗洞边,如图9.23所示。

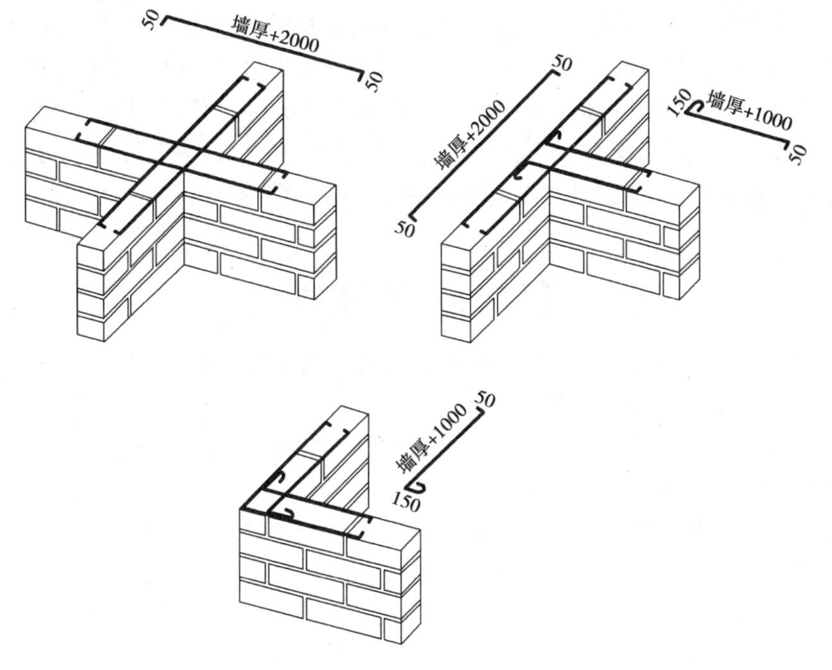

图9.23 纵横墙连接处拉接钢筋做法

(2)其他构造措施

①配筋砂浆带交接(转角)处钢筋应搭接,如图9.24所示。

②钢筋混凝土楼(屋)盖房屋,门窗洞口宜采用钢筋混凝土过梁;木楼(屋)盖房屋,门窗洞口可采用钢筋混凝土过梁或钢筋石过梁。当门窗洞口采用钢筋石过梁时,钢筋石过梁的构造应符合《镇(乡)村建筑抗震技术规程》(JGJ 161—2008)的规定。

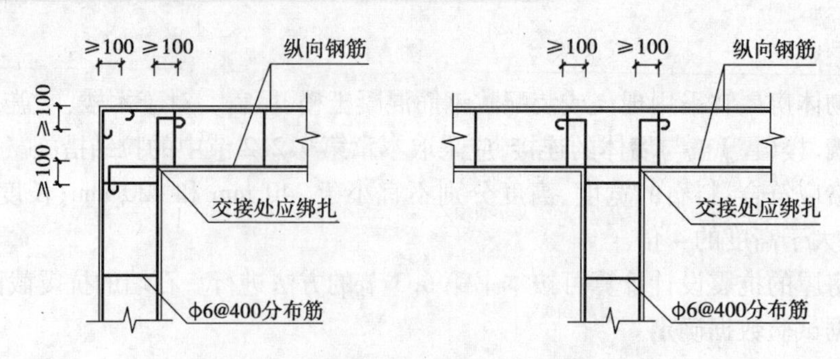

图 9.24　配筋砂浆带交接处钢筋搭接做法

③石结构房屋的其他抗震构造措施要求，可参照第6章的相关规定，这里不再叙述。

本章小结

(1)生土墙承重的房屋在地震荷载作用下的性能与房屋地基条件、墙体材料和施工方法关系较大。平面布置简单、结构合理、施工质量好的生土墙承重房屋在地震作用下具有良好的受力性能。在抗震设计中，生土墙承重房屋的地基应夯实，应采用轻屋面材料，并加强构件间的连接。

(2)木结构房屋有如下几种形式：木柱木梁(即抬梁式)、木柱木屋架和穿斗木构架，其中木柱木梁又可分为平顶式和坡顶式两种类型。木结构房屋的延性较好，在抗震设计中，其平面布置应避免拐角或突出，木柱柱脚、木柱和围护墙和木柱木梁等之间应进行可靠连接。

(3)石砌体结构是我国产石地区因地制宜、就地取材的一种传统而且富有特色的结构形式，由于石材本身具有抗压强度高、耐久性好、耐磨性强、吸水率低，美观等优点而应用较广。在抗震设计中，应设置圈梁，洞口要满足规范要求，并加强纵横墙连接。

思考题和习题

9.1 生土房屋有什么特点？可以分为哪几种形式？其抗震性能如何？

9.2 生土房屋抗震设计有哪些要求？

9.3 木结构房屋有什么特点？可以分为哪几种形式？抗震性能如何？

9.4 木结构房屋抗震设计有哪些要求？

9.5 石结构房屋有什么特点？抗震性能如何？

9.6 石结构房屋抗震设计有哪些要求？

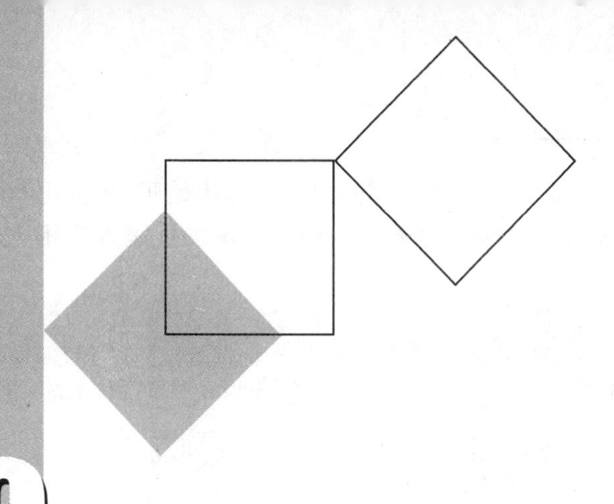

10 房屋隔震和消能减震设计

本章导读：

- **基本要求** 理解房屋隔震和消能减震的概念和基本原理；了解常用的隔震和消能减震装置的类型、性能和特点；熟悉房屋隔震和消能减震设计的内容、一般要求和计算方法；理解隔震结构和消能减震结构的构造要求。
- **重点** 隔震和消能减震结构的工作原理；房屋隔震和消能减震设计的一般要求和计算方法。
- **难点** 房屋隔震和消能减震设计的计算方法。

10.1 概述

10.1.1 房屋隔震和消能减震设计思想

传统的结构抗震（图10.1(a)）是利用自身结构构件的承载力和塑性变形来抵御地震作用的，当地震的作用超过结构的承载能力极限和弹性变形时，抗震效果取决于结构构件的塑性变形能力和在往复荷载作用下的滞回耗能能力。这种被动地依靠结构自身构件抵抗地震的设计思想，必然导致材料的浪费，而且由于地震作用的随机性，可能会导致结构的损伤甚至破坏，造成大量的人员和财产损失。因此，近年来随着经济的发展，国内外学者一直都在寻求新的途径进行结构抗震，房屋的隔震和消能减震作为一种积极的抗震设计方法，引起了广泛的重视并得到了较好的研究与应用。

相对于传统的结构抗震，如图10.1(b)和(c)所示的结构隔震与消能减震等措施可有效的减小地震及风荷载对主体结构的影响。结构隔震与消能减震的研究和应用始于20世纪60年代,20世纪70年代以来发展较快。这种积极的结构防震方法与传统的消极抗震方法相比,具有以下优点:

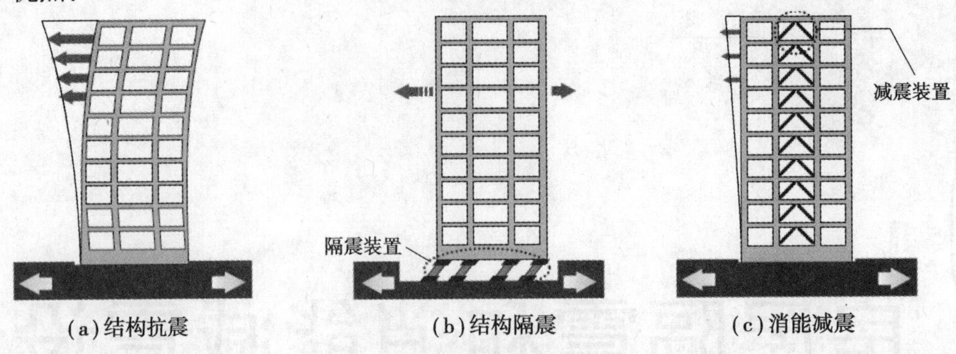

图10.1 抗震的三种措施

①该方法能大幅度减小结构所受的地震作用,能较为准确地控制传到结构上的最大地震作用,提高了结构抗震可靠度,为解决不确定环境下结构反应的控制问题提供了新的途径。

②该方法大大减小了结构在地震作用下的变形,保证非结构构件不受地震破坏,从而减小震后维修费用。

③对于核工业设备、高精度技术加工设备等,只能用隔震、减震的方法来满足严格的抗震要求。

10.1.2 房屋的隔震与消能减震措施

房屋的隔震与消能减震措施大致分为主动控制与被动控制两大类。

(1)主动控制

结构主动控制需要外部能源输入提供控制力,且控制过程依赖于结构反应信息或外界干扰信息的控制方法。主动控制是振动控制的现代方法,可分为开环控制与闭环控制两种类型,目前研究较多的是闭环控制。闭环控制体系在结构振动控制部位安装传感器,传感器把地震反应以信号形式输出至控制器。控制器为计算机系统,该系统将信号处理与计算后,向驱动机构发出指令并向子结构施加控制力,改变结构的动力特性,降低结构振动反应。目前应用于结构抗震的主动控制体系主要有两种:一种是主动调频质量阻尼器,其子结构为一附加结构体系;另一种是锚索控制,其子结构为预应力拉索。

(2)被动控制

结构被动控制不需要外部能源提供控制力,控制过程不依赖于结构反应与外界干扰信息的控制方法,其主要依赖于结构隔震体系与结构消能减震和阻尼减震体系。隔震技术将地震动与结构隔开,减弱或改变地震动对结构的动力作用,使结构在地震作用下只产生很小的振动,从而保障结构的安全。消能减震和阻尼减震体系是把结构的某些非承重构件(如节点和连接处)装设消能杆件或阻尼器,当轻微地震或阵风脉动时,这些消能杆件或阻尼器处于弹性状态,结构满足正常适用要求。在强烈地震作用下,随着结构受力和变形增大,这些消能杆件和阻尼器进入非弹性变形状态,产生较大阻尼,大量消耗输入结构的地震能量,避免主体结构进入明显的塑性状态,从而保护结构在强震中不发生破坏,不产生过大变形。

10.1.3 结构抗震、隔震和消能减震控制的对比分析

(1)抗震途径和方法方面

传统抗震技术采用加强结构、加大构件截面尺寸、加多构件配筋、提高结构刚度等“硬抗”的方法来抵抗地震;而结构隔震则是在基础与上部结构之间设置隔震层,限制和减少地震能量向上部结构的输入,达到隔离地震、降低结构地震响应的目的;减震控制则是在结构中设置减震装置,通过消耗地震能量、调整结构动力特性等方法,达到减轻结构地震响应的目的。

(2)减震效果方面

同传统的抗震技术相比,隔震控制具有明显的减震效果,从振动台地震模拟试验结果及已建造的隔震结构在地震中的地震记录得知,隔震体系的上部结构加速度只相当于传统结构(基础固定)加速度反应的8%~25%。根据有关振动台试验的数据,消能减振结构的地震反应比传统抗震结构降低40%~60%,且结构越高、越柔,消能减振效果越显著,而调频质量阻尼器被动控制结构和主动控制结构的地震反应也比传统抗震结构降低10%~50%和30%~60%。

(3)经济性方面

传统抗震技术采用增大截面、提高材料强度和结构刚度来“硬抗”地震,因而需要有必要的经济投入;而对于基础隔震体系,其上部结构承受的地震作用大幅降低,使得上部结构构件和节点的截面、配筋减小,构造及施工简单,从而节省造价。虽然隔震装置需要新增一定的经济投入(约占总造价的5%),但建筑总造价仍可降低。多层隔震房屋比传统抗震房屋节省土建造价,在7度区基本持平,8度区节省5%~10%,9度区节省10%~15%,并且抗震安全度大大提高。消能减震结构是通过“柔性消能”的途径减少结构的地震反应,因而可以减少抗侧力构件的设置,减少结构构件的截面和配筋,并提高结构的抗震性能。一般可节省造价5%~10%;若用于既有建筑物的抗震加固,则可节约造价10%~60%。

(4)适用范围方面

传统抗震技术主要依靠结构本身来满足结构抗震要求,如果结构本身抗震能力较弱,则需要采用增大截面、提高材料强度和结构刚度等“补强”的方法来弥补,而结构隔震和减震控制技术,主要依靠隔震和减震装置来有效提高结构的抗震能力,根据其工作原理,该技术不仅适用于新建的工程结构,同时也适用于建筑物的抗震加固改造。

10.2 房屋隔震设计

隔震设计是指在房屋基础、底部或下部结构与上部结构之间设置由橡胶隔震支座和阻尼装置等部件组成的具有整体复位功能的隔震层,以延长整个结构体系的自振周期,减少输入上部结构的水平地震作用,达到预期防震要求。房屋隔震设计的基本要求是,通过隔震层的大变形来减少其上部结构的地震作用,从而减少地震破坏。

10.2.1 房屋隔震的原理

房屋隔震主要有基础隔震和层间隔震两种方法,其目的是减弱或改变地震动对房屋结构的作用方式和强度,以减少其结构的地震反应。下面仅介绍基础隔震原理与计算模型。

基础隔震的基本思想是:在结构物地面以上部分的底部设置隔震层,使之与固结于地基中的基础顶面分离开,从而限制地震动向结构物的传递。隔震系统要有一定的柔度(柔性支承),用以延长结构周期,降低地震作用;还要有耗能能力(阻尼、耗能装置),用于降低支承面处的相对变形,限制位移在设计允许范围内;最后还应具有一定的刚度、屈服力,以便在正常使用荷载下,结构不发生屈服和有害振动。

隔震的技术原理可以用图 10.2 进一步深入阐述,图中所示为一般的地震反应谱。首先,隔震层通常具有较大的阻尼,从而使结构所受地震作用较非隔震结构有较大的衰减;其次,隔震层具有很小的侧移刚度,从而大大延长了结构物的基本周期,因此结构加速度反应得到进一步降低(图 10.2(a))。与此同时,结构位移反应在一定程度上有所增加(图 10.2(b))。

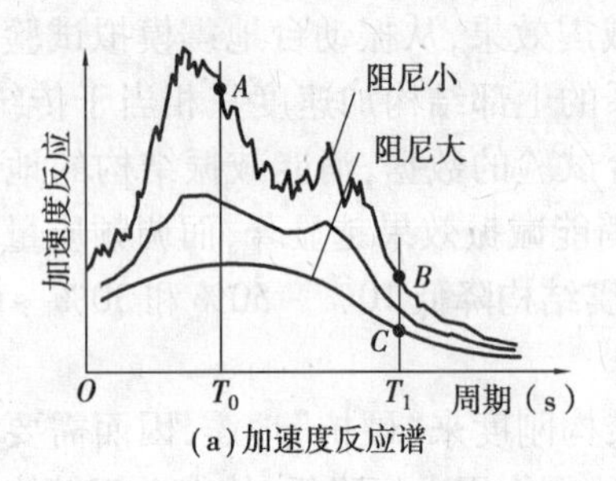

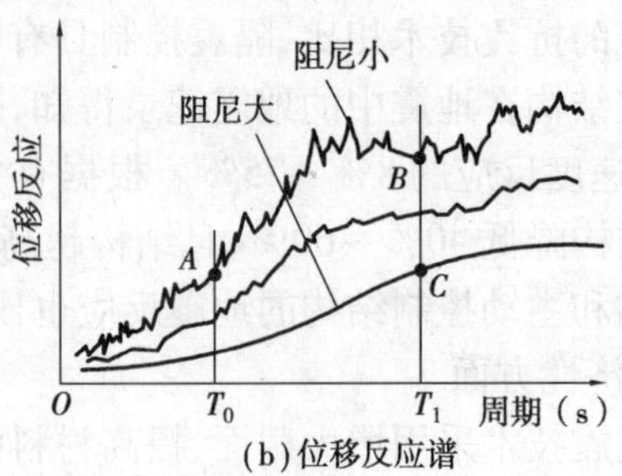

图 10.2　隔震结构加速度反应谱与位移反应谱

隔震系统的设置可以延长结构基本周期并增大结构阻尼,但隔震层的水平位移一般较大。当上部结构地震作用减小时,结构整体位移响应会增大。因此,需要设计人员在增大位移反应和减小地震作用之间寻找最佳平衡点。

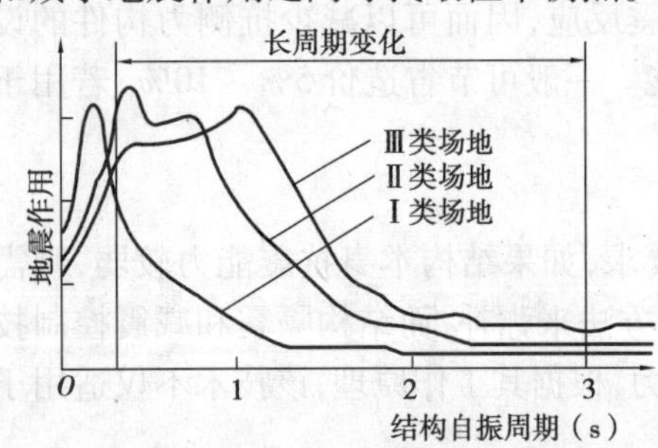

图 10.3　不同场地的地震作用反应谱

结构地震反应除了与结构的基本周期和阻尼有关外,还与场地土的特性有关,图 10.3 表示了不同场地条件下的地震作用反应谱。其中,Ⅰ类为岩石等坚硬的场地土,Ⅱ类为中等坚硬的场地土,Ⅲ类为软弱的场地土。从图 10.3 中可以看出,在较坚硬的场地上,只要将结构基本周期略有延长,就可以取得较好的减震效果,但对于软弱场地,则需要将结构基本周期延长更多,才能取得较好的减震效果。因此,隔震建筑建造在坚硬场地上的效果更佳。

10.2.2　隔震系统的构成和类型

隔震装置主要由隔震器、阻尼器组成。隔震器具有承担较大变形的能力,其作用是支承上部结构的全部质量,延长结构周期;阻尼器的作用是消耗地震能量,抑制结构可能发生的过大位移。隔震器和阻尼器往往合二为一构成隔震支座,只有当隔震支座阻尼不足时,才另加阻尼器。

1)隔震器

(1)叠层橡胶支座

叠层橡胶支座由多层橡胶和多层钢板或其他材料交替叠置结合而成,是一种竖向承载力高、水平刚度小、水平侧移容许值较大的装置。它既能减小水平地震作用,又能承受竖向地震作用，适用于房屋、桥梁、铁路、设备等隔震装置中，是目前世界上应用最多的隔震器。典型的铅芯叠层橡胶支座如图 10.4 所示。

(2)滑动支座

滑动支座的工作原理是：在上部结构与基础之间设置一层滑移构造层，从而在小震或风载作用时，静摩擦力使结构固结于基础上；大震时，结构水平滑动，减小地震作用，并以其摩擦阻尼耗散地震能量。滑移构造层可用精选的圆形粉粒作为隔离滑动层，粉粒材料可以选用铅粒、沙粒、滑石、石墨等。不锈钢表面加聚四氟乙烯(PTFE)的刚性滑动支座示意图如图 10.5 所示。

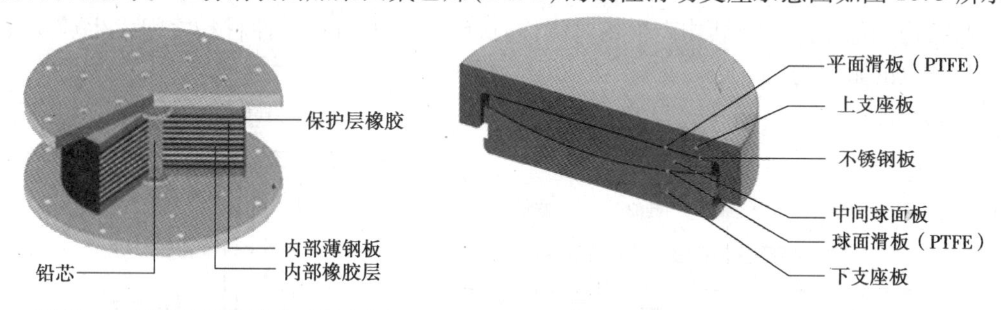

图 10.4 铅芯叠层橡胶支座示意图

图 10.5 刚性滑动支座示意图

(3)滚动支座

滚动支座是利用高强合金制成的滚珠(或滚轴)涂以防锈或防滑涂层后置于上部结构与基础之间，地震作用下以滚珠或滚轴的滚动来达到隔震的目的。滚珠隔震支座可以将滚珠做成圆形，置于平板与凹板上(图 10.6)，也可以将滚珠做成椭圆形以形成回复力；而滚轴隔震通常做成上下两层彼此垂直的轴承，以保证能在两个方向上滑动，如图 10.7 所示。滚珠或滚轴能把地面运动几乎全部隔开，因此具有明显的隔震效果。

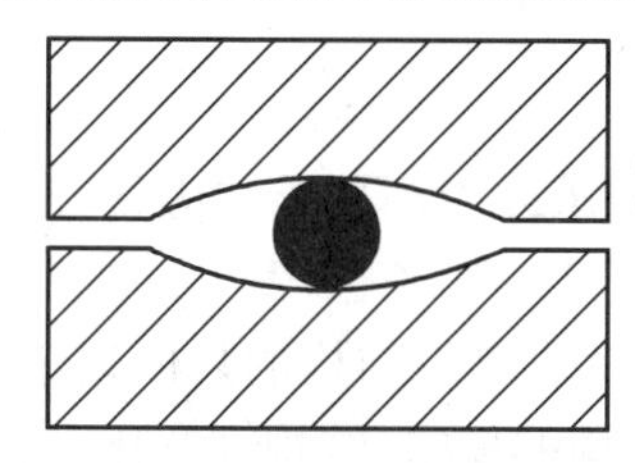

图 10.6 滚珠隔震支座示意图

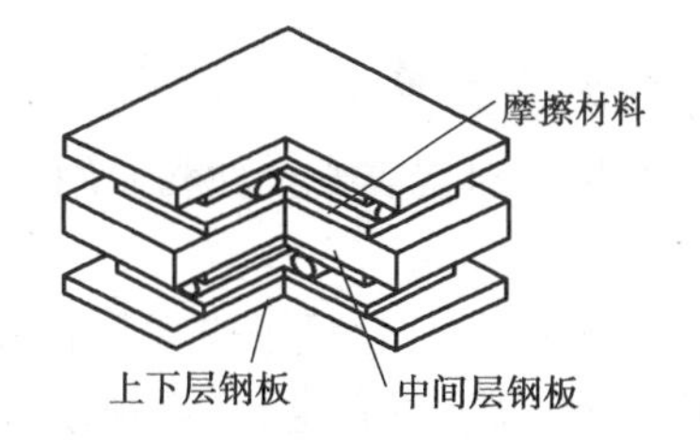

图 10.7 双向滚轴隔震支座示意图

2)阻尼器

铅芯叠层橡胶支座、高阻尼叠层橡胶支座以及某些滑动支座都具有隔震系统所需要的阻尼。当隔震支座阻尼不足时，可另加阻尼器，常用的基底隔震阻尼器有金属屈服阻尼器、粘滞阻尼器以及粘弹性阻尼器等。

(1)金属屈服阻尼器

软钢或铅等金属具有良好的塑性变形能力，可以在超过屈服应变几十倍的情况下经历往复变形而不发生断裂。利用软钢的变形能力和耗能能力可制成各种形状的阻尼器，如图 10.8 所示为 U 形金属阻尼器与叠层橡胶支座合用的应用实例。

图 10.8 U 形金属阻尼器

(2)粘滞阻尼器

图10.9为粘滞阻尼器构造示意图,汽缸内装有液压硅油,利用活塞头左右的压力差,使硅油通过小孔和活塞与缸体的空隙,从而产生阻尼力。当硅油过多或过少时,控制阀就开启,使硅油从储备室进入或出来,从而调节阻尼。除了硅油外,也可以使用其他粘滞液体,只要能保证液体不可燃、无毒,温度变化时性能稳定及长时间不变质即可。

(3)粘弹性阻尼器

图10.10为粘弹性阻尼器的构造示意图,它主要是由粘弹性材料和约束钢板组成,连接的钢板再与结构构件相连。当结构产生相对位移时,约束钢板与粘弹性材料之间发生剪切变形,从而产生一定的阻尼力。

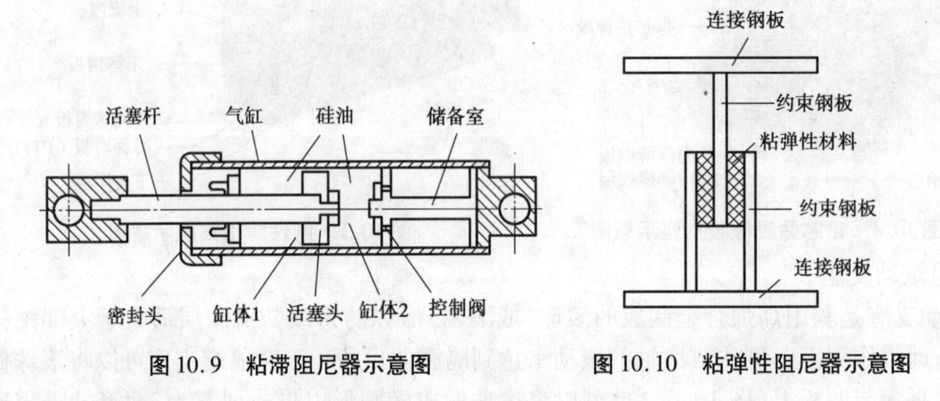

图10.9　粘滞阻尼器示意图　　图10.10　粘弹性阻尼器示意图

10.2.3　房屋隔震设计的适用范围和一般要求

1)隔震设计的适用范围

隔震设计可用于对抗震安全性和使用功能有较高要求或专门要求并应符合以下各项要求的建筑:

①结构高宽比宜小于4,且不应大于相关规范规程对非隔震结构的具体规定,其变形特征接近剪切变形,最大高度应满足《抗震规范》对非隔震结构的要求;结构高宽比大于4或非隔震结构相关规定的结构采用隔震设计时,应进行专门研究。

②建筑场地宜为Ⅰ、Ⅱ、Ⅲ类,并应选用稳定性较好的基础类型。

③风荷载和其他非地震作用的水平荷载标准值产生的总水平力不宜超过结构总重力的10%。

④隔震层应提供必要的竖向承载力、侧向刚度和阻尼;穿过隔震层的设备配管、配线,应采用柔性连接或其他有效措施,以适应隔震层的罕遇地震水平位移。

2)隔震设计的一般要求

(1)设计方案

建筑结构隔震设计确定设计方案时,应根据建筑抗震设防类别、抗震设防烈度、场地条件、建筑结构方案和建筑使用功能等因素,并与采用抗震设计的方案进行技术经济可行性对比分析后确定相应的设计方案。

(2)设防目标

采用隔震设计的建筑,当遭遇到本地区的多遇地震影响、设防地震影响和罕遇地震影响时,可按高于普通抗震建筑的基本设防目标进行设计。

此外,建筑结构隔震设计尚应符合相关专门标准的规定;也可按抗震性能目标的要求进行性能化设计。

(3)隔震装置的检验和维护

隔震装置在长期使用过程中需要检查和维护。因此,其安装位置除按计算确定外,还应采取便于检查和替换的措施。

为了确保隔震效果,隔震装置的性能参数应经试验确定,且设计文件上应注明对隔震装置的性能要求,安装前应按规定进行检测,确保性能符合要求。

10.2.4 房屋隔震设计的计算

1)分部设计法

隔震房屋可分成上部结构(隔震层以上结构)、隔震层、隔震层以下结构和基础 4 个部分,并应分别进行设计。隔震结构体系的计算简图,应在常规结构分析模型的底部增加由隔震支座及其顶部梁板组成的质点。对变形特征为剪切型的结构,可采用剪切模型隔震体系的计算简图,如图 10.11 所示。当隔震层以上结构的质心与隔震层刚度中心不重合时,应计入扭转效应的影响。

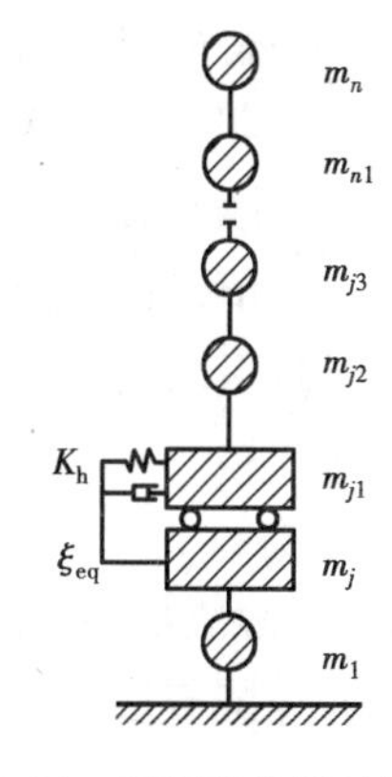

图 10.11 隔震结构的计算简图

分部设计法的步骤是:

①选择隔震部件(包括隔震垫和阻尼器),确定水平向减震系数、验算罕遇地震下隔震层的位移。

②按水平向减震系数进行上部结构的抗震计算和构造设计,以及隔震层顶部的梁板结构和支墩的设计。

③对隔震层下部结构和基础进行设计。

2)水平向减震系数的确定

(1)水平向减震系数的概念

采用隔震结构可以有效地减少隔震层以上结构的水平地震作用,我国抗震规范采用水平向减震系数的概念来反映这一特点。水平向减震系数的概念可定义为隔震结构与非隔震结构最大水平剪力或倾覆力矩的比值。它表示房屋建筑结构采用隔震技术后其地震作用降低程度的一个系数。

(2)水平向减震系数计算方法

计算隔震与非隔震情况下结构的层间剪力,一般宜采用时程分析法进行计算。所输入地震波的反应谱特性和数量,应符合《抗震规范》的有关要求,计算结果宜取其包络值。当房屋建筑处于发震断层 10 km 以内时,输入地震波应考虑近场影响系数,5 km 以内宜取 1.5,5 ~ 10 km 时可取不小于 1.25。

对于砌体结构,其水平向减震系数宜根据隔震后整个体系的基本周期,按下式确定:

$$\beta = 1.2\eta_2\left(\frac{T_{gm}}{T_1}\right)^{\gamma} \tag{10.1}$$

对于与砌体结构周期相当的结构,其水平向减震系数宜根据隔震后整个体系的基本周期按下式确定:

$$\beta = 1.2\eta_2\left(\frac{T_g}{T_1}\right)^{\gamma}\left(\frac{T_0}{T_g}\right)^{0.9} \tag{10.2}$$

式中 β——水平向减震系数;

η_2——地震影响系数的阻尼调整系数,根据隔震层等效阻尼按本书第 3.1.4 节的方法确定;

γ——地震影响系数的曲线下降段衰减指数,根据隔震层等效阻尼比按本书第 3.1.4 节的方法确定;

T_{gm}——砌体结构采用隔震方案时的设计特征周期,根据本地区所属的设计地震分组确定,但小于 0.4 s 时应按 0.4 s 采用;

T_g——特征周期;

T_0——非隔震结构的计算周期,当小于特征周期时应采用特征周期的数值;

T_1——隔震后体系的基本周期,对砌体结构,不应大于 2.0 s 和 5 倍特征周期值的较大值;对于与砌体结构周期相当的结构,不应大于 5 倍特征周期值。

砌体结构及与其基本周期相当的结构,隔震后体系的基本周期 T_1 可按下式计算:

$$T_1 = 2\pi\sqrt{\frac{G}{K_h g}} \tag{10.3}$$

式中 G——隔震层以上结构的重力荷载代表值;

K_h——隔震层的水平等效刚度。

3)隔震层参数的确定

在上述计算过程中,需要用到隔震层的水平等效刚度和等效粘滞阻尼比,然而设计时从橡胶隔震支座产品性能中获得的是单个支座的力学性能。关于隔震层的力学性能(即水平等效刚度和等效粘滞阻尼比)的计算方法,可根据振动方程的复阻尼理论来建立,这里不作详细介绍。

《抗震规范》给出了隔震层的水平等效刚度和等效粘滞阻尼比计算式分别为:

$$K_h = \sum_{i=1}^{n} K_i \tag{10.4}$$

$$\xi_{eq} = \frac{\sum_{i=1}^{n} K_i\xi_i}{K_h} \tag{10.5}$$

式中 n——隔震支座数量;

ξ_{eq}——隔震层等效粘滞阻尼比;

K_i——第 i 个隔震支座的水平等效刚度,由试验确定;

ξ_i——第 i 个隔震支座的等效粘滞阻尼比,由试验确定。

4)隔震层以上结构的设计

隔震层以上结构的水平地震作用,可由非隔震结构的水平地震作用乘以水平向减震系数来确定。计算时,隔震后水平地震作用计算的水平地震影响系数可按本书第3.1.4节的方法确定。其中,水平地震影响系数的最大值可按下式计算:

$$\alpha_{\max 1}=\frac{\beta\alpha_{\max}}{\psi} \tag{10.6}$$

式中　$\alpha_{\max 1}$——隔震后的水平地震影响系数最大值;

$\alpha_{\max}$——非隔震的水平地震影响系数最大值,按本书第3.1.4节的方法确定;

β——水平向减震系数,对于多层建筑结构,为按弹性计算所得的隔震与非隔震各层层间剪力的最大比值;对高层建筑结构,尚应计算隔震与非隔震各层倾覆力矩的最大比值,并与层间剪力的最大比值相比较,取二者的较大值;

ψ——调整系数,一般橡胶支座,取0.80;支座剪切性能偏差为S-A类时,取0.85;隔震装置带有阻尼器时,相应减少0.05。

弹性计算时,简化计算和反应谱分析时宜按隔震支座水平剪切应变为100%时的性能参数进行计算;当采用时程分析法时,按设计基本地震加速度输入进行计算。支座剪切性能偏差按现行国家产品标准《橡胶支座　第3部分:建筑隔震橡胶支座》(GB 20688.3)确定。

此外,利用水平向减震系数计算隔震层以上结构的地震作用时,还应注意以下规定:

①对于多层结构,隔震层以上结构的水平地震作用沿高度可按重力荷载代表值分布。

②隔震层以上结构的总水平地震作用不得低于非隔震结构在6度设防时的总水平地震作用,并应进行抗震验算;各楼层的水平地震剪力尚应符合本书式(3.22)中对本地区设防烈度的最小地震剪力系数的规定。

③9度时和8度且水平向减震系数不大于0.3时,隔震层以上的结构应进行竖向地震作用的计算。隔震层以上结构竖向地震作用标准值计算时,各楼层可视为质点,并按本书式(3.25)计算竖向地震作用标准值沿高度的分布。

隔震层以上结构的竖向地震作用标准值,在8度(0.20 g)、8度(0.30 g)和9度时分别不应小于隔震层以上结构总重力荷载代表值的20%、30%和40%。

5)隔震层的设计

(1)设计要求

隔震层设计应根据预期的竖向承载力、水平向减震系数和位移控制要求,选择适当的隔震支座、阻尼器以及抗风装置组成结构的隔震层。

隔震层宜设置在结构的底位或下部,其橡胶隔震支座宜设置在受力较大的位置,间距不宜过大,其规格、数量和分布应根据竖向承载力、侧向刚度和阻尼的要求通过计算确定。隔震层在罕遇地震下应保持稳定,不宜出现不可恢复的变形。隔震支座应进行竖向承载力的验算和罕遇地震下水平位移的验算。

(2)橡胶隔震支座平均压应力限值和拉应力规定

隔震支座的设计原则是罕遇地震下不破坏,它的基本性能之一就是稳定地支承建筑物重力。橡胶隔震支座平均压应力限值和拉应力规定是隔震层承载力设计的关键。《抗震规范》规定,隔震层各橡胶隔震支座的竖向压应力限值,应按永久荷载和可变荷载的组合计算,且不应超过表10.1列出的限值。

在罕遇地震作用下,隔震支座不宜出现拉应力。即使在罕遇地震的水平和竖向地震同时作用下,拉应力不应大于1 MPa。这主要是考虑到隔震支座出现拉应力后,会降低橡胶支座的弹性性能,同时上部结构也会存在倾覆的危险。

表10.1　橡胶隔震支座压应力限值

建筑类别	甲类建筑	乙类建筑	丙类建筑
压应力限值(MPa)	10	12	15

注:①压应力设计值应按永久荷载和可变荷载的组合计算,其中,楼面活荷载应按现行国家标准《建筑结构荷载规范》(GB 50009)的规定乘以折减系数;

②结构倾覆验算时应包括水平地震作用效应组合;对需进行竖向地震作用计算的结构,尚应包括竖向地震作用效应组合;

③当橡胶支座的第二形状系数(有效直径与橡胶层总厚度之比)小于5.0时应降低压应力限值:小于5不小于4时降低20%,小于4不小于3时降低40%;

④外径小于300 mm的橡胶支座,丙类建筑的压应力限值为10 MPa。

(3)隔震支座的水平剪力计算

隔震支座的水平剪力应根据隔震层在罕遇地震下的水平剪力按各隔震支座的水平等效刚度进行分配;当按扭转耦联计算时,尚应计及隔震层的扭转刚度。

隔震层在罕遇地震下的水平剪力宜采用时程分析法计算。对于砌体结构及与其基本周期相当的结构,可按下式计算:

$$V_c = \lambda_s \alpha_1(\xi_{eq}) G \tag{10.7}$$

式中　V_c——隔震层在罕遇地震下的水平剪力;

λ_s——近场系数,建筑处于发震断层5 km以内宜取1.5,5~10 km可取不小于1.25;

$\alpha_1(\xi_{eq})$——罕遇地震下的地震影响系数值,可根据隔震层参数,按本书第3.1.4节的方法确定。

(4)隔震支座的水平位移验算

隔震支座在罕遇地震作用下的水平位移,应符合下列要求:

$$u_i \leqslant [u_i] \tag{10.8}$$

$$u_i = \eta_i u_c \tag{10.9}$$

式中　u_i——罕遇地震作用下第i个隔震考虑扭转的水平位移;

$[u_i]$——第i个隔震支座的水平位移限值;对橡胶隔震支座,不应超过该支座有效直径的0.55倍和支座各橡胶层总厚度3.0倍二者的较小值;

u_c——罕遇地震下隔震层质心处或不考虑扭转的水平位移;

η_i——第i个隔震支座扭转影响系数,应取考虑扭转和不考虑扭转时i支座计算位移的比值;当隔震层以上结构的质心与隔震层刚度中心在两个主轴方向均无偏心时,边支座的扭转影响系数不应小于1.15。

隔震支座在罕遇地震下的水平位移宜采用时程分析法计算。对于砌体结构及与其基本周期相当的结构，在罕遇地震下隔震层质心处的水平位移可按下式计算：

$$u_e = V_c / K_h \tag{10.10}$$

式(10.10)中的 V_c、K_h 分别由式(10.7)和式(10.4)确定。

隔震支座的扭转影响系数，应取考虑扭转和不考虑扭转时的支座计算位移的比值。当隔震支座的平面布置为矩形或接近矩形时，可按下列方法确定：

①当隔震层以上结构的质心与隔震层刚度中心在两个主轴方向均无偏心时，边支座的扭转影响系数不宜小于1.15。

②仅考虑单向地震作用的扭转时，扭转影响系数可按下式估计(见图10.12)：

$$\eta = 1 + \frac{12 e s_i}{a^2 + b^2} \tag{10.11}$$

式中 e——上部结构质心隔震层刚度中心在垂直于地层作用方向的偏心距；

s_i——第 i 个隔震支座与隔震层刚度中心在垂直于地震作用方向的距离；

a,b——隔震层平面的两个边长。

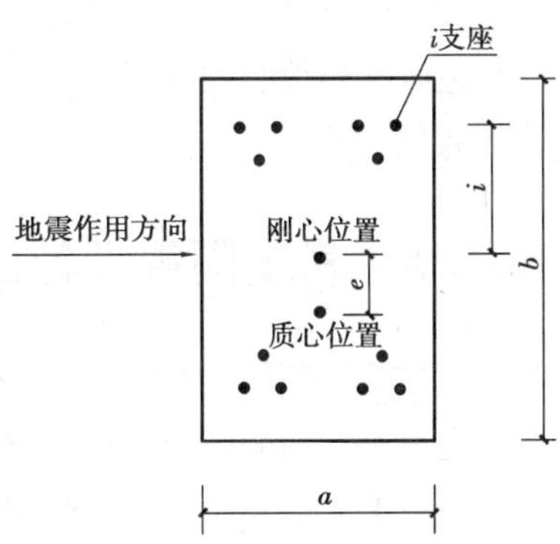

图10.12 扭转计算示意图

对边支座，其扭转影响系数不宜小于1.15；当隔震层和上部结构采取有效的抗扭措施后或扭转周期小于平动周期的70%时，扭转影响系数可取1.15。

③同时考虑双向地震作用的扭转时，可仍按式(10.11)计算，但式中的偏心距应采用下列公式中的较大值替代：

$$e = \sqrt{e_x^2 + (0.85 e_y)^2} \tag{10.12a}$$

$$e = \sqrt{e_y^2 + (0.85 e_x)^2} \tag{10.12b}$$

式中 e_x——y 方向地震作用时的偏心距；

e_y——x 方向地震作用时的偏心距。

对于边支座，其扭转影响系数不宜小于1.2。

(5)隔震支座部件的性能要求

隔震支座在表10.1所列的压应力下的极限水平变位，应大于其有效直径的0.55倍和支座内部橡胶总厚度3倍二者的较大值。

在经历相应设计基准期的耐久试验后，隔震支座刚度、阻尼特性变化不超过初期值的±20%，徐变量不超过支座内部橡胶总厚度的5%。

6)隔震层以下结构及基础的设计

①隔震层支墩、支柱及相连构件，应采用隔震结构罕遇地震下隔震支座底部的竖向力、水平力和力矩进行承载力验算。

②隔震层以下的结构(包括地下室和隔震塔楼下的底盘)中直接支承隔震层以上结构的相关构件，应满足嵌固的刚度比和隔震后设防地震的抗震承载力要求，并按罕遇地震进行抗剪承载力验算。隔震层以下地面以上的结构在罕遇地震下的层间位移角限值，较非隔震结构提高一倍，不同下部结构类型所对应的层间弹塑性位移角限值应满足表10.2的要求。

表 10.2　隔震层以下地面以上结构罕遇地震作用下层间弹塑性位移角限值

下部结构类型	$[\theta_p]$
钢筋混凝土框架结构和钢结构	1/100
钢筋混凝土框架-抗震墙	1/200
钢筋混凝土抗震墙	1/250

③基础设计时不考虑隔震产生的减震效应，隔震建筑地基基础的抗震验算和地基处理仍应按本地区抗震设防烈度进行，甲、乙类建筑的抗液化措施应按提高一个液化等级确定，直至全部消除液化沉陷。

10.2.5　房屋隔震设计的构造要求

(1)隔震结构应采取不阻碍隔震层在罕遇地震下发生大变形的措施

①上部结构的周边应设置竖向隔离缝，缝宽不宜小于各隔震支座在罕遇地震下的最大水平位移值的 1.2 倍且不小于 200 mm。对两相邻隔震结构，其缝宽取最大水平位移值之和，且不小于 400 mm。

②上部结构与下部结构之间，应设置完全贯通的水平隔离缝，缝高可取 20 mm，并用柔性材料填充；当设置水平隔离缝确有困难时，应设置可靠的水平滑移垫层。

③穿越隔震层的门廊、楼梯、电梯、车道等部位，应防止可能的碰撞。

(2)隔震层以上结构的抗震措施

当水平向减震系数大于 0.40 时(设置阻尼器时为 0.38)不应降低非隔震时的有关要求；水平向减震系数不大于 0.40 时(设置阻尼器时为 0.38)，可适当降低《抗震规范》对非隔震建筑的要求，但烈度降低不得超过 1 度，与抵抗竖向地震作用有关的抗震构造措施不应降低。这里的与抵抗竖向地震作用有关的抗震构造措施，对钢筋混凝土结构，指墙、柱的轴压比规定；对砌体结构，指外墙尽端墙体的最小尺寸和圈梁的有关规定。

(3)隔震层与上部结构的连接要求

①隔震层顶部应设置梁板式楼盖，且应符合：隔震支座的相关部位应采用现浇混凝土梁板结构，现浇厚度不应小于 160 mm；隔震层顶部梁、板的刚度和承载力，宜大于一般楼盖梁板的刚度和承载力；隔震支座附近的梁、柱应计算冲切和局部承压，加密箍筋并根据需要配置网状钢筋。

②隔震支座和阻尼装置的连接构造，应符合：隔震支座和阻尼装置应安装在便于维护人员接近的部位；隔震支座与上部结构、下部结构之间的连接，应能传递罕遇地震下支座的最大水平剪力和弯矩；外露的预埋件应有可靠的防锈措施；预埋件的锚固钢筋应与钢板牢固连接，锚固钢筋的锚固长度宜大于 20 倍锚固钢筋直径，且不小于 250 mm。

10.3 房屋消能减震设计

消能减震设计是指在房屋结构中设置消能器,通过消能器的相对变形和相对速度提供附加阻尼,以消耗输入结构的地震能量,达到预期防震减震要求。房屋消能减震设计的基本要求是,通过消能器的设置来控制预期的结构变形,从而使主体结构构件在罕遇地震作用下不发生严重破坏。

10.3.1 消能减震的原理

消能减震技术属于结构减震控制中的被动控制,它是指在房屋结构的某些部位,设置消能(阻尼)装置(或元件),通过消能(阻尼)装置产生弹塑性滞回变形来耗散或吸收地震输入结构中的能量,以减小主体结构的地震反应,从而避免结构产生破坏或倒塌。

消能减震的原理可以从能量的角度来阐述。地震时,结构在任意时刻的能量方程为:

$$E_t = E_s + E_f \tag{10.13}$$

式中 E_t——地震过程中输入结构体系的能量;

E_s——结构主体自身的能量;

E_f——附加耗能元件的耗能。

从能量的观点看,地震输入结构的能量 E_t 是一定的。因此,消能装置耗散的能量 E_f 越多,结构本身需要消耗的能量 E_s 就越小,这意味着结构地震反应降低。另一方面,从动力学的观点看,消能(阻尼)装置的作用,相当于增大结构的阻尼,必将使结构地震反应减小。

10.3.2 消能减震装置与部件

消能减震装置应具有高刚度、低强度的特点,这样既可以保证结构的使用性能,同时又在地震和风荷载作用下,相对于主体结构率先进入塑性状态而大量地消耗能量。消能减震装置主要是消能阻尼器,消能部件可由消能器及斜撑、墙体、梁等支承构件组成,主要有消能支撑、消能墙、消能节点、消能连接和消能支承或悬吊构件。

1)消能阻尼器

阻尼器的原理已在第10.2.2节中做了介绍,在此不再赘述。消能阻尼器的功能是:当结构构件发生相对位移时,会产生较大阻尼,从而发挥消能减震的作用。为了达到最佳消能效果,要求消能阻尼器提供最大阻尼,即当构件在地震作用下发生相对位移时,消能阻尼器所做的功最大。消能阻尼器主要分为位移相关型、速度相关型及其他类型。

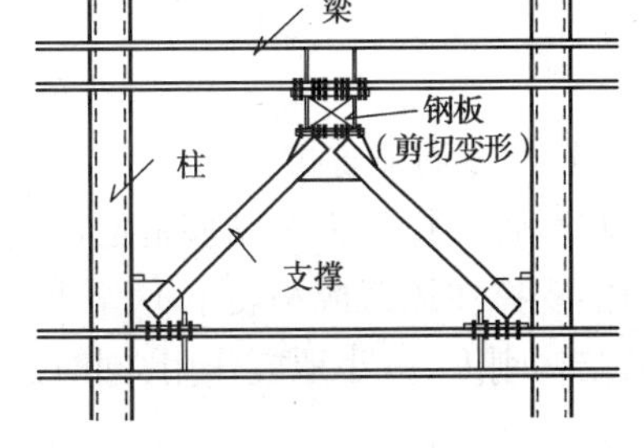

图10.13 剪切变形的金属阻尼器的构成

金属屈服阻尼器、摩擦阻尼器及形状记忆合金阻尼器等属于位移相关型,即消能阻尼器对结构产生的阻尼力主要与消能阻尼器两端的相对位移有关,当位移达到一定的限值才能发挥作用。除了图 10.8 介绍的橡胶隔震支座附加 U 形金属阻尼器的实例外,还可利用金属构件的剪切、轴向及弯曲屈服变形实现耗能目的。如图 10.13 所示,可利用钢板的剪切塑性变形吸收地震能量。

粘弹性阻尼器、粘滞流体阻尼器等属于速度相关型,即消能阻尼器对结构产生的阻尼力主要与消能阻尼器两端的相对速度有关,与位移无关或与位移的关系为次要因素。

此外,还有其他类型的消能装置,如调频质量阻尼器(TMD)、调频液体阻尼器(TLD)等。

2)消能支撑

消能支撑实质上是将各式阻尼器用在支撑系统上的耗能构件。常见的有如下形式:

(1)屈曲约束支撑

如图 10.14 所示的屈曲约束支撑由内核心钢板、钢套管及与钢套管之间填充的灰浆组成。内核心钢板和灰浆之间涂了一层无粘结材料,可以确保核心钢板上的轴力不传到灰浆体和外钢管上,灰浆和外钢管共同阻止支撑产生弯曲变形。在轴向拉压力作用下,屈曲约束支撑可承受压拉屈服,而不发生屈曲失稳,实现塑性变形,从而消耗地震能量输入。屈曲约束支撑常用的截面形式如图 10.14(b)所示。在实际工程中可布置成 K 形支撑、斜杆支撑、交叉支撑等。

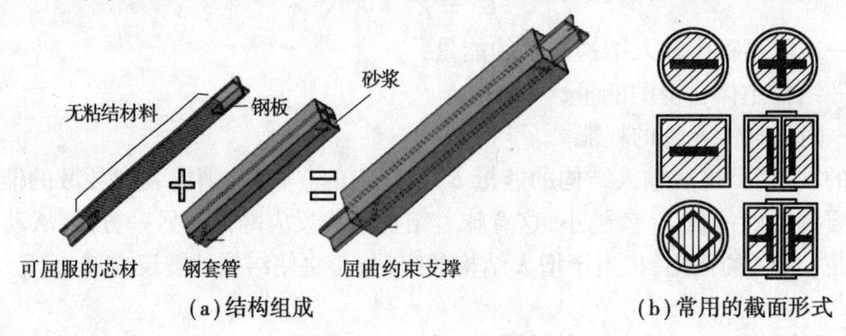

图 10.14　屈曲约束支撑

(2)消能交叉支撑

在交叉支撑处利用弹塑性阻尼器的原理,可做成消能交叉支撑,如图 10.15 所示。在支撑交叉处,可通过方钢框或圆钢框的塑性变形消耗地震能量。

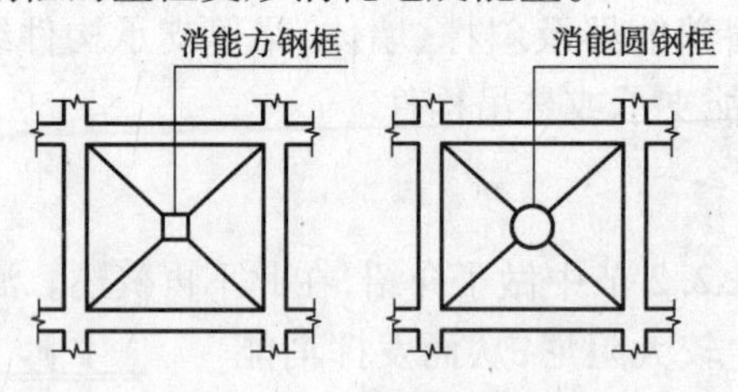

图 10.15　消能交叉支撑

(3)摩擦消能支撑

将高强度螺栓钢板摩擦阻尼器用于支撑构件,可做成摩擦消能支撑,如图 10.16 所示。摩擦消能支撑在风载或小震下不滑动,能像一般支撑一样提供很大的刚度,而在大震下支撑滑动,降低结构刚度,减小地震作用,同时通过支撑滑动摩擦消耗地震能量。

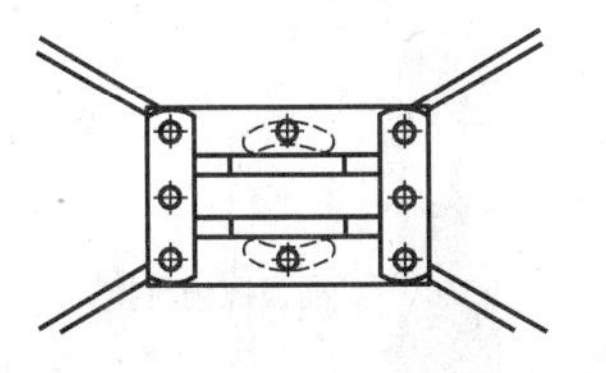
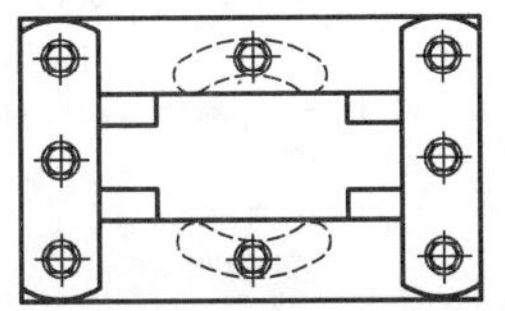
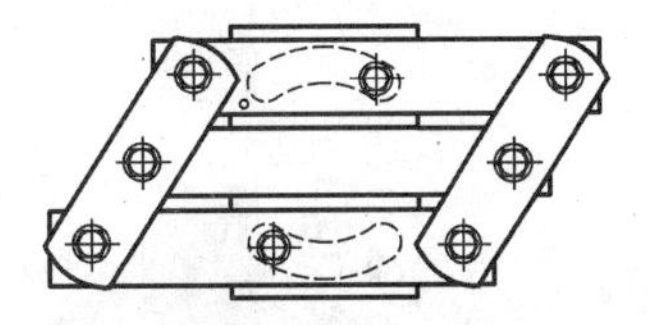

图 10.16 摩擦消能支撑

(4)消能偏心支撑

偏心支撑是指在支撑斜杆的两端至少有一端与梁相交，且不在节点处，另一端可在梁与柱处连接，或偏离另一根支撑斜杆一端长度与梁连接，并在支撑斜杆与柱子之间构成消能梁段，或在两根支撑斜杆之间构成消能梁段的支撑。在风载或小震作用下，支撑不屈服，偏心支撑能提供很大的侧向刚度；在大震下，支撑及部分梁段屈服耗能，衰减地震反应。各类偏心支撑结构如图 10.17 所示。

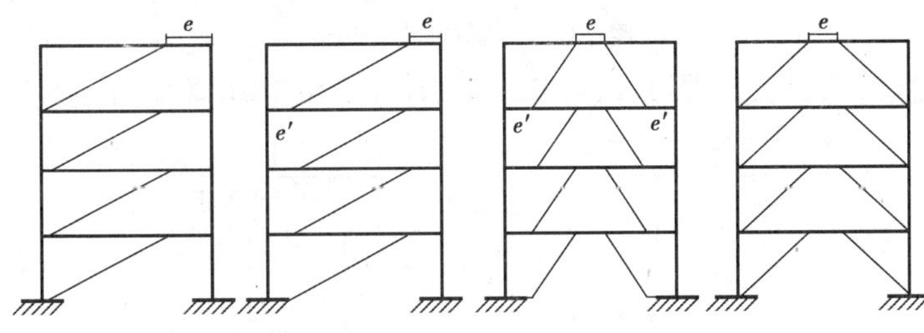

图 10.17 偏心支撑框架

3)消能墙

消能墙实质上是将阻尼器或消能材料用于墙体所形成的耗能构件或耗能子结构。如图 10.18 所示为在消能墙中应用粘弹性阻尼器的实例，两块钢板中间夹有粘弹性(或粘性)材料，通过粘弹性(或粘性)材料的剪切变形吸收地震能量。其耗能效果与两块钢板相对错动的振幅、频率等因素有关，因此设计过程中要考虑这些因素的影响。

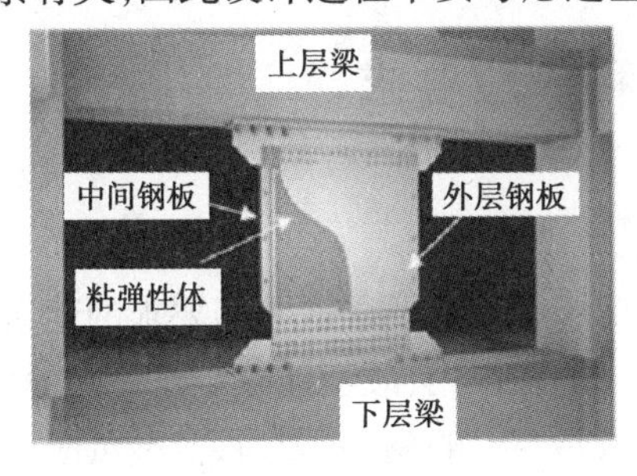

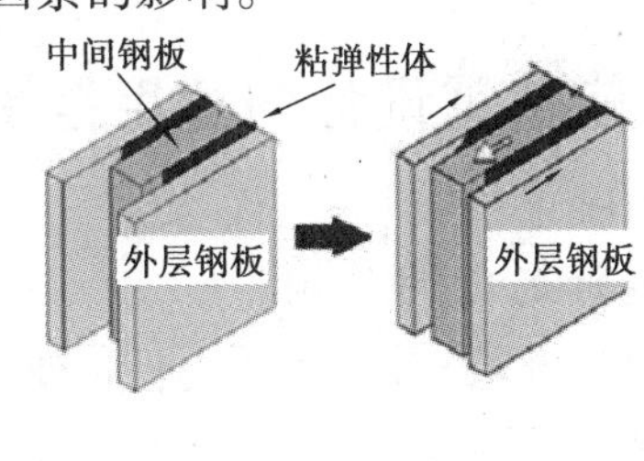

图 10.18 消能墙

4)消能节点

消能节点是指在结构的梁柱节点或梁节点处安装消能装置，当结构产生侧向位移时，在节点处产生角度变化或转动式错动时，消能装置即可发挥消能减震作用。如图 10.19 所示的铰接节点中安装了屈曲约束支撑，从而实现了节点可吸收地震能量。

5)消能连接

消能连接是指在结构的缝隙处或结构构件之间的连接处设置消能装置，当结构在缝隙或连

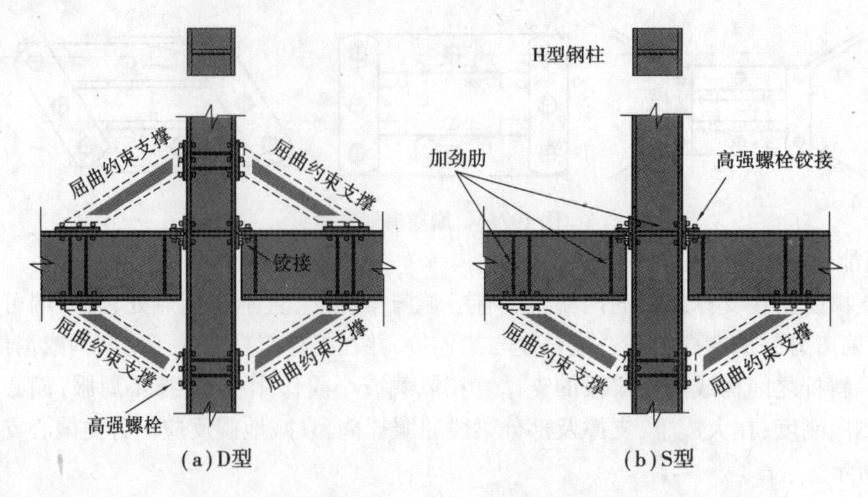

图 10.19　梁柱消能节点

接处产生相对变形时,消能装置即可发挥消能减震作用,如图 10.20 所示。

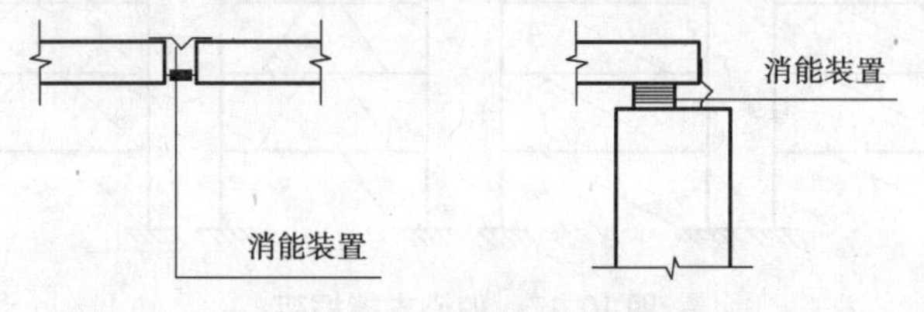

图 10.20　消能连接

6) 消能支撑或悬吊构件

消能支撑或悬吊构件是指对于某些线结构(如管道、线路、桥梁的悬索、斜拉索的连接处等),设置各种支承或者悬吊消能装置,当线结构发生振动时,支承或悬吊构件即可发生消能减震作用。

10.3.3　消能减震设计的适用范围和一般要求

1) 消能减震设计的适用范围

消能减震设计可用于对抗震安全性和使用功能有较高要求或专门要求的建筑。

由于消能装置可同时减少结构的水平和竖向地震作用,故消能减震设计一般不受结构类型和高度的限制。但消能减震部件发挥耗能作用需要一定的变形,因而,应尽量应用于延性结构,如钢、钢筋混凝土、钢-混凝土混合等结构类型的房屋;若应用于脆性变形较小的结构时,则其耗能减震作用得不到充分发挥。

2) 消能减震设计的一般要求

(1) 设计方案

建筑结构消能减震设计确定设计方案时,应根据建筑抗震设防类别、抗震设防烈度、场地条件、建筑结构方案和建筑使用要求等因素,并与采用抗震设计的方案进行技术经济可行性对比分析后确定合理的设计方案。

(2)设防目标

采用消能减震设计的建筑,当遭遇到本地区的多遇地震影响、设防地震影响和罕遇地震影响时,可按高于普通抗震建筑的基本设防目标进行设计。

此外,建筑结构消能减震设计尚应符合相关专门标准的规定,也可按抗震性能目标的要求进行性能化设计。

(3)消能部件的检验和维护

消能部件的性能参数应经试验确定;消能部件的设置部位,应尽可能不影响结构的使用功能,尽可能减少工程造价,且应采取便于检查和替换的措施。

设计文件上应注明对消能部件的性能要求,安装前应按规定进行检测,确保性能符合要求。

10.3.4 房屋消能减震设计的计算

1)房屋消能减震设计的计算方法

①由于加上消能部件后不改变结构的基本形式,除了消能部件和相关部件外的结构设计仍可按《抗震规范》对相应类型结构的要求执行。因此,计算消能减震结构的关键是确定结构的总刚度和总阻尼。

②结构处于弹性阶段时。当主体结构基本处于弹性工作阶段时,可采用线性分析方法作简化估算,并根据结构的变形特征和高度等,按照抗震规范的相关规定分别采用底部剪力法、振型分解反应谱法和时程分析法。消能减震结构的地震影响系数,可根据消能减震结构的总阻尼比按本书第3.1.4节的方法确定。

消能减震结构的自振周期应根据消能减震结构的总刚度确定,总刚度应为结构刚度和消能部件有效刚度的总和。

消能减震结构的总阻尼比应为结构阻尼比和消能部件附加给结构的有效阻尼比的总和。对于线性粘滞阻尼器和粘弹性阻尼器,其多遇地震和罕遇地震作用下的总阻尼比是相同的;但对非线性粘滞阻尼器、金属阻尼器和摩擦阻尼器等,由于其附加阻尼比与阻尼器的变形和结构变形有关,其在多遇地震和罕遇地震作用下的附加阻尼比是不相同的,应分别计算。

③结构处于弹塑性阶段时。对主体结构进入弹塑性阶段的情况,应根据主体结构体系特征,采用静力非线性分析方法或非线性时程分析方法。

在非线性分析中,消能减震结构的恢复力模型应包括结构恢复力模型和消能部件的恢复力模型。计算模型应尽可能采用三维空间有限元模型,以尽可能模拟消能减震结构的真实受力状态。消能减震结构的弹塑性变形不能采用结构弹塑性变形简化估算方法来确定。

2)房屋消能减震的设计步骤

①确定消能器的布设位置、数量和参数初值。

②计算消能减震结构的基本周期和总阻尼比。

③采用底部剪力法或振型分解反应谱法计算消能减震结构的地震作用标准值和层间剪力。

④按照刚度进行层间剪力在结构各构件和消能部件之间的分配,对位移相关型和非线性速度相关型消能器,其刚度按照等价线性化方法取消能部件的有效刚度;对速度线性相关型消能器,其刚度取消能部件的刚度。

⑤进行结构的抗震设计和验算,若满足抗震设计要求时,设计完成;否则,修改消能器的布设位置、数量和参数值,重新从第②步开始设计。

3)消能部件的设置

消能减震设计时,应根据多遇地震下的预期减震要求及罕遇地震作用下的预期结构位移控制要求,设置适当的消能部件。消能减震结构的层间弹塑性位移角限值,应符合预期的变形控制要求,宜比非消能减震结构适当减小。

消能部件可根据需要沿结构的两个主轴方向分别设置。若结构地震反应明显存在扭转效应,则消能部件的布置位置宜尽量减小结构质量中心与刚度中心的不重合程度,在减小结构两个主轴方向的水平地震的同时,尚需兼顾扭转效应的控制。

消能部件宜设置在变形较大的位置,其数量和分布应通过综合分析合理确定,并有利于提高整个结构的消能减震能力,形成均匀合理的受力体系。图10.21为消能部件在结构中的几种设置形式。

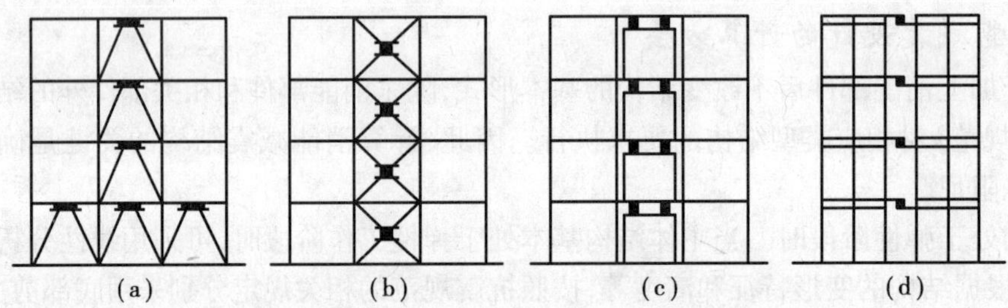

图10.21　消能部件在结构中的几种典型设置形式

4)消能部件的性能要求

消能部件应满足下列要求:

①消能部件应对结构提供足够的附加阻尼,具有足够的吸收和耗散地震能量的能力。消能部件附加给结构的有效阻尼比宜大于10%,超过25%时宜按25%计算。

②消能部件应具有足够的初始刚度。消能器的极限位移要满足《抗震规范》的要求。

③消能器应具有优良的耐久性能,能长期保持其初始性能。

④消能器构造应简单、施工方便、易维护。

10.3.5　消能减震结构的构造要求

(1)消能部件的相关要求

①消能器与支承构件的连接,应符合《抗震规范》和有关规程的要求。

②在消能器施加给主结构最大阻尼力作用下,消能器与主结构之间的连接部位应在弹性范围内工作。

③与消能部件相连的结构构件设计时,应计入消能部件传递的附加内力。例如,消能部件传递了附加轴力给与其连接的构件,则需要考虑附加轴力后的总轴压比,它应满足结构抗震设计对轴压比限制的有关要求。

(2)其他构造要求

由于消能装置不改变结构的基本形式,除消能部件和相关部件外的结构设计仍可按《抗震规范》对相应类型结构的要求执行。因此,消能减震房屋的抗震构造措施,与普通抗震房屋相比不降低,其抗震安全性将有明显的提高。

当消能减震结构的抗震性能明显提高时,主体结构的抗震构造要求可适当降低,降低程度可根据消能减震结构地震影响系数与不设置消能减震装置结构的地震影响系数之比确定,最大降低程度应控制在1度以内。

10.4　隔震设计算例

工程概况:某6层砖砌体房屋,平面如图10.22所示。层高2.8 m,总高16.8 m,建筑面积3 548 m^2,结构布置双向基本对称。按7个质点考虑(隔震层顶部梁板为一个质点),各质点集中的重力荷载代表值如图10.23所示。设防烈度8度(0.2g),Ⅱ类场地,设计地震分组第3组,场地特征周期查出为0.45 s。隔震层由56个直径D为400 mm的铅芯橡胶隔震支座组成,单个支座的第一形状系数S_1=19.1,第二形状系数S_2=5.9;设计承载力1 880 kN;水平刚度1 kN/mm,等效粘滞阻尼比0.23。支座分布如图10.24所示。试对该房屋进行下列计算:(1)非隔震计算;(2)竖向地震计算;(3)支座承载力验算;(4)隔震后体系的基本周期计算;(5)水平减震系数的计算;(6)隔震层以上结构水平地震作用计算。

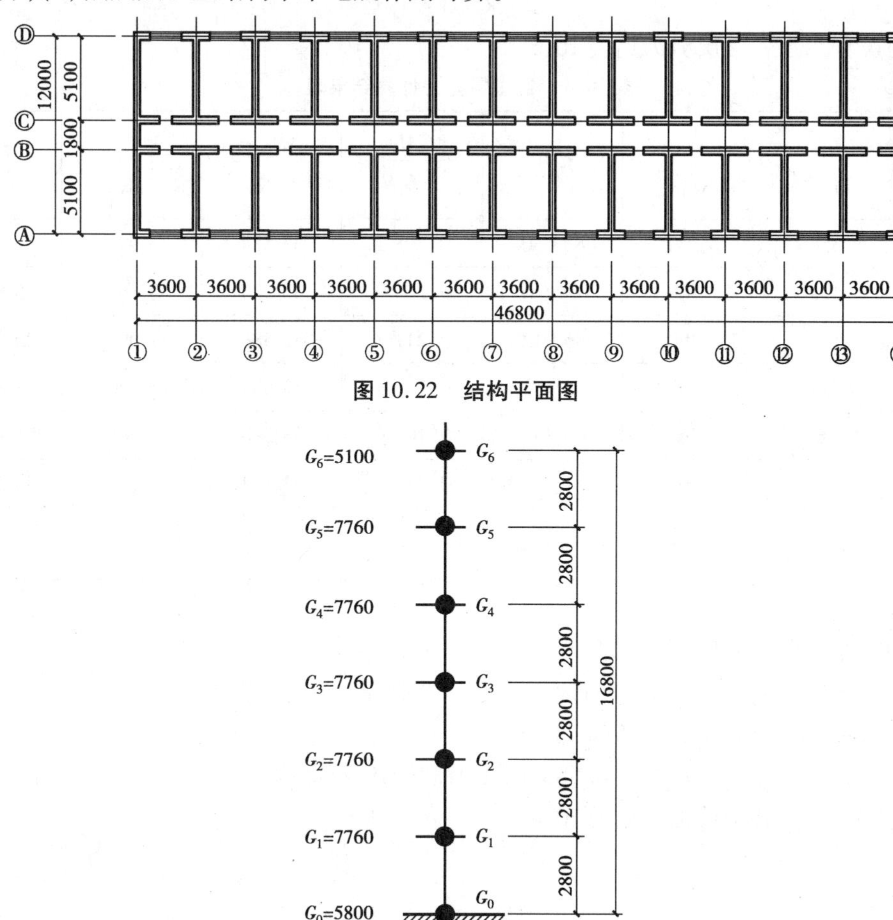

图10.22　结构平面图

图10.23　结构计算简图

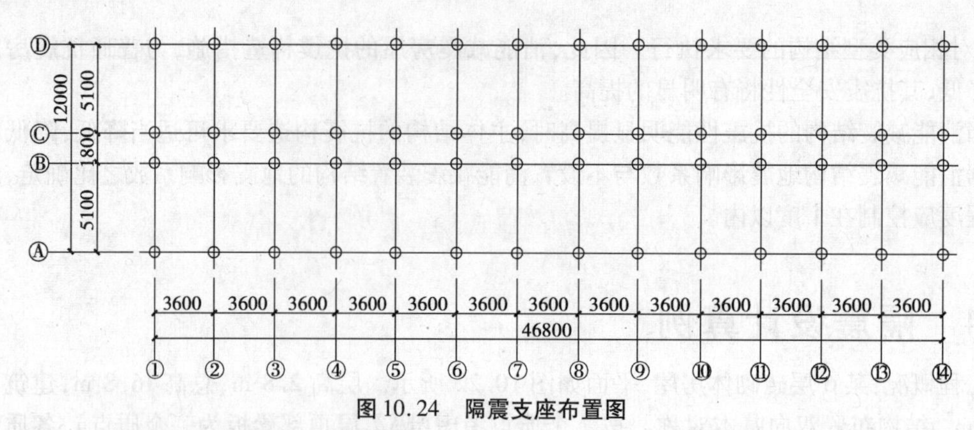

图 10.24　隔震支座布置图

【解】(1)非隔震计算(8 度罕遇地震)

按底部剪力法,对砖砌体房屋,地震影响系数取 $\alpha_{\max}$,8 度罕遇地震 $\alpha_{\max}=0.9$,等效重力荷载 G_{eq} 应取 $0.85\sum_{i=1}^{6}G_i=0.85(5\times 7\,760+5\,100)=37\,315$ kN(此时 G_0 不应加入)。隔震后体系的基本周期为:

$$T_1=2\pi\sqrt{\frac{49\,700}{56\times 9\,800}}=1.89(\mathrm{s})$$

水平地震作用下各楼层剪力见表 10.3。

表 10.3　各楼层剪力计算结果表

层次	H_i (m)	G_i (kN/m^2)	G_iH_i	$\frac{G_iH_i}{\sum G_iH_i}$	F_{EK} (kN)	F_i (kN)	V_i (kN)
6	16.8	5 100	85 680	0.208 2	33 584	6 992	6 992
5	14.0	7 760	108 640	0.263 9	33 584	8 863	15 855
4	11.2	7 760	86 912	0.211 1	33 584	7 090	22 945
3	8.4	7 760	65 184	0.158 4	33 584	5 320	28 265
2	5.6	7 760	43 456	0.105 6	33 584	3 546	31 811
1	2.8	7 760	21 728	0.052 8	33 584	1 773	33 584
$\sum$		43 900	411 600				

(2)竖向地震计算(8 度罕遇地震)

按本书第 3.3 节的方法计算竖向地震作用标准值 F_{Evk},$\alpha_{v\max}$ 取 $0.9\times 0.65=0.585$,G_{eq} 取 $0.75\times(5\,100+5\times 7\,760)=32\,925$(kN),则

$$F_{Evk}=0.585\times 32\,925=19\,261(\mathrm{kN})$$

竖向地震作用下各楼层轴力见表 10.4。

表 10.4 各楼层轴力计算结果表

层次	$\frac{G_iH_i}{\sum G_iH_i}$	F_{EvK} (kN)	F_{vi} (kN)	N_i (kN)
6	0.208 2	19 261	4 010	4 010
5	0.263 9	19 261	5 083	9 093
4	0.211 1	19 261	4 066	13 159
3	0.158 4	19 261	3 051	16 210
2	0.105 6	19 261	2 034	18 244
1	0.052 8	19 261	1 017	19 261

(3)隔震支座竖向承载力验算

竖向荷载设计值按8度罕遇地震计算,总重力荷载代表值 $G=(5\ 100+5\times7\ 760+5\ 800)=49\ 700$(kN),分项系数取1.2;总竖向地震作用标准值 $F_{Evk}=19\ 261$ kN,当不计水平地震作用时,分项系数应取1.3,总计竖向压力:

$$N_{总}=49\ 700\times1.2+19\ 261\times1.3=84\ 679(\text{kN})$$

支座承受竖向荷载与布置有关,应近似按其所负担荷载面积划分,中间布置的支座荷载应大些,按面积划分中间一个支座所占比例为:$\frac{3.6\times\left(\frac{5.1}{2}+0.9\right)}{12.5\times47.3}=0.021$。

该支座应负担的荷载 $N=0.021N_{总}=0.021\times84\ 679=1\ 778(\text{kN})<1\ 880(\text{kN})$。

若以应力形式表达,则

$$\sigma=\frac{1\ 778\times10^3}{\frac{\pi\times400^2}{4}}=14.1(\text{MPa})<15(\text{MPa})$$

故满足要求。

(4)隔震后体系的基本周期计算

利用式(10.3)计算隔震后体系的基本周期时,隔震层以上结构的重力荷载代表值为:

$$G=5\ 100+5\times7\ 760+5\ 800=49\ 700(\text{kN})$$

隔震层的水平等效刚度(未考虑加载频率等影响)为:

$$K_h=\sum_{i=1}^{56}K_i=1\times56=56(\text{kN/mm})$$

从而得到隔震后体系的基本周期为:

$$T_1=2\pi\sqrt{\frac{49\ 700}{56\times9\ 800}}=1.89(\text{s})$$

此值小于2.0 s,也小于 $5\times0.45=2.25$(s)。

(5)水平减震系数的计算

采用式(10.1)计算水平减震系数时,周期1.89 s已求得;设计特征周期0.45 s大于0.4 s,取 $T_{gm}=0.45$ s;由于各支座粘滞阻尼比均为0.23(未考虑加载频率等影响),代入式(10.5)得隔震层等效粘滞阻尼比仍为 $x_{eq}=0.23$。

将结果代入本书第 3.1.4 节式(3.2),得到衰减指数为:

$$\gamma = 0.9 + \frac{0.05 - 0.23}{0.3 + 6 \times 0.23} = 0.7929$$

代入本书第 3.1.4 节的式(3.3),可得阻尼调整系数为:

$$\eta_2 = 1 + \frac{0.05 - 0.23}{0.08 + 1.6 \times 0.23} = 0.5982$$

将各相关数据代入式(10.1),可得水平减震系数为:

$$\beta = 1.2 \times 0.5982 \times \left(\frac{0.45}{1.89}\right)^{0.7929} = 0.2301$$

(6)隔震层以上结构的水平地震作用计算(8 度罕遇地震)

根据本章第 10.2.4 节的方法和式(10.6),将相关数据代入 $F_{\mathrm{Ek}} = \dfrac{\alpha_{\max}\beta}{\psi} G_{\mathrm{eq}}$,得到隔震层以上结构的总水平地震作用为:

$$F_{\mathrm{Ek}} = \frac{0.9 \times 0.2301}{0.8} \times 49700 = 12865(\mathrm{kN})$$

对多质点体系而言,可视为每一质点用其重力荷载代表值与同一系数(即$\dfrac{0.9 \times 0.2301}{0.8}$)相乘,就得到该质点的水平地震作用。具体数据见表 10.5。

表 10.5 各楼层剪力的计算结果

层数	G_i(kN/m²)	α	F(kN)	V(kN)
6	5 100	$\frac{0.9 \times 0.2301}{0.8} = 0.2589$	1 320	1 320
5	7 760	0.258 9	2 009	3 329
4	7 760	0.258 9	2 009	5 338
3	7 760	0.258 9	2 009	7 348
2	7 760	0.258 9	2 009	9 357
1	7 760	0.258 9	2 009	11 365
0	5 800	0.258 9	1 501	12 867

将表 10.5 的数据与表 10.3 中对应数据进行对比,以第 1 层为例,层间剪力比为11 365/33 584 = 0.338 4,此值大于水平减震系数 0.230 1,而第 6 层层间剪力比为 1 298/6 992 = 0.188 8,此值小于水平减震系数。其原因在于表 10.3 采用的是底部剪力法,且在 G_{eq} 中含有0.85,而表 10.5 是基于隔震后上部结构产生平动而得出的。因此,并非简单地将表 10.3 的数据乘以水平减震系数便得到隔震后上部结构的楼层剪力。

此外,按规范要求,还应验算在多遇地震下隔震楼层剪力是否小于 6 度对应值,以及是否满足最小楼层系数的要求。以第 6 层为例,8 度多遇地震时隔震后楼层剪力应为(1 320 × 0.16/0.9) = 235(kN),而非隔震 6 度多遇地震时楼层剪力应为 6 992 × 0.04/0.9 = 311(kN),结果表明第 6 层达不到要求。继续算下去,第 5 层、第 4 层也不满足;到第 3 层有(7 348 × 0.16/0.9) = 1 306(kN),及(28 265 × 0.04/0.9) = 1 256(kN),此时方能满足;对第 1 层而言(11 365 ×

0.16/0.9) =2 020(kN)及(33 584 ×0.04/0.9) =1 493(kN),表明不仅满足而且有较大冗余度。按《抗震规范》要求,隔震层以上结构的总水平地震作用(即第1层)不得低于非隔震结构在6度设防的总水平地震作用。因此,可认为本算例满足这一要求。

由本书第3.2.5节中表3.7楼层最小地震剪力系数值,查得8度时楼层最小地震剪力系数为0.032。结合本算例第6层最小地震剪力应为0.032 ×5 100 =163(kN),而本算例为235 kN,故满足要求。经计算,以下各层也均能满足。

本章小结

(1)建筑结构的隔震设计和消能减震设计时,应根据建筑抗震设防类别、抗震设防烈度、场地条件、建筑结构方案和建筑使用要求等因素,并与采用抗震设计的方案进行技术经济可行性的对比分析后确定其设计方案。

(2)房屋隔震设计的基本要求是:通过隔震层的大变形来减少其上部结构的地震作用,从而减少地震破坏。隔震装置主要由隔震器、阻尼器组成。常见的隔震器包括叠层橡胶支座、滑动支座、滚动支座;常见的阻尼器包括金属屈服阻尼器、粘滞阻尼器以及粘弹性阻尼器等。

房屋隔震设计采用分部设计法,即把隔震房屋分成上部结构(隔震层以上结构)、隔震层、隔震层以下结构和基础4个部分,应分别进行设计。

(3)房屋消能减震设计的基本要求是:通过消能器的设置来控制预期的结构变形,从而使主体结构构件在罕遇地震时不发生严重破坏。消能减震装置主要是消能阻尼器,消能部件可由消能器及斜撑、墙体、梁等支承构件组成,主要有消能支撑、消能墙、消能节点、消能连接和消能支承或悬吊构件。

房屋消能减震设计是根据预期的设计目标和规范要求来进行的,即根据多遇地震下的预期减震要求及罕遇地震作用下的预期结构位移控制要求来设置适当的消能部件。

(4)隔震技术对低层和多层建筑比较适合,而消能减震技术则适合于多高层、延性结构的建筑。二者不仅可用于新建的建筑结构,也可用于已有建筑结构的抗震加固改造。

思考题与习题

10.1 试述结构抗震思想的演变。

10.2 隔震结构和传统抗震结构有何区别?隔震的主要原理是什么?

10.3 常用的隔震装置有哪些?在选择隔震方案时,应注意的主要问题有哪些?

10.4 为什么硬土地基采用隔震措施较软土地基效果好?

10.5 隔震结构的计算模型如何建立?隔震结构的设计包括哪些内容?

10.6 消能减震结构与传统抗震结构有何区别?试简述消能减震的基本原理。

10.7 常用的消能减震装置有哪些类型?在结构中如何布置?

10.8 消能减震阻尼器有哪些类型?各种阻尼器的耗能原理是什么?

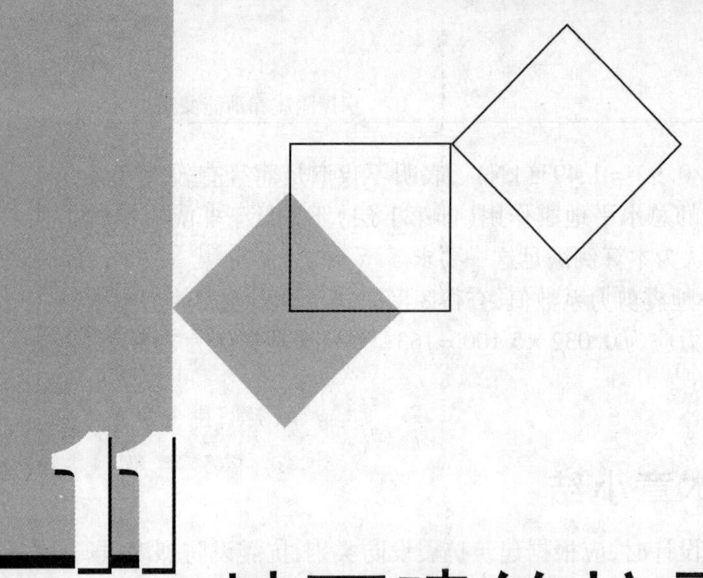

11 地下建筑抗震设计

本章导读：

- **基本要求** 了解地下建筑的抗震性能及主要震害；理解地下建筑抗震设计的一般要求；了解地下建筑抗震设计的计算方法、抗震验算及其抗震构造措施。
- **重点** 地下建筑抗震设计的计算方法和抗震验算。

近几十年来，随着经济的发展和城市人口的逐渐增加，地面建筑已不能满足交通和商业等领域的需要。为了减轻地面交通拥堵，充分利用土地资源，人们把目光投向地下。目前，我国北京、上海、广州等数十座城市已相继建成地铁、海底隧道和过江隧道。同时，在全国近 200 座城市中修建了面积达数千万平方米的人防和其他地下工程，为人们提供了如地下停车场、过街人行地道、地下商场等地面难以容纳的各种服务设施。

早期的地下建筑由于数量较少且被认为其抗震性能优于地上建筑，因此其抗震设计没有得到充分的重视。但在 1995 年日本阪神 7.2 级大地震中，神户市内采用明挖法建造的上覆土层较浅的地下铁道、地下停车场、地下商业街等大量地下建筑结构遭到严重破坏，其中大开地铁车站一半以上的中柱因丧失承载能力而完全倒塌。再有，1952 年美国的克恩地震，使南太平洋铁路上的 4 座隧道遭到了严重破坏；2008 年我国汶川 8.0 级大地震中，震中附近的烧火坪隧道、龙溪隧道、龙洞子隧道和紫坪铺隧道发生较严重损坏，宝成铁路 109 号隧道也出现了坍塌现象，等等。由此，人们逐步认识到，地下建筑在地震作用下也有可能发生严重的破坏，且地下结构往往非常重要，一旦破坏，难以修复，损失巨大。特别是地下变电站、地下交通枢纽和地下空间综合体等关系国计民生的重要地下建、构筑物，地震破坏将造成停电、停运，带来的经济损失往往超过地下结构本身的修复费用。在我国地下空间大规模开发的背景下，开展城市地下建筑的抗震设计，具有明确的重大社会需求背景，对于改善我国城市地下建筑抗震性能，提升城市抗震防灾水平，确保未来城市可持续发展具有重要意义。因此，在设计地下建筑时，必须充分考虑其结构抗震问题。

11.1　地下建筑的震害特点

11.1.1　地下建筑的地震反应特点

由于地下工程的周围有围岩等介质约束,结构受力及其环境与地面工程不同,破坏特征具有与地面结构不同的特点。在地震作用下,地下建筑与地面建筑的振动特性也是不相同的,主要体现在:

①地下建筑结构的振动变形受周围地基土壤的约束作用明显,结构的地震反应一般不明显表现出自振特性的影响。地面建筑结构的地震反应则明显表现出自振特性的影响,特别是低阶振型的影响。

②地下建筑结构的存在对周围地基的震动的影响一般很小(指地下建筑结构的几何尺寸相对于地震波长的比例较小的情况),而地面建筑结构的存在则对其所在位置自由场的地震动产生较大的扰动。

③地下建筑结构的振动形态受地震波入射方向变化的影响很大。地震波的入射方向发生不大的变化,地下结构各点的变形和应力可能发生较大的变化。地面建筑结构则受地震波入射方向变化的影响相对较小。

④地下建筑结构在振动中各点的相位差十分明显,而地面建筑结构在振动中各点的相位差不是很明显。

⑤一般地,地下建筑结构的地震反应与地震加速度大小的关系不明显,但与周围岩土介质在地震作用下的变形或应变大小的关系密切。对地面建筑结构来说,地面地震加速度则是影响其地震反应大小的一个重要因素。

⑥地下建筑结构的地震反应随埋深的变化反应不是很明显,而对于地面建筑结构,埋深是影响其地震反应大小的一个重要因素。

⑦地下建筑结构、地面建筑结构与地基的相互作用都对它们的动力反应有重要影响,但影响的方式和影响的程度是不相同的。对地面结构来说,结构自振特性的影响占很大的比重,而对地下结构来说,地基地震动的影响则占较大的比重。

总的来看,对地下建筑来说,对其地震反应起主要作用的因素是地基的运动特性,而结构形状的改变对地震反应的影响相对较小。

11.1.2　地下建筑的抗震性能及震害

1)地下车库

地下车库是指停车间室内地坪面低于室外地坪面的高度超过该车库净高一半的汽车库,也称地下停车场。随所处地质条件不同,地下车库的形式也各异,土中浅埋车库一般都采用矩形框架;暗挖法施工的土中深埋车库或岩层中建设的地下车库,一般以单跨拱形为主,洞室之间距离较长。

现有震害资料表明,以地下2~3层的钢筋混凝土构造形式的地下车库为例,其主体结构基本看不到变形,但在主体结构与吸排气塔、楼梯间等部位的连接处出现了混凝土的剥落和裂缝。这主要是由于连接部位的主体结构与吸排气塔、楼梯间的刚度差异造成了不同的动态反应,从而在连接处发生了相对位移。

2)过街通道

过街通道是修建在商业街或者客流集散量较大的车站广场下,由许多商店、人行通道和广场组成的综合性地下建筑。地下过街通道一般埋深较浅,常采用明挖法施工,其结构形式多为直墙拱、矩形框架和梁板式结构,或这3种结构形式组合的结构。

震害资料显示,地震中地下过街通道的破坏主要是与电气、空调、给水排水和防灾设备有关的破坏,而主体结构罕有破坏。

3)城市地下空间综合体

城市地下空间综合体是沿三维空间发展的,地面地下连通的,结合交通、商业、储存、娱乐和市政等多用途的大型公共地下建筑的有机集合体。它主要包括:a.城市地下铁道、公路隧道以及地面上的公共交通之间的换乘枢纽,由集散厅和各种车站组成;b.地下过街横道、地下车站间的连接通道、地下建筑空间的连接通道、出入口的地面建筑、楼梯和自动扶梯等内部垂直交通设施;c.地下公用停车库;d.商业设施和饮食、休息等服务设施,文娱、体育、展览等设施,办公、邮局、银行等业务设施;e.市政公用设施的主干管线;f.综合体本身使用的通风、空调、变配电、给水排水等设备用房和中央控制室、防灾中心办公室、仓库、卫生间等辅助用房,以及设备用的电源、水源和防护设施等。

关于地下空间综合体的震害资料很少。现有的震害资料表明,地铁车站的震害主要为中柱破坏,结构主体受损相对较小。以阪神地震为例,大开地铁站震后有30根截面为0.4 m×1.0 m、间距3.5 m的中柱折断且钢筋屈服,35个支承平台倒塌,上层候车厅的柱根破坏。

此外,根据对已有震害的调查资料分析,地下建筑结构破坏的主要特征体现在:

①在地质条件有较大变化的区域容易发生破坏。

②修建在软弱土层中的地下工程比修建在坚硬岩石中的破坏大。

③地下结构上部覆盖土层越厚,破坏越轻。

④衬砌厚度较大的结构破坏的几率大于衬砌厚度较小的结构。

⑤在结构断面形状和刚度发生明显变化的部位容易遭到破坏,地面洞口也是经常受到地震破坏的部位。

⑥对称结构发生破坏的程度要比非对称结构发生破坏的程度轻。

11.2 地下建筑抗震设计的一般规定

11.2.1 适用范围

地下建筑抗震设计中,由于地基、地下结构以及土-结构相互作用的复杂性,地震作用下地下结构的动力响应规律和震害机制尚未形成统一、明晰的认识。因此,《抗震规范》仅对地下车库、过街通道、地下变电站和地下空间综合体等单建式地下建筑抗震设计给出了一般性规定，不包括地下铁道和城市公路隧道等交通运输类工程。

高层建筑的地下室（包括设置防震缝与主楼对应范围分开的地下室）属于附建式地下建筑，其性能要求通常与地面建筑一致，可按《抗震规范》提出的相关要求设计。

11.2.2 抗震设防目标

由于地下建筑种类较多，有的抗震能力强，有的使用要求高，有的服务于人流、车流，有的服务于物资储藏，抗震设防应按不同的要求来确定。为此，对于单建式钢筋混凝土地下建筑结构的抗震等级，《抗震规范》规定为：丙类钢筋混凝土地下结构的抗震等级，6 度、7 度时不应低于四级，8 度、9 度时不宜低于三级。乙类钢筋混凝土地下结构的抗震等级，6 度、7 度时不宜低于三级，8 度、9 度时不宜低于二级。

上述要求略高于高层建筑的地下室，主要是考虑到：

①单建式地下建筑在附近范围倒塌后，有的仍有继续使用的必要，其使用功能的重要性常高于高层建筑地下室。

②地下结构一般不宜带缝工作，尤其是在地下水位较高的场合，其整体性要求高于地面建筑。

③地下空间通常是不可再生资源，损坏后一般不能推倒重来，如需原地修复，难度较大。

11.2.3 地下建筑的规则性及优化选型

地下建筑抗震设计应根据建筑抗震设防类别、抗震设防烈度、场地条件、地下建筑使用要求等条件进行综合分析对比后，确定其设计方案。

地下建筑的建筑布置应力求简单、对称、规则、平顺，横剖面的形状和构造不宜沿纵向突变，以提高其抗震能力。地下建筑的结构体系应根据使用要求、场地工程地质条件和施工方法等确定，并应具有良好的整体性，避免抗侧力结构的侧向刚度和承载力突变。

此外，地下建筑结构设计应具有等强度的概念。“强柱弱梁”是地面房屋建筑抗震设计的基本要求，但在单建式地下建筑结构设计中，由于顶板、底板和刚度较小的侧墙削弱了柱对梁的约束作用，形成了事实上的铰，这样减少了地下结构的超静定次数，对抗震不利，也难以形成“强柱弱梁”。再者，从横向剖面来看，两侧墙的土压力相差较大时框架式地下结构容易失稳，形成铰接的四边形，也不利于抗震。

11.2.4 地下建筑的场地要求

单建式地下建筑宜建造在密实、均匀、稳定的地基上。当处于软弱土、液化土或断层破碎带等不利地段时，应分析其对结构抗震稳定性的影响，采取相应措施。

位于岩石中的地下建筑，其出入口通道两侧的边坡和洞口仰坡，应依据地形、地质条件选用合理的口部结构类型，提高其抗震稳定性。

11.3 地下建筑的抗震计算

11.3.1 可不进行抗震计算分析的范围

根据已有的抗震经验,《抗震规范》规定,按要求采取了抗震措施的下列地下建筑,可不进行地震作用计算:

①7 度Ⅰ、Ⅱ类场地的丙类地下建筑。

②8 度(0.20g)Ⅰ、Ⅱ类场地时,不超过 2 层、体型规则的中小跨度丙类地下建筑。

11.3.2 计算模型和设计参数的选取

地下建筑结构抗震计算模型的建立,应根据结构实际情况确定,并重点考虑以下 3 个方面的内容:

1)周围土层的模拟

除了结构自身受力、传力途径的模拟外,正确模拟周围土层的影响是地下建筑结构抗震计算模型的关键。无论是采用地基弹簧模型还是建立土层-结构模型,均应能较准确地反映周围挡土结构和内部各构件的实际受力状况。与周围挡土结构完全分离的内部结构,则可采用与地上建筑同样的计算模型。

2)结构模型的选取

周围地层分布均匀、规则且具有对称轴的纵向较长的地下建筑,结构分析可选择平面应变分析模型。以上海地铁车站为例,抗震设计方法研究结果表明,典型软土地铁车站结构受到横断面方向的水平地震作用时,各柱的柱端相对弯矩值(以位于车站中间部位的中柱的弯矩为基准的比值)沿纵轴方向的规律变化如图 11.1 所示,即自车站结构两端起,柱端弯矩均逐渐增大,并在离两端约 0.76 倍横向跨度时,变化趋于平缓,相对弯矩值基本不变化。因此,《抗震规范》要求:长条形地下结构按横截面的平面应变问题进行抗震计算的方法,一般适用于离端部或接头的距离达 1.5 倍结构跨度以上的地下建筑结构。端部和接头部位等的结构受力变形情况较复杂,抗震计算原则上应采用空间结构模型。

结构形式、土层和荷载分布的规则性对地下结构的地震反应都有影响,差异较大时地下结构的地震反应也将有明显的空间效应。此时,即使是外形相仿的长条形结构,也宜按空间结构模型进行抗震计算和分析。对于长宽比和高宽比均小于 3 及不适于采用平面应变分析模型的地下建筑,宜采用空间结构分析计算模型。

3)地震作用的方向

地下建筑结构的地震作用方向与地面建筑有所区别。

首先是水平地震作用。对于长条形地下结构,作用方向与其纵轴方向斜交的水平地震作用,可分解为沿横断面和沿纵轴方向作用的水平地震作用,二者强度均将降低,一般不可能单独起控制作用。因此,对其按平面应变问题分析时,一般可仅考虑沿结构横向的水平地震作用;对

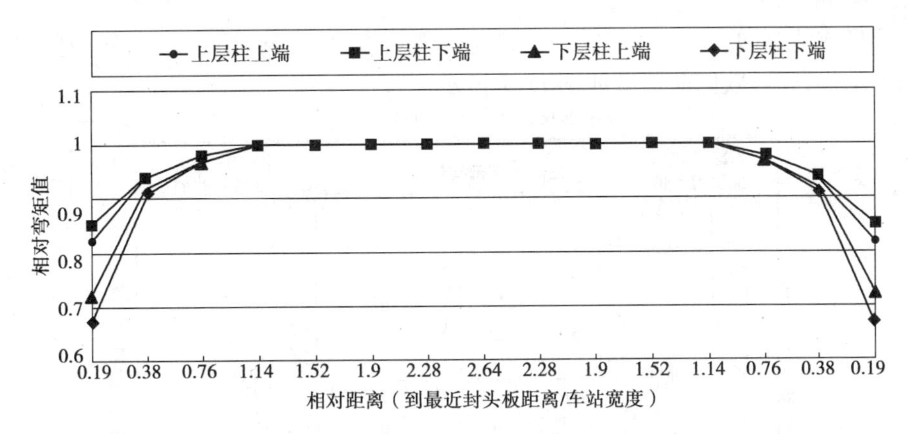

图 11.1 典型地铁车站各柱的柱端相对弯矩值沿纵轴方向的分布图

于体型复杂的地下建筑结构,宜同时计算结构横向和纵向的水平地震作用。

其次是竖向地震作用。体型复杂的地下空间结构或地基地质条件复杂的长条形地下结构,都易产生不均匀沉降并导致结构裂损。因而,8 度、9 度时宜计及竖向地震作用。有必要时,即使设防烈度为 7 度,也需考虑竖向地震作用效应的综合作用。

此外,地震作用的取值应随地下的深度比地面相应减少:基岩处的地震作用可取地面的一半,地面至基岩的不同深度处可按插入法确定;地表、土层界面和基岩面较平坦时,也可采用一维波动法确定;土层界面、基岩面或地表起伏较大时,宜采用二维或三维有限元法确定。

地下结构的重力荷载代表值应取结构、构件自重和水、土压力的标准值及各可变荷载的组合值之和。这是由于地下建筑结构静力设计时,水压力和土压力是主要荷载。

11.3.3 地下建筑抗震计算方法

地下建筑抗震计算方法大体上可归纳为两类:一类为波动法,以解波动方程为基础,将介质与结构作为一个整体以求解其波动场与应力场;另一类为相互作用法,以求解结构运动方程为基础,地基对结构影响作用等效为弹簧和阻尼器,以相互作用力的方式出现。目前,各种实用的地下建筑抗震计算方法都是以这两类方法为基础发展起来的。通常根据地下建筑工程的实际情况,可选用简便方法或时程分析法。简便方法包括反应位移法、等效水平地震加速度法和等效侧力法,仅适用于平面应变问题的地震反应分析,而时程分析法则具有普遍适用性。

(1)反应位移法

早期地震观测发现,地下结构周围土体的位移是地下结构地震反应的控制因素,以此为基础提出了反应位移法。该方法的基本思路是首先求得地下结构所在位置土层动力反应位移的最大值,再把周围土体对地下结构的作用假设为弹簧,将土层动力反应位移的最大值作为强制位移施加于地基弹簧的非结构连接端的节点上,同时对地下结构施加地震惯性力,然后按静力原理计算结构的内力。土层动力反应位移的最大值可通过输入地震波的动力有限元计算确定。

由于反应位移法中地基弹簧的弹性模量对抗震计算的结果影响非常大,因此,如何合理地估计其弹性模量是这种方法应用的关键所在。此外,实际应用该方法时,如何选择作用在地下结构上的等效侧向荷载,也是一个必须考虑的问题。近年来的研究表明,将反应位移法用于地下结构横断面的抗震计算时,可主要考虑:土层变形(即强制位移的计算),以及地震时结构两侧土层变形形成的侧向力 $P(z)$；结构自重产生的惯性力；结构与周围土层之间的剪切力。对于长条形地下结构，其等效侧向荷载如图 11.2 所示。

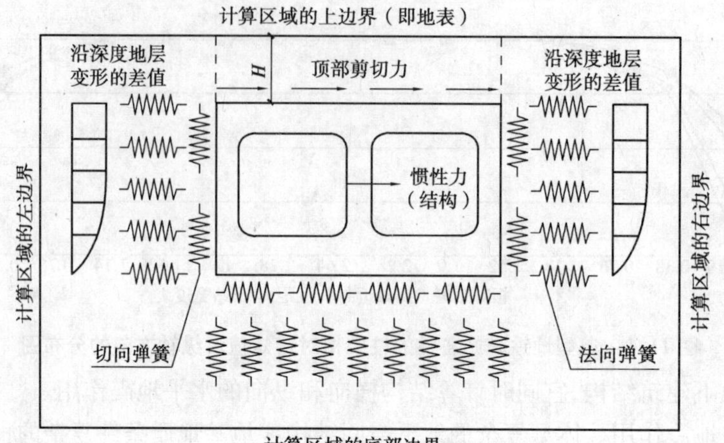

图 11.2　反应位移法的等效侧向荷载

(2)等效水平地震加速度法

等效水平地震加速度法是将地下结构的地震反应简化为沿垂直向线性分布的等效水平地震加速度的作用效应，计算采用的数值方法常为有限元法。建立计算模型时，土体可采用平面应变单元、结构可采用梁单元进行模拟。计算模型的底面采用固定边界，侧面采用水平滑移边界(图 11.3)。模型底面可取设计基岩面，顶面取地表面，侧面边界到结构的距离宜取结构水平有效宽度的 3～5 倍。由于此方法需要得到等效水平地震加速度荷载系数，因此普遍适用性较差。

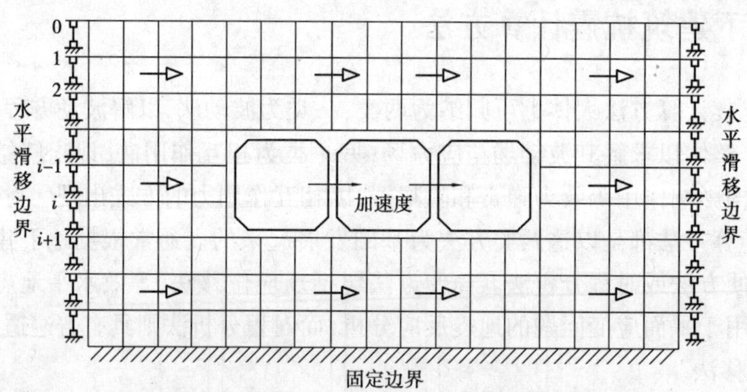

图 11.3　等效水平地震加速度法的平面应变计算模型

(3)等效侧力法

等效侧力法是将地下结构的地震反应简化为作用在结构上的等效水平地震惯性力的作用效应，再采用结构力学方法计算结构的内力。此方法基于 3 个假定：

①结构与土体均为各向同性的线弹性体。

②结构计算模型简化为平面应变问题。

③忽略土与结构之间的相互作用。

在此方法中，水平地震作用包括结构自身的惯性力、地震时上覆土对顶板的水平剪切力和地震引起的结构一侧地层的主动土压力增量 3 个部分。

一般地,等效侧力法用于下面两种情况较为适宜:一是地下结构与地面建、构筑物合建,即作为上部结构的基础时;二是当与围岩的质量相比,结构自身的质量较大时(例如防护等级特别高的抗爆结构)。但由于其计算结果与实际地震中观测到的动土压力结果有较大的差别,且等效侧力系数取值需要事先确定,普遍适用性较差。

(4)时程分析法

时程分析法即直接动力法,其基本原理为:将地震运动视为一个随时间而变化的过程,并将地下建筑结构和周围岩土体介质视为共同受力变形的整体,通过直接输入地震加速度记录,在满足变形协调条件的前提下分别计算结构物和岩土体介质在各时刻的位移、速度、加速度,以及应变和内力,并进而验算场地的稳定性和进行结构截面设计。对于周围土层分布不规则、不对称,长宽比和高宽比均小于 3 的地下建筑,以及采用平面应变分析模型不能反映结构实际受力情况时(尤其是需要按空间结构模型分析时),宜采用此方法。

从工程应用角度看,地下建筑结构的线性、非线性时程分析时值得关注的是:a. 计算区域及边界条件;b. 地面以下地震作用的大小;c. 地下结构的重力荷载;d. 土层的计算参数。

采用空间结构模型计算时,在横截面上的计算范围和边界条件可与平面应变问题的计算相同(图 11.4),纵向边界的范围可取距离结构端部为 2 倍结构横截面面积当量宽度处的横剖面,边界条件均宜为自由场边界(图 11.5)。

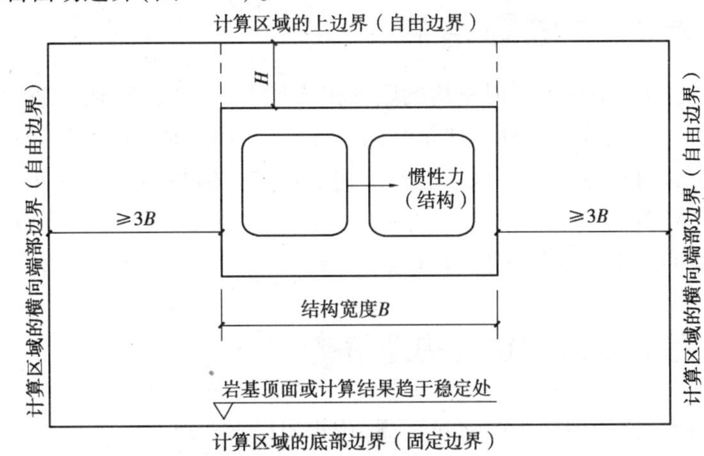

图 11.4　平面应变问题分析时的计算范围和边界条件

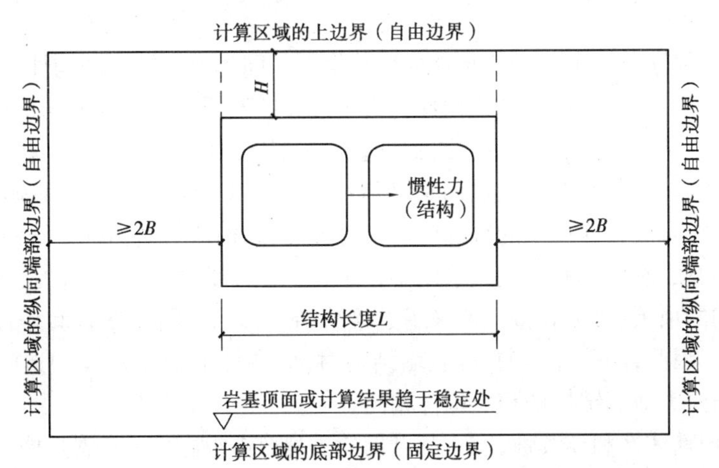

图 11.5　空间结构模型分析时的纵向计算范围和边界条件

11.3.4 地下建筑的抗震验算

限于当前地下建筑抗震性能的研究成果,单建式地下建筑的抗震验算仍主要参照地面建筑的抗震验算内容。除应符合本书第3章中一般结构的抗震验算要求外,地下建筑的抗震验算尚应符合下列规定:

①应进行多遇地震作用下截面承载力和构件变形的抗震验算。

②对于不规则的地下建筑以及地下变电站和地下空间综合体等,尚应进行罕遇地震作用下的抗震变形验算。计算可采用本书第3.4.2节的简化方法。考虑到地下建筑修复的难度较大,将罕遇地震作用下混凝土结构弹塑性层间位移角的限值取为1/250。

③在有可能液化的地基中建造地下建筑结构时,应注意验算液化时其抗浮稳定性,并在必要时采取措施加固地基,以防地震时地下结构周围的场地液化。鉴于经采取措施加固后地基的动力特性将有变化,宜根据实测的标准贯入锤击数与临界标准贯入锤击数的比值确定其液化折减系数,进而计算液化土层对地下连续墙和抗拔桩等的摩阻力。

11.4 地下建筑的抗震措施

抗震构造措施是提高罕遇地震时结构的整体抗震能力、保证其实现预期设防目标、延迟结构破坏的重要手段。目前,我国对地下建筑结构抗震设计中结构构件所采用的抗震构造措施研究还很缺乏,在实际设计中主要参照地面建筑结构的抗震构造措施进行设计。当然,这种做法忽视了地下、地上结构的动力响应差别,具有一定的片面性。实际上,应区别地下建筑的不同结构形式、不同地基特点等分别研究其抗震措施。

11.4.1 地下建筑结构的抗震构造措施

对地下建筑结构的抗震构造措施,《抗震规范》提出以下要求:

①钢筋混凝土地下建筑宜采用现浇结构。需要设置部分装配式构件时,应使其与周围构件有可靠的连接。

考虑到地下钢筋混凝土框架结构构件的尺寸常大于同类地面结构的构件,但因使用功能不同的框架结构要求不一致,因而其结构构件的最小尺寸应不低于同类地面结构构件的规定。同时,地下钢筋混凝土结构按抗震等级提出的构造要求,应符合根据“强柱弱梁”的设计概念,适当加强框架柱的措施。因此,在中柱纵向钢筋最小总配筋率增加0.2%的基础上,要求中柱与梁或顶板、中间楼板及底板连接处的箍筋应加密,其范围和构造与地面框架结构的柱相同。

②地下建筑的顶板、底板和楼板宜采用梁板结构。由于为加快施工进度,减少基坑暴露时间,地下建筑结构的顶板、底板和楼板常采用无梁肋结构,导致顶板、底板和楼板等的受力体系不再是板梁体系。因此,当采用板柱-抗震墙结构时,应在柱上板带中设构造暗梁对其进行加强,其构造要求与同类地面结构的相应构件相同。

为了保证结构整体性和连续性,防止节点提前破坏,应加强周边墙体与楼板的连接构造的措施。节点是构件间内力传递的途径,造成节点破坏的原因是在节点处产生过大的位移和转动。因此,对地下连续墙的复合墙体,顶板、底板及各层楼板的负弯矩钢筋至少应有50%锚入地下连续墙,锚入长度按受力计算确定;正弯矩钢筋需锚入内衬,并均不小于规定的锚固长度。

此外,楼板开孔时,孔洞宽度应不大于该层楼板宽度的30%;洞口的布置宜使结构质量和刚度的分布仍较均匀、对称,避免局部突变。孔洞周围应设置满足构造要求的边梁或暗梁。

11.4.2 地下建筑的抗液化措施

地下建筑周围土体和地基存在液化土层时,应采取下列措施:

①对液化土层采取注浆加固和换土等消除或减轻液化影响的措施。

②进行地下结构液化上浮验算,必要时采取增设抗拔桩、配置压重等相应的抗浮措施。

③存在液化土薄夹层或施工中深度大于20 m的地下连续墙围护结构遇到液化土层时,可不做地基抗液化处理,但其承载力及抗浮稳定性验算应计入土层液化引起的土压力增加及摩阻力降低等因素的影响。

11.4.3 其他抗震构造措施

当地下建筑不可避免地必须穿越滑坡和地质条件剧烈变化的地段,如地震时岸坡可能滑动的古河道或可能发生明显不均匀沉陷的软土地带时,应采取更换软弱土或设置桩基础等措施,以减轻地下建筑结构的地震作用效应。

对于位于岩石中的地下建筑,汶川地震中公路隧道的震害调查表明,当断层破碎带的复合式支护采用素混凝土内衬时,地震下内衬结构严重裂损并大量坍塌,而采用钢筋混凝土内衬结构的隧道口部地段,复合式支护的内衬结构仅出现裂缝。因此,要求在断层破碎带中采用钢筋混凝土内衬结构,不得采用素混凝土衬砌。

根据工程经验,采用离壁式衬砌时,内衬结构应在拱墙相交处设置水平撑抵紧围岩;采用钻爆法施工时,初期支护和围岩地层间应密实回填。干砌块石回填时应注浆加强。

本章小结

(1)地下建筑结构振动特性与介质约束、结构受力及其环境与地面工程相关,破坏特征具有与地面结构不同的特点。地下建筑结构的震害远远小于地面建筑物,其和地质条件、上覆土层、结构的形状有密切关系。

(2)地下建筑的建筑布置应力求简单、对称、规则、平顺;横剖面的形状和构造不宜沿纵向突变,使其抗震能力提高。其结构体系应根据使用要求、场地工程地质条件和施工方法等确定,并应具有良好的整体性,避免抗侧力结构的侧向刚度和承载力突变。

(3)地下建筑结构抗震计算,采用反应位移法、等效水平地震加速度法、等效侧力法和时程分析法等分析方法。在建立地下建筑抗震计算模型时,应根据结构实际情况考虑周围土层的模拟、结构模型的选取和地震作用的方向。

(4)目前对地下建筑结构抗震设计中结构构件所采用的抗震构造措施主要参照地面建筑结构的抗震构造措施进行设计。

思考题与习题

11.1 地下建筑抗震性能如何？有什么震害特点？

11.2 地下建筑抗震设计有哪些要求？

11.3 地下建筑抗震设计的计算要点有哪些？其抗震计算方法种类及适用性如何？

11.4 地下建筑结构的抗震验算与地面建筑结构的有何区别？

11.5 地下建筑的抗震构造措施有哪些？

附 录

附录 A 我国主要城镇抗震设防烈度、设计基本地震加速度和设计地震分组

本附录仅提供我国抗震设防区各县级及县级以上城镇的中心地区建筑工程抗震设计时所采用的抗震设防烈度、设计基本地震加速度值和所属的设计地震分组。

注：本附录一般把"设计地震第一、二、三组"简称为"第一组、第二组、第三组"。

A.0.1 首都和直辖市

1 抗震设防烈度为8度，设计基本地震加速度值为0.20g：

第一组：北京（东城、西城、崇文、宣武、朝阳、丰台、石景山、海淀、房山、通州、顺义、大兴、平谷），延庆，天津（汉沽），宁河。

2 抗震设防烈度为7度，设计基本地震加速度值为0.15g：

第二组：北京（昌平、门头沟、怀柔），密云；天津（和平、河东、河西、南开、河北、红桥、塘沽、东丽、西青、津南、北辰、武清、宝坻），蓟县，静海。

3 抗震设防烈度为7度，设计基本地震加速度值为0.10g：

第一组：上海（黄浦、卢湾、徐汇、长宁、静安、普陀、闸北、虹口、杨浦、闵行、宝山、嘉定、浦东、松江、青浦、南汇、奉贤）；

第二组：天津（大港）。

4 抗震设防烈度为6度，设计基本地震加速度值为0.05g：

第一组：上海（金山），崇明；重庆（渝中、大渡口、江北、沙坪坝、九龙坡、南岸、北碚、万盛、双桥、渝北、巴南、万州、涪陵、黔江、长寿、江津、合川、永川、南川），巫山，奉节，云阳，忠县，丰都，璧山，铜梁，大足，荣昌，綦江，石柱，巫溪*。

注：上标*指该城镇的中心位于本设防区和较低设防区的分界线，下同。

A.0.2 河北省

1 抗震设防烈度为8度，设计基本地震加速度值为0.20g：

第一组：唐山（路北、路南、古冶、开平、丰润、丰南），三河，大厂，香河，怀来，涿鹿；

第二组：廊坊（广阳、安次）。

2 抗震设防烈度为7度，设计基本地震加速度值为0.15g：

第一组：邯郸（丛台、邯山、复兴、峰峰矿区），任丘，河间，大城，滦县，蔚县，磁县*，宣化县，张家口（下花园、宣化区），宁晋*；

第二组：涿州，高碑店，涞水，固安，永清，文安，玉田，迁安，卢龙，滦南，唐海，乐亭，阳原，邯郸县，大名，临漳，成安。

3 抗震设防烈度为7度，设计基本地震加速度值为0.10g：

第一组：张家口（桥西、桥东），万全，怀安，安平，饶阳，晋州，深州，辛集，赵县，隆尧，任县，南和，新河，肃宁，柏乡；

第二组：石家庄（长安、桥东、桥西、新华、裕华、井陉矿区），保定（新市、北市、南市），沧州（运河、新华），邢台（桥东、桥西），衡水，霸州，雄县，易县，沧县，张北，兴隆，迁西，抚宁，昌黎，青县，献县，广宗，平乡，鸡泽，曲周，肥乡，馆陶，广平，高邑，内丘，邢台县，武安，涉县，赤城，走兴，容城，徐水，安新，高阳，博野，蠡县，深泽，魏县，藁城，栾城，武强，冀州，巨鹿，沙河，临城，泊头，永年，崇礼，南宫*；

第三组：秦皇岛（海港、北戴河），清苑，遵化，安国，涞源，承德（鹰手营子*）。

4 抗震设防烈度为6度，设计基本地震加速度值为0.05g：

第一组：围场，沽源；

第二组：正定，尚义，无极，平山，鹿泉，井陉县，元氏，南皮，吴桥，景县，东光；

第三组：承德（双桥、双滦），秦皇岛（山海关），承德县，隆化，宽城，青龙，阜平，满城，顺平，唐县，望都，曲阳，定州，行唐，赞皇，黄骅，海兴，孟村，盐山，阜城，故城，清河，新乐，武邑，枣强，威县，丰宁，滦平，平泉，临西，灵寿，邱县。

A.0.3 山西省

1 抗震设防烈度为8度，设计基本地震加速度值为0.20g：

第一组：太原（杏花岭、小店、迎泽、尖草坪、万柏林、晋源），晋中，清徐，阳曲，忻州，定襄，原平，介休，灵石，汾西，代县，霍州，古县，洪洞，临汾，襄汾，浮山，永济；

第二组：祁县，平遥，太谷。

2 抗震设防烈度为7度，设计基本地震加速度值为0.15g：

第一组：大同（城区、矿区、南郊），大同县，怀仁，应县，繁峙，五台，广灵，灵丘，芮城，翼城；

第二组：朔州（朔城区），浑源，山阴，古交，交城，文水，汾阳，孝义，曲沃，侯马，新绛，稷山，绛县，河津，万荣，闻喜，临猗，夏县，运城，平陆，沁源*，宁武*。

3 抗震设防烈度为7度，设计基本地震加速度值为0.10g：

第一组：阳高，天镇；

第二组：大同（新荣），长治（城区、郊区），阳泉（城区、矿区、郊区），长治县，左云，右玉，神池，寿阳，昔阳，安泽，平定，和顺，乡宁，垣曲，黎城，潞城，壶关；

第三组：平顺，榆社，武乡，娄烦，交口，隰县，蒲县，吉县，静乐，陵川，盂县，沁水，沁县，朔州（平鲁）。

4 抗震设防烈度为6度,设计基本地震加速度值为0.05g:

第三组:偏关,河曲,保德,兴县,临县,方山,柳林,五寨,岢岚,岚县,中阳,石楼,永和,大宁,晋城,吕梁,左权,襄垣,屯留,长子,高平,阳城,泽州。

A.0.4 内蒙古自治区

1 抗震设防烈度为8度,设计基本地震加速度值为0.30g:

第一组:土墨特右旗,达拉特旗。

2 抗震设防烈度为8度,设计基本地震加速度值为0.20g:

第一组:呼和浩特(新城、回民、玉泉、赛罕),包头(昆都仑、东河、青山、九原),乌海(海勃湾、海南、乌达),土墨特左旗,杭锦后旗,磴口,宁城;

第二组:包头(石拐),托克托*。

3 抗震设防烈度为7度,设计基本地震加速度值为0.15g:

第一组:赤峰(红山*,元宝山区),喀喇沁旗,巴彦卓尔,五原,乌拉特前旗,凉城;

第二组:固阳,武川,和林格尔;

第三组:阿拉善左旗。

4 抗震设防烈度为7度,设计基本地震加速度值为0.10g:

第一组:赤峰(松山区),察右前旗,开鲁,傲汉旗,扎兰屯,通辽*;

第二组:清水河,乌兰察布,卓资,丰镇,乌特拉后旗,乌特拉中旗;

第三组:鄂尔多斯,准格尔旗。

5 抗震设防烈度为6度,设计基本地震加速度值为0.05g:

第一组:满洲里,新巴尔虎右旗,莫力达瓦旗,阿荣旗,扎赉特旗,翁牛特旗,商都,乌审旗,科左中旗,科左后旗,奈曼旗,库伦旗,苏尼特右旗;

第二组:兴和,察右后旗;

第三组:达尔军茂明安联合旗,阿拉善右旗,鄂托克旗,鄂托克前旗,包头(白云矿区),伊金霍洛旗,杭锦旗,四王子旗,察右中旗。

A.0.5 辽宁省

1 抗震设防烈度为8度,设计基本地震加速度值为0.20g:

第一组:普兰店,东港。

2 抗震设防烈度为7度,设计基本地震加速度值为0.15g:

第一组:营口(站前、西市、鲅鱼圈、老边),丹东(振兴、元宝、振安),海城,大石桥,瓦房店,盖州,大连(金州)。

3 抗震设防烈度为7度,设计基本地震加速度值为0.10g:

第一组:沈阳(沈河、和平、大东、皇姑、铁西、苏家屯、东陵、沈北、于洪),鞍山(铁东、铁西、立山、千山),朝阳(双塔、龙城),辽阳(白塔、文圣、宏伟、弓长岭、太子河),抚顺(新抚、东洲、望花),铁岭(银州、清河),盘锦(兴隆台、双台子),盘山,朝阳县,辽阳县,铁岭县,北票,建平,开原,抚顺县*,灯塔,台安,辽中,大洼;

第二组:大连(西岗、中山、沙河口、甘井子、旅顺),岫岩,凌源。

4 抗震设防烈度为6度,设计基本地震加速度值为0.05g:

第一组:本溪(平山、溪湖、明山、南芬),阜新(细河、海州、新邱、太平、清河门),葫芦岛(龙港、连山),昌图,西丰,法库,彰武,调兵山,阜新县,康平,新民,黑山,北宁,义县,宽甸，庄河，长海，抚顺（顺城）；

第二组：锦州（太和、古塔、凌河），凌海，凤城，喀喇沁左翼；

第三组：兴城，绥中，建昌，葫芦岛（南票）。

A.0.6 吉林省

1 抗震设防烈度为8度，设计基本地震加速度值为0.20g：

前郭尔罗斯，松原。

2 抗震设防烈度为7度，设计基本地震加速度值为0.15g：

大安*。

3 抗震设防烈度为7度，设计基本地震加速度值为0.10g：

长春（难关、朝阳、宽城、二道、绿园、双阳），吉林（船营、龙潭、昌邑、丰满），白城，乾安，舒兰，九台，永吉*。

4 抗震设防烈度为6度，设计基本地震加速度值为0.05g：

四平（铁西、铁东），辽源（龙山、西安），镇赉，洮南，延吉，汪清，图们，珲春，龙井，和龙，安图，蛟河，桦甸，梨树，磐石，东丰，辉南，梅河口，东辽，榆树，靖宇，抚松，长岭，德惠，农安，伊通，公主岭，扶余，通榆*。

注：全省县级及县级以上设防城镇，设计地震分组均为第一组。

A.0.7 黑龙江省

1 抗震设防烈度为7度，设计基本地震加速度值为0.10g：

绥化，萝北，泰来。

2 抗震设防烈度为6度，设计基本地震加速度值为0.05g：

哈尔滨（松北、道里、南岗、道外、香坊、平房、呼兰、阿城），齐齐哈尔（建华、龙沙、铁锋、昂昂溪、富拉尔基、碾子山、梅里斯），大庆（萨尔图、龙凤、让胡路、大同、红岗），鹤岗（向阳、兴山、工农、南山、兴安、东山），牡丹江（东安、爱民、阳明、西安），鸡西（鸡冠、恒山、滴道、梨树、城子河、麻山），佳木斯（前进、向阳、东风、郊区），七台河（桃山、新兴、茄子河），伊春（伊春区，乌马、友好），鸡东，望奎，穆棱，绥芬河，东宁，宁安，五大连池，嘉荫，汤原，桦南，桦川，依兰，勃利，通河，方正，木兰，巴彦，延寿，尚志，宾县，安达，明水，绥棱，庆安，兰西，肇东，肇州，双城，五常，讷河，北安，甘南，富裕，龙江，黑河，肇源，青冈*，海林*。

注：全省县级及县级以上设防城镇，设计地震分组均为第一组。

A.0.8 江苏省

1 抗震设防烈度为8度，设计基本地震加速度值为0.30g：

第一组：宿迁（宿城、宿豫*）。

2 抗震设防烈度为8度，设计基本地震加速度值为0.20g：

第一组：新沂，邳州，睢宁。

3 抗震设防烈度为7度，设计基本地震加速度值为0.15g：

第一组：扬州（维扬、广陵、邗江），镇江（京口、润州），泗洪，江都；

第二组：东海，沭阳，大丰。

4 抗震设防烈度为7度，设计基本地震加速度值为0.10g：

第一组：南京（玄武、白下、秦淮、建邺、鼓楼、下关、浦口、六合、栖霞、雨花台、江宁），常州（新北、钟楼、天宁、戚墅堰、武进），泰州（海陵、高港），江浦，东台，海安，姜堰，

如皋,扬中,仪征,兴化,高邮,六合,句容,丹阳,金坛,镇江(丹徒),溧阳,溧水,昆山,太仓;

第二组:徐州(云龙、鼓楼、九里、贾汪、泉山),铜山,沛县,淮安(清河、青浦、淮阴),盐城(亭湖、盐都),泗阳,盱眙,射阳,赣榆,如东;

第三组:连云港(新浦、连云、海州),灌云。

5 抗震设防烈度为6度,设计基本地震加速度值为0.05g:

第一组:无锡(崇安、南长、北塘、滨湖、惠山),苏州(金阊、沧浪、平江、虎丘、吴中、相成),宜兴,常熟,吴江,泰兴,高淳;

第二组:南通(崇川、港闸),海门,启东,通州,张家港,靖江,江阴,无锡(锡山),建湖,洪泽,丰县;

第三组:响水,滨海,阜宁,宝应,金湖,灌南,涟水,楚州。

A.0.9 浙江省

1 抗震设防烈度为7度,设计基本地震加速度值为0.10g:

第一组:岱山,嵊泗,舟山(定海、普陀),宁波(北仑、镇海)。

2 抗震设防烈度为6度,设计基本地震加速度值为0.05g:

第一组:杭州(拱墅、上城、下城、江干、西湖、滨江、余杭、萧山),宁波(海曙、江东、江北、鄞州),湖州(吴兴、南浔),嘉兴(南湖、秀洲),温州(鹿城、龙湾、瓯海),绍兴,绍兴县,长兴,安吉,临安,奉化,象山,德清,嘉善,平湖,海盐,桐乡,海宁,上虞,慈溪,余姚,富阳,平阳,苍南,乐清,永嘉,泰顺,景宁,云和,洞头;

第二组:庆元,瑞安。

A.0.10 安徽省

1 抗震设防烈度为7度,设计基本地震加速度值为0.15g:

第一组:五河,泗县。

2 抗震设防烈度为7度,设计基本地震加速度值为0.10g:

第一组:合肥(蜀山、庐阳、瑶海、包河),蚌埠(蚌山、龙子湖、禹会、淮山),阜阳(颍州、颍东、颍泉),淮南(田家庵、大通),枞阳,怀远,长丰,六安(金安、裕安),固镇,凤阳,明光,定远,肥东,肥西,舒城,庐江,桐城,霍山,涡阳,安庆(大观、迎江、宜秀),铜陵县*;

第二组:灵璧。

3 抗震设防烈度为6度,设计基本地震加速度值为0.05g:

第一组:铜陵(铜官山、狮子山、郊区),淮南(谢家集、八公山、潘集),芜湖(镜湖、戈江、三江、鸠江),马鞍山(花山、雨山、金家庄),芜湖县,界首,太和,临泉,阜南,利辛,凤台,寿县,颍上,霍邱,金寨,含山,和县,当涂,无为,繁昌,池州,岳西,潜山,太湖,怀宁,望江,东至,宿松,南陵,宣城,郎溪,广德,泾县,青阳,石台;

第二组:滁州(琅琊、南谯),来安,全椒,砀山,萧县,蒙城,亳州,巢湖,天长;

第三组:濉溪,淮北,宿州。

A.0.11 福建省

1 抗震设防烈度为8度,设计基本地震加速度值为0.20g:

第二组:金门*。

2 抗震设防烈度为7度,设计基本地震加速度值为0.15g:

第一组:漳州(芗城、龙文),东山,诏安,龙海;

第二组:厦门(思明、海沧、湖里、集美、同安、翔安),晋江,石狮,长泰,漳浦;

第三组:泉州(丰泽、鲤城、洛江、泉港)。

3 抗震设防烈度为7度,设计基本地震加速度值为0.10g:

第二组:福州(鼓楼、台江、仓山、晋安),华安,南靖,平和,云宵;

第三组:莆田(城厢、涵江、荔城、秀屿),长乐,福清,平潭,惠安,南安,安溪,福州(马尾)。

4 抗震设防烈度为6度,设计基本地震加速度值为0.05g:

第一组:三明(梅列、三元),屏南,霞浦,福鼎,福安,柘荣,寿宁,周宁,松溪,宁德,古田,罗源,沙县,尤溪,闽清,闽侯,南平,大田,漳平,龙岩,泰宁,宁化,长汀,武平,建守,将乐,明溪,清流,连城,上杭,永安,建瓯;

第二组:政和,永定;

第三组:连江,永泰,德化,永春,仙游,马祖。

A.0.12 江西省

1 抗震设防烈度为7度,设计基本地震加速度值为0.10g:

寻乌,会昌。

2 抗震设防烈度为6度,设计基本地震加速度值为0.05g:

南昌(东湖、西湖、青云谱、湾里、青山湖),南昌县,九江(浔阳、庐山),九江县,进贤,余干,彭泽,湖口,星子,瑞昌,德安,都昌,武宁,修水,靖安,铜鼓,宜丰,宁都,石城,瑞金,安远,定南,龙南,全南,大余。

注:全省县级及县级以上设防城镇,设计地震分组均为第一组。

A.0.13 山东省

1 抗震设防烈度为8度,设计基本地震加速度值为0.20g:

第一组:郯城,临沭,莒南,莒县,沂永,安丘,阳谷,临沂(河东)。

2 抗震设防烈度为7度,设计基本地震加速度值为0.15g:

第一组:临沂(兰山、罗庄),青州,临驹,菏泽,东明,聊城,莘县,鄄城;

第二组:潍坊(奎文、潍城、寒亭、坊子),苍山,沂南,昌邑,昌乐,诸城,五莲,长岛,蓬莱,龙口,枣庄(台儿庄),淄博(临淄*),寿光*。

3 抗震设防烈度为7度,设计基本地震加速度值为0.10g:

第一组:烟台(莱山、芝罘、牟平),威海,文登,高唐,茌平,定陶,成武;

第二组:烟台(福山),枣庄(薛城、市中、峄城、山亭*),淄博(张店、淄川、周村),平原,东阿,平阴,梁山,郓城,巨野,曹县,广饶,博兴,高青,桓台,蒙阴,费县,微山,禹城,冠县,单县*,夏津*,莱芜(莱城*、钢城);

第三组:东营(东营、河口),日照(东港、岚山),沂源,招远,新泰,栖霞,莱州,平度,高密,垦利,淄博(博山),滨州*,平邑*。

4 抗震设防烈度为6度,设计基本地震加速度值为0.05g:

第一组:荣成;

第二组:德州,宁阳,曲阜,邹城,鱼台,乳山,兖州;

第三组:济南(市中、历下、槐荫、天桥、历城、长清),青岛(市南、市北、四方、黄岛、崂山、城阳、李沧），泰安（泰山、岱岳），济宁（市中、任城），乐陵，庆云，无棣，阳信，宁津，沾化，利津，武城，惠民，商河，临邑，济阳，齐河，章丘，泗水，莱阳，海阳，金乡，滕州，莱西，即墨，胶南，胶州，东平，汶上，嘉祥，临清，肥城，陵县，邹平。

A.0.14 河南省

1 抗震设防烈度为8度，设计基本地震加速度值为0.20g：

第一组：新乡（丑滨、红旗、凤泉、牧野），新乡县，安阳（北关、文峰、殷都、龙安），安阳县，淇县，卫辉，辉县，原阳，延津，获嘉，范县；

第二组：鹤壁（淇滨、山城*、鹤山*），汤阴。

2 抗震设防烈度为7度，设计基本地震加速度值为0.15g：

第一组：台前，南乐，陕县，武陟；

第二组：郑州（中原、二七、管城、金水、惠济），濮阳，濮阳县，长桓，封丘，修武，内黄，浚县，滑县，清丰，灵宝，三门峡，焦作（马村*），林州*。

3 抗震设防烈度为7度，设计基本地震加速度值为0.10g：

第一组：南阳（卧龙、宛城），新密，长葛，许昌*，许昌县*；

第二组：郑州（上街），新郑，洛阳（西工、老城、渡河、涧西、吉利、洛龙*），焦作（解放、山阳、中站），开封（鼓楼、龙亭、顺河、禹王台、金明），开封县，民权，兰考，孟州，孟津，巩义，偃师，沁阳，博爱，济源，荥阳，温县，中牟，杞县*。

4 抗震设防烈度为6度，设计基本地震加速度值为0.05g：

第一组：信阳（狮河、平桥），漯河（郾城、源汇、召陵），平顶山（新华、卫东、湛河、石龙），汝阳，禹州，宝丰，鄢陵，扶沟，太康，鹿邑，郸城，沈丘，项城，淮阳，周口，商水，上蔡，临颍，西华，西平，栾川，内乡，镇平，唐河，邓州，新野，社旗，平舆，新县，驻马店，泌阳，汝南，桐柏，淮滨，息县，正阳，遂平，光山，罗山，潢川，商城，固始，南召，叶县*，舞阳*；

第二组：商丘（梁园、睢阳），义马，新安，襄城，郏县，嵩县，宜阳，伊川，登封，柘城，尉氏，通许，虞城，夏邑，宁陵；

第三组：汝州，睢县，永城，卢氏，洛宁，渑池。

A.0.15 湖北省

1 抗震设防烈度为7度，设计基本地震加速度值为0.10g：

竹溪，竹山，房县。

2 抗震设防烈度为6度，设计基本地震加速度值为0.05g：

武汉（江岸、江汉、硚口、汉阳、武昌、青山、洪山、东西湖、汉南、蔡甸、江厦、黄陂、新洲），荆州（沙市、荆州），荆门（东宝、掇刀），襄樊（襄城、樊城、襄阳），十堰（茅箭、张湾），宜昌（西陵、伍家岗、点军、猇亭、夷陵），黄石（下陆、黄石港、西塞山、铁山），恩施，咸宁，麻城，团风，罗田，英山，黄冈，鄂州，浠水，蕲春，黄梅，武穴，郧西，郧县，丹江口，谷城，老河口，宜城，南漳，保康，神农架，钟祥，沙洋，远安，兴山，巴东，秭归，当阳，建始，利川，公安，宣恩，咸丰，长阳，嘉鱼，大冶，宜都，枝江，松滋，江陵，石首，监利，洪湖，孝感，应城，云梦，天门，仙桃，红安，安陆，潜江，通山，赤壁，崇阳，通城，五峰*，京山*。

注：全省县级及县级以上设防城镇，设计地震分组均为第一组。

A.0.16 湖南省

1 抗震设防烈度为 7 度，设计基本地震加速度值为 0.15g：

常德（武陵、鼎城）。

2 抗震设防烈度为 7 度，设计基本地震加速度值为 0.10g：

岳阳（岳阳楼、君山*），岳阳县，汨罗，湘阴，临澧，澧县，津市，桃源，安乡，汉寿。

3 抗震设防烈度为 6 度，设计基本地震加速度值为 0.05g：

长沙（岳麓、芙蓉、天心、开福、雨花），长沙县，岳阳（云溪），益阳（赫山、资阳），张家界（永定、武陵源），郴州（北湖、苏仙），邵阳（大祥、双清、北塔），邵阳县，泸溪，沅陵，娄底，宜章，资兴，平江，宁乡，新化，冷水江，涟源，双峰，新邵，邵东，隆回，石门，慈利，华容，南县，临湘，沅江，桃江，望城，溆浦，会同，靖州，韶山，江华，宁远，道县，临武，湘乡*，安化*，中方*，洪江*。

注：全省县级及县级以上设防城镇，设计地震分组均为第一组。

A.0.17 广东省

1 抗震设防烈度为 8 度，设计基本地震加速度值为 0.20g：

汕头（金平、濠江、龙湖、澄海），潮安，南澳，徐闻，潮州*。

2 抗震设防烈度为 7 度，设计基本地震加速度值为 0.15g：

揭阳，揭东，汕头（潮阳、潮南），饶平。

3 抗震设防烈度为 7 度，设计基本地震加速度值为 0.10g：

广州（越秀、荔湾、海珠、天河、白云、黄埔、番禺、南沙、萝岗），深圳（福田、罗湖、南山、宝安、盐田），湛江（赤坎、霞山、坡头、麻章），汕尾，海丰，普宁，惠来，阳江，阳东，阳西，茂名（茂南、茂港），化州，廉江，遂溪，吴川，丰顺，中山，珠海（香洲、斗门、金湾），电白，雷州，佛山（顺德、南海、禅城*），江门（蓬江、江海、新会）*，陆丰*。

4 抗震设防烈度为 6 度，设计基本地震加速度值为 0.05g：

韶关（浈江、武江、曲江），肇庆（端州、鼎湖），广州（花都），深圳（尤岗），河源，揭西，东源，梅州，东莞，清远，清新，南雄，仁化，始兴，乳源，英德，佛冈，龙门，龙川，平远，从化，梅县，兴宁，五华，紫金，陆河，增城，博罗，惠州（惠城、惠阳），惠东，四会，云浮，云安，高要，佛山（三水、高明），鹤山，封开，郁南，罗定，信宜，新兴，开平，恩平，台山，阳春，高州，翁源，连平，和平，蕉岭，大埔，新丰*。

注：全省县级及县级以上设防城镇，除大埔为设计地震第二组外，均为第一组。

A.0.18 广西壮族自治区

1 设防烈度为 7 度，设计基本地震加速度值为 0.15g：

灵山，田东。

2 设防烈度为 7 度，设计基本地震加速度值为 0.10g：

玉林，兴业，横县，北流，百色，田阳，平果，隆安，浦北，博白，乐业*。

3 设防烈度为 6 度，设计基本地震加速度值为 0.05g：

南宁（青秀、兴宁、江南、西乡塘、良庆、邕宁），桂林（象山、叠彩、秀峰、七星、雁山），柳州（柳北、城中、鱼峰、柳南），梧州（长洲、万秀、蝶山），钦州（钦南、钦北），贵港（港北、港南），防城港（港口、防城），北海（海城、银海），兴安，灵川，临桂，永福，鹿寨，天峨，东兰，巴马，都安，大化，马山，融安，象州，武宣，桂平，平南，上林，宾阳，武鸣，大新，扶绥，东兴，合浦，钟山,贺州,藤县,苍梧,容县,岑溪,陆川,凤山,凌云,田林,隆林,西林,德保,靖西,那坡,天等,崇左,上思,龙州,宁明,融水,凭祥,全州。

注:全自治区县级及县级以上设防城镇,设计地震分组均为第一组。

A.0.19 海南省

1 抗震设防烈度为8度,设计基本地震加速度值为0.30g:

海口(龙华、秀英、琼山、美兰)。

2 抗震设防烈度为8度,设计基本地震加速度值为0.20g:

文昌,定安。

3 抗震设防烈度为7度,设计基本地震加速度值为0.15g:

澄迈。

4 抗震设防烈度为7度,设计基本地震加速度值为0.10g:

临高,琼海,儋州,屯昌。

5 抗震设防烈度为6度,设计基本地震加速度值为0.05g:

三亚,万宁,昌江,白沙,保亭,陵水,东方,乐东,五指山,琼中。

注:全省县级及县级以上设防城镇,除屯昌、琼中为设计地震第二组外,均为第一组。

A.0.20 四川省

1 抗震设防烈度不低于9度,设计基本地震加速度值不小于0.40g:

第二组:康定,西昌。

2 抗震设防烈度为8度,设计基本地震加速度值为0.30g:

第二组:冕宁*。

3 抗震设防烈度为8度,设计基本地震加速度值为0.20g:

第一组:茂县,汶川,宝兴;

第二组:松潘,平武,北川(震前),都江堰,道孚,泸定,甘孜,炉霍,喜德,普格,宁南,理塘;

第三组:九寨沟,石棉,德昌。

4 抗震设防烈度为7度,设计基本地震加速度值为0.15g:

第二组:巴塘,德格,马边,雷波,天全,芦山,丹巴,安县,青州,江油,绵竹,什邡,彭州,理县,剑阁*;

第三组:荥经,汉源,昭觉,布拖,甘洛,越西,雅江,九龙,木里,盐源,会东,新龙。

5 抗震设防烈度为7度,设计基本地震加速度值为0.10g:

第一组:自贡(自流井、大安、贡井、沿滩);

第二组:绵阳(涪城、游仙),广元(利州、元坝、朝天),乐山(市中、沙湾),宜宾,宜宾县,峨边,沐川,屏山,得荣,雅安,中江,德阳,罗江,峨眉山,马尔康;

第三组:成都(青羊、锦江、金牛、武侯、成华、龙泽泉、青白江、新都、温江),攀枝花(东区、西区、仁和),若尔盖,色达,壤塘,石渠,白玉,盐边,米易,乡城,稻城,双流,乐山(金口河、五通桥),名山,美姑,金阳,小金,会理,黑水,金川,洪雅,夹江,邛崃,蒲江,彭山,丹棱,眉山,青神,郫县,大邑,崇州,新津,金堂,广汉。

6 抗震设防烈度为6度,设计基本地震加速度值为0.05g:

第一组:泸州(江阳、纳溪、龙马潭),内江(市中、东兴),宣汉,达州,达县,大竹,邻水,渠县,广安,华蓥,隆昌,富顺,南溪,兴文,叙永,古蔺,资中,通江,万源,巴中,阆中,仪陇,西充，南部，射洪，大英，乐至，资阳；

第二组：南江，苍溪，旺苍，盐亭，三台，简阳，泸县，江安，长宁，高县，珙县，仁寿，威远；

第三组：犍为，荣县，梓潼，筠连，井研，阿坝，红原。

A.0.21 贵州省

1 抗震设防烈度为7度，设计基本地震加速度值为0.10g：

第一组：望谟；

第三组：威宁。

2 抗震设防烈度为6度，设计基本地震加速度值为0.05g：

第一组：贵阳（乌当*、白云*、小河、南明、云岩溪），凯里，毕节，安顺，都匀，黄平，福泉，贵定，麻江镇，龙里，平坝，纳雍，织金，普定，六枝，镇宁，惠水顺，关岭，紫云，罗甸，兴仁，贞丰，安龙，金沙，赤水，习水，思南*；

第二组：六盘水，水城，册亨；

第三组：赫章，普安，晴隆，兴义，盘县。

A.0.22 云南省

1 抗震设防烈度不低于9度，设计基本地震加速度值不小于0.40g：

第二组：寻甸，昆明（东川）；

第三组：澜沧。

2 抗震设防烈度为8度，设计基本地震加速度值为0.30g：

第二组：剑川，嵩明，宜良，丽江，玉龙，鹤庆，永胜，潞西，龙陵，石屏，建水；

第三组：耿马，双江，沧源，勐海，西盟，孟连。

3 抗震设防烈度为8度，设计基本地震加速度值为0.20g：

第二组：石林，玉溪，大理，巧家，江川，华宁，峨山，通海，洱源，宾川，弥渡，祥云，会泽，南涧；

第三组：昆明（盘龙、五华、官渡、西山），普洱（原思茅市），保山，马龙，呈贡，澄江，晋宁，易门，漾濞，巍山，云县，腾冲，施甸，瑞丽，梁河，安宁，景洪，永德，镇康，临沧，风庆*，陇川*。

4 抗震设防烈度为7度，设计基本地震加速度值为0.15g；

第二组：香格里拉，泸水，大关，永善，新平*；

第三组：曲靖，弥勒，陆良，富民，禄劝，武定，兰坪，云龙，景谷，宁洱（原普洱），沾益，个旧，红河，元江，禄丰，双柏，开远，盈江，永平，昌宁，宁蒗，南华，楚雄，勐腊，华坪，景东*。

5 抗震设防烈度为7度，设计基本地震加速度值为0.10g：

第二组：盐津，绥江，德钦，贡山，水富；

第三组：昭通，彝良，鲁甸，福贡，永仁，大姚，元谋，姚安，牟定，墨江，绿春，镇沅，江城，金平，富源，师宗，泸西，蒙自，元阳，维西，宣威。

6 抗震设防烈度为6度，设计基本地震加速度值为0.05g：

第一组：威信，镇雄，富宁，西畴，麻栗坡，马关；

第二组：广南；

第三组：丘北，砚山，屏边，河口，文山，罗平。

A.0.23 西藏自治区

1 抗震设防烈度不低于9度,设计基本地震加速度值不小于0.40g:

第三组:当雄,墨脱。

2 抗震设防烈度为8度,设计基本地震加速度值为0.30g:

第二组:申扎;

第三组:米林,波密。

3 抗震设防烈度为8度,设计基本地震加速度值为0.20g:

第二组:普兰,聂拉木,萨嘎;

第三组:拉萨,堆龙德庆,尼木,仁布,尼玛,洛隆,隆子,错那,曲松,那曲,林芝(八一镇),林周。

4 抗震设防烈度为7度,设计基本地震加速度值为0.15g:

第二组:札达,吉隆,拉孜,谢通门,亚东,洛扎,昂仁;

第三组:日土,江孜,康马,白朗,扎囊,措美,桑日,加查,边坝,八宿,丁青,类乌齐,乃东,琼结,贡嘎,朗县,达孜,南木林,班戈,浪卡子,墨竹工卡,曲水,安多,聂荣,日喀则*,噶尔*。

5 抗震设防烈度为7度,设计基本地震加速度值为0.10g:

第一组:改则;

第二组:措勤,仲巴,定结,芒康;

第三组:昌都,定日,萨迦,岗巴,巴青,工布江达,索县,比如,嘉黎,察雅,友贡,察隅,江达,贡觉。

6 抗震设防烈度为6度,设计基本地震加速度值为0.05g:

第二组:革吉。

A.0.24 陕西省

1 抗震设防烈度为8度,设计基本地震加速度值为0.20g:

第一组:西安(未央、莲湖、新城、碑林、灞桥、雁塔、阎良*、临潼),渭南,华县,华阴,潼关,大荔;

第三组:陇县。

2 抗震设防烈度为7度,设计基本地震加速度值为0.15g:

第一组:咸阳(秦都、渭城),西安(长安),高陵,兴平,周至,户县,蓝田;

第二组:宝鸡(金台、渭滨、陈仓),咸阳(杨凌特区),千阳,岐山,凤翔,扶风,武功,眉县,三原,富平,澄城,蒲城,泾阳,礼泉,韩城,合阳,略阳;

第三组:凤县。

3 抗震设防烈度为7度,设计基本地震加速度值为0.10g:

第一组:安康,平利;

第二组:洛南,乾县,勉县,宁强,南郑,汉中;

第三组:白水,淳化,麟游,永寿,商洛(商州),太白,留坝,铜川(耀州、王益、印台*),柞水*。

4 抗震设防烈度为6度,设计基本地震加速度值为0.05g:

第一组:延安,清涧,神木,佳县,米脂,绥德,安塞,延川,延长,志丹,甘泉,商南,紫阳,镇巴,

子长*,子洲*;

第二组:吴旗,富县,旬阳,白河,岚皋,镇坪;

第三组:定边,府谷,吴堡,洛川,黄陵,旬邑,洋县,西乡,石泉,汉阴,宁陕,城固,宜川,黄龙,宜君,长武,彬县,佛坪,镇安,丹凤,山阳。

A.0.25 甘肃省

1 抗震设防烈度不低于9度,设计基本地震加速度值不小于0.40g:

第二组:古浪。

2 抗震设防烈度为8度,设计基本地震加速度值为0.30g:

第二组:天水(秦州、麦积),礼县,西和;

第三组:白银(平川区)。

3 抗震设防烈度为8度,设计基本地震加速度值为0.20g:

第二组:宕昌,肃北,陇南,成县,徽县,康县,文县;

第三组:兰州(城关、七里河、西固、安宁),武威,永登,天祝,景泰,靖远,陇西,武山,秦安,清水,甘谷,漳县,会宁,静宁,庄浪,张家川,通渭,华亭,两当,舟曲。

4 抗震设防烈度为7度,设计基本地震加速度值为0.15g:

第二组:康乐,嘉峪关,玉门,酒泉,高台,临泽,肃南;

第三组:白银(白银区),兰州(红古区),永靖,岷县,东乡,和政,广河,临潭,卓尼,迭部,临洮,渭源,皋兰,崇信,榆中,定西,金昌,阿克塞,民乐,永昌,平凉。

5 抗震设防烈度为7度,设计基本地震加速度值为0.10g:

第二组:张掖,合作,玛曲,金塔;

第三组:敦煌,瓜洲,山丹,临夏,临夏县,夏河,碌曲,泾川,灵台,民勤,镇原,环县,积石山。

6 抗震设防烈度为6度,设计基本地震加速度值为0.05g:

第三组:华池,正宁,庆阳,合水,宁县,西峰。

A.0.26 青海省

1 抗震设防烈度为8度,设计基本地震加速度值为0.20g:

第二组:玛沁;

第三组:玛多,达日。

2 抗震设防烈度为7度,设计基本地震加速度值为0.15g:

第二组:祁连;

第三组:甘德,门源,治多,玉树。

3 抗震设防烈度为7度,设计基本地震加速度值为0.10g:

第二组:乌兰,称多,杂多,囊谦;

第三组:西宁(城中、城东、城西、城北),同仁,共和,德令哈,海晏,湟源,湟中,平安,民和,化隆,贵德,尖扎,循化,格尔木,贵南,同德,河南,曲麻莱,久治,班玛,天峻,刚察,大通,互助,乐都,都兰,兴海。

4 抗震设防烈度为6度,设计基本地震加速度值为0.05g:

第三组:泽库。

A.0.27 宁夏回族自治区

1 抗震设防烈度为8度,设计基本地震加速度值为0.30g:

第二组:海原。

2　抗震设防烈度为8度，设计基本地震加速度值为0.20g：

第一组：石嘴山（大武口、惠农），平罗；

第二组：银川（兴庆、金凤、西夏），吴忠，贺兰，永宁，青铜峡，泾源，灵武，固原；

第三组：西吉，中宁，中卫，同心，隆德。

3　抗震设防烈度为7度，设计基本地震加速度值为0.15g：

第三组：彭阳。

4　抗震设防烈度为6度，设计基本地震加速度值为0.05g：

第三组：盐池。

A.0.28　新疆维吾尔自治区

1　抗震设防烈度不低于9度，设计基本地震加速度值不小于0.40g：

第三组：乌恰，塔什库尔干。

2　抗震设防烈度为8度，设计基本地震加速度值为0.30g：

第三组：阿图什，喀什，疏附。

3　抗震设防烈度为8度，设计基本地震加速度值为0.20g：

第一组：巴里坤；

第二组：乌鲁木齐（天山、沙依巴克、新市、水磨沟、头屯河、米东），乌鲁木齐县，温宿，阿克苏，柯坪，昭苏，特克斯，库车，青河，富蕴，乌什*；

第三组：尼勒克，新源，巩留，精河，乌苏，奎屯，沙湾，玛纳斯，石河子，克拉玛依（独山子），疏勒，伽师，阿克陶，英吉沙。

4　抗震设防烈度为7度，设计基本地震加速度值为0.15g：

第一组：木垒*；

第二组：库尔勒，新和，轮台，和静，焉耆，博湖，巴楚，拜城，昌吉，阜康*；

第三组：伊宁，伊宁县，霍城，呼图壁，察布查尔，岳普湖。

5　抗震设防烈度为7度，设计基本地震加速度值为0.10g：

第一组：鄯善；

第二组：乌鲁木齐（达坂城），吐鲁番，和田，和田县，吉木萨尔，洛浦，奇台，伊吾，托克逊，和硕，尉犁，墨玉，策勒，哈密*；

第三组：五家渠，克拉玛依（克拉玛依区），博乐，温泉，阿合奇，阿瓦提，沙雅，图木舒克，莎车，泽普，叶城，麦盖堤，皮山。

6　抗震设防烈度为6度，设计基本地震加速度值为0.05g：

第一组：额敏，和布克赛尔；

第二组：于田，哈巴河，塔城，福海，克拉玛依（马尔禾）；

第三组：阿勒泰，托里，民丰，若羌，布尔津，吉木乃，裕民，克拉玛依（白碱滩），且末，阿拉尔。

A.0.29　港澳特区和台湾省

1　抗震设防烈度不低于9度，设计基本地震加速度值不小于0.40g：

第二组：台中；

第三组：苗栗，云林，嘉义，花莲。

2　抗震设防烈度为8度，设计基本地震加速度值为0.30g：

第二组：台南；

第三组:台北,桃园,基隆,宜兰,台东,屏东。

3 抗震设防烈度为8度,设计基本地震加速度值为0.20*g*:

第三组:高雄,澎湖。

4 抗震设防烈度为7度,设计基本地震加速度值为0.15*g*:

第一组:香港。

5 抗震设防烈度为7度,设计基本地震加速度值为0.10*g*:

第一组:澳门。

附录B　D值法计算用表

附表B.1　均布水平荷载下框架柱的标准反弯点高度比y_0

n	i \ $\overline{K}$	0.1	0.2	0.3	0.4	0.5	0.6	0.7	0.8	0.9	1.0	2.0	3.0	4.0	5.0
1	1	0.8	0.75	0.7	0.65	0.65	0.60	0.60	0.60	0.60	0.55	0.55	0.55	0.55	0.55
2	2	0.45	0.40	0.35	0.35	0.35	0.35	0.40	0.40	0.40	0.40	0.45	0.45	0.45	0.45
	1	0.95	0.80	0.75	0.70	0.65	0.65	0.65	0.60	0.60	0.60	0.55	0.55	0.55	0.50
3	3	0.15	0.20	0.20	0.25	0.30	0.30	0.30	0.35	0.35	0.35	0.40	0.45	0.45	0.45
	2	0.55	0.50	0.45	0.45	0.45	0.45	0.45	0.45	0.45	0.45	0.45	0.50	0.50	0.50
	1	1.00	0.85	0.8	0.75	0.70	0.70	0.65	0.65	0.60	0.55	0.55	0.55	0.55	0.55
4	4	-0.05	0.05	0.15	0.20	0.25	0.30	0.30	0.35	0.35	0.35	0.40	0.45	0.45	0.45
	3	0.25	0.30	0.30	0.35	0.35	0.40	0.40	0.40	0.40	0.45	0.45	0.50	0.50	0.50
	2	0.65	0.55	0.50	0.50	0.45	0.45	0.45	0.45	0.45	0.45	0.50	0.50	0.50	0.50
	1	1.10	0.90	0.80	0.75	0.70	0.70	0.55	0.65	0.55	0.60	0.55	0.55	0.55	0.55
5	5	-0.20	0.00	0.15	0.20	0.25	0.30	0.30	0.30	0.35	0.35	0.40	0.45	0.45	0.45
	4	0.10	0.20	0.25	0.30	0.35	0.35	0.40	0.40	0.40	0.40	0.45	0.45	0.50	0.50
	3	0.40	0.40	0.40	0.40	0.40	0.45	0.45	0.45	0.45	0.45	0.50	0.50	0.50	0.50
	2	0.65	0.55	0.50	0.50	0.50	0.50	0.50	0.50	0.50	0.50	0.50	0.50	0.50	0.50
	1	1.20	0.95	0.80	0.75	0.75	0.70	0.70	0.65	0.65	0.65	0.55	0.55	0.55	0.55
6	6	-0.30	0.00	0.10	0.20	0.25	0.25	0.30	0.30	0.35	0.35	0.40	0.45	0.45	0.45
	5	0.00	0.20	0.25	0.30	0.35	0.35	0.40	0.40	0.40	0.40	0.45	0.45	0.50	0.50
	4	0.20	0.30	0.35	0.35	0.40	0.40	0.40	0.45	0.45	0.45	0.45	0.50	0.50	0.50
	3	0.40	0.40	0.40	0.45	0.45	0.45	0.45	0.45	0.45	0.45	0.50	0.50	0.50	0.50
	2	0.70	0.60	0.55	0.50	0.50	0.50	0.50	0.50	0.50	0.50	0.50	0.50	0.50	0.50
	1	1.20	0.95	0.85	0.80	0.75	0.70	0.70	0.65	0.65	0.65	0.55	0.55	0.55	0.55
7	7	-0.35	-0.05	0.10	0.20	0.20	0.25	0.30	0.30	0.35	0.35	0.40	0.45	0.45	0.45
	6	-0.10	0.15	0.25	0.30	0.35	0.35	0.35	0.40	0.40	0.40	0.45	0.45	0.50	0.50
	5	0.10	0.25	0.30	0.35	0.40	0.40	0.40	0.45	0.45	0.45	0.50	0.50	0.50	0.50
	4	0.30	0.35	0.40	0.40	0.40	0.45	0.45	0.45	0.45	0.45	0.50	0.50	0.50	0.50
	3	0.50	0.45	0.45	0.45	0.45	0.45	0.45	0.46	0.45	0.45	0.50	0.50	0.50	0.50
	2	0.75	0.60	0.55	0.50	0.50	0.50	0.50	0.50	0.50	0.50	0.50	0.50	0.50	0.50
	1	1.20	0.95	0.85	0.80	0.75	0.70	0.70	0.65	0.65	0.65	0.55	0.55	0.55	0.55

续表

n	i \ $\overline{K}$	0.1	0.2	0.3	0.4	0.5	0.6	0.7	0.8	0.9	1.0	2.0	3.0	4.0	5.0
8	8	-0.35	-0.15	0.10	0.10	0.25	0.25	0.30	0.30	0.35	0.35	0.40	0.45	0.45	0.45
	7	0.10	0.15	0.25	0.30	0.35	0.35	0.40	0.40	0.40	0.40	0.45	0.50	0.50	0.50
	6	0.05	0.25	0.30	0.35	0.40	0.40	0.45	0.45	0.45	0.45	0.45	0.50	0.50	0.50
	5	0.20	0.30	0.35	0.40	0.40	0.45	0.45	0.45	0.45	0.45	0.50	0.50	0.50	0.50
	4	0.35	0.40	0.40	0.45	0.45	0.45	0.45	0.45	0.45	0.45	0.50	0.50	0.50	0.50
	3	0.50	0.45	0.45	0.45	0.45	0.45	0.45	0.45	0.50	0.50	0.50	0.50	0.50	0.50
	2	0.75	0.60	0.55	0.55	0.50	0.50	0.50	0.50	0.50	0.50	0.50	0.50	0.50	0.50
	1	1.20	1.00	0.85	0.80	0.75	0.70	0.70	0.65	0.65	0.65	0.55	0.55	0.55	0.55
9	9	-0.40	-0.05	0.10	0.20	0.25	0.25	0.30	0.30	0.35	0.35	0.45	0.45	0.45	0.45
	8	-0.15	0.15	0.25	0.30	0.35	0.35	0.35	0.40	0.40	0.40	0.45	0.45	0.50	0.50
	7	0.05	0.25	0.30	0.35	0.40	0.40	0.40	0.45	0.45	0.45	0.45	0.50	0.50	0.50
	6	0.15	0.30	0.35	0.40	0.45	0.45	0.45	0.45	0.45	0.50	0.50	0.50	0.50	0.50
	5	0.25	0.35	0.40	0.40	0.45	0.45	0.45	0.45	0.45	0.45	0.50	0.50	0.50	0.50
	4	0.40	0.40	0.40	0.45	0.45	0.45	0.45	0.45	0.45	0.45	0.50	0.50	0.50	0.50
	3	0.55	0.45	0.45	0.45	0.45	0.45	0.45	0.45	0.50	0.50	0.50	0.50	0.50	0.50
	2	0.80	0.65	0.55	0.55	0.50	0.50	0.50	0.50	0.50	0.50	0.50	0.50	0.50	0.50
	1	1.20	1.00	0.85	0.80	0.75	0.70	0.70	0.65	0.65	0.65	0.55	0.55	0.55	0.55
10	10	-0.40	-0.05	0.10	0.20	0.25	0.30	0.30	0.30	0.30	0.35	0.40	0.45	0.45	0.45
	9	-0.15	0.15	0.25	0.30	0.35	0.35	0.40	0.40	0.40	0.40	0.45	0.45	0.50	0.50
	8	0.00	0.25	0.30	0.35	0.40	0.40	0.40	0.45	0.45	0.45	0.45	0.50	0.50	0.50
	7	0.10	0.30	0.35	0.40	0.40	0.40	0.45	0.45	0.45	0.45	0.50	0.50	0.50	0.50
	6	0.20	0.35	0.40	0.40	0.45	0.45	0.45	0.45	0.45	0.45	0.50	0.50	0.50	0.50
	5	0.30	0.40	0.40	0.45	0.45	0.45	0.45	0.45	0.45	0.50	0.50	0.50	0.50	0.50
	4	0.40	0.40	0.45	0.45	0.45	0.45	0.45	0.45	0.45	0.50	0.50	0.50	0.50	0.50
	3	0.55	0.50	0.45	0.45	0.45	0.50	0.50	0.50	0.50	0.50	0.50	0.50	0.50	0.50
	2	0.80	0.65	0.55	0.55	0.55	0.50	0.50	0.50	0.50	0.50	0.50	0.50	0.50	0.50
	1	1.30	1.00	0.85	0.80	0.75	0.70	0.70	0.65	0.65	0.65	0.60	0.55	0.55	0.55

续表

n	i \ $\overline{K}$	0.1	0.2	0.3	0.4	0.5	0.6	0.7	0.8	0.9	1.0	2.0	3.0	4.0	5.0
11	11	-0.40	-0.05	0.10	0.20	0.25	0.30	0.30	0.30	0.35	0.35	0.40	0.45	0.45	0.45
	10	-0.15	0.15	0.25	0.30	0.35	0.35	0.40	0.40	0.40	0.40	0.45	0.45	0.50	0.50
	9	0.00	0.25	0.30	0.35	0.40	0.40	0.40	0.45	0.45	0.45	0.45	0.50	0.50	0.50
	8	0.10	0.30	0.35	0.40	0.40	0.45	0.45	0.45	0.45	0.45	0.50	0.50	0.50	0.50
	7	0.20	0.35	0.40	0.45	0.45	0.45	0.45	0.45	0.45	0.45	0.50	0.50	0.50	0.50
	6	0.25	0.35	0.40	0.45	0.45	0.45	0.45	0.45	0.45	0.45	0.50	0.50	0.50	0.50
	5	0.35	0.40	0.40	0.45	0.45	0.45	0.45	0.45	0.45	0.50	0.50	0.50	0.50	0.50
	4	0.40	0.45	0.45	0.45	0.45	0.45	0.45	0.50	0.50	0.50	0.50	0.50	0.50	0.50
	3	0.55	0.50	0.50	0.50	0.50	0.50	0.50	0.50	0.50	0.50	0.50	0.50	0.50	0.50
	2	0.80	0.65	0.60	0.55	0.55	0.50	0.50	0.50	0.50	0.50	0.50	0.50	0.50	0.50
	1	1.30	1.00	0.85	0.80	0.75	0.70	0.70	0.65	0.65	0.65	0.60	0.55	0.55	0.55
12以上	自上1	-0.40	-0.05	0.10	0.20	0.25	0.30	0.30	0.30	0.35	0.35	0.40	0.45	0.45	0.45
	2	-0.15	0.15	0.25	0.30	0.35	0.35	0.40	0.40	0.40	0.40	0.45	0.45	0.50	0.50
	3	0.00	0.25	0.30	0.35	0.40	0.40	0.40	0.45	0.45	0.45	0.50	0.50	0.50	0.50
	4	0.10	0.30	0.35	0.40	0.40	0.45	0.45	0.45	0.45	0.45	0.50	0.50	0.50	0.50
	5	0.20	0.35	0.40	0.40	0.45	0.45	0.45	0.45	0.45	0.45	0.50	0.50	0.50	0.50
	6	0.25	0.35	0.40	0.45	0.45	0.45	0.45	0.45	0.45	0.45	0.50	0.50	0.50	0.50
	7	0.30	0.40	0.40	0.45	0.45	0.45	0.45	0.45	0.50	0.50	0.50	0.50	0.50	0.50
	8	0.35	0.40	0.45	0.45	0.45	0.45	0.45	0.50	0.50	0.50	0.50	0.50	0.50	0.50
	中间	0.40	0.40	0.45	0.45	0.45	0.45	0.50	0.50	0.50	0.50	0.50	0.50	0.50	0.50
	4	0.45	0.45	0.45	0.45	0.50	0.50	0.50	0.50	0.50	0.50	0.50	0.50	0.50	0.50
	3	0.60	0.50	0.50	0.50	0.50	0.50	0.50	0.50	0.50	0.50	0.50	0.50	0.50	0.50
	2	0.80	0.65	0.60	0.55	0.55	0.50	0.50	0.50	0.50	0.50	0.50	0.50	0.50	0.50
	自下1	1.30	1.00	0.85	0.80	0.75	0.70	0.70	0.65	0.65	0.55	0.55	0.55	0.55	0.55

注：$\overline{K}$ 为梁柱平均线刚度比；n 为总层数；i 为所在楼层的位置。

附表 B.2　倒三角形分布水平荷载下框架柱的标准反弯点高度比 y_0

n	i \ $\overline{K}$	0.1	0.2	0.3	0.4	0.5	0.6	0.7	0.8	0.9	1.0	2.0	3.0	4.0	5.0
1	1	0.8	0.75	0.70	0.65	0.65	0.60	0.60	0.60	0.60	0.55	0.55	0.55	0.55	0.55
2	2	0.50	0.45	0.40	0.40	0.40	0.40	0.40	0.40	0.40	0.45	0.45	0.45	0.45	0.50
	1	1.00	0.85	0.75	0.70	0.70	0.65	0.65	0.65	0.60	0.60	0.55	0.55	0.55	0.55
3	3	0.25	0.25	0.25	0.30	0.30	0.35	0.35	0.35	0.40	0.40	0.45	0.45	0.45	0.50
	2	0.60	0.50	0.50	0.50	0.50	0.45	0.45	0.45	0.45	0.45	0.50	0.50	0.55	0.50
	1	1.15	0.90	0.80	0.75	0.75	0.70	0.70	0.65	0.65	0.65	0.60	0.55	0.55	0.55
4	4	0.10	0.15	0.20	0.25	0.30	0.30	0.35	0.35	0.35	0.40	0.45	0.45	0.45	0.45
	3	0.35	0.35	0.35	0.40	0.40	0.40	0.40	0.45	0.45	0.45	0.45	0.50	0.50	0.50
	2	0.70	0.60	0.55	0.50	0.50	0.50	0.50	0.50	0.50	0.50	0.50	0.50	0.50	0.50
	1	1.20	0.95	0.85	0.80	0.75	0.70	0.70	0.70	0.65	0.65	0.55	0.55	0.55	0.50
5	5	-0.05	0.10	0.20	0.25	0.30	0.30	0.35	0.35	0.35	0.35	0.40	0.45	0.45	0.45
	4	0.20	0.25	0.35	0.35	0.40	0.40	0.40	0.40	0.40	0.45	0.45	0.50	0.50	0.50
	3	0.45	0.40	0.45	0.45	0.45	0.45	0.45	0.45	0.45	0.45	0.50	0.50	0.50	0.50
	2	0.75	0.60	0.55	0.55	0.50	0.50	0.50	0.50	0.50	0.50	0.50	0.50	0.50	0.50
	1	1.30	1.00	0.85	0.80	0.75	0.70	0.70	0.65	0.65	0.65	0.65	0.55	0.55	0.55
6	6	-0.15	0.05	0.15	0.20	0.25	0.30	0.30	0.35	0.35	0.35	0.40	0.45	0.45	0.45
	5	0.10	0.25	0.30	0.35	0.35	0.40	0.40	0.40	0.40	0.45	0.45	0.50	0.50	0.50
	4	0.30	0.35	0.40	0.40	0.45	0.45	0.45	0.45	0.45	0.45	0.50	0.50	0.50	0.50
	3	0.50	0.45	0.45	0.45	0.45	0.45	0.45	0.45	0.45	0.50	0.50	0.50	0.50	0.50
	2	0.80	0.65	0.55	0.55	0.55	0.55	0.50	0.50	0.50	0.50	0.50	0.50	0.50	0.50
	1	1.30	1.00	0.85	0.80	0.75	0.70	0.70	0.65	0.65	0.65	0.60	0.55	0.55	0.55
7	7	-0.20	0.05	0.15	0.20	0.25	0.30	0.30	0.35	0.35	0.35	0.45	0.45	0.45	0.45
	6	0.05	0.20	0.30	0.35	0.35	0.40	0.40	0.40	0.40	0.45	0.45	0.50	0.50	0.50
	5	0.20	0.30	0.35	0.40	0.40	0.45	0.45	0.45	0.45	0.45	0.50	0.50	0.50	0.50
	4	0.35	0.40	0.40	0.45	0.45	0.45	0.45	0.45	0.45	0.45	0.50	0.50	0.50	0.50
	3	0.55	0.50	0.50	0.50	0.50	0.50	0.50	0.50	0.50	0.50	0.50	0.50	0.50	0.50
	2	0.80	0.65	0.60	0.55	0.55	0.55	0.50	0.50	0.50	0.50	0.50	0.50	0.50	0.50
	1	1.30	1.00	0.90	0.80	0.75	0.70	0.70	0.70	0.65	0.65	0.60	0.55	0.55	0.55

续表

n	i \ $\overline{K}$	0.1	0.2	0.3	0.4	0.5	0.6	0.7	0.8	0.9	1.0	2.0	3.0	4.0	5.0
8	8	-0.20	0.05	0.15	0.20	0.25	0.30	0.30	0.35	0.35	0.35	0.45	0.45	0.45	0.45
	7	0.00	0.20	0.30	0.35	0.35	0.40	0.40	0.40	0.40	0.45	0.45	0.50	0.50	0.50
	6	0.15	0.30	0.35	0.40	0.40	0.45	0.45	0.45	0.45	0.45	0.50	0.50	0.50	0.50
	5	0.30	0.45	0.40	0.45	0.45	0.45	0.45	0.45	0.45	0.45	0.50	0.50	0.50	0.50
	4	0.40	0.45	0.45	0.45	0.45	0.45	0.45	0.45	0.50	0.50	0.50	0.50	0.50	0.50
	3	0.60	0.50	0.50	0.50	0.50	0.50	0.50	0.50	0.50	0.50	0.50	0.50	0.50	0.50
	2	0.85	0.65	0.60	0.55	0.55	0.55	0.50	0.50	0.50	0.50	0.50	0.50	0.50	0.50
	1	1.30	1.00	0.90	0.80	0.75	0.70	0.70	0.70	0.65	0.65	0.60	0.55	0.55	0.55
9	9	-0.25	0.00	0.15	0.20	0.25	0.30	0.30	0.35	0.35	0.40	0.45	0.45	0.45	0.45
	8	-0.00	0.20	0.30	0.35	0.35	0.40	0.40	0.40	0.40	0.45	0.45	0.50	0.50	0.50
	7	0.15	0.30	0.35	0.40	0.40	0.45	0.45	0.45	0.45	0.45	0.50	0.50	0.50	0.50
	6	0.25	0.35	0.40	0.40	0.45	0.45	0.45	0.45	0.45	0.45	0.50	0.50	0.50	0.50
	5	0.35	0.40	0.45	0.45	0.45	0.45	0.45	0.45	0.50	0.50	0.50	0.50	0.50	0.50
	4	0.45	0.45	0.45	0.45	0.45	0.50	0.50	0.50	0.50	0.50	0.50	0.50	0.50	0.50
	3	0.65	0.50	0.50	0.50	0.50	0.50	0.50	0.50	0.50	0.50	0.50	0.50	0.50	0.50
	2	0.80	0.65	0.65	0.55	0.55	0.55	0.55	0.50	0.50	0.50	0.50	0.50	0.50	0.50
	1	1.35	1.00	1.00	0.80	0.75	0.75	0.70	0.70	0.65	0.65	0.60	0.55	0.55	0.55
10	10	-0.25	0.00	0.15	0.20	0.25	0.30	0.30	0.35	0.35	0.40	0.45	0.45	0.45	0.45
	9	-0.05	0.20	0.30	0.35	0.35	0.40	0.40	0.40	0.40	0.45	0.45	0.50	0.50	0.50
	8	0.10	0.30	0.35	0.40	0.40	0.40	0.45	0.45	0.45	0.45	0.50	0.50	0.50	0.50
	7	0.20	0.35	0.40	0.40	0.45	0.45	0.45	0.45	0.45	0.50	0.50	0.50	0.50	0.50
	6	0.30	0.40	0.40	0.45	0.45	0.45	0.45	0.45	0.45	0.50	0.50	0.50	0.50	0.50
	5	0.40	0.45	0.45	0.45	0.45	0.45	0.45	0.50	0.50	0.50	0.50	0.50	0.50	0.50
	4	0.50	0.45	0.45	0.45	0.50	0.50	0.50	0.50	0.50	0.50	0.50	0.50	0.50	0.50
	3	0.60	0.55	0.50	0.50	0.50	0.50	0.50	0.50	0.50	0.50	0.50	0.50	0.50	0.50
	2	0.85	0.65	0.60	0.55	0.55	0.55	0.55	0.50	0.50	0.50	0.50	0.50	0.50	0.50
	1	1.35	1.00	0.90	0.80	0.75	0.75	0.70	0.70	0.65	0.65	0.60	0.55	0.55	0.55

续表

n	$\overline{K}$ \ i	0.1	0.2	0.3	0.4	0.5	0.6	0.7	0.8	0.9	1.0	2.0	3.0	4.0	5.0
11	11	-0.25	0.00	0.15	0.20	0.25	0.30	0.30	0.30	0.35	0.35	0.45	0.45	0.45	0.45
	10	-0.05	0.20	0.25	0.30	0.35	0.40	0.40	0.40	0.40	0.45	0.45	0.50	0.50	0.50
	9	0.10	0.30	0.35	0.40	0.40	0.40	0.45	0.45	0.45	0.45	0.50	0.50	0.50	0.50
	8	0.20	0.35	0.40	0.40	0.45	0.45	0.45	0.45	0.45	0.45	0.50	0.50	0.50	0.50
	7	0.25	0.40	0.40	0.45	0.45	0.45	0.45	0.45	0.45	0.50	0.50	0.50	0.50	0.50
	6	0.35	0.40	0.45	0.45	0.45	0.45	0.45	0.50	0.50	0.50	0.50	0.50	0.50	0.50
	5	0.40	0.45	0.45	0.45	0.45	0.50	0.50	0.50	0.50	0.50	0.50	0.50	0.50	0.50
	4	0.50	0.50	0.50	0.50	0.50	0.50	0.50	0.50	0.50	0.50	0.50	0.50	0.50	0.50
	3	0.65	0.55	0.50	0.50	0.50	0.50	0.50	0.50	0.50	0.50	0.50	0.50	0.50	0.50
	2	0.85	0.65	0.60	0.55	0.55	0.55	0.55	0.50	0.50	0.50	0.50	0.50	0.50	0.50
	1	1.35	1.50	0.90	0.80	0.75	0.75	0.70	0.70	0.65	0.65	0.60	0.55	0.55	0.55
12以上	自上1	-0.30	0.00	0.15	0.20	0.25	0.30	0.30	0.30	0.35	0.35	0.40	0.45	0.45	0.45
	2	-0.10	0.20	0.25	0.30	0.35	0.40	0.40	0.40	0.40	0.40	0.45	0.45	0.45	0.50
	3	0.05	0.25	0.35	0.40	0.40	0.40	0.45	0.45	0.45	0.45	0.45	0.50	0.50	0.50
	4	0.15	0.30	0.40	0.40	0.45	0.45	0.45	0.45	0.45	0.45	0.45	0.50	0.50	0.50
	5	0.25	0.30	0.40	0.45	0.45	0.45	0.45	0.45	0.45	0.45	0.50	0.50	0.50	0.50
	6	0.30	0.40	0.45	0.45	0.45	0.45	0.45	0.50	0.50	0.50	0.50	0.50	0.50	0.50
	7	0.35	0.40	0.40	0.45	0.45	0.45	0.50	0.50	0.50	0.50	0.50	0.50	0.50	0.50
	8	0.35	0.45	0.45	0.45	0.50	0.50	0.50	0.50	0.50	0.50	0.50	0.50	0.50	0.50
	中间	0.45	0.45	0.45	0.45	0.50	0.50	0.50	0.50	0.50	0.50	0.50	0.50	0.50	0.50
	4	0.55	0.50	0.50	0.50	0.50	0.50	0.50	0.50	0.50	0.50	0.50	0.50	0.50	0.50
	3	0.65	0.55	0.50	0.50	0.50	0.50	0.50	0.50	0.50	0.50	0.50	0.50	0.50	0.50
	2	0.70	0.70	0.60	0.55	0.55	0.55	0.55	0.50	0.50	0.50	0.50	0.50	0.50	0.50
	自下1	1.35	1.05	0.70	0.80	0.75	0.70	0.70	0.70	0.65	0.65	0.60	0.55	0.55	0.55

注:$\overline{K}$为梁柱平均线刚度比;n为总层数;i为所在楼层的位置。

附表 B.3　上下层横梁线刚度比对 y_0 的修正值 y_1

$\overline{K}$ \ α_1	0.1	0.2	0.3	0.4	0.5	0.6	0.7	0.8	0.9	1.0	2.0	3.0	4.0	5.0
0.4	0.55	0.40	0.30	0.25	0.20	0.20	0.20	0.15	0.15	0.15	0.05	0.05	0.05	0.05
0.5	0.45	0.30	0.20	0.20	0.15	0.15	0.15	0.10	0.10	0.10	0.05	0.05	0.05	0.05

续表

$\overline{K}$ / α_1	0.1	0.2	0.3	0.4	0.5	0.6	0.7	0.8	0.9	1.0	2.0	3.0	4.0	5.0
0.6	0.30	0.20	0.15	0.15	0.10	0.10	0.10	0.10	0.05	0.05	0.05	0.05	0.00	0.00
0.7	0.20	0.15	0.10	0.10	0.10	0.05	0.05	0.05	0.05	0.05	0.05	0.00	0.00	0.00
0.8	0.15	0.10	0.05	0.05	0.05	0.05	0.05	0.05	0.05	0.00	0.00	0.00	0.00	0.00
0.9	0.05	0.05	0.05	0.05	0.00	0.00	0.00	0.00	0.00	0.00	0.00	0.00	0.00	0.00

注：$\overline{K}$ 为梁柱平均线刚度比。

附表 B.4　上下层柱高度变化对 y_0 的修正值 y_2 和 y_3

α_2	$\overline{K}$ / α_3	0.1	0.2	0.3	0.4	0.5	0.6	0.7	0.8	0.9	1.0	2.0	3.0	4.0	5.0
2.0		0.25	0.15	0.15	0.10	0.10	0.10	0.10	0.10	0.05	0.05	0.05	0.05	0.00	0.00
1.8		0.20	0.15	0.10	0.10	0.10	0.05	0.05	0.05	0.05	0.05	0.05	0.00	0.00	0.00
1.6	0.4	0.15	0.10	0.10	0.05	0.05	0.05	0.05	0.05	0.05	0.05	0.05	0.00	0.00	0.00
1.4	0.6	0.10	0.05	0.05	0.05	0.05	0.05	0.05	0.05	0.05	0.00	0.00	0.00	0.00	0.00
1.2	0.8	0.05	0.05	0.05	0.00	0.00	0.00	0.00	0.00	0.00	0.00	0.00	0.00	0.00	0.00
1.0	1.0	0.00	0.00	0.00	0.00	0.00	0.00	0.00	0.00	0.00	0.00	0.00	0.00	0.00	0.00
0.8	1.2	−0.05	−0.05	−0.05	0.00	0.00	0.00	0.00	0.00	0.00	0.00	0.00	0.00	0.00	0.00
0.6	1.4	−0.10	−0.05	−0.05	−0.05	−0.05	−0.05	−0.05	−0.05	−0.05	−0.05	0.00	0.00	0.00	0.00
0.4	1.6	−0.15	−0.10	−0.10	−0.05	−0.05	−0.05	−0.05	−0.05	−0.05	−0.05	0.00	0.00	0.00	0.00
	1.8	−0.20	−0.15	−0.10	−0.10	−0.10	−0.05	−0.05	−0.05	−0.05	−0.05	−0.05	0.00	0.00	0.00
	2.0	−0.25	−0.15	−0.15	−0.10	−0.10	−0.10	−0.10	−0.05	−0.05	−0.05	−0.05	−0.05	0.00	0.00

注：$\overline{K}$ 为梁柱平均线刚度比。

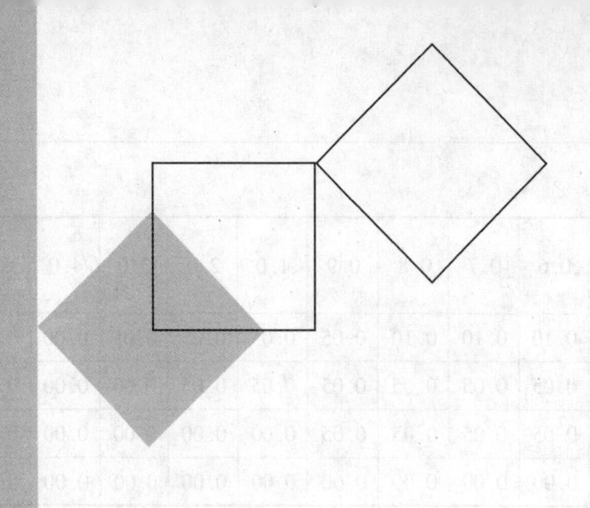

参考文献

[1] 中华人民共和国国家标准. GB 50011—2010　建筑抗震设计规范[S]. 北京:中国建筑工业出版社,2010.

[2] 胡聿贤. 地震工程学[M]. 2 版. 北京:地震出版社,2006.

[3] 吕西林,周德源,李思明,等. 建筑结构抗震设计理论与实例[M]. 3 版. 上海:同济大学出版社,2011.

[4] 国家标准建筑抗震设计规范管理组. 建筑抗震设计规范(GB 50011—2010)统一培训教材[M]. 北京:地震出版社,2010.

[5] 易方民,高小旺,苏经宇. 建筑抗震设计规范理解与应用[M]. 2 版. 中国建筑工业出版社,2011.

[6] 薛素铎,赵均,高向宇. 建筑抗震设计[M]. 3 版. 北京:科学出版社,2012.

[7] 王社良. 抗震结构设计[M]. 4 版. 武汉:武汉工业大学出版社,2011.

[8] 郭继武. 建筑抗震设计[M]. 3 版. 北京:中国建筑工业出版社,2011.

[9] 米兰·扎赛克,贾凡译. 建筑抗震概论[M]. 北京:中国建筑工业出版社,2010.

[10] 郭继武. 建筑抗震疑难释义[M]. 2 版. 北京:中国建筑工业出版社,2010.

[11] 李国强,李杰,苏小卒. 建筑结构抗震设计[M]. 2 版. 北京:中国建筑工业出版社,2009.

[12] 徐建,裘民川,刘大海,等. 单层工业厂房抗震设计[M]. 北京:地震出版社,2004.

[13] 龚思礼. 建筑抗震设计手册[M]. 2 版. 北京:中国建筑工业出版社,2002.

[14] 黄世敏,杨沈,等. 建筑震害与设计对策[M]. 北京:中国计划出版社,2009.

[15] 李国强. 建筑结构抗震设计[M]. 3 版. 北京:中国建筑工业出版社,2009.

[16] 尚守平,周福霖. 结构抗震设计[M]. 2 版. 北京:高等教育出版社,2010.

[17] 柳炳康,沈小璞. 工程结构抗震设计[M]. 3 版. 武汉:武汉理工大学出版社,2012.

[18] 中华人民共和国国家标准. GB/T 17742—2008　中国地震烈度表[S]. 北京:中国标准出版社,2008.

[19] 中华人民共和国国家标准. GB 50223—2008　建筑工程抗震设防分类标准[S]. 北京:中国建筑工业出版社,2008.

[20] 中华人民共和国国家标准. GB 50010—2010　混凝土结构设计规范[S]. 北京:中国建筑工业出版社,2010.

[21] 中华人民共和国国家标准. GB 50017—2003　钢结构设计规范[S]. 北京:中国计划出版社,2003.

[22] 中华人民共和国国家标准. GB 50003—2011　砌体结构设计规范[S]. 北京:中国建筑工业出版社,2011.

[23] 中华人民共和国行业标准. JGJ 3—2010　高层建筑混凝土结构技术规程[S]. 北京:中国建筑工业出版社,2011.

[24] 中华人民共和国行业标准. JGJ 99—1998　高层民用建筑钢结构技术规程[S]. 北京:中国建筑工业出版社,1998.

[25] 中华人民共和国国家标准. GB 50007—2011　建筑地基基础设计规范[S]. 北京:中国建筑工业出版社,2011.

[26] 中华人民共和国国家标准. GB 50009—2012　建筑结构荷载规范[S]. 北京:中国建筑工业出版社,2012.

[27] 中华人民共和国国家标准. GB 18306—2001　中国地震动参数区划图[S]. 北京:中国标准出版社,2001.

[28] 中华人民共和国行业标准. JGJ 161—2008　镇(乡)村建筑抗震技术规程 [S]. 北京:中国建筑工业出版社,2008.

[29] 国家建筑标准设计图集. 11G101—1　混凝土结构施工图平面整体表示方法制图规则和构造详图(现浇混凝土框架、剪力墙、梁、板)[S]. 北京:中国计划出版社,2011.

[30] 国家建筑标准设计图集. 12SG620　砌体结构设计与构造[S]. 北京:中国计划出版社,2013.

[31] 龙驭球,包世华. 结构力学[M]. 2 版. 北京:高等教育出版社,2006.

[32] 周福霖. 工程结构减震控制 [M]. 北京:地震出版社,1997.

[33] 中华人民共和国国家标准. GB 20688. 3—2006　橡胶支座 第 3 部分:建筑隔震橡胶支座[S]. 北京:中国标准出版社,2006.

[34] 李宏男,李忠献,祁皑,等. 结构振动与控制 [M]. 北京:中国建筑工业出版社,2005.

[35] 朱炳寅. 建筑抗震设计规范应用与分析(GB 50011—2010)[M]. 北京:中国建筑工业出版社,2011.